中国医学科学院医学实验动物研究所

中国实验动物学会

主编单位：中国实验动物学会

实验动物科学丛书 23

丛书总主编/秦川

Ⅳ 比较医学系列

比较免疫学

秦 川　向志光　主编

科学出版社

北　京

内 容 简 介

实验动物应用于人类医学研究的前提是其生理结构和功能与人类具有相似性，然而相似并非完全相同。比较医学研究的重点就是识别动物在模拟人类疾病过程中表现出的相同点和不同点，对其中与人类疾病发生的相同点加以利用，不同点加以区别进而改进。

本书的主要内容是比较人类和实验动物的免疫系统异同。首先，从物种进化的角度对免疫系统的发生、发展进行总结，对细胞因子、细胞表面分子等免疫相关分子进行了物种间的比较；其次，针对固有免疫、适应性免疫，以及特殊的黏膜免疫进行了比较，结合自身免疫疾病、肿瘤和神经系统疾病的免疫学研究进行了比较分析；最后，介绍了实验动物的人源化技术，使其免疫系统更适于人类疾病的比较医学研究。

本书可供免疫学、比较医学、实验动物学等专业的本科生及研究生参考使用，也可作为相关领域研究人员及感兴趣的读者的参考用书。

图书在版编目（CIP）数据

比较免疫学 / 秦川，向志光主编. -- 北京 ：科学出版社，2025. 6.
（实验动物科学丛书 / 秦川总主编）. -- ISBN 978-7-03-081927-7

Ⅰ. S852.4

中国国家版本馆 CIP 数据核字第 2025XD1309 号

责任编辑：罗 静 刘 晶 / 责任校对：郑金红
责任印制：吴兆东 / 封面设计：无极书装

科学出版社 出版

北京东黄城根北街 16 号
邮政编码：100717
http://www.sciencep.com

涿州市殷润文化传播有限公司印刷
科学出版社发行 各地新华书店经销

*

2025 年 6 月第 一 版 开本：880×1230 1/16
2025 年 10 月第二次印刷 印张：13 1/2
字数：458 000
定价：168.00 元
（如有印装质量问题，我社负责调换）

《比较免疫学》编辑委员会

丛 书 序

实验动物科学是一门新兴交叉学科，它集成生物学、兽医学、生物工程、医学、药学、生物医学工程等学科的理论和方法，以实验动物和动物实验技术为研究对象，为相关学科发展提供系统的生物学材料和相关技术。实验动物科学不仅直接关系到人类疾病研究、新药创制、动物疫病防控、环境与食品安全监测和国家生物安全与生物反恐，而且在航天、航海和脑科学研究中也具有特殊的作用与地位。

虽然国内外都出版了一些实验动物领域的专著，但一直缺少一套能够体现学科特色的丛书，来介绍实验动物科学各个分支学科和领域的科学理论、技术体系和研究进展。

为总结实验动物科学发展经验，形成学科体系，我从 2012 年起就计划编写一套实验动物丛书，以展示实验动物相关研究成果、促进实验动物学科人才培养、助力行业发展。

经过对丛书的规划设计后，我和相关领域内专家一起承担了编写任务。本丛书由我担任总主编，负责总体设计、规划、安排编写任务，并组织相关领域专家，详细整理了实验动物科学领域的新进展、新理论、新技术、新方法。本丛书是读者了解实验动物科学发展现状、理论知识和技术体系的不二选择。根据学科分类、不同职业的从业要求，丛书内容包括 9 个系列：Ⅰ实验动物管理系列、Ⅱ实验动物资源系列、Ⅲ实验动物基础科学系列、Ⅳ比较医学系列、Ⅴ实验动物医学系列、Ⅵ实验动物福利系列、Ⅶ实验动物技术系列、Ⅷ实验动物科普系列和Ⅸ实验动物工具书系列。

本丛书在保证科学性的前提下，力求通俗易懂，融知识性与趣味性于一体，全面生动地将实验动物科学知识呈现给读者，是实验动物科学、医学、药学、生物学、兽医学等相关领域从事管理、科研、教学、生产的从业人员和研究生学习实验动物科学知识的理想读物。

丛书总主编　秦　川　教授
中国医学科学院　学部委员
中国实验动物学会　理事长
全国实验动物标准化技术委员会　主任委员
2023 年 10 月

前　言

生命医学的蓬勃发展，离不开临床医学与基础医学的长期研究积累，更离不开科学家对生命奥秘的哲学思考。其中应用实验动物开展的医学实验研究，其目的是对人类生命生理与疾病病理的全面理解，而朴素的医学比较研究哲学思想也始终贯彻在这一研究过程中：对线虫、果蝇、斑马鱼等动物的研究让我们理解了生命发育、细胞生长与死亡的一般规律，进而推及至人类生命医学；对小鼠免疫系统的实验研究更是丰富了人们对机体免疫应答一般规律的理解。我们已经习惯把来自实验动物科学的研究当作人类医学的一面镜子，通过这面镜子，我们期望从更多的视角来探索生命。

在过去近 40 年的研究与教学工作中，我以及中国医学科学院医学实验动物研究所的团队一直从事着这样一种模式的研究。我们应用实验动物开展人类疾病的比较研究。我们深刻地体会到，比较研究不仅是一种方法，更是一种系统地进行医学研究的哲学体系。因此，在北京协和医学院的教学与研究体系中，我们提出了"比较医学学科"，并设立了"北京协和医学院比较医学中心"。

早在古希腊，希波克拉底（Hippocrates）就进行过动物解剖。人们通过对动物解剖结构的观察，理解人类生理结构。实验动物可以作为人类的镜像。小鼠是我们常用来建立动物模型的物种，其与人类同为哺乳类动物，它们的基因组中有 99% 的基因与人类同源。但小鼠与人类在进化历史上已经分开了 7500 万年，他们经历了不同环境选择历程。例如，他们的体型大小不同，因此发育过程中细胞分裂的次数也不一样；他们的寿命不同，面对基因突变造成的个体损伤的压力不一样，致使他们的免疫系统所要承担的纠错压力不同；人和小鼠所处的空间不同，小鼠穴居，它们所呼吸的空气及周围的微生物环境与人类存在差异，所面临的微生物挑战不一致，面对感染，它们免疫系统的抗感染免疫压力不一样。因此，在进行人类疾病动物模型研究过程中，我们必须要充分理解人类疾病的动物模型与人类疾病的异同，掌握实验动物与人类之间的异同，找到相似性加以利用，识别差异点避免错误。

什么是比较医学？我们关心的是利用实验动物模拟人类的生理和病理，是人类疾病在实验动物中的再现或是部分再现。比较医学其实是一面镜子，这个镜子就是实验动物。什么是像？光学上的图像有真实图像，也有假象。而透过平面镜我们看到的是假象。如何在假象中找到人类疾病的真实本质，就是我们比较医学要研究的重点。我们在研究神经系统疾病时，可能会选择非人灵长类动物，因为他们的社会行为较为相近；而进行病原性肺炎研究时，我们可能优先选择雪貂这样的动物，因为它们的病毒受体分布与人类有相似之处。我们把针对人类疾病动物模型研究的人与动物之间比较的学科叫"医学比较医学"。它不仅仅是实验医学，也包括基础医学理论的研究；它应用动物模型作为研究手段，但模拟的重点是人类的疾病；它的研究范围包括了转化医学在内的生物医学全领域；在探索人类自身生命奥秘时，医学比较医学抓住人类疾病动物模型这面镜子，辨析镜子中所呈现的若实若虚的像，找到人类疾病动物模型模拟人类疾病的相似与差异之处并加以应用，其目的是要探知人类疾病的本质，以比较医学的研究体系解决人类生命健康中的问题。

目前这个学科主要面向研究生以上层次的学生开展招生与教学，我们也规划了全面系统的比较医学教学学科体系。2017 年，"比较免疫学"列入了我们比较医学学科教材编制规划。2021 年北京协和医学院开设了"医学比较免疫学"研究生课程。来自中国医学科学院医学实验动物研究所、基础医学研究所、药物研究所，以及北京大学医学部、中国科学院和中国农业科学院等单位的相关专家学者参与了教材编制和课程教学。刘芸、贾子清、肖好好等研究生也参与了本书资料的整理。

"比较免疫学"无疑是一门蓬勃发展的新兴学科，而本书在成稿之时也无疑是一种过去式的记录，书中的一些知识点会随着研究的发展而变更；编者们虽然极其努力地希望减少书中的错误，但疏漏在所难免，在此也恳请读者对本书的不当之处给予指正。

　　本书是"实验动物科学丛书"中比较医学系列的一个组成部分。期望本书成为从事医学、转化医学、比较医学和实验动物学研究的研究人员建立比较医学思想的导引，从而更好地开展免疫学研究，让我们既看到应用实验动物开展比较医学研究给我们带来的启示，又能认识到人类与实验动物在生理、病理，特别是免疫系统发生、发展的差别，减少拓展实验医学推广应用的盲目性。

秦　川

2025 年 1 月于北京

目　录

第一章 绪 论

医学中利用实验动物模型来模拟人类疾病，这是基于对人类和实验动物在生理、病理等结构与功能过程的比较。而对免疫系统在疾病发生、发展过程中机体的免疫应答的理解，也需要进行比较，以形成准确的认知。在绪论章节，我们首先要了解比较免疫学的概念，然后简要介绍本学科的主要内容。

第一节 比较免疫学的概念

一、免疫的范畴

免疫的英文"immunity"一词来源于拉丁语 *immunitas*，其词源原意为古罗马元老院的元老有免除赋税劳役的特权。该词汇后用于表明人或动物在从某种病原体感染中恢复，或接种了某种病原体的疫苗后，可以不再受到相同的病原体感染而免于患病。免疫的核心概念，最初在于对生命体抗感染免疫的认识。

（一）免疫防御和感染性疾病

人和高等动物个体的生存环境中存在着各类微生物，其个体内部也寄生着大量的微生物。一旦体外致病性微生物侵入机体，它们将在体内快速繁殖，这对于动物或是人类个体而言无疑是有害的。如何识别并清除这些外来的病原微生物，降低其对机体的影响呢？生命体进化出一系列的免疫应答机制，包括从低等生物物种起就存在的固有免疫应答，以及在高等生物物种才出现的适应性免疫应答。从这个意义上讲，免疫的功能是防御。一旦病原微生物入侵得不到控制，就可能导致感染性疾病的发生。

（二）免疫监视和肿瘤性疾病

除了外源微生物以外，人或者动物体内，各类细胞时刻都在进行着新陈代谢。一些衰老的或者执行完任务的细胞光荣退休，会进入程序性死亡途径，即凋亡；有些细胞发生各种病变，会提前出现非正常的死亡；还有些细胞的遗传物质发生了突变，这些突变的积累，将导致细胞的恶性转化，生长失控，而形成人或者动物的肿瘤。免疫系统也进化出了对这些自身的非正常死亡、处于应激状态或者发生癌变的细胞的监视能力，能清除非正常死亡细胞，识别那些发生癌变的细胞，通过免疫应答对其进行控制。

（三）免疫自稳和免疫性疾病

免疫系统负责防御外来微生物的入侵，同时负责监察自体系统的稳定性。但是并非所有的免疫应答对机体都起保护作用。例如，免疫系统在识别的环节如果出现差错，未能很好地区分自我和非我，对自身正常的组织和细胞产生了免疫应答，就会形成组织损伤。这种情况下，人体或动物表现出的就是自身免疫疾病，如风湿性关节炎、系统性红斑狼疮等。而当机体受到某些抗原刺激时，出现生理功能紊乱或组织细胞损伤的异常免疫应答，会导致超敏反应。免疫耐受与免疫调节是免疫的重要功能之一，对维持机体内环境的稳定至关重要。

因此一般意义上，免疫的意义在于以下三个方面：一是免疫防御（immune defense），人和动物的免疫系统可以识别并清除外界病原体的入侵；二是免疫监视（immune surveillance），免疫系统及时发现并清除体内出现的基因突变的异常细胞；三是免疫内环境稳定（immune homeostasis），免疫系统会通过自身免疫耐受和多种免疫调节机制，控制免疫内环境的稳定。

（四）免疫识别

达尔文在 19 世纪提出了生物的进化论，认为生物均是从最初的单细胞生物进化而来的。从单细胞到多细胞，从简单到复杂，从水生到陆生，被看作生命科学研究的基本规律。所有生物均有进化上的亲缘关系，所有生物的基本特性也是相似的。那么，什么是生命的基本特征呢？从热力学的角度来说，生命是有序的。为了自身的有序性，需要区分自我与非我，将有序的生命来对抗无序化的自然规律（图 1-1）。因此生物要对外界进行识别，这是免疫的第一个意义，免疫识别。

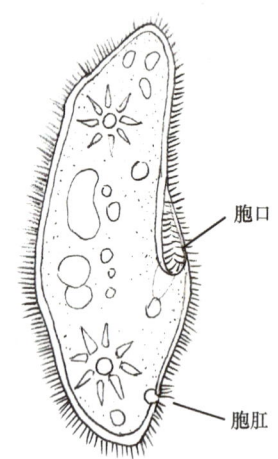

草履虫的免疫

　　草履虫是单细胞的原生动物。可以吞噬食物，食物在细胞内被消化吸收后，食物的残渣在虫体的另一侧排除。这个营养的过程，即获取食物、排除残渣，其实就是维持一个个体生命的有序性，外界物质不会随意地混入原生动物的机体，即使简单如草履虫，它也有识别外物的需要。这可以被理解为最简单的免疫。

图 1-1　草履虫的免疫

免疫识别是生命的重要功能。生命个体中细胞与细胞外基质、细胞与细胞之间的信息交流存在着复杂的途径，各类配体与其相应受体的识别是主要的手段。各类病原微生物表面多存在一些具有相似性的分子模式，这些病原体相关分子模式（pathogen associated molecular pattern，PAMP）可以被存在于各类固有免疫细胞表面的各类识别受体识别，进而激发后续的免疫应答。而免疫细胞之间也是通过抗原的识别、抗原提呈来开启免疫细胞的活化过程。

免疫识别本身可以有三种基本形式，前面所表示的机体对 PAMP 的识别是模式识别，识别外来微生物中共有的部分，这种识别是非特异的。在机体内还有另外两种情况：第一种是机体所有的细胞表面均存在主要组织相容性复合体（MHC）分子，机体内的自然杀伤（natural killer，NK）细胞可以识别自身健康细胞表面的 MHC I 类分子，而异常细胞的 MHC I 类分子一旦缺失，就会引发 NK 细胞对异常细胞的杀伤，这里 NK 细胞的识别是一种缺失识别；第二种为免疫反应中 T、B 细胞的特异性识别（图 1-2）。

（五）免疫应答

参与机体免疫反应的各类器官、组织、细胞通过多种复杂的途径参与免疫应答。我们以抗感染免疫为例进行简单阐述。

参与固有免疫的各类因素并不需要抗原激发就已经存在，在感染进程中此类成分反应快速，依靠病原模式识别受体（pattern recognition receptor，PRR）对 PAMP 快速识别。例如，许多革兰氏阴性菌细胞壁成分脂多糖（LPS），可被巨噬细胞和树突状细胞等细胞表面的 Toll 样受体 4（TLR-4）识别，从而产生固有免疫应答。在早期相已活跃的细胞包括巨噬细胞等吞噬细胞、NK 细胞、自然杀伤 T（NKT）细胞等。发生效应的分子包括抑菌/杀菌物质、补体，以及各类炎症因子。

特异性免疫应答主要是指机体内 T、B 细胞接受"非己"的抗原物质刺激后自身活化、增殖、分化为效应细胞，产生一系列生物学效应，包括产生特异性的抗体进行体液免疫应答；产生杀伤性 T 细胞，进行细胞免疫应答；产生各类辅助性 T 细胞（Th 细胞），一方面促进体液免疫和细胞免疫，另一方面调节性 T 细胞（Treg 细胞）也会控制免疫应答的强度。与固有免疫相比，适应性免疫具有特异性和记忆性。

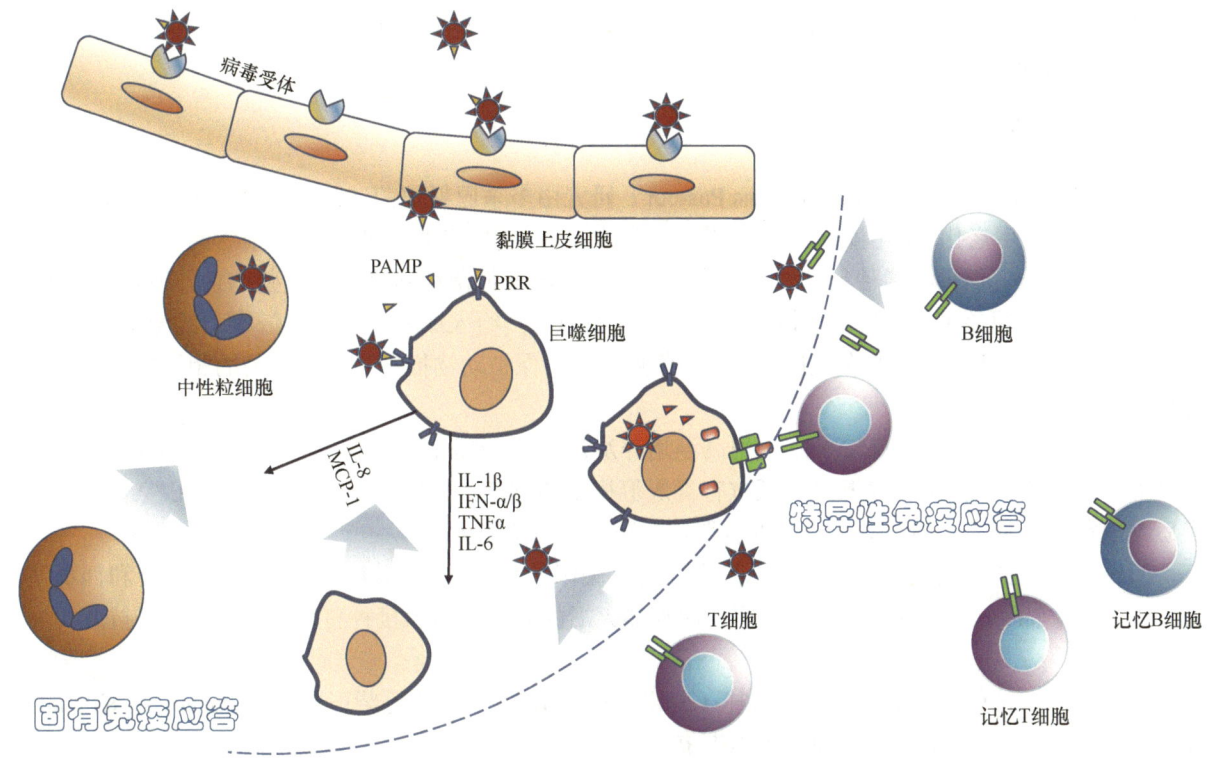

图 1-2 免疫识别

（六）免疫调节

免疫应答的后一阶段为免疫调节。在免疫应答的后期，当病原体被清除后，一系列免疫调节机制使免疫应答及时消退，同时部分细胞获得免疫记忆。免疫应答的结果可表现为炎症反应。炎症反应是把双刃剑。一方面，适当的炎症反应促进免疫保护作用；另一方面，当免疫应答的水平过高或过低，或针对自身的免疫耐受被打破，或免疫调节功能发生紊乱，此时出现的炎症反应可导致免疫相关疾病的发生。此类相关疾病的种类非常多，如感染性疾病、超敏反应、免疫缺陷病、自身免疫疾病，以及移植排斥反应等均属于免疫相关疾病。

二、免疫学的比较医学研究史

免疫学的学科发展历史从 1796 年英国乡村医生爱德华·詹纳（Edward Jenner）为人接种牛痘预防天花开始，已经走过了 200 多年的历程。人们对免疫学的认识一方面来自人类的临床医学实践，而更多的信息来自动物，包括农业畜牧业的家畜、宠物以及后来的实验动物。可以说，人类与动物的比较医学研究贯穿了免疫学的整个发展史。

（一）天花与牛痘

天花是一类由天花病毒感染引起的传染病，曾在历史上造成了严重的危害。最初人们发现患病的人一旦痊愈后，不会再次得天花。尽管人们不明白其中原因，但是早在 12 世纪的中国，有经验的医生就已经将患病个体的痂皮接种给婴儿，大大降低了该疾病的死亡率。这一做法随后也传到了欧洲。在欧洲，牛痘自 9 世纪暴发性流行，人们发现牛的症状类似天花患者。人们猜想，采用人类天花的处理方式来处理牛痘可能也有效。实践证明，接种过的牛对此病产生了抵抗力。

人们还发现，牛的疾病也可以传染给人类，经常接触牛的挤奶工人患了牛痘以后，患天花的概率很低。1796 年英国医生爱德华·詹纳开始为人接种牛痘预防天花。在当时，人们虽然还不理解这种接种技术的原理，但是其有效性促使人类将这种做法继续推广。绵羊接种绵羊痘，使绵羊种群得到保护。但是并非所有的类似尝试都获得了成功，犬接种牛痘，在面对犬瘟热时却没有保护力。这说明动物免疫系统或致病原是存在差异的。

（二）禽霍乱减毒活疫苗

1879 年法国的路易·巴斯德（Louis Pasteur）研究由多杀巴斯德菌（*Pasteurella multocida*）引起的禽霍乱。一次使用老化的细菌培养物感染鸡时，动物没有发病。当时巴斯德出于节省的目的保留了这些鸡用于后续实验。但再次接种足以杀死动物的新鲜多杀巴斯德菌培养物时，这些鸡意外地存活了下来。巴斯德猜想这一现象可能与用牛痘接种预防天花有相似性，给人或者动物接种低毒力的微生物菌（毒）株不会导致疾病，但却能引起免疫应答，这种免疫应答可保护动物抵抗再次高毒力的相同或相近微生物毒株的感染。

巴斯德继续研究炭疽和狂犬病。他用高温培养炭疽杆菌（*Bacillus anthracis*），发现细菌的毒力丧失，免疫绵羊后动物不发病，但是却可以抵抗有毒炭疽杆菌的感染。巴斯德将感染狂犬病死亡家兔的脊髓干燥后制成疫苗，接种动物，动物也可以获得针对狂犬病的免疫力。

巴斯德使用的是减毒活疫苗，类似的研究还有美国的丹尼尔·沙门（Daniel Salmon）和西奥博尔德·史密斯（Theobald Smith），他们证明使用加热灭活的肠炎沙门菌接种猪，能够保护猪抵抗此类病原引起的疫病。

除此之外，德国的埃米尔·冯·贝林（Emil von Behring）和北里柴三郎（Shibaaabisso Kitanato）证明破伤风梭菌培养物的滤液能保护动物抵抗破伤风。

1890 年，贝林和北里柴三郎将白喉外毒素接种动物，制备得到了白喉抗血清，其中含有一种能中和白喉外毒素的物质，当时被称为抗毒素。现在我们知道那是中和抗体。用白喉抗血清进行儿童疾病的治疗被证实是有效的。因此在 1901 年贝林获得了第一届诺贝尔生理学或医学奖。随后人们发现了大量的具有抗原性的物质。这些抗原接种后会得到不同的抗体。

巴斯德等科学家利用动物进行了大量的科学实验，揭开了现代免疫学的一角，将经验的免疫手段引向了的免疫学的科学发展阶段。

（三）克隆选择学说

不同的高等动物个体存在不同的血型，如人类的 ABO 血型系统。现在我们知道不同的血型是由于红细胞表面糖蛋白糖链末端寡糖结构的不同造成的。一个个体存在一类血型抗原，其体内不会存在其相应的抗体。但不同个体间由于血型抗原存在差异，在输血时，血液中的抗体就会识别这些差异抗原，造成凝血。1945 年雷·欧文（Ray Owen）在研究异卵双生、胚胎融合的小牛时发现，双生小牛体内存在两种血型的红细胞，但却没有引起免疫反应。1953 年英国免疫学家彼得·梅达沃（Peter Medawar）进行了小鼠皮肤移植实验。小鼠进行皮肤移植时，不同品系来源的皮肤移植物将被排斥。如果新生小鼠（或胚胎期）接受另外品系小鼠的脾细胞，此小鼠成年可以接受该品系小鼠的皮肤移植物，不出现免疫排斥。因此，科学家猜想，动物胚胎期或新生期接触的抗原，可导致动物产生该类抗原的免疫耐受，动物成年后对该类抗原不应答。

基于对天然免疫耐受和人工诱导耐受现象的分析，1957 年澳大利亚免疫学家弗兰克·麦克法兰·伯内特（Frank Macfarlane Burnet）提出了克隆选择假说（clonal selection theory）。该假说认为机体所有的免疫细胞是由识别不同抗原的细胞克隆组成的，每一种克隆表达相同的特异性受体。淋巴细胞识别抗原的多样性是在机体接触抗原之前就已经存在的，生物经过长期进化获得了这种多样性。机体自身的组织抗原，以及在胚胎期和新生时期接触的抗原物质被相应的免疫细胞克隆所识别，其结果是此类细胞被消除，最终表现为对此类抗原物质的耐受。而之后再接触到的抗原物质，可以在免疫细胞克隆库中激活能识别这类抗原的淋巴细胞克隆，使其克隆活化增殖，产生相应的免疫应答。人们对免疫耐受的认识，也是基于大量动物实验得到的。

（四）单克隆抗体技术

20 世纪 70 年代，Kohler 和 Milstein 建立了单克隆抗体技术。小鼠的 B 细胞可以产生特异性抗体，但是其细胞寿命非常短。小鼠的骨髓瘤细胞可以无限制的复制增殖，它不具备分泌抗体的能力。使用聚乙二醇可以促使小鼠的 B 细胞和骨髓瘤细胞融合。在 HAT 选择培养基上，未与淋巴细胞融合的骨髓瘤细胞死亡，而未融合的 B 细胞也不能永生。最后融合的细胞得以生存和扩增，在半固体培养基上实现克隆化生长。这样的杂交瘤细胞克隆既具备骨髓瘤细胞永生的能力，也具备 B 细胞分泌抗体的能力。

按照一定的免疫程序使用特异抗原免疫小鼠，这时小鼠体内积累了大量的针对该抗原的 B 细胞。再经过杂交瘤细胞技术，得到大量能分泌抗体的杂交瘤细胞。最后使用特异抗原进行筛选，就可以得到分泌抗原特异性抗体的杂交瘤细胞，制备抗原特异性的抗体。

每种单克隆抗体所能识别的是特定的抗原表位。高等动物为了能够识别各种抗原物质，采取了 DNA 重排的策略，这样机体就可以产生多种多样重排后的淋巴细胞，产生多种抗体。而 T 细胞表面的受体也采用了相同的重排策略，这样，在接触特殊抗原或病原后，针对此抗原的适应性免疫得到扩增和放大，机体产生了适应性免疫应答。

（五）基因工程动物与现代医学研究

随着分子生物学技术的发展，现代生物医学进入了分子医学研究的时代。人类基因组计划使我们知道了所有人类的基因，但是最关键的问题是我们对这些基因功能的认识还远远不够。实验动物成为我们深入研究基因功能的极好工具，秀丽隐杆线虫、果蝇、小鼠等模式动物，以及在此基础上的转基因和基因敲除的动物，已经为基因功能研究做出了巨大贡献。

在所有的实验动物中，小鼠与人类的亲缘关系比较近，体型小而易繁殖，是人类基因功能研究最常用的模式动物之一。在基因组测序的大背景下，小鼠基因组是和人类基因组同时代进行测序比较研究的，使小鼠成为人类基因功能研究良好载体的另一个重要原因在于人们对小鼠基因改造技术的日趋成熟。普通的转基因技术可以在小鼠基因组中随机导入外源基因，从而观察该基因过表达带来的生物学效应。而基于胚胎干细胞技术和基因重组技术的小鼠基因敲除技术，以及后来的 CRISPR-Cas9 技术，使得敲除某个基因变得简单易行，我们可以从基因缺失层面来观察生物学效应。很多基因的功能都已经在转基因和基因敲除小鼠上得到确认。

免疫学是一门以实验为基础的学科。人们对于免疫系统的组成和功能的理解有很大一部分来自实验动物。笔者在撰写此文时对美国国家生物技术信息中心（NCBI）的发表文章进行检索，关于 immunology 的文章大约有 150 万篇，涉及动物的文章占比约为 50%，涉及小鼠的文章有 35 万篇，涉及大鼠的文章有 10 万篇。而在基础免疫研究领域该比例会更高。因此我们对免疫系统的认识是建立在对小鼠、大鼠等动物的实验认知以及一些人类疾病状况的理解基础上的。

三、进化医学、比较医学理论在免疫学中的应用

在对基本生命现象的认识上，人类自身生命规律的认识很多都来自动物。因为人们很自然地接受了物种进化的观点。高等生物是由低等生物进化而来的，高等生物的基因如果在低等生物找到同源因素，对于这些同源基因功能的研究可被人类医学借鉴。

物种的进化，一方面伴随着遗传物质的遗传与变异；另一方面，生物的生存环境也在不断改变，物种随之进化出更为复杂的机制来应对复杂的环境改变。诚然，实验动物为我们研究自身的免疫系统提供了很多宝贵提示，但是我们仍然不能简单地把来自动物的研究结果直接推论到人类。而对于人体免疫系统客观科学的研究，一方面需要开展动物实验，在实验动物上获得有用的信息；另一方面，研究者需要进行动物与人类免疫的系统比对，通过比较，找出共同的规律以及物种之间的差异，这是比较医学在免疫学研究中的重要意义。

四、比较免疫学研究的意义——小鼠研究的陷阱

自从小鼠被应用于生命科学研究，从研究结果中我们对于自身免疫系统的了解也越来越深入。但是只要稍加思索可能就会意识到其中的关键问题，那就是我们的大多数认识都是来自动物模型，特别是小鼠的动物实验研究，小鼠不是人，小鼠的免疫系统也不完全等同于人的免疫系统，因此来自小鼠实验结果的可信度就打了折扣。

按照进化论的理论以及古生物学家的研究，在大约 7500 万年前，人类和小鼠存在着共同的祖先。那时我们似乎都生活在树上，四肢匍匐，可能刚刚离开养育我们的水边湿润的环境，与爬行动物分道扬镳（图 1-3）。

图 1-3　人类在 7500 万年前与小鼠可能的最早祖先

然而我们和小鼠在某个意外事件中发生了隔离——人类的祖先最终逐渐适应了地面生活，学会了直立行走，演化成现在的人类；而小鼠成了穴居生物，体型较小。一方面，小鼠与人类有着共同的祖先，两者必有相似之处，这些相似之处也使得小鼠成为人类的一面镜子，可以从小鼠免疫系统相关研究中瞥见人类免疫系统的影子；而另一方面，小鼠与人的亲缘关系是那么远，这之间的差别是不能被忽视的。

两者的生活环境迥异。在生态学上啮齿动物和灵长类动物处于不同的生态位，这种生态位的差异表现为摄入的食物不同，周围的微生物环境差别很大，这种差别是我们免疫系统要面对的。因此，免疫系统抗感染免疫的进化必然导致人类与小鼠免疫系统的显著差异。

免疫系统的功能最早是基于抗感染免疫提出的。在生物物种的长期进化过程中，随着生活环境的变化，物种接触的病原等也发生了改变，因此其免疫系统也做了适应性变更。而随着物种的进化，与该物种适应的病原微生物也进行着协同进化。对于免疫系统来说，我们较为清楚的信息来自人类和啮齿动物小鼠。人类与小鼠的区别不仅是物种自身，与之相应的生活环境也截然不同。因此可以说人类与小鼠的免疫系统有相似性，但是还是有一些区别。

免疫系统的作用不仅仅是抗感染。在物种从单细胞生物进化到多细胞生物后，生命的基本原则就包括了区别自我与非我。这是免疫系统的基本功能。随着生命体的系统越来越复杂，机体识别异物的能力也逐渐进化。到达哺乳动物时，生命区别自我与非我的系统应用了包括组织相容性复合体基因在内的体系。

人类与小鼠的体型大小存在差别，而且寿命也不一样。人类的个体较之小鼠个体体型大出 3000 余倍，而哺乳动物细胞的差异没有个体差异这么显著，因此人类要比小鼠多出 3000 余倍的细胞数量；在人类发育过程中，从受精卵到成为人的个体要比小鼠多进行 10^5 次有丝分裂。小鼠的寿命一般只有 2 年，而人类的寿命大多在 70 年以上。更多的细胞分裂，意味着基因发生错配的机会增多，而更久的寿命也意味着人类要经历的基因突变造成的伤害似乎更多。因此，人类的免疫系统要更好地识别发生突变的细胞，或者叫发生转化或是癌变的细胞。而且人类和小鼠识别自身抗原的肿瘤免疫机制也有差异。

物种的进化必然伴随着物种免疫系统的进化，小鼠与人类在 7500 万年的进化过程中免疫系统经历的各种挑战都在各自的生命中留下了印迹，因此这些差异是不可忽视的。

既然小鼠与人类有如此大的差别，那我们是否还要进行小鼠的实验研究呢?从伦理学上我们有很多研究无法直接在人类自身上得以开展，因为科学研究充满了风险，一项科学设想若要得到证实，根本离不开动

物实验的环节。那我们是否又有其他的动物可以选择呢？我们有亲缘关系更为相近的非人灵长类动物，要知道，即使是使用这些亲缘关系近的动物进行研究，得到的数据和结论如果直接推论到人类也存在一样的谬误，毕竟我们不是一个物种，有时从西方人群得到的医学信息仍不能直接推论到亚洲人群，即使同是人类也存在着人种差异；而且，非人灵长类动物的医学研究历史较短，我们可以参考的生物医学信息也不甚丰富；并且，非人灵长类动物的种群个体差异较大，不像小鼠这样的动物种群因为人工培育历史较长，得到了大量的近交系动物，用这些近交系动物实验得到的生物医学数据更为稳定。另外，科学研究也不得不考虑成本。因为小鼠的研究基础较好，易繁殖和饲养，小鼠早已成为我们离不开的研究工具。

为了使对小鼠的研究结果更接近人类，科学家进行了大量小鼠人源化的研究。这些研究也将在之后的章节展开讨论。

有时科学家会简单地将来自动物等其他物种的免疫学信息直接推论到人类，认为动物的免疫系统与人类基本一致。但是有很多来自动物的数据信息无法在人类身上直接进行验证，因此忽视物种差异直接将其他物种的信息在人类身上进行推论存在较高风险。基于动物的免疫学研究近年由于基因工程动物的应用，对免疫相关基因的理解也越来越深入。在研制基因工程动物时，有时简单地将人类基因转入动物体内来研究该基因的功能。但更多时候，单一基因的功能在生物体内是与相应的关联分子相偶联的。有时我们关心的人类基因在动物体内并没有对应的同源基因，有时找到可能的同源基因，但是这个基因在动物体内是否存在相应的配体以及相互作用的分子呢？这些问题在应用基因工程动物进行免疫分子研究时必须加以考虑。

实验动物是支持生命科学研究的工具，但是应用实验动物进行人类疾病等研究，模拟人类病症时，科学家要清楚实验动物与人类之间存在的差别。不能简单地将来自实验动物的数据直接推论到人类。应用动物进行医学研究的基本手段应该包括比较医学。

第二节　比较免疫学的研究内容

一、免疫系统的进化

本书首先从进化的角度对不同物种的免疫系统进行了比较分析。免疫系统是随着物种的进化而逐渐进化的。从单细胞物种进化到多细胞物种，机体细胞出现分化，使生命有了维持自身稳定的需要。而从无脊椎动物到脊椎动物的进化，动物的生存环境从水中迁移到陆地，环境的改变也给予生命机体更多抵抗感染的需要，因此在本书的第二章重点介绍了从低等的无脊椎动物开始，到脊椎动物的鱼类、两栖类、爬行类、鸟类，以及包括人类在内的哺乳动物免疫系统的进化历程。

二、免疫器官、组织、细胞、分子的比较研究

高等动物的免疫系统包括多个免疫器官以及各类免疫组织。不同物种的免疫器官和免疫组织存在着显著的差异。禽类的 B 细胞来源于其特殊的免疫器官腔上囊，而哺乳动物的 B 细胞自骨髓发育而迁出至外周。此类免疫器官与免疫组织的比较在本书中也将加以介绍。

参与免疫反应的细胞众多，其中既包括参与适应性免疫应答的 T 细胞、B 细胞，也包括参与固有免疫应答的吞噬细胞、树突状细胞等。这些细胞在不同物种之间的比较医学信息也将在本书中加以表述。

参与免疫反应的有多种分子，这些分子包括抗原、抗体、补体、各类细胞因子、细胞内的 MHC、细胞表面的各类表面受体和黏附分子，这些分子在不同物种之间的异同，将在本书相关章节加以介绍。

三、固有免疫、适应性免疫，以及特殊部位黏膜免疫的比较

在 7.5 亿年以前，随着多细胞生物的出现，固有免疫系统逐步形成；而适应性免疫系统是在约 5 亿

年前脊椎动物出现后才逐渐演化而来。因此,在系统进化的历史上固有免疫的出现要早于适应性免疫,而且在免疫应答过程中,特别是感染免疫,固有免疫也较早被激发。过去的研究和教学更多强调了适应性免疫的意义,然而近来科学研究发现,固有免疫在维持生命稳定过程中发挥了更为重要的作用,这种作用不仅体现在固有免疫对适应性免疫的激发,而且更多地体现在固有免疫系统在之后的适应性免疫应答的效应阶段也发挥了重要作用。在物种的进化过程中,不同物种针对各自的生活环境以及进化经历,进化出了各自的免疫系统,因为固有免疫的出现阶段较早,因此不同物种的固有免疫相似性较之适应性免疫也更为保守,但是不同物种的固有免疫也存在差异。

适应性免疫是较高等物种拥有的免疫能力。与固有免疫相比,其最明显的特点是免疫记忆,即机体遇到一类免疫原性物质产生适应性免疫应答之后,将产生免疫记忆,当再次遇到同类免疫原性物质后,可以快速产生免疫应答。这也是疫苗使用的出发点。适应性免疫按照参与的免疫细胞和免疫机制来区分,可以分为体液免疫和细胞免疫。B细胞是来自骨髓(禽类来源于腔上囊)的一类细胞,在适应性免疫活化后可转化为浆细胞分泌大量抗体,抗体发挥了多种不同的免疫效应,可以说是体液免疫最核心的效应分子。

T细胞是来源于骨髓,在胸腺中发育成熟的淋巴细胞。根据不同的分类角度,T细胞可以细分为不同的亚型,包括CD4 T细胞/CD8 T细胞、$\alpha\beta$T细胞/$\gamma\delta$T细胞、初始T细胞/效应T细胞/记忆T细胞等。T细胞是主要的适应性免疫细胞之一,其活化和效应需要抗原提呈细胞的辅助。有些T细胞具有直接的细胞毒功能[细胞毒性T细胞(CTL)];有些T细胞具有免疫辅助功能,可以通过分泌细胞因子促进免疫应答;而另有一些T细胞具有免疫调节能力,对机体免疫稳态的维持十分重要。

机体体外被覆皮肤组织,哺乳动物体表的皮肤干燥,皮肤细胞间的紧密连接阻止了机体与外界的联系。但在机体内,以及一些特殊的部位,存在一些特殊的界面,如呼吸道的黏膜保证机体进行气体交换,消化道的黏膜具备物质交换的能力,还有生殖道、尿道等部位的黏膜组织。黏膜是一个十分特殊的部位。在黏膜部位机体存在与外界的直接接触,在此部位的免疫系统非常重要。黏膜组织存在一个由淋巴组织、黏膜相关细胞及效应分子组成的高度完整且调节完善的复杂网络。黏膜免疫在机体分布广泛,是机体抵御病原微生物入侵的第一道防线,黏膜表面也是微生物寄生的乐园,黏膜表面的微生态对机体的健康也非常重要。本书也将重点讨论黏膜免疫系统,比较分析人和实验动物在黏膜免疫系统的组织构成、免疫应答、免疫调控及黏膜免疫相关疾病等方面的异同。

四、各类疾病的比较免疫学

比较医学的研究重点在于通过比较人与实验动物之间在疾病发生、发展过程的异同,通过实验动物复制人类疾病,进而进行疾病诊治的研究。各类动物在免疫系统之间存在较大的相似之处,这些相似之处可以成为模型制备的依据。而免疫系统的差别在进行比较医学研究中是需要明确识别的。下面举几个比较医学研究的例子加以说明。

(一)CD28抗体治疗与细胞因子风暴

T细胞的活化需要2个信号的刺激,一个来自T抗原受体(TCR),另一个来自协同刺激分子。CD28是T细胞表面接受协同刺激的受体分子。有科学家发现针对CD28的抗体分子可以活化T细胞,特别是在动物实验中发现可以激活调节性T细胞,而不是激活杀伤性T细胞。然而在人类中CD28不仅是T细胞的表面受体,它同时存在于嗜酸性粒细胞等细胞表面,在受到CD28抗体刺激后,嗜酸性粒细胞将会释放大量的细胞因子,如IFN-γ、IL-2、IL-4、IL-13等。在将抗体用于人类疾病治疗时,意想不到的事情出现了,受试者出现了器官衰竭,原因是细胞因子引起的组织损伤。

(二)实验性变态反应性脑脊髓炎模型与多发性硬化

多发性硬化(multiple sclerosis,MS)是一类自身免疫疾病,其病变主要为中枢神经系统白质炎性脱髓鞘，常累及脑室周围白质、视神经、脊髓、脑干和小脑，主要临床特点为中枢神经系统白质散在分布的多病灶与病程中呈现的缓解复发，症状和体征的空间多发性及病程的时间多发性。研究发现病毒感染是 MS 的潜在诱因。感染的病毒可能与中枢神经系统髓鞘蛋白质或少突胶质细胞存在共同抗原，即病毒氨基酸序列与髓鞘碱性蛋白质（myelin basic protein，MBP）等神经髓鞘组分的某段多肽氨基酸序列相同或极为相近，推测病毒感染后体内 T 细胞激活并生成病毒抗体，可与神经髓鞘多肽片段发生交叉反应，导致脱髓鞘病变。疾病的发生也与遗传因素有关。免疫系统在此疾病发生过程中扮演了重要角色，免疫细胞参与了炎症反应，免疫系统对中枢神经系统髓鞘蛋白质的免疫识别以及对免疫系统的攻击是目前掌握的疾病发生的机制。

1933 年 Rivers 等建立猴实验性变态反应性脑脊髓炎（experimental allergic encephalomyelitis，EAE）模型，之后许多学者采用不同方法建立了不同种属动物的慢性复发性 EAE。EAE 是实验动物通过神经组织诱导产生的。将神经组织抗原与佐剂的混合乳剂直接注射至动物体内，经过一定时间的潜伏期，诱导 EAE 产生。而 EAE 的被动转移实验是研究其发病机制的最直接证据，也是研究 EAE 治疗及预防措施的良好模型。将抗原激活的蛋白脂质蛋白（proteolipid protein，PLP）特异性 T 细胞转输给同一品系的正常大鼠或小鼠，也可引起 EAE。髓鞘碱性蛋白质特异性自身反应性 T 细胞在 MS 的发病机制中也起着关键作用，T 细胞必须先在外周活化，通过血管内皮细胞进入中枢神经系统才能致病。

最初，人们研究发现，干扰素（IFN）对 MS 病程有一定影响，随后又发现 IFN-γ 的免疫调节作用，在 EAE 动物实验中人们发现 IFN-γ 确实可以降低动物的发病水平。因此有人考虑将 IFN-γ 应用于 MS 的治疗，但是事与愿违，接受 IFN-γ 治疗的 MS 患者的病情没有减轻，反而加重了。

因此进行比较医学研究，必须了解不同物种免疫系统的差异。在本书的后一部分，将自身免疫疾病、过敏性疾病、肿瘤和神经系统疾病在动物模型研究中积累的比较免疫学知识进行了梳理，其目的在于帮助研究者更好地理解来自实验动物中的比较医学信息。

五、实验动物的人源化

我们了解到实验动物与人类在诸多方面特别是免疫系统的差异，很多时候不能将动物的医学信息推论到人类的临床研究上。是否可以得到一些与人类更为相似的动物呢？随着实验技术的发展，实验动物的人源化成为一个新的比较医学研究的途径。本书的最后一章介绍了实验动物人源化技术以及此类技术在比较免疫学研究中的应用。

（向志光）

参 考 文 献

曹雪涛. 2013. 医学免疫学. 6 版. 北京: 人民卫生出版社.

Ian Tizard. 2018. Veterinary Immunology 10e. Amsterdam: Elsevier.

Mestas J, Hughes C C. 2004. Of mice and not men: differences between mouse and human immunology. J Immunol, 172(5): 2731-2738.

第二章 免疫系统的进化

免疫系统具有免疫监视、防御、调控的作用。这个系统由免疫器官和免疫组织（骨髓、脾脏、淋巴结、扁桃体、小肠集合淋巴结、阑尾、胸腺等）、免疫细胞[淋巴细胞、单核吞噬细胞、中性粒细胞、嗜碱性粒细胞、嗜酸性粒细胞、肥大细胞、血小板（因为血小板里有 IgG 等）]，以及免疫活性物质（抗体、溶菌酶、补体、免疫球蛋白、干扰素、白细胞介素、肿瘤坏死因子等细胞因子）组成。免疫系统分为固有免疫（又称非特异性免疫）系统和适应性免疫（又称特异性免疫）系统，其中适应性免疫又分为体液免疫和细胞免疫。

动物界一般把动物分为无脊椎动物和脊椎动物两大门类。无脊椎动物又分为原生动物、扁形动物、腔肠动物、棘皮动物、节肢动物、软体动物、环节动物、线形动物八大类，脊椎动物包括鱼类、两栖类、爬行类、鸟类、哺乳类五大种类。

第一节 无脊椎动物免疫系统的进化

无脊椎动物比脊椎动物原始低等，所以其免疫防御机构也特别原始，一般没有免疫系统的结构，只有原始的、非特异性的防御机能。较高级的无脊椎动物虽然具有免疫功能的结构，但也不十分完善。

一、单细胞原生动物的免疫防御功能

生物界从最初演化生成的单细胞原生动物开始，就有了吞噬、销毁和排斥异物的功能。例如，单细胞的阿米巴原虫就能吞噬细菌及其他异物，这是为了消除它们的侵害并把它们化为自身的食物，以保护和壮大自己。又如，当不同种的单细胞相互接触时异种细胞的核偶尔被融入另一种单细胞内时，会出现排斥现象，说明生物间对于非我的异种物质是不能相容的，必须予以排斥，以保持自身"种"的纯洁。在高等动物和人类体内存在的细胞吞噬现象，是原始单细胞生物最初生成的功能，通过生物种系进化而长期保留下来，并发展得更为完善。异种及异体间器官移植的排斥反应也起源于此，但作用更为复杂。

二、多细胞无脊椎动物的免疫防御机能

随着生物种系的进化，多细胞无脊椎动物的免疫防御机能也逐步得到发展，出现了"自我"对"非我"的识别和排斥"异己"所表现的防御反应。主要表现在以下 5 个方面。

（1）排斥异己：见于全部无脊椎动物。原生动物具有异种间酶不相容的特点；进化至多孔动物时，不同种的海绵生成各自"种"特异性糖蛋白成分，出现相互排斥而不相容，使彼此不能聚合组成一个群体。

（2）包围防护：见于各类多细胞无脊椎动物。例如，腔肠动物门中的珊瑚、海蜇及海葵等，当异物进入其体内时，即由多数细胞来围聚，防止其扩散并予以摧毁，表现为雏形的炎症防护反应，并且对这种异物还留有短期的免疫记忆，再遇到该异物时可加速反应。

（3）吞噬销毁：原生动物已具有吞噬销毁作用，自环节动物（蚯蚓等）起又分化出专司吞噬功能的细胞，能向异物趋化移行，主动吞噬销毁异物。

（4）体液非特异性防御：见于环节动物之后的各类无脊椎动物。例如，环节动物的蚯蚓、软体动物的蜗牛、节肢动物的昆虫类等，除了具有排斥异己、包围防护和吞噬销毁作用之外，又在体腔液内生成血凝素、溶血素及杀菌素等，它们都能杀灭细菌等有害异物。由于这些杀菌物质的作用是非特异性的，

因此，不属于特异性抗体。

（5）半免疫性细胞防护：棘皮动物体内有了白细胞的分化，使机体销毁异物侵害的作用得到加强。发展到原索动物时，出现了免疫防御机构，在其体内生成了淋巴小结及分化的各种白细胞（包括初期的淋巴细胞、巨噬细胞及嗜酸性粒细胞等）。这些白细胞可在体内淋巴液中循环，其中淋巴细胞可在植物血凝素（PHA）及伴刀豆球蛋白 A（ConA）刺激下增殖分化，并能与绵羊红细胞形成 E 玫瑰花环，表明这些淋巴细胞是一种在没有形成胸腺之前而出现的原始 T 细胞，这些原始 T 细胞由于缺乏胸腺和胸腺素培育，不能发育成熟，只能发挥非特异性半免疫性细胞防护作用。原索动物尚未生成 B 细胞，还不能产生真正的特异性抗体。

第二节　脊椎动物免疫系统的进化

与无脊椎动物相比，高等脊椎动物免疫系统的结构和功能均得到了发展壮大，在先天性非特异性免疫功能的基础上发展成为新的、强大的特异性免疫。非特异性免疫与特异性免疫共同发展，使脊椎动物的免疫机能趋于完善。

一、无颌类脊椎动物的免疫系统及免疫机制

（一）无颌类脊椎动物的免疫系统

无颌类是脊椎动物中最低等的一个类群，以七鳃鳗和盲鳗为代表的无颌类脊椎动物出现于距今 4.5 亿～5 亿年前。在进化位置上，它们位于尾索动物与有颌类脊椎动物之间，是有颌类脊椎动物共同的祖先，这种特殊的进化地位，使得无颌类脊椎动物在适应性免疫系统进化中占据重要位置。

1. 无颌类脊椎动物的免疫器官

作为脊椎动物中最低等的一个类群——无颌类，虽然没有进化出完善的免疫组织和器官，但是具有独特的鳃呼吸器官——鳃囊，在幼体时期有胸腺样组织的形成。没有完善的淋巴结，只有弥散的淋巴细胞，在鳃囊组织中有小淋巴细胞产生，这些小淋巴细胞为无颌类适应性免疫的进化提供了组织基础。

2. 无颌类脊椎动物的淋巴细胞

适应性免疫是通过淋巴细胞表达特异性受体来识别外界抗原的。淋巴细胞作为一类特殊的具有免疫活性的细胞，其在进化过程中出现的具体时间目前尚没有明确。在无颌类脊椎动物中，虽然尚未发现胸腺、脾脏、淋巴结等免疫器官，但已出现了小淋巴细胞。盲鳗消化道的固有层组织、七鳃鳗鳃囊附近的造血组织，其周围常有小淋巴细胞集聚。这些小淋巴细胞在结构上有一个浓缩染色质的细胞核，周围包被一层薄染色质，有相关的细胞器结构。这些类淋巴细胞在受到外界抗原或异物刺激时，能够形成成熟的淋巴细胞，完成一系列活化和增殖等过程。从形态学上分析，无颌类脊椎动物的这些类淋巴细胞主要产生于一些造血组织，如幼鳗期的褶皱前肠、成体期的脊椎弓和鳃囊等组织。2000 年在七鳃鳗的消化管淋巴样细胞中发现 *PU.1/Spi-B* 同源基因的表达，*PU.1/Spi-B* 基因是高等脊椎动物淋巴细胞中特异表达的一类蛋白质家族基因，在分子水平上进一步验证了淋巴细胞在无颌类脊椎动物中的存在。

3. 无颌类脊椎动物免疫相关因子的研究

在无颌类脊椎动物的类淋巴细胞中，有大量与高等脊椎动物淋巴细胞的分化、增殖、迁移、信号传递等相关的同源基因表达。高等脊椎动物免疫应答的特异性是建立在 T、B 细胞表面抗原识别受体多样性基础上的，而抗原识别受体的多样性又是通过抗原识别受体编码基因 *V*、*J*、*C* 基因片段的重组来实现的。在无颌类脊椎动物中，它的类淋巴细胞尚未完成成熟 T、B 细胞的进化，虽然发现有 T 细胞抗原受体（TCR）等适应性免疫相关同源基因的表达，但是 T、B 细胞表面抗原识别受体的重组机制在无颌

类脊椎动物的免疫系统中却不存在。无颌类脊椎动物通过其特有的重组机制来产生一系列多样的抗原识别受体，从而实现特异性免疫。

1）T 细胞抗原受体和 CD4

T 细胞表面的抗原识别分子称为 T 细胞抗原受体（TCR）。未分化成熟的前 T 细胞中含有胚系基因（germline gene），每种胚系基因都由许多分隔状态的带有编码前导肽（L）的可变区基因（V）、连接恒定区基因（C）的连接基因（J）、多样性基因（D）等组成。胚系基因无转录和表达功能，转录前必须经过基因重排（gene rearrangement）形成含有 VJC 或 $VDJC$ 基因的完整 DNA 才能转录成 mRNA，进而翻译成 TCR 的一条肽链。通过重组构成不同的 TCR 分子，决定了 T 细胞识别抗原的多样性和特异性，从而可对环境中千变万化的抗原产生特异性应答。CD4 分子是 T 细胞的分化抗原，分布于部分 T 细胞和胸腺细胞表面，在免疫识别中作为辅助受体，与 TCR 共同组成复合抗原受体。

2004 年，Pancer 等对海七鳃鳗肠壁组织类淋巴细胞和血液免疫激活类淋巴细胞的转录产物进行研究，鉴定出 TCR 和 CD4 同源基因的表达。序列结构特征分析表明海七鳃鳗的 *TCR-like* 和 *CD4-like* 基因具有适应性免疫抗原受体基因序列的基本特征，暗示其可能是 *TCR* 基因和 *CD4* 基因的祖先基因。将海七鳃鳗中表达的 *TCR-like* 基因与其他脊椎动物的 TCR 基因作多序列比对，发现前者在序列结构上包含可变区 V、连接区 J 和跨膜区 TM3 段与后者同源的基因片段，而 CD4 同源基因则包含 V、C、TM3 段同源的基因片段。从序列结构的特征分析，海七鳃鳗的 *TCR-like* 和 *CD4-like* 基因具有适应性免疫抗原受体基因序列的基本特征，鉴定其很可能是现代 *TCR* 和 *CD4* 基因的祖先基因。然而分析发现，在海七鳃鳗中发现的这种 *TCR-like* 基因，它的可变区只具备一个单拷贝序列，因此无法像脊椎动物 *TCR* 基因一样，通过不同的 *V* 基因与 *D*、*J* 基因的重排来实现多样抗体的表达。因此推测，海七鳃鳗的这种 *TCR-like* 基因是现代 *TCR* 基因的前体，在功能上还没有达到免疫活性的进化。

2）B 细胞受体（BCR）

目前，在无颌类脊椎动物的类淋巴细胞中尚未发现有高等脊椎动物 B 细胞表面受体的同源基因的表达。那么在无颌类脊椎动物免疫系统中就不存在由 B 细胞介导的适应性体液免疫的进化痕迹吗？B 细胞接头蛋白（BCAP、磷脂酰肌醇 3 激酶）的发现为我们提出了进一步的思考。BCAP 是一个新型的 B 细胞接头蛋白，其主要功能是使抗原受体结合的蛋白质酪氨酸磷酸化，调控下游的效应分子，同时介导纤维原细胞生长因子受体间的信号传递。2002 年，Uinuk-Ool 等在海七鳃鳗淋巴样细胞中发现了 BCAP 同源基因的表达，其与家鸡的 *BCAP* 基因有 37%的同源性，同时将其翻译成蛋白质，其蛋白质结构和特性与人类、家鸡、大鼠的 BCAP 蛋白相似，包括 336～404 氨基酸残基间的锚蛋白重复区，636～666 残基间的盘绕区，436～453 残基间的脯氨酸富集区，以及 Tyr-378、Tyr-423 与 Tyr-448 等 3 个酪氨酸磷酸化位点。2005 年，Cannon 等从海七鳃鳗的 cDNA 文库中筛选出一段信号肽序列，它与哺乳动物的 *Vpre B* 基因在结构上具有同源性，包含一段具有识别位点的跨膜结构域。BCAP、Vpre B 在海七鳃鳗中的表达暗示无颌类脊椎动物也有可能存在 B 细胞介导的适应性免疫应答。

3）可变淋巴受体

有颌类脊椎动物通过淋巴细胞表面抗原识别受体编码基因的 V、D、J、C 基因片段的重组来产生多样的抗原识别受体。无颌类脊椎动物也存在一种适应性免疫细胞受体，但不是我们在有颌类脊椎动物中看到的重组抗原识别受体，而是在类淋巴细胞上发现了一种新型可变受体，利用一种不寻常的基因重排过程来产生受体多样性。这种新型可变受体被称为可变淋巴细胞受体（variable lymphocyte receptor，VLR），它通过另一种不同的方式来生成多种抗原识别受体，实现自身的适应性免疫。这种可变淋巴细胞受体的重组方式是在一个发育不完全的胚系可变淋巴细胞受体基因（germline VLR gene，gVLR）中随机插入富含亮氨酸重复序列（leucine rich repeat，LRR）单元，产生多种成熟的可变淋巴抗原识别受体。通过这种方式，理论上来说，一个胚系可变淋巴细胞受体基因就可以生成 10^{14} 个特异性抗原受体，其多样性足以应对外界多变的抗原。研究发现，海七鳃鳗具有一个胚系可变淋巴细胞受体基因，而盲鳗具有两个，分别是 *VLR-A* 和 *VLR-B*。成熟可变淋巴细胞受体的基本结构由多个亮氨酸重复单元的插入形成，它包括 30～38 残基的 N 端 LRR（LRRNT）、18 残基的首位 LRR（LRR1）、24 残基的可变 LRR

（LRRVs）、13 残基连接肽（CP）和 48～65 残基的 C 端 LRR（LRRCT）。这种可变淋巴细胞受体的存在，为无颌类脊椎动物提供了大量的多样性抗原识别受体，为适应性免疫的发展提供了分子基础。

4）其他免疫因子

在无颌类脊椎动物中还发现存在与适应性免疫相关的多种免疫因子。Uinukool 等在海七鳃鳗淋巴细胞中发现 CD45 免疫因子的表达，它是脊椎动物免疫系统主要的跨膜蛋白酪氨酸磷酸酶（PTP），用来调节 T 细胞和 B 细胞的激活与增殖。成熟的 CD45 蛋白由 1281 个氨基酸残基组成，包含一段跨膜序列（TM）将一条肽链分割成 N 端胞外区（EC）和 C 端胞质区。海七鳃鳗的 CD45 同源蛋白 C 端胞质区 906～972 和 1104～1661 两段氨基酸残基与人类的 CD45 具有同源性。将海七鳃鳗 CD45 的基因与其他物种的做进化树分析，可以看出它的进化地位。最近 Cooper 等运用生物信息学等方法，分析海七鳃鳗免疫相关的 EST 数据，发现 CD8、CD98、抗原加工相关转运蛋白（TAP）等适应性免疫相关因子的同源基因也在海七鳃鳗淋巴细胞中有表达，在高等动物中，这些因子对淋巴细胞的活化、迁移、分化等具有调节作用。

无颌类脊椎动物体内存在数量较多、结构多样、可能参与有颌类脊椎动物适应性免疫的免疫因子。虽然其与脊椎动物免疫球蛋白等免疫分子之间的进化关系尚不明确。但可以肯定的是，它们的出现绝非偶然，而是生物界与自然环境之间长期自然选择的结果。

（二）无颌类脊椎动物适应性免疫机制

适应性免疫是通过淋巴细胞表面各种不同的抗原受体识别异物，多种多样的抗原受体则通过一系列重组机制产生。在高等脊椎动物中，通过免疫球蛋白和 T 细胞受体胚系基因的 *V*、*J*、*C* 等基因片段的重组来产生多样的抗原受体。然而，在无颌类脊椎动物中发现的一些与适应性免疫相关的可变受体基因（*TCR-like*），虽然它们的结构与有颌类脊椎动物的可变受体基因有一定的相似性，都具有可变区 V、连接区 J、固定区 C。但是 *TCR-like* 基因的可变区只有一个拷贝，因此，它不能像高等脊椎动物的 *TCR* 基因那样，以 *V*、*J*、*C* 基因片段重组的方式发生重排，以产生多种可变受体。后来的研究发现，在无颌类脊椎动物的免疫系统中存在着另一种重组方式用以生成多种可变受体，其抗原受体是可变淋巴细胞受体。它的重组方式是在一个不完全胚系细胞可变淋巴细胞受体基因（incomplete germline VLR gene）中插入 LRR，以产生多种体细胞可变淋巴细胞受体，来对外界多种抗原产生适应性免疫反应。无颌类脊椎动物所特有的这种抗原识别受体编码基因的重组机制与高等脊椎动物的重组方式类似，推测无颌类脊椎动物的这种重组受体的方式与有颌类脊椎动物的适应性免疫有一定的进化关系，很可能是一种适应性免疫的初级形式。

二、鱼类免疫系统的进化

（一）鱼类免疫器官

与哺乳动物相比，鱼类的免疫器官较简单，没有骨髓和与哺乳动物相当的淋巴结，但有胸腺和脾脏，有类似骨髓和淋巴结功能的前肾及散在的淋巴样组织。

软骨鱼类和硬骨鱼类，特别是真骨鱼类，都有与哺乳动物相近的胸腺。无颌类脊椎动物没有胸腺，但在咽头部有类似胸腺的淋巴细胞丛。胸腺腺体很小，在头部左右各一，位于紧接上鳃盖下，腺体扁平，呈小薄片状。从组织结构上看，鱼类的胸腺也分为皮质和髓质，主要成分是淋巴细胞（胸腺细胞）、淋巴母细胞和结缔组织，同时还是一个血管分布丰富的器官。在组织学上有一条清楚的内带和一条致密的外带，着色较深，但这两条带并不相当于哺乳动物的皮质和髓质。有的鱼类胸腺在性成熟以前消失（如鲑科和鲱科鱼类），有的在性成熟以后仍持续存在（如鲽科鱼类）。胸腺的形成最早，是鱼类淋巴细胞增殖和分化的主要场所，其在免疫应答中的具体作用还不完全清楚，有人认为鱼的胸腺参与 T 细胞的成熟（与哺乳动物相似），主要承担着细胞免疫功能。另外，胸腺与特异性抗体的产生也有关。

鱼类的肾脏分为前、中、后三部分，具有免疫功能的是前肾（又名头肾）。所有的鱼类都具有前肾，前肾不具有泌尿机能，而成为造血器官和免疫器官。前肾完全由淋巴样组织构成，有致密的血管窦，其中含有造血细胞、淋巴样细胞系、黑色素-巨噬细胞和淋巴细胞。从功能上看，一方面前肾可以产生红细胞和淋巴细胞等血细胞，是免疫细胞的发源地，相当于哺乳动物的骨髓；另一方面，它又含有吞噬细胞和 B 细胞，是产生抗体的主要场所，具有类似哺乳动物淋巴结的功能。因此，鱼类的前肾具有类似哺乳动物中枢免疫器官及外周免疫器官的双重功能。

软骨鱼和硬骨鱼的脾脏均为独立的器官。鱼类的脾脏由红髓和白髓构成，但红髓和白髓区别不明显。红髓含有大量的红细胞，白髓主要为大、小淋巴细胞、粒细胞和巨噬细胞。脾脏是鱼类的造血组织，又是重要的外周免疫器官。鱼类红细胞、粒细胞的产生、贮存和成熟都主要在脾脏完成。各种鱼类的肾、肠壁固有层、肝脏、心脏或生殖腺等都附着有淋巴细胞丛。

（二）鱼类的免疫细胞

鱼类的免疫细胞显示出与脊椎动物免疫细胞相同的主要功能特点，这种特点在淋巴和骨髓免疫细胞家族中已被确定。鱼的淋巴系统是一个相对的较近进化。与单克隆抗体反应相关的现有功能分析暗示存在辅助性 T（Th）细胞和细胞毒性 T（Tc）细胞及 B 细胞的亚种群（B1yB2）。单核细胞/巨噬细胞的细胞谱系在鱼类中被研究得最多，尽管没有准确的细胞特异性标记可供使用。鱼类的免疫细胞也可以分为两大类：一类是淋巴细胞，主要参与特异性免疫反应，在免疫应答中起核心作用；另一类是吞噬细胞。鱼类免疫细胞主要存在于免疫器官、组织以及血液、淋巴液中。

（三）鱼类免疫分子及免疫机制

1. 鱼类的外界屏障和体表机制

在硬骨鱼类中，与体表相关的淋巴组织分布在鱼的皮肤、鳃和肠道，从而为物理和化学防护提供补充。在这些体表的分泌物中常常会发现一些补体、抗体蛋白、溶菌酶、磷酸酶和胰蛋白酶，但它们的数量和活性还是主要取决于物种。鳃作为一个有多功能而广泛的表层调节渗透平衡，并负责部分污氮化合物、毒气、水和离子交换物的排泄。除了淋巴细胞之外，鳃小片中还有属于网状内皮系统的柱细胞。一种与 MHC IIβ 形态的相关表达已经在一些大马哈鱼的鳃中得以证实。黏液是鱼类中一种重要的防御屏障。首先，它们可以提供酶作用底物，在这些底物中抗菌机制才能起作用。其次，在大多数鱼类种群中，黏液覆盖了大部分外表层，且以皮肤为主。过去的几年，抗菌肽、溶菌酶在鱼类中被发现。溶菌酶能作用于细菌细胞壁肽聚糖层进而导致细菌细胞壁的溶解。

2. 补体系统

鱼类与其他脊椎动物和无脊椎动物一样，通过特异受体识别病原体相关分子模式（PAMP）来激活它们的免疫应答。这些受体与可溶性受体（LPS-结合蛋白、正五聚蛋白、胶凝素），或是与免疫细胞（上皮细胞、吞噬细胞、树突状细胞、粒细胞）的细胞膜有关联。这种补体系统好像是一个在鱼类中的免疫应答中心。这种传统的交替的凝集素介导途径在好几种硬骨鱼群组中被阐述过。此外，也有人提出凝集素介导途径也许先于免疫球蛋白介导途径。首先，鱼类拥有关键活性分子 C3 的许多有效亚型。哺乳动物只有一种 C3 分子亚型，然而鱼类却可以表达几种多功能的有效 C3 亚型。这种 C3 亚型在鲑鳟（硬头鳟）和青鳉（稻田鱼）中有 3 种，在乌鲂鲷（金头鲷）和鲤中有 5 种。在斑马鱼（斑马鱼类）中的 3 种 C3 亚型有 3 种指定遗传密码。与哺乳动物相比，人们已经证明鱼类的这些 C3 亚型的杀菌和溶血活性要更高一些。这也证明了在鱼类中替代途径应答的优先权。

3. 原始的获得性免疫系统

硬骨鱼与其他四足动物分化于 4 亿年前，种类繁多，占据了现存脊椎动物物种种类的近一半。由于脊椎动物进化早期发生了大规模基因组复制事件，在随后的进化过程中，有些基因丢失，有些基因被保留，这使得硬骨鱼免疫球蛋白重链结构较为复杂。目前，在硬骨鱼中发现了 IgM、IgD、IgZ/T 三种免疫球蛋白。其中，IgM 和 IgD 在硬骨鱼中普遍存在，IgZ/T 存在于部分物种中，如斑马鱼、虹鳟。不同于软骨鱼类，硬骨鱼免疫球蛋白重链基因座呈易位子形式，即一个 *CH* 基因前面有多个 *VH*、*DH*、*JH* 基因片段，VDJ 重排是硬骨鱼免疫球蛋白多样性产生的主要原因。

1992 年，首次在鲶鱼中发现了 IgM 编码基因 μ，它具有 4 个 OH 外显子和 2 个跨膜区外显子，可以表达分泌型 IgM 和跨膜型 IgM。鲶鱼 IgM 结构同哺乳动物一致，这再次表明 IgM 是进化中最为保守的免疫球蛋白。随后的研究发现，部分硬骨鱼中存在只有 3 个或 2 个重链恒定区结构域的 IgM 的情况，该形式是通过可变剪切产生的。硬骨鱼 δ 基因位于 IgM 的下游，类似于高等脊椎动物免疫球蛋白重链基因的位点结构。硬骨鱼 IgD 的特点在于重链恒定区变化较大，并且存在基因内复制现象。值得一提的是，很多硬骨鱼的 IgD 并不单单由 δ 基因编码，而是 μ 基因的 CH1 结构域和 δ 基因结构域共同编码形成的嵌合体。2005 年在斑马鱼中首次发现了第三种免疫球蛋白 IgZ/T，随后在虹鳟、鲢鱼、草鱼、牡鱼、河豚、棘鱼中均发现了该基因。最新研究表明，IgT 能与肠道细菌结合阻止有害菌群的感染，作为原始的免疫蛋白参与黏膜免疫并行使重要功能。最近的研究发现，肉鳍鱼类钝口肺鱼不仅表达 3 种 IgM 和 2 种 IgW，还表达两种新型免疫球蛋白重链类型 IgN 和 IgQ。系统发生结果显示，IgN 同 IgW 存在较近的亲缘关系，IgQ 则与其他鱼类的 IgW/IgD 处于同一进化枝上。这表明二者起源于 IgW/IgD。

4. 鱼类的细胞因子

细胞因子作为鱼类免疫应答的调节器目前研究甚少。在硬骨鱼和软骨鱼中主要由巨噬细胞生产的 IL 1-β 表现出了与不同动物种群如鸟类、两栖类及哺乳类的相同特性。它是一种重要针对感染的应答反应的炎症介质，并且最近已有报道，细胞因子会直接影响鳟鱼下丘脑-脑垂体-肾间体轴的功能，并刺激皮质醇分泌物。另外一种潜在的重要细胞因子肿瘤坏死因子 α（TNF-α），已经在许多种类的鱼中被发现。由于在哺乳动物中曾被报道过 TNF-α 的功能多样性，TNF-α 很可能在鱼类的神经免疫内分泌应答中也成为一个核心角色。在鱼类中其他的细胞因子和调控分子如许多白细胞介素（IL-6、IL-8、IL-10、IL-12）、肿瘤生长因子 β（TGF-β）和干扰素调节因子（IRF-1）都有被发现。

三、两栖和爬行动物免疫系统的进化

（一）两栖和爬行动物的免疫器官

动物进化到两栖类（蛙、鲵、蝾螈等）和爬行类（蛇、鳄等）时，已具备较为完善的免疫防御系统。胸腺出现皮质和髓质，生成了典型的淋巴结，淋巴管发达，在通入静脉处的淋巴管往往膨大形成淋巴心而能做节律性的收缩，加速了淋巴液的循环，使特异性细胞免疫和特异性体液免疫均得到增强。胸腺是存在于所有爬行动物中的一个淋巴器官，位于爬行动物胸腔中，位置类似于哺乳动物，为胸腺淋巴细胞的发育提供了一个与外界相对隔绝的微环境。同大多数鱼和两栖动物一样，爬行动物胸腺从结构上可分为皮质和髓质。皮质位于胸腺小叶的外周，由致密的淋巴细胞组成，而髓质位于小叶的内侧，相邻小叶的髓质相同，淋巴细胞稀疏，染色较淡，以上皮细胞为主。同大多数鱼和两栖动物一样，随着性成熟和年龄的增长，或者在环境胁迫和激素等外部刺激作用下，爬行动物的胸腺也存在退化现象。

爬行动物的脾脏由白髓和红髓组成，白髓中椭球周围淋巴鞘的网状纤维呈粗的辐射状排列，扁平的网状细胞环绕白髓使之与红髓分隔。红髓的脾索由相对较为稀疏的网状纤维形成，这种不同的结构和排列方式说明了功能上的差异。脾脏作为爬行动物主要的淋巴器官之一，在其免疫系统尤其是体液免疫中起着重要作用。国内外学者对变色树蜥、鳄鱼和中华鳖进行了研究，发现在不同抗原刺激后，脾脏均发生明显的增生反应和体积增加等。另外，通过分离中华鳖脾脏白细胞，流式细胞术检测发现含有大量的免疫球蛋白阳性细胞，明显高于肾脏等其他免疫器官。由此可见，脾脏是爬行动物产生抗体和进行免疫应答的主要场所。

爬行动物进化地位要低于鸟和哺乳动物，其黏膜免疫组织结构基础和反应机制也具有一定的特殊性。在哺乳动物和鸟类中，肠道黏膜表面的上皮细胞排列紧密，很难见到细胞间隙，肠道内抗原物质不能直接进入体内，需要借助上皮内细胞等的提呈作用才能传递给黏膜淋巴小结内的淋巴细胞，引起有效的黏膜免疫反应。另外，由于哺乳动物和鸟类肠道黏膜的浆细胞分布于固有膜内，其分泌的免疫球蛋白需要从固有膜分泌部位经过上皮基膜进入上皮内，或进一步转移到肠黏膜表面，在此进行免疫应答。这样，从抗体分泌到执行免疫应答需要经过较长的距离。而陈秋生等研究发现爬行动物鳖的肠黏膜上皮内有浆细胞分布，它们位于上皮细胞间隙中。这些浆细胞在上皮内分泌免疫球蛋白，可就地进行免疫应答，或经过较短距离进入黏膜表面，执行免疫功能。提示爬行动物黏膜抗体的转运和应答机制与哺乳动物和鸟类不同，它们更容易进入肠腔。

（二）两栖动物的适应性免疫

两栖动物起源于 3.5 亿年前，处于从水相动物向陆栖动物的过渡阶段，具有二者的双重特性，包括无足目（蚓螈）、有尾目（蝾螈、大鲵）和无尾目（爪蟾、青蛙），目前对免疫球蛋白的研究主要集中在有尾目和无尾目。两栖类的免疫球蛋白重链基因座是典型的易位子，是利用类别转换重组机制表达多种免疫球蛋白基因的最原始物种。

起初，研究人员在非洲爪蟾中发现了 IgM、IgX、IgY 三种免疫球蛋白。其中 IgX 的命名源自爪蟾（*Xenopus laevis*）的首字母，系统发育分析结果显示它与 IgA 同源，功能上也与 IgA 相似，主要负责黏膜免疫。上述三种免疫球蛋白都包含 4 个重链恒定区结构域，没有铰链区。随后在有尾目美西钝口螈中也发现了这三种免疫球蛋白，推测三者在两栖动物中是普遍存在的。随着研究的深入，2006 年对热带爪蟾免疫球蛋白的研究首次在两栖动物中发现了编码 IgD 的 δ 基因。IgD 包含 8 个恒定区结构域和典型的跨膜区，没有铰链区，序列比对结果显示其 CH5、CH6 和 CH7、CH8 外显子具有较高的相似性，这说明存在基因内复制现象。系统发生分析显示，热带爪蟾的 IgD 同硬骨鱼类 IgW 及哺乳动物 IgD 聚集在一起，即两栖动物 IgD 在硬骨鱼类 IgW 和哺乳动物 IgD 之间起了纽带作用，证明 IgD 同 IgM 一样古老。2008 年，在欧非肋突螈中发现的 IgP 其实也是 IgD，只不过是命名问题。这说明 IgD 在两栖动物中是普遍存在的。

针对热带爪蟾的研究还发现了一种特殊的免疫球蛋白类型，被命名为 IgF。IgF 具有 2 个重链恒定区结构域，即在两个结构域之间还有一个独立编码 20 多个氨基酸的特殊外显子。该外显子编码的蛋白质序列富含脯氨酸，且含有一个可形成二硫键的半胱氨酸，这是高等哺乳动物中所特有的铰链区。然而序列比对结果显示，该铰链区同哺乳动物的铰链区序列相似性较低，无法确定二者是否起源于同一序列。

（三）爬行动物的适应性免疫

爬行动物在亲缘关系上同鸟类很近，与鸟类的分化时间约为 2.2 亿年前。T 细胞分化明显。例如，在鳄鱼体内发现有分化的辅助性 T 细胞、抑制性 T 细胞及细胞毒性 T 细胞等亚群。又如，在蝾螈体内发现有 K 细胞，并且 T 细胞可产生抑制巨噬细胞游走的抑制因子。B 细胞产生的抗体类型也逐渐增多，爬行动物表达 4 种免疫球蛋白：IgM、IgY、IgD/IgW 和壁虎特有的 IgA-like。

长久以来，研究学者普遍认为爬行类丢失了 IgA，直到在鳄鱼中首次发现了编码 IgA 的 α 基因，且存在 3 种 IgA 亚型。在壁虎（豹纹守宫）中则存在一种 *IgA-like* 基因，该基因具有 4 个恒定区结构域。然而 *IgA-like* 基因同两栖动物的 *IgX*、鸟和哺乳动物的 *IgA* 并不同源。序列比对结果表明 *IgA-like* 的 CH1-CH2 类似于鸟、两栖动物 IgY 的 CH1-CH2，而 *IgA-like* 的 CH3-CH4 更类似于两栖动物 IgM 的 CH3-CH4，二者的序列相似性分别达到了 70%。因此，学者们认为 *IgA-like* 是由 *IgM* 和 *IgY* 经基因重组进化而来的。*IgA-like* 基因的存在并不具有普遍性，大部分爬行动物都丢失了这种在黏膜免疫中起重要作用的免疫球蛋白基因。对于 α 基因缺失的原因，有学者认为与 α 基因在染色体上的位置有关。IgA 在鸟类中位于 μ 基因和 ν 基因之间，在哺乳动物中则位于 *IgH* 基因座的 3' 端，因此有学者推测，α 基因位置的不稳定使其更易发生删除和重组，导致了 α 基因在大部分爬行动物中缺失。

爬行动物的 IgY 一般具有 4 个恒定区结构域且没有铰链区。与鸟类不同的是，爬行动物的 IgY 类型更为复杂。起初，在安乐蜥中发现除表达全长形式的 IgY 外，还可通过可变剪切表达一种只有 2 个 CH 结构域的截短形式。随后对巴西龟的研究更是发现 5 种截短形式的 IgY，这些截短形式的 IgY 由 5 个独立基因分别编码，这有别于安乐蜥的可变剪切形式。近几年，在鳄鱼、黑眉锦蛇、缅甸蟒中发现了

3 种 IgY 亚型，在非哺乳脊椎动物中出现功能分化的 IgY，无疑为 IgY 是哺乳动物 IgG 和 IgE 的祖先分子提供了直接证据。

四、鸟类免疫系统的进化

现在普遍认为鸟类的祖先是在大约 2 亿年前从古爬行动物进化而来，分为平胸总目、突胸总目和企鹅总目。其中突胸总目囊括了大部分鸟类，包括最为大家所熟知的鸡、鸭、鹅。平胸总目的鸟类是现存鸟类中比较原始的物种，包括非洲鸵鸟、鸸鹋、鹤鸵等。进化到鸟类，不仅有了胸腺、脾脏、淋巴结等免疫器官，而且在体内还生成特有的腔上囊（又叫法氏囊），它是鸟类产生 B 细胞的一级淋巴器官。

B 细胞产生的抗体免疫球蛋白（Ig）也增加至三种类型，有 IgM、IgG 和 IgA。目前对鸟类免疫球蛋白的研究主要集中在少数几个目中，包括鸡形目、雁形目和鸵鸟目。鸟类免疫球蛋白重链基因的基因座以易位子形式排列。比较特殊的是，鸟类 IgH 基因座上只有一个有功能的 *VH* 基因片段，其上游有约 100 个 *VH* 假基因。*VH* 假基因大多缺少重组信号、启动子或序列不完整，因此不能直接参与 VDJ 重排，如此通过 VDJ 重组产生的可变区多样性就很少。但是当抗原刺激后，*VH* 假基因可以通过基因转换（gene conversion，GC）的方式将部分片段插入到有功能的 *VH* 基因片段中，从而产生抗体的多样性。另外一个比较特殊的地方在于鸟类具有独特的 IgA 结构，α 基因在基因座上以倒置的形式存在，即 α 基因同重链的转录方向相反。

在雁形目鸭、鹅的血清中，IgY 存在两种形式，一种是全长形式的 Ig（7.8S），另一种是只含有前两个 Cv 结构域的截短形式（5.7S），形成一种[V-D-J-CH1-CH2]结构，被称为 IgY（ΔFc）。全长 IgY 同 IgY（ΔFc）是通过同一个基因由不同转录终止信号产生的。针对鸭的研究发现，孵化期第 25 天时在颈部淋巴结中即可检测到两种形式的 IgY，孵化后 1 天可在脾脏和法氏囊中检测到二者，哈德氏腺中则只能检测到 IgY（ΔFc）。因为缺少完整的 Fc 片段，IgY（ΔFc）不能激活补体并发挥调理作用，但有研究表明，当受到抗原刺激时，血清中 IgY（ΔFc）的含量会迅速升高。在面对禽流感病毒时，鸭抵抗病毒的能力要明显高于鸡，有学者认为 IgY（ΔΓc）在抵抗外来病毒入侵中起到了重要作用，但是具体的作用机制尚不明确。鸟类的 IgA 具有 4 个恒定区结构域，没有铰链区。在非洲鸵鸟中，除全长 IgA 外，还检测到了一种只含有前两个 Cα 结构域的截短形式，是通过可变剪切将 CH2 同跨膜区直接相连形成的。

五、哺乳动物免疫系统的进化

动物进化至灵长类以至人类，免疫功能更为强大。哺乳动物的免疫系统由免疫器官（骨髓、脾脏、淋巴结、扁桃体、小肠集合淋巴结、阑尾、胸腺等）、免疫细胞[淋巴细胞、单核吞噬细胞、中性粒细胞、嗜碱性粒细胞、嗜酸性粒细胞、肥大细胞、血小板（因为血小板里有 IgG）等]，以及免疫活性物质（抗体、溶菌酶、补体、免疫球蛋白、干扰素、白细胞介素、肿瘤坏死因子等细胞因子）组成。免疫系统分为固有免疫（又称非特异性免疫）和适应性免疫（又称特异性免疫），其中适应性免疫又分为体液免疫和细胞免疫。

（一）哺乳动物的免疫器官

免疫器官根据分化的早晚和功能不同，可分为中枢免疫器官和外周免疫器官。前者是免疫细胞发生、分化、成熟的场所；后者是 T、B 细胞定居、增殖的场所，以及发生免疫应答的主要部位。

中枢免疫器官包括骨髓和胸腺。骨髓是人和其他哺乳动物主要的造血器官，是各种血细胞的重要发源地。骨髓含有强大分化潜力的多能干细胞，它们可在某些因素作用下分化为不同的造血祖细胞，进而分化为形态和功能不同的髓系干细胞和淋巴系干细胞。淋巴系干细胞再通过胸腺分别衍化成 T 细胞和 B 细胞，最后定居于外周免疫器官。哺乳动物和人的 B 细胞在骨髓微环境和激素样物质作用下发育为成熟的 B 细胞。胸腺由突起连接成网状的胸腺基质细胞（TSC）及网眼中的胸腺细胞、骨髓来源的单核巨噬细胞、胸腺树突状细胞、结缔组织来源的成纤维细胞等构成。胸腺皮质区密布不成熟的胸腺细胞，它们逐渐向髓质区迁移，经过双阴性细胞、双阳性细胞，最终发育为成熟的单阳性胸腺细胞——T 细胞。在这过程中，遍布于皮质、皮髓质交界处及髓质区的巨噬细胞（Mφ）、胸腺树突状细胞在胸腺细胞表面 MHC 阳性选择和阴性选择中起了非常重要的作用。胸腺位于胸骨后、心脏的上方，是 T 细胞分化发育和成熟的场所。人胸腺的大小和结构随年龄的不同具有明显的差异。胸腺于胚胎 20 周发育成熟，是发生最早的免疫器官，到出生时胸腺重 15～20g，以后逐渐增大，至青春期可达 30～40g，青春期后，胸腺随年龄增长而逐渐萎缩退化，到老年时基本被脂肪组织所取代，随着胸腺的逐渐萎缩，功能衰退，细胞免疫力下降，对感染和肿瘤的监视功能减低。胸腺具有以下 3 种功能：①T 细胞分化、成熟的场所；②免疫调节，对外周免疫器官和免疫细胞具有调节作用；③自身免疫耐受的建立与维持。

外周免疫器官又称二级免疫器官，是成熟淋巴细胞定居的场所，也是这些细胞在外来抗原刺激下产生免疫应答的重要部位之一，外周免疫器官包括淋巴结、脾脏、黏膜相关淋巴组织，如扁桃体、阑尾、肠集合淋巴结，以及在呼吸道和消化道黏膜下层的许多分散淋巴小结和弥散淋巴组织。这些关卡都是用来防堵入侵的毒素及微生物。研究显示，盲肠和扁桃体内有大量的淋巴结，这些结构能够协助免疫系统运作。

（二）哺乳动物的免疫细胞

免疫细胞包括淋巴细胞和各种吞噬细胞等，也特指能识别抗原、产生特异性免疫应答的淋巴细胞等。淋巴细胞是免疫系统的基本成分，在体内分布很广泛，主要是 T 细胞、B 细胞受抗原刺激而被活化（activation），分裂增殖、发生特异性免疫应答。除 T 细胞和 B 细胞外，还有 K 细胞和 NK 细胞，共 4 种类型。T 细胞是一个多功能的细胞群。除淋巴细胞外，参与免疫应答的细胞还有浆细胞、粒细胞、肥大细胞、抗原提呈细胞及单核吞噬细胞等。

（三）免疫分子及免疫机制

哺乳动物的胸腺、脾及淋巴结等免疫器官都十分发达。T、B 细胞各亚群分化齐全，并有协同免疫作用的多种细胞（单核巨噬细胞、粒细胞、K 细胞等）和体液因子（补体、溶菌酶等）与之配合，使 T 细胞和 B 细胞发挥更强大的免疫防护作用。

正常人体的血液、组织液、分泌液等体液中含有多种具有杀伤或抑制病原体的物质，主要有补体、溶菌酶、防御素、乙型溶素、吞噬细胞杀菌素、组蛋白、调理素等。这些物质直接杀伤病原体的作用不如吞噬细胞强大，往往只是配合其他抗菌因素发挥作用。例如，补体对霍乱弧菌只有弱的抑菌效应，但在霍乱弧菌与其特异抗体结合的复合物中再加入补体，则很快发生溶解霍乱弧菌的溶菌反应。

当病菌、病毒等致病微生物进入到人体后，免疫系统中的巨噬细胞首先发起进攻，将它们吞噬到"肚子"里，然后通过酶的作用，把它们分解成一个个片段，并将这些微生物的片段显现在巨噬细胞的表面，成为抗原，表示自己已经吞噬过入侵的病菌，让免疫系统中的 T 细胞知道，这一行为称为"抗原呈递"这种呈递相当于给 T 细胞发出精准的"敌人画像"，指导下一步 T 细胞的精准打击。巨噬细胞还会产生出一种淋巴因子的物质，它最大的作用就是激活 T 细胞。T 细胞一旦"醒来"便立即向整个免疫系统发出"警报"，报告有"敌人"入侵的消息。这时，免疫系统会出动杀伤性 T 细胞，并由它发出专门的信号给 B 细胞，最后通过 B 细胞产生专一的抗体。杀伤性 T 细胞能够找到那些已经被感染的人体细胞，一旦找到之后便像杀手那样将这些受感染的细胞摧毁掉，防止致病微生物的进一步繁殖。在摧毁受感染细胞的同时，B 细胞产生的抗体与细胞内的致病微生物结合使之失去致病作用。通过以上一系列复杂的过程，免疫系统保卫我们的身体。当第一次感染被抑制后，免疫系统会把这种致病微生物的所有过程记录下来。如果人体再次受到同样的致病微生物入侵，免疫系统已经清楚地知道该怎样对付它们，并能够很容易、很准确、很迅速地做出反应，将入侵之敌消灭掉。

作为脊椎动物的最高级形式，哺乳动物是免疫球蛋白基因被研究得最为清楚明了的动物。根据分化时间的先后，哺乳动物可以分为原兽亚纲（Prototheria）和真兽亚纲（Theria），其中原兽亚纲是最原始的哺乳动物，现存的只有单孔目，其他大部分现存物种都属于真兽亚纲。真兽亚纲根据产仔方式的不同，又可以分为有袋类和胎生类。

针对哺乳动物免疫球蛋白的研究最初主要集中在人和小鼠，二者均表达 IgM、IgD、IgG、IgA、IgE 5 种免疫球蛋白类型，结构位点为典型的易位子结构。人的重链基因座包含了 123 个 *VH* 基因片段（其中 79 个由于序列不全或是阅读框的改变而成为假基因）、27 个 *DH* 基因片段、9 个 *JH* 基因片段以及下游的 11 个 CH 基因。恒定区存在基因重复序列[Cr（gamma）-Cr（gamma）-Cε-Cα]，两个重复序列之间存在一个假的 Cr（gamma）基因，且在第一个重复序列内存在一个假的 Cε 基因。这种基因复制产生的重复序列也存在于其他灵长类动物中。以 BALB/C 小鼠为例，其重链基因座包含了至少 150 个 *VH*、13 个 *DH*、4 个 *JH* 以及下游的 8 个 *CH* 基因片段。与人恒定区不同的是小鼠的 *CH* 基因中没有假基因。其他胎生哺乳动物的 *JgH* 基因结构与小鼠基本类似，主要区别是各基因片段数量的不同。在表达免疫球蛋白类型方面，绝大部分物种都表达 5 种免疫球蛋白，但也有特殊情况，如啮齿动物兔子缺失了 IgD，其基因组缺失编码 IgD 的恒定区 Cδ 基因序列。比较特殊的是骆驼科动物，除表达常规的免疫球蛋白外还表达一种分子量约 100kDa 的 IgG。伴随着进一步的研究，发现这是一种由两条重链连接在一起却没有结合轻链的抗体，类似于鲨鱼的 IgNAR。该抗体只有 2 个 CH 结构域，缺失了与分子伴侣蛋白和轻链结合的 CH1 结构域。

有袋类动物与胎生动物一样，同属于真兽亚纲，二者的分化时间约为百万年前，有袋类动物的特征是没有发育完全的胎盘，部分发育在育儿袋中完成。对负鼠和袋鼠的研究表明，有袋类哺乳动物仅表达 IgM、IgG、IgA、IgE 4 种免疫球蛋白，没有发现 IgD 的存在。

单孔目是现存最原始的哺乳动物，其生产方式像鸟类、爬行类一样是卵生，可通过乳汁来哺育后代。2009 年对鸭嘴兽的详细研究表明，它存在高等胎生类表达的所有免疫球蛋白类型，除此之外，还有一种新型的免疫球蛋白 IgO。IgO 的重链恒定区含有 4 个结构域及铰链区，系统发育分析表明，IgO 同 IgY、IgG 和 IgE 具有较高的同源性。值得一提的是，鸭嘴兽的 IgD 在结构上更接近于两栖动物和爬行动物，呈现出与哺乳动物不同的特征。

（王喜凤，秦 彤）

参 考 文 献

Bernheim A, Sorek R. 2020. The Pan-immune system of bacteria: Antiviral defence as a community resource. Nat Rev Microbiol, 18(2): 113-119.
Cooper M D, Alder M N. 2006. The evolution of adaptive immune systems. Cell, 124(4): 815-822.
Davidov Y, Jurkevitch E. 2009. Predation between prokaryotes and the origin of eukaryotes. Bioessays, 31(7): 748-757.
Flajnik M F. 2002. Comparative analyses of immunoglobulin genes: Surprises and portents. Nat Rev Immunol, 2(9): 688-698.
Flajnik M F. 2018. A cold-blooded view of adaptive immunity. Nat Rev Immunol, 18(7): 438-453.
Howard J C, Jack R S. 2007. Evolution of immunity and pathogens. Eur J Immunol, 37(7): 1721-1723.
Kesavardhana S, Malireddi RKS, Kanneganti TD. 2020. Caspases in cell death, inflammation, and pyroptosis. Annu Rev Immunol, 38: 567-595.
Matsunaga T, Rahman A. 2001. In search of the origin of the thymus: The thymus and GALT may be evolutionarily related. Scandinavian Journal of Immunology, 53: 1-6.
Mayer W E, Uinuk-ool T, Tichy H, et al. 2002. Isolation and characterization of lymphocyte-like cells from a lamprey. Proc Natl Acad Sci USA, 99(22): 14350-14355.
McComb S, Thiriot A, Akache B, et al. 2019. Introduction to the immune system. Methods Mol Biol, 2024: 1-24.
Pancer Z, Cooper M D. 2006. The evolution of adaptive immunity. Annu Rev Immunol, 24: 497-518.
Smith L C, Arizza V, Barela Hudgell MA, et al. 2018. Echinodermata. The Complex Immune System in Echinoderms. In: Cooper E. Advances in Comparative Immunology. Cham: Springer.
Sun Y, Huang T, Hammarström L, et al. 2020. The immunoglobulins: New insights, implications, and applications. Annu Rev Anim Biosci, 8: 145-169.
Sun Y, Wei Z G, Li N, et al. 2013. A comparative overview of immunoglobulin genes and the generation of their diversity in tetrapods. Dev Comp Immunol, 39(1-2): 103-109.
Théry C, Ostrowski M, Segura E. 2009. Membrane vesicles as conveyors of immune responses. Nat Rev Immunol, 9(8): 581-593.
Wu L, Yang Y, Gao A, et al. 2022. Teleost fish IgM+ plasma-like cells possess IgM-secreting, phagocytic, and antigen-presenting capacities. Front Immunol, 13: 1016974.

第三章 免疫组织和免疫器官的比较

免疫学的发展与比较医学和实验动物科学的兴起有着密切的关系。无论是预防感染，还是区别机体自身或非自身免疫的基本生物学现象，许多免疫学知识都是通过以实验动物为基础的研究获得的。人类也通过比较不同实验动物免疫系统的组织解剖学和生理病理学特征，了解免疫学本质，促进整个学科的蓬勃发展。免疫系统（immune system）是机体对抗原刺激产生应答、执行免疫效应的物质基础，是机体保护自身的防御性结构，主要由免疫细胞、免疫组织、免疫器官以及单核吞噬细胞系统组成。从组织、结构和功能上，与人类免疫系统相比，不同实验动物表现出相似性和差异性，通过总结和阐述，有利于推动免疫学学科发展。

第一节 免 疫 组 织

免疫组织（immune tissue）又称淋巴组织（lymphoid tissue），广泛分布于机体的各个部位，在消化道、呼吸道、泌尿生殖道等黏膜下有大量非包膜化弥散性的淋巴组织和淋巴小结，构成了黏膜相关淋巴组织。根据其结构、功能和发生的不同，通常可分为两种：初级淋巴组织和次级淋巴组织。

一、初级淋巴组织

初级淋巴组织（primary lymphoid tissue）又称中枢淋巴组织（central lymphoid tissue），是以上皮网状细胞为支架，不含网状纤维，网眼中充满淋巴细胞和巨噬细胞。上皮网状细胞能分泌激素，构成诱导淋巴细胞分裂分化的微环境。干细胞进入中枢淋巴组织，可分裂分化为具有各种不同功能及不同特异性的淋巴细胞。中枢淋巴组织发生较早，胎儿出生前已基本发育完善，并开始向周围淋巴组织输送淋巴细胞。中枢淋巴组织分布于中枢淋巴器官，如胸腺及鸟类腔上囊等。

二、次级淋巴组织

次级淋巴组织（secondary lymphoid tissue）又称周围淋巴组织（peripheral lymphoid tissue），以网状结缔组织为支架，网眼中充满了大小不同的淋巴细胞和巨噬细胞，是免疫应答的场所。根据其形态、细胞成分和功能特点，一般分为弥散淋巴组织（diffuse lymphoid tissue）和淋巴小结（lymphoid nodule）两种。周围淋巴组织的分布较广，主要分布在外周淋巴器官，如脾、淋巴结、扁桃体等，以及消化道和呼吸道的固有层和黏膜下层等。

（一）弥散淋巴组织

弥散淋巴组织无固定形态，淋巴细胞分布比较均匀，与周围组织无明显界限，含有 T 细胞、B 细胞及一些浆细胞，以 T 细胞为主。组织中除有一般的毛细血管和毛细淋巴管，还常有毛细血管后微静脉，是淋巴细胞从血液进入淋巴组织的重要通道。当受到抗原刺激时，弥散淋巴组织密集、扩大，并可出现淋巴小结。此种类型的淋巴组织多见于消化道和呼吸道的黏膜组织。

（二）淋巴小结

淋巴小结又称淋巴滤泡（lymphoid follicle），主要由密集的 B 细胞构成，是 B 细胞分布和转化的部位，是反映体液免疫应答的重要形态学标志，此外还有少量 T 细胞和巨噬细胞。淋巴小结呈圆形或椭圆形，直径 1~2mm，较密集且界限清晰，常位于弥散淋巴组织中。淋巴小结的形态结构不是固定不变的，随免疫应答而改变，通常淋巴小结有两种：初级淋巴小结和次级淋巴小结。初级淋巴小结（primary lymphoid nodule）见于未受抗原刺激时，形态较小，无明显边界，也可以消失，由分布均匀而密集的小淋巴细胞组成；次级淋巴小结（secondary lymphoid nodule），见于有抗原刺激时，免疫应答活跃，境界清楚，周围有扁平的网状细胞包绕，中央有明显的生发中心（germinal center），直径 0.5~1.0mm，具有极性结构，分为明区（light zone）和暗区（dark zone）。明区较大，位于浅部，着色较淡，内含较多的网状细胞、巨噬细胞和中等大的淋巴细胞，这些淋巴细胞是由暗区的大淋巴细胞不断分裂分化而来。暗区较小，着色较深，主要由胞质强嗜碱性的大淋巴细胞组成。在淋巴小结近被膜的一侧，或朝抗原进入的方向，有密集的小淋巴细胞构成的帽（cap），该帽常呈新月形，由明区的中淋巴细胞进一步分化而成。其中一部分为记忆 B 细胞，可参与淋巴细胞再循环；一部分为浆细胞的前身，它们离开淋巴小结移至髓质，或通过淋巴及血液循环进入其他淋巴器官或慢性炎症附近的结缔组织内，转变为浆细胞。生发中心除了一般的网状细胞外，还有较多滤泡树突状细胞，主要位于淋巴小结的生发中心，突起细长而且分支，胞质嗜酸性，核多呈椭圆形，可能由单核吞噬细胞系统的细胞演变而来，在其细胞膜的表面富有抗体，能结合抗原和聚集抗原复合物，促进淋巴细胞的分裂与分化，借此可调节 B 细胞的免疫功能（周光兴，2002）。

根据存在形式，淋巴小结又可分为两种类型：单独存在的称为孤立淋巴小结；体内有的部位可见由 10~40 个淋巴小结成群存在，则称之为集合淋巴小结。

第二节 免 疫 器 官

淋巴组织构成了胸腺、脾脏、淋巴结等包膜化淋巴器官的主要成分，淋巴器官又称免疫器官。免疫器官是以淋巴组织为主，产生淋巴细胞的器官，在体内实现免疫功能。依据结构和功能的不同通常分为两类，初级免疫器官（primary immune organ）或中枢免疫器官（central immune organ）和次级免疫器官（secondary immune organ）或外周免疫器官（peripheral immune organ），两者通过血液循环和淋巴循环相互联系（表 3-1）。

表 3-1 初级免疫器官与次级免疫器官的比较

分类	初级免疫器官	次级免疫器官
器官名称	骨髓、胸腺、腔上囊（鸟类）	淋巴结、脾脏、扁桃体、阑尾、血结、血淋巴结等
起源	内外胚层结合部	中胚层
形成时期	胚胎早期	胚胎晚期
存在时间	性成熟后逐渐退化	不退化，终生存在
支架	网状细胞或上皮网状细胞，有分泌功能	结缔组织和网状组织，无分泌功能
淋巴细胞	来自骨髓淋巴干细胞，增殖分化不需要抗原刺激	来自初级免疫器官，增殖分化需要抗原刺激
功能	分泌激素，培育处女型淋巴细胞	产生效应淋巴细胞，是免疫应答的场所
对抗原刺激	无反应	有免疫应答反应
切除后的影响	免疫应答功能减弱或消失	影响小

一、初级免疫器官

初级免疫器官又称中枢免疫器官，主要由初级淋巴组织构成，是淋巴细胞早期分化的场所。其在胚胎时期发生较早，其发生与功能不受抗原刺激的影响，而受激素和微环境的影响，在出生前已基本发育完善，是造血干细胞增殖、分化成为初始型淋巴细胞的场所，并向外周免疫器官输送淋巴细胞，促使外周免疫器官的发育。人在出生前数周，由初级免疫器官产生的淋巴细胞即开始被源源不断地向外周免疫器官和淋巴组织输送。淋巴细胞根据其成熟的主要器官分为两大类：T 细胞和 B 细胞。发育上，所有的

T细胞都在胸腺中成熟。而B细胞成熟的场所因物种不同而有所差异，其中包括鸟类的腔上囊、人类及灵长类和啮齿动物的骨髓，以及兔子和反刍动物的肠道淋巴组织。这些初级免疫器官都是在胎儿早期发育的。因此，人类和哺乳动物的初级免疫器官由骨髓和胸腺组成，鸟类的初级免疫器官还包括法氏囊（林志等，2013；李德雪等，2004；成令忠等，2003）。

（一）胸腺

胸腺（thymus）是T细胞分化、发育和成熟的场所，是免疫系统中最早出现的中枢淋巴器官，在胚胎晚期和生后早期供给淋巴细胞至其他免疫器官，如淋巴结及脾脏。胸腺的大小和结构随年龄的增长而发生明显的改变。一般来说，动物出生后胸腺继续高度增生，到性成熟时胸腺的体积最大，此后胸腺随动物年龄增长而不断退化，而脂肪组织增多。胸腺退化时，不仅胸腺细胞逐渐减少，而且其免疫应答能力也明显下降，但它仍然保持机体所需要的免疫功能。动物到老龄时，胸腺几乎完全被脂肪组织所取代。

1. 胸腺的结构

胸腺是由上皮细胞网络和相关淋巴细胞组成的实质性器官，表面有结缔组织被膜。被膜结缔组织呈片状伸入胸腺内部，将实质分割成许多不完全分离、直径1～2mm的胸腺小叶。每个小叶都有皮质和髓质两部分，皮质位于浅部，内含大量密集的胸腺细胞，染色较深。髓质位于深部，小叶间隔分割不完全，所有小叶的髓质都相互连续，髓质内的胸腺细胞较少，胸腺上皮细胞相对较多，染色浅，并可见一些球形或椭圆形的胸腺小体。

胸腺小体大小不一，直径30～150μm，呈散在分布，由数层扁平的上皮网状细胞呈同心圆状包绕排列而成。胸腺小体近外层的细胞较幼稚，细胞质嗜酸性，细胞核清晰，细胞可分裂；近小体中心的上皮细胞较成熟，细胞质中含有较多的角蛋白，细胞核渐退化；小体中心的上皮细胞则已完全角质化，富含角蛋白，细胞呈嗜酸性染色，有的已破碎呈均质透明状，中心还常见巨噬细胞或嗜酸性粒细胞。胸腺小体上皮细胞不分泌激素，功能未明，但缺乏胸腺小体的胸腺不能培育出T细胞，裸鼠就是因为胸腺上皮细胞发育障碍致使胸腺发育不全或缺失，其外周免疫组织和器官中缺乏T细胞。在人类，胸腺上皮细胞缺失可导致迪格奥尔格（DiGeorge）综合征，患儿先天性的胸腺发育不全，缺乏T细胞，易反复感染，甚至死亡。尽管绝大多数T细胞在胸腺内完成其分化过程，但无胸腺的裸鼠仍有少量携带T细胞标志的细胞。牛的胸腺小体可能含有IgA。

胸腺富含血液供应，存在血-胸腺屏障（blood-thymus barrier），由连续毛细血管、血管内皮外完整的基膜、血管周隙内含有的巨噬细胞、胸腺上皮细胞的基膜和一层连续的胸腺上皮细胞构成，可阻止血液内的大分子物质如抗体、细胞色素c、铁蛋白、辣根过氧化物酶等进入胸腺皮质，血液内一般抗原物质和药物不易透过此屏障，这对维持胸腺内环境的稳定、保证胸腺细胞的正常发育起着极其重要的作用。胸腺除了富含血液供应外，还存在输出淋巴管，注入纵隔的淋巴结内（李和和李继承，2015；李德雪等，2004；成令忠等，2003）。

2. 细胞成分

胸腺的皮质和髓质交界处富含血管，祖T细胞由此进入胸腺，然后迁移到胸腺被膜下的皮质，再由皮质向髓质迁移。在迁移过程中，祖T细胞在胸腺微环境的作用下，历经增殖和分化，最终变为功能成熟的T细胞离开胸腺。胸腺内的淋巴细胞称为胸腺细胞（thymocyte），即为胸腺内处于不同分化发育阶段的T细胞，包括未成熟和成熟的T细胞。胸腺皮质由密集的胸腺细胞组成，其中85%～90%为未成熟的处于增殖状态的T细胞。它们是由骨髓内淋巴细胞前体分裂分化而来。靠近被膜下及小叶间隔周围皮质浅层的胸腺细胞较大而幼稚，常见分裂象；皮质中层为中等大的胸腺细胞；皮质深层的胸腺细胞较小而成熟，常见退变的胸腺细胞。相比之下，髓质区只有稀疏的胸腺细胞分布，多为成熟的T细胞。

　　胸腺基质细胞（thymic stroma cell）以胸腺上皮细胞为主，还有少量骨髓来源的其他游离细胞如巨噬细胞、树突状细胞、肥大细胞及成纤维细胞等，共同构成了胸腺细胞发育的微环境，在祖 T 细胞分化成为成熟 T 细胞的过程中发挥重要作用。胸腺基质细胞表面表达 MHC II 类分子。

　　胸腺上皮细胞（thymic epithelial cell）又称上皮网状细胞（epithelial reticular cell），传统上分为皮质上皮细胞和髓质上皮细胞两大类。婴幼儿期的胸腺功能活跃，大部分上皮细胞的细胞质丰满，细胞核圆形或卵圆形，皮质上皮细胞互相连接呈网格状排列，并高度特化，有较长的细胞质突起、形成口袋样结构，口袋内包裹的是胸腺细胞，这种上皮细胞也被称为上皮抚育细胞（epithelial nurse cell）。髓质上皮细胞形成胸腺小体。上皮细胞可通过两种方式促进胸腺细胞发育：分泌细胞因子促进胸腺细胞的增殖和分化，其中 IL-7 是重要的促胸腺细胞增殖的细胞因子；上皮细胞与胸腺细胞之间的接触，两者表面的受体和配体相互作用，导致胸腺细胞的增殖和发育。胸腺的细胞外基质也可以促进上皮细胞与胸腺细胞的接触和胸腺细胞由皮质向髓质的迁移（李和和李继承，2015；李德雪等，2004；成令忠等，2003）。

　　单核细胞进入胸腺后分化为巨噬细胞，主要分布在皮质-髓质交界处和皮质内。不仅能吞噬过多和不合格的胸腺细胞，参与组成血-胸腺屏障，维持胸腺内环境的稳定性，还能分泌两种相互拮抗的重要因子，即白细胞介素 11 及前列腺素 E2（PGE2），调节胸腺细胞的分裂分化。并指状交错突细胞（interdigitating dendritic cell，IDC）来自骨髓，属于树突状细胞家族，主要分布在髓质内，IDC 可与胸腺细胞形成花结，利于胸腺细胞分化。肥大细胞常见于被膜、小叶间隔及血管周隙内。在严重组合免疫缺陷和胸腺淋巴组织发育不全的患者胸腺内，可见肥大细胞数量增多（陈飘等，2014）。人胸腺髓质内有少量肌样细胞，婴幼儿的胸腺内较多见。细胞为短柱状或长圆形，有一至数个较大而淡染的细胞核，细胞质丰富。细胞膜表面有乙酰胆碱受体，但无运动终板。离体培养的大鼠肌样细胞能分裂并可相互融合形成肌管，可见自动收缩现象。

3. 胸腺激素

　　在胸腺内，细胞是由统称为胸腺激素（thymic hormone）的细胞因子和小肽的复杂混合物调节的。它们包括被称为胸腺素（thymosin）、胸腺生成素（thymopoietin）、胸腺体液因子（thymic humoral factor）、胸腺肽（thymulin）和胸腺刺激素（thymostimulins）的多肽。值得一提的是胸腺肽，它是一种由胸腺上皮细胞分泌的含锌肽，可以部分恢复切除胸腺动物的 T 细胞功能。锌是 T 细胞发育所必需的矿物质，因此，缺锌动物可能缺乏细胞介导免疫应答。胸腺小体在调节胸腺活动中发挥功能性作用，因为它们产生一种称为胸腺基质淋巴细胞生成素（thymic stromal lymphopoietin，TSLP）的生长因子。TSLP 激活胸腺树突状细胞，而树突状细胞可以刺激调节性 T 细胞，从而控制阳性选择过程。

4. 人和常见实验动物胸腺的异同

　　啮齿动物和人的胸腺有相似的功能、结构和组织学特点，且年龄变化也类似。啮齿动物的胸腺位于胸腔前部的腹侧面，人的胸腺位于前纵隔内，底部居于心包和大血管上方，上端伸至上颈部并接近气管。人、大鼠、小鼠其胸腺的解剖结构相似。在马、牛、羊、猪和鸡中，它也会从颈部一直延伸至甲状腺。胸腺表面有被膜，分为不对称的左右两叶，呈长扁条状，中间由峡部薄层结缔组织相连。胸腺的大小各不相同，其相对大小在新生动物中最大，其绝对大小在青春期前最大。虽然啮齿动物的品系和性别存在一定的差异，但胸腺一般可在 3～6 周龄时达到峰值（体重的 4%～8%），后逐渐萎缩（宋佳乐，2011）。

　　哺乳动物的胸腺原基源于第III对（某些物种也包括第VI对）咽囊的内胚层及其相对应的鳃沟外胚层。内胚层细胞可能分化形成胸腺皮质的上皮细胞，外胚层细胞则分化为被膜下上皮和髓质的上皮细胞，而 T 细胞源于胸腺外的细胞。但也有一些实验认为胸腺上皮只起源于第III对咽囊内胚层。爬行动物胸腺由腮囊背部的突起衍生而成（表 3-2）。

表 3-2　常见实验动物与人胸腺的解剖学分布及特点

动物	位置	特点
人	前纵隔内，底部居于心包和大血管上方，上端伸至上颈部并接近气管	不对称的左右两叶，长扁条状
小鼠	胸腔前部的腹侧面，胸骨下	乳白色，左右两叶
大鼠	胸腔前部的腹侧面	淡红色，表面不光滑，不规则分叶
豚鼠	颈部	两个光亮、淡黄色、细长呈椭圆形、充分分叶
兔	心脏腹面	幼兔较大，随年龄的增长而逐渐变小
鸟类	颈部两侧	长带状，多叶排列，鸡有 7 对，鸭、鹅有 5 对

（二）骨髓

骨髓（bone marrow）具有造血和免疫双重功能，是所有免疫细胞的发源地，是人类和哺乳动物 B 细胞分化、发育和成熟的场所。骨髓位于骨髓腔中，分为红骨髓和黄骨髓。红骨髓（red bone marrow）是造血器官，具有活跃的造血功能，也是培育 B 细胞的中枢淋巴器官。黄骨髓主要为脂肪组织。与脾脏、肝脏和淋巴结一样，骨髓也是一种次级淋巴器官。它含有许多树突状细胞和巨噬细胞，因此可以清除血液中的异物。它含有大量产生抗体的细胞，因此是抗体的主要来源。基于骨髓的多重功能，它被分为造血室和血管室。这些隔室在长骨的楔形区域内交替排列。造血室包含所有血细胞的干细胞以及巨噬细胞、树突状细胞和淋巴细胞，并被一层外膜细胞包围。在年龄较大的动物中，这些外胚层细胞可能因脂肪过多而使骨髓呈现脂肪样黄色。血管室主要是抗原被捕获的地方，由内皮细胞排列的血窦和由网状细胞和巨噬细胞交叉形成的网络组成。

1. 红骨髓的组织结构

红骨髓主要是由造血组织和血窦网络构成的海绵状组织。造血组织由网状组织、造血干细胞和骨髓基质细胞组成。网状组织的网状细胞与网状纤维构成造血组织的网架，网眼内充满不同发育阶段的各种血细胞以及少量巨噬细胞、成纤维细胞、脂肪细胞、骨髓基质干细胞等。造血细胞赖以生长发育的环境称造血诱导微环境。造血诱导微环境中的核心成分是基质细胞。

血窦是由动脉毛细血管进入骨髓后分支而成的，其管腔大，形态不规则，窦壁衬贴有孔内皮，内皮细胞之间间隙较大，基膜不完整，呈断续状，有利于成熟血细胞进入血液。血窦内皮细胞能通过分泌黏附分子将造血干细胞黏附或固定，也可分泌多种造血生长因子参与血细胞发生的调节。窦壁周围和窦腔内巨噬细胞有吞噬消除血液中的异物、细菌，以及衰老、死亡血细胞的作用。

2. 骨髓的细胞成分

骨髓基质细胞包括巨噬细胞、成纤维细胞、网状细胞、骨髓基质干细胞、血窦内皮细胞和脂肪细胞等。基质细胞不仅起造血支架作用，而且能够分泌各种造血生长因子，调节造血细胞的增殖和分化，基质细胞还能产生网状纤维、纤维连接蛋白、层粘连蛋白等细胞外基质成分，有滞留造血细胞的作用。基质细胞和其所分泌的细胞因子构成了造血干细胞赖以增殖、分化、发育和成熟的环境，称为造血诱导微环境。造血干细胞具有自我更新和分化两种潜能。在造血诱导微环境中，造血干细胞定向分化为髓样干细胞和淋巴样干细胞，髓样干细胞可最终分化为中性粒细胞、嗜酸性粒细胞、嗜碱性粒细胞、红细胞、血小板和单核巨噬细胞；淋巴样干细胞可分化有待进一步分化的祖 T 细胞（pro-T）以及成熟的 B 细胞和 NK 细胞。祖 T 细胞经血流进入胸腺，发育分化为成熟 T 细胞。树突状细胞分别来自髓样干细胞和淋巴样干细胞。此外骨髓内尚含有大量的浆细胞，它们来自外周淋巴组织，由 B 细胞分化而来，在骨髓内可存活多年，可持续产生抗体，是机体基础抗体的主要来源。

发育中的各种血细胞在造血组织中的分布呈一定的规律。幼稚红细胞常见于血窦附近，成群嵌附在巨噬细胞表面，构成幼红细胞岛；随着细胞的发育成熟而贴近并穿过血窦内皮，脱去细胞核成为网织红细胞。幼稚粒细胞多远离血窦，当发育至晚幼粒细胞具有运动能力时，以变形运动接近并穿入血窦。巨噬细胞常靠血窦内皮间隙，将细胞质突起伸入窦腔，脱落形成血小板。这种分布情况表明造血组织的不同部位具有不同的微环境造血诱导作用。

3. 骨髓-血屏障

在造血组织和血液循环之间存在特殊屏障结构，称为骨髓-血屏障（bone marrow-blood barrier，MBB），其组成包括血窦内皮细胞及其外周的外膜细胞、周细胞和附近的巨噬细胞。外膜细胞是一种有分支的成纤维细胞，覆盖在内皮细胞的周围。细胞质的细胞膜下有成束的微丝，细胞收缩可以调整覆盖内皮细胞的面积。外膜细胞覆盖内皮细胞外表面积的比率可反映 MBB 的功能状态。MBB 可以筛选成熟血细胞进入血窦，在调控血细胞释放等过程中起重要作用。血窦壁周围和窦腔内的巨噬细胞可吞噬清除血液中的异物、细菌和衰老死亡的血细胞。

4. 人和常见实验动物骨髓的异同

显微镜下，健康成年人的红骨髓和黄骨髓各占一半，啮齿动物主要为红骨髓。胎儿和婴幼儿时期的骨髓均为红骨髓，大约从 5 岁开始长骨的骨髓腔内出现脂肪细胞，并随年龄增长而增多，逐渐由红骨髓变为黄骨髓，其造血功能也随之消失，但在黄骨髓中仍含少量造血干细胞，故仍有造血潜能。成人的红骨髓和黄骨髓各占一半，红骨髓主要分布在扁骨、不规则骨与长骨骨骺的松质骨中。

啮齿动物和人的骨髓细胞具有相似的成熟过程和形态。啮齿动物和人的骨髓中均有血窦。啮齿动物骨髓通常从股骨或胸骨内采集，取出股骨和胸骨后在中性福尔马林或其他固定液中固定 24～48h 后，置于酸性溶液或乙二胺四乙酸（EDTA）中脱钙，常规石蜡包埋制片，HE 染色。甲酸-福尔马林溶液和布恩溶液（Bouin 溶液）既可以作为固定剂也可作为脱钙液。幼龄啮齿动物的胸骨无须脱钙。骨髓也可从已死亡动物的长骨中用生理盐水冲洗获得，后做骨髓涂片，晾干后甲醇固定，瑞氏-吉姆萨染色，镜下观察。

采集人类的骨髓主要用于病理学的诊断，骨髓活检和抽吸常从髂骨后上段采集。通常用中性福尔马林或乙酸锌福尔马林（AZF）固定骨组织，在酸中脱钙，然后用 HE 染色进行常规石蜡包埋组织学检查。抽吸后制备骨髓涂片，后瑞氏-吉姆萨染色，镜下观察。骨组织石蜡包埋 HE 染色是评估各种细胞类型之间和周围骨骼的形态学背景相互关系最好的方法（表 3-3）。另外，新鲜啮齿动物或者人的骨髓抽吸样本可用于流式细胞术（Elizabeth and MeInnes，2012）。

表 3-3　常见实验动物与人骨髓的处理方法

分类	啮齿动物	人
取材部位	股骨、胸骨	髂骨后上段
固定液	中性福尔马林	福尔马林/乙酸锌福尔马林（AZF）
脱钙	酸性溶液/EDTA	酸性溶液
脱钙液	甲酸-福尔马林溶液、布恩溶液	酸性溶液
骨髓涂片	瑞氏-吉姆萨染色	瑞氏-吉姆萨染色
制片	常规石蜡包埋制片，HE 染色	常规石蜡包埋制片，HE 染色
骨髓评估	尸检事件	常规临床检查
采集目的	常规检测	病理学诊断

（二）腔上囊

腔上囊是鸟类特有的中枢免疫器官，是 B 细胞分化发育的场所，主要与体液免疫有关。来自骨髓的干细胞随血液进到腔上囊，在腔上囊分泌的激素影响下迅速增殖，并分化成为囊依赖淋巴细胞，即家禽的 B 细胞，后迁移至脾脏、盲肠、扁桃体和其他淋巴组织中。此种细胞受到相应抗原刺激时被激活，迅速增生，转变为浆细胞，与记忆 B 细胞行使体液免疫。若腔上囊被过早摘除或受病毒感染，可致机体免疫功能受损，抵抗力下降，极易并发其他疾病而引起死亡。若在孵化第 17 天摘除鸡腔上囊，孵出的小鸡缺乏 B 细胞的体液免疫力，可反复发生感染导致死亡，但 T 细胞免疫不受影响。若在成年后摘除其腔上囊，则不影响 B 细胞的产生，因为此时的周围淋巴器官已具有产生 B 细胞的能力。另外，腔上囊不是一个纯粹的初级淋巴器官，因为它也可以捕获抗原并合成一些抗体。它也包含一个小的 T 细胞聚集点，就在囊管开口的上方。从囊中提取了几种不同的激素，其中最重要的是一种三肽（lys-his-gly），称为囊泡素，它可以激活 B 细胞而不是 T 细胞（William and Linda，2012；鲍恩东等，1999）。

1. 腔上囊的组织结构

腔上囊起源于泄殖腔，其囊壁仍保留与消化管相似的结构，由内向外依次分为黏膜层、黏膜下层、肌层和浆膜。

黏膜层由黏膜上皮、黏膜固有层和黏膜肌层构成，鸡无黏膜肌层。由黏膜和部分黏膜下层向囊腔突出形成纵行皱襞，鸡有 9～12 条，鸭有 2～3 条，在大的纵行皱襞之间有许多小皱襞。黏膜上皮一般为假复层柱状上皮，其间无杯状细胞，但在鸡的腔上囊中，局部为单层柱状上皮，杯状细胞虽有时存在，但数量不多。在与淋巴小结连接处黏膜上皮组成簇状，浅层细胞的形态比较粗短，具有卵圆形细胞核，其位置比较靠近细胞中央。黏膜固有层由较厚的结缔组织构成，内有许多密集排列的腔上囊小结，在一个大的纵行皱襞内可多达 40～50 个。腔上囊小结呈圆形、椭圆形或不规则形，是一种淋巴上皮小结，每个小结由周边的皮质和中央的髓质及介于两者之间的一层上皮细胞构成。皮质由稠密的小淋巴细胞、巨噬细胞和上皮网状细胞构成，血液供应不发达，仅靠髓质部分有少量的毛细血管分布。髓质结构较为疏松，由上皮网状细胞、大中淋巴细胞和巨噬细胞组成，内无网状纤维。上皮网状细胞彼此间借突起相互连接，构成支架，淋巴细胞位于网眼内并不断进行分裂分化，新形成的部分淋巴细胞被巨噬细胞吞噬。在皮、髓质交界处，有一层连续的上皮细胞和完整的基膜，并与黏膜表面的上皮和基膜相连续，其上皮细胞呈立方形或低柱状，排列整齐，细胞质嗜酸性，基膜位于近皮质的一侧。在靠近基膜的皮质内有一层毛细血管网分布，是淋巴细胞由皮质迁出的重要通道。腔上囊小结中无浆细胞。

在腔上囊小结面向黏膜上皮的一侧，常见髓质与上皮细胞相连，此处的黏膜上皮称小结相关上皮。它与周边的上皮细胞不同，细胞排成复层，浅层细胞层矮柱状，细胞核位于中部，游离面微绒毛稀疏，中间及深层的细胞呈多边形，细胞质着色较淡，内有许多溶酶体和吞饮泡，它们与上皮细胞摄取和转运抗原物质有关。

黏膜下层较薄，由疏松结缔组织构成，参与形成黏膜皱襞，在皱襞的中央构成小梁，并与淋巴小结周围的固有层结缔组织相连接。

肌层多由内纵、外环两层较薄的平滑肌构成。膜，较薄，其中含有胶原纤维（William and Linda，2012；鲍恩东等，1999）。

2. 人与常见实验动物腔上囊的异同

两栖类、爬行类及哺乳动物均无腔上囊。目前认为，哺乳动物的胚胎肝和骨髓是胚胎期 B 细胞发生的场所，人胚第 9 周，肝内依次出现前 B 细胞和幼 B 细胞。出生后，骨髓则为 B 细胞分化发育的唯一场所。

表 3-4　比较新生动物胸腺切除术和腔上囊切除术对机体的影响

作用	胸腺切除术	腔上囊切除术
循环系统淋巴细胞数量	消失	无影响
T 细胞依赖区域淋巴细胞数量	消失	无影响
移植排斥	被抑制	无影响
非 T 细胞依赖区域淋巴细胞数量	轻微消耗	消失

续表

作用	胸腺切除术	腔上囊切除术
淋巴组织内浆细胞	轻微减少	消失
血清中免疫球蛋白	轻微减少	大量减少
抗体生产	影响较小	显著影响

（四）回肠派尔集合淋巴结

派尔集合淋巴结（Peyer's patch，PP）是位于小肠内壁的淋巴样器官。它们的结构和功能因物种而异。在反刍动物、猪、马、犬和人类中（第 I 类动物），80%～90% 的 PP 存在于回肠中，它们形成一个单一的连续结构，从回肠盲肠连接处向前延伸，属于初级淋巴器官（第一种 PP）。幼龄反刍动物和猪的回肠 PP 可达 2m。回肠 PP 由密集排列的淋巴样滤泡组成，每个滤泡由结缔组织鞘隔开，只含有 B 细胞。

1. 回肠 PP 的组织结构

在 6 周龄羔羊中，回肠 PP 在出生前达到最大体积并且成熟，保护它们免受外来抗原入侵，此时形成了机体内最大的淋巴组织（它们和胸腺一样，约占体重的 1%）。这个结构在 15 个月时消失，在成年绵羊中无法被检测到。

拥有第一种 PP 的第 I 类动物同时可具备第二种 PP 作为次级淋巴器官，由空肠中多个独立的淋巴滤泡堆积而成。这些空肠 PP 伴随动物终生。它们由梨形滤泡组成，由广泛的滤泡间组织分隔，主要含有 B 细胞和高达 30% 的 T 细胞。猪也拥有第一种 PP。猪的空肠 PP 约有 30 个第二种 PP，常规的分布结构，却只有一个大的回肠 PP。它们的回肠 PP 缺乏 T 细胞，其结构与绵羊相似。它在出生后的第一年退化，但似乎并非一个主要的淋巴器官，因为它不是 B 细胞发育所必需的，功能为在肠道菌群的免疫反应中发挥作用，似乎也是一个次级淋巴器官。

犬也属于第 I 类动物。它们也含有两种 PP，总计有 26～29 个，其中包括一种早期卷曲的单一回肠 PP，与啮齿动物不同，在回肠末端，PP 长 26～30cm，完全包围回肠远端 6～10cm，致使反肠系膜边缘近端缩小到 1cm 宽，主要含有未成熟的 B 细胞。另一种在空肠和回肠的上段，与啮齿动物相似，小且分散分布；回肠 PP 有小的穿窿和滤泡间质，与十二指肠和空肠相比有不明显的冠状带。十二指肠 PP 穿窿上皮的滤泡内陷。犬与啮齿动物相比穿窿处含有较多的浆细胞。犬胃黏膜固有层发现直径大于 2mm 的淋巴结节，多位于胃底部，但这些结节与滤泡上皮无关。

在其他哺乳动物中，如灵长类动物、兔子和啮齿动物（第 II 类动物），PP 随机分布在回肠和空肠中，仅含有第二种 PP。在这些哺乳动物中，PP 直到出生后 2～4 周才发育，并一直持续到老年。在一些 II 类动物中 PP 的发育似乎完全依赖于正常肠道菌群的刺激，因为它们在无菌动物中仍然很小且发育不良（William and Linda，2012）。

2. 回肠 PP 功能

某些第 I 类动物（如绵羊）回肠 PP 的功能与鸟类的腔上囊相似。因此，回肠 PP 是 B 细胞快速增殖的位点，尽管大多数细胞随后发生凋亡，并释放到循环系统中。如果通过手术切除回肠 PP，羔羊会出现 B 细胞缺陷，无法产生抗体。羔羊骨髓中的淋巴细胞比实验室啮齿动物的骨髓少得多，因此回肠 PP 是它们最重要的 B 细胞来源。

二、次级免疫器官

次级免疫器官又称外周免疫器官，主要由淋巴结、脾脏、黏膜免疫系统相关淋巴组织等组成，其发生较初级淋巴器官略晚，它们是成熟淋巴细胞受相应抗原刺激后进行扩增，并发生免疫应答的场所，在机体出生后数月才逐渐发育完善。它们接受和容纳由初级淋巴器官迁移来的淋巴细胞，在抗原刺激下，淋巴细胞增殖分化，产生参与免疫应答的效应 T 细胞或浆细胞。效应 T 细胞产生和释放各种细胞因子，浆细胞分泌抗体，引发细胞免疫反应和体液免疫反应。次级免疫器官是免疫活性细胞定居和增殖的场所，也是免疫应答的重要部位。次级免疫器官广泛分布于全身各重要部位，形成重要的免疫防线。散布在全身各处的淋巴组织，虽然不是独立的器官，但在结构和功能上应属于次级免疫器官的范畴。

（一）淋巴结

淋巴结（lymph node）大小不等，通常呈卵圆形或豆形，数毫米至 2cm，位于淋巴回流的通路上。淋巴液经输入淋巴管注入淋巴结，经门部的输出淋巴管流出淋巴结，淋巴结是淋巴系统的主要组成部分，可截获来自组织液和淋巴液的抗原，是滤过淋巴的重要器官，也是免疫应答发生的主要场所和 T 细胞的主要定居地，并通过淋巴细胞再循环与整体免疫系统发生功能联系；同时淋巴结内的巨噬细胞还可以吞噬、清除抗原异物，发挥过滤作用。

淋巴结的大小、结构及内含细胞成分的变化与机体的免疫功能状态密切相关。例如，抗原刺激引起体液免疫应答时，淋巴小结明显增大、增多；引起细胞免疫应答时，副皮质区明显增大；淋巴回流区有慢性炎症时，常导致髓索内浆细胞大量增多；而当大量抗原入侵的急性时期，则可致淋巴窦扩张和窦内巨噬细胞大量增多。

1. 淋巴结的组织结构

淋巴结表面有薄层致密结缔组织被膜包裹，内含少量的平滑肌细胞。数条输入淋巴管（afferent lymphatic vessel）穿越被膜与被膜下淋巴窦相连通。淋巴结的一侧凹陷，为门部，有较多的疏松结缔组织及脂肪细胞，输出淋巴管（efferent lymphatic vessel）及小动脉和小静脉。被膜和门部的结缔组织伸入淋巴结实质形成相互连接的小梁（trabecula），构成淋巴结的粗支架，血管和神经行于其内。由网状细胞和网状纤维组成的网状组织填充于小梁之间。在小梁之间为淋巴组织和淋巴窦。淋巴结实质分为皮质和髓质两部分，两者无截然的界限。

1）皮质

皮质（cortex）位于近被膜的外层区域，一般由浅层皮质、副皮质区及皮质淋巴窦构成，其结构与厚度随动物种类及机能状态有很大变化。

浅层皮质（superfacial cortex）又称非胸腺依赖区，是紧贴被膜下窦的淋巴组织，为 B 细胞定居部位。大量 B 细胞在此区域内集聚形成淋巴小结，也含有少量巨噬细胞。淋巴小结分为初级淋巴小结和次级淋巴小结：初级淋巴小结处于未受抗原刺激后的状态，内含成熟的初始性 B 细胞；次级淋巴小结为受抗原刺激后的状态，内含生发中心，含活化 B 细胞，处于增殖和功能分化状态。新生动物淋巴结内尚未出现淋巴小结时，此层厚薄较均匀，当许多淋巴小结形成后，膨大的淋巴小结突入副皮质区，此层变的厚薄不一。

副皮质区（paracortical area）即深层皮质（deep cortex），又称胸腺依赖区（thymus-dependent region），位于淋巴小结之间及皮质深层，为一片无明显界限的弥散淋巴组织，主要由 T 细胞组成，80%为 CD4+T 细胞。经抗原刺激后，T 细胞分裂分化，形成大量的效应 T 细胞和记忆 T 细胞，前者通过淋巴和血液循环到抗原所在部位，行使细胞免疫功能，后者参与淋巴细胞再循环。副皮质区有许多高内皮细胞小静脉（high endothelial venule，HEV），也称毛细血管后微静脉（postcapillary venule，PCV），是淋巴细胞再循环途径的重要部位，是血液内淋巴细胞进出淋巴组织的重要通道，基膜外常有较多的巨噬细胞。据统计，血液流经此段时约 10%的淋巴细胞穿越管壁进入副皮质区，然后再迁移到淋巴结的其他部位。

皮质淋巴窦（cortical sinus）简称皮窦，包括被膜下方和与其连通的小梁周围的淋巴窦，分别称为被膜下窦和小梁周窦。被膜下窦（subcapsular sinus）为一宽敞的扁囊，包绕整个淋巴结实质，其被膜侧有数条输入淋巴管通入，与小梁周窦相连通。小梁周窦（peritrabecular sinus）末端常为盲端，仅部分与髓质淋巴窦直接相通，相连通的部分较窄。窦壁由扁平的内皮细胞围成，内皮外有薄层基质、少量网状纤维及一层扁平的网状细胞，内侧紧贴淋巴组织。在被膜侧的窦壁内皮细胞间有紧密连接，基膜完整；

在淋巴组织侧的窦壁内皮细胞有间隙，基膜不完整，有利于淋巴细胞穿过。窦内有许多网状细胞与网状纤维支撑，并有许多巨噬细胞附着其上或游离于窦腔内。淋巴在窦内流动缓慢，有利于巨噬细胞清除细菌、异物及抗原物质等（Cesta，2006；Patrick，2003）。

2）髓质

髓质（medulla）是由髓索和髓窦组成的弥散淋巴组织，位于淋巴结的近中央部和靠近门部，在无明显皮质之处，髓质可靠近被膜下淋巴窦。

髓索（medullary cord）由淋巴组织构成，呈索状分支相互连接，周围有扁平的内皮细胞与淋巴窦相邻。髓索主要由 B 细胞、浆细胞、T 细胞和大量的巨噬细胞组成，其数量和比例可因免疫状态的不同而有很大的变化。正常动物体内浆细胞少见，当淋巴结所属回流区有慢性炎症时，髓索内浆细胞大量增多。

髓窦（medullary sinus）即髓质淋巴窦，其窦壁和被膜与皮质淋巴窦的结构相似，也由连续的内皮、细胞间质及外膜网状细胞三层构成，但其窦腔不规则，较宽大，腔内含有较多的网状内皮细胞和巨噬细胞，故具有较强的滤过功能。

3）淋巴结内的淋巴通路

淋巴在淋巴结内由输入淋巴管进入被膜下窦和小梁周窦，部分渗入皮质淋巴组织，然后流入髓窦，部分经小梁周窦直接流入髓窦，继而汇入输出淋巴管出淋巴结。淋巴流经一个淋巴结约需数小时，含抗原越多则流速越慢。淋巴经滤过后，其中的细菌等抗原绝大部分被清除。淋巴组织中的细胞和产生的抗体等也不断进入淋巴，因此，输出的淋巴常较输入的淋巴含较多的淋巴细胞和抗体。

淋巴细胞经过不断的再循环，从一个淋巴器官转移到另一个淋巴器官或淋巴组织，传递抗原信息，有利于发现、识别抗原和肿瘤细胞，使免疫系统的效能大为提高。T 细胞循环一周需 18～24h，B 细胞约需 30h（Cesta，2006）。

2. 淋巴结的细胞组成

网状细胞胞体较大，核大，呈圆形，异染色质较少，可见核仁，核周胞质内含少量粗面内质网、游离核糖体及线粒体。由胞体伸出数个细长分支的胞质突起，相邻细胞的突起相互连接，突起间无桥粒等连接结构，构成细胞网架。基质的电子密度低，网状细胞与基质间无基膜。网状细胞能产生基质与纤维，无吞噬能力，也不能转变为巨噬细胞（Cesta，2006）。

3. 人与常见实验动物淋巴结的异同

人和啮齿动物淋巴结的解剖结构相似。相同品系或不同品系之间，啮齿动物淋巴结的数量可不同。小鼠的淋巴结通常很小，很难在脂肪组织或其他组织中看到。大鼠的淋巴结稍大，通常为灰色、细长或圆形。啮齿动物最大的淋巴结通常是肠系膜淋巴结和下颌淋巴结，其他常用于啮齿动物组织学研究的淋巴结还包括腘淋巴结、腋下淋巴结和腹股沟淋巴结。人体共有 300～500 个淋巴结，广泛成群分布于非黏膜部位，如肺门、肠系膜、腹股沟和腋下等部位。人常用于组织学研究的淋巴结包括浅表淋巴结（颈部淋巴结、腋下淋巴结、腹股沟淋巴结）和深层淋巴结（主动脉旁淋巴结、肠系膜淋巴结等），人淋巴结的大小为 0.5～2cm，即使是健康人群，浅表淋巴结也可触及。啮齿动物的淋巴结与人类的淋巴结相比很小，因此，啮齿动物淋巴结的组织形态学表现比人类淋巴结的组织形态学表现更为明显（Piper and Treuting，2018）。

由于啮齿动物的淋巴结很小，因此常规的组织学切片在形态学上是不同的。例如，以淋巴结中心为矢状面或横切面，看到的皮质、副皮质区和髓质的大小不同。啮齿动物变化最大的淋巴结是下颌淋巴结，其次是肠系膜淋巴结，与其他淋巴结相比，下颌淋巴结常受鼻腔、口腔活动的影响，生发中心增生、浆细胞增生等病变发生率较高。与啮齿动物相比，人的淋巴结较大，在光镜下易从常规组织切片上看到全部组织结构。

在淋巴结组织学结构上与多数动物差异最大的是猪。仔猪淋巴结皮质和髓质的位置恰好相反，即淋巴小结位于中央区域，而不甚明显的淋巴索和少量较小的淋巴窦则位于周围；成年猪，皮质和髓质排列混乱。此外，猪淋巴结的输入淋巴管从一处或多处经被膜和小梁一直穿行到中央区域，然后流入周围窦，最后汇集成几条输出淋巴管，从被膜的不同地方穿出。鱼类无淋巴结，两栖类、爬行类和鸟类（鸭、鹅等水禽除外）也无明显的淋巴结。各种哺乳动物均有淋巴结，但其大小及结构有很大的不同。小的仅数毫米，大的有数厘米。牛的淋巴结被膜及小梁很发达，马次之，羊、兔、大鼠等均不发达。在犬、猫、马、牛、羊及猪的淋巴结被膜中含有较多的平滑肌及弹性纤维。同种动物不同部位淋巴结的结构也有一定差异。例如，肠系膜及肺门的淋巴结较为发达，淋巴小结多，生发中心清楚，淋巴窦内巨噬细胞也较多（Piper and Treuting，2018）。

（二）脾脏

脾脏是机体最大的外周免疫器官，是胚胎时期的造血器官，又是血液的重要滤器；是淋巴细胞的定居地，尤其是 B 细胞（B 细胞占脾淋巴细胞总数的 60%，T 细胞占 40%）的定居地；是对血源抗原产生免疫应答的主要场所，微生物一旦进入血液循环，必经脾脏，其抗原可刺激脾脏内的 T 细胞和 B 细胞活化，产生效应 T 细胞和抗体，清除微生物。脾脏中含大量巨噬细胞，可清除衰老或有缺陷的红细胞，消灭进入血液内的抗原。脾脏内的微环境有利于 T、B 细胞的生长发育和诱发免疫应答，有利于单核细胞和单核样细胞在此生长分化形成巨噬细胞和树突状细胞。

1. 脾脏的组织结构

在新鲜脾脏切面上可见大部分组织为深红色，称为红髓；其间有散在分布的灰白色点状区域，称为白髓，两者构成脾的实质。脾脏富含血管，其末梢血管大部分开放于淋巴组织，使血内的淋巴细胞能较迅速地进入淋巴组织。

1）被膜与小梁

脾脏外层由富含弹性纤维及平滑肌纤维的致密结缔组织构成，表面被覆间皮。一侧凹陷为门部，有血管、淋巴管和神经进出。被膜伸入脾内形成粗细不等的小梁，与门部伸入的小梁分支相互连接，构成脾的粗支架。小梁内含有许多弹性纤维及较多的平滑肌，在较大的小梁内常见伴行的小梁静脉和小梁动脉。网状组织填充于小梁之间，构成海绵状多孔隙的微细网架，淋巴细胞、浆细胞及巨噬细胞等填充于网状细胞的孔隙内。被膜内层含有丰富的神经末梢，主要为无髓神经纤维，神经纤维经被膜、小梁进入淋巴组织。结缔组织内的平滑肌纤维收缩可调节脾脏的血量。

2）红髓

红髓（red pulp）分布于被膜下，约占脾实质的 2/3，由脾索和脾血窦组成。脾索（splenic cord）由富含血细胞的淋巴组织构成，呈不规则的条索状，并互相连接成网，脾索间的血液通路为脾血窦。脾窦（splenic sinus）形态不规则，互相吻合成网。由一层平行排列的长杆状内皮细胞围成，内皮外有不完整的基膜及环形网状纤维，脾索内的血细胞可变形穿越内皮细胞间隙进入血窦。脾索和脾血窦相间分布，形成红髓的海绵状结构。人胎儿及成人的脾索内有肌成纤维细胞，人的脾索内还有平滑肌细胞。脾索含较多 B 细胞、浆细胞、巨噬细胞和树突状细胞。血窦外侧有较多巨噬细胞，其突起可通过内皮间隙伸向窦腔。脾血窦汇入小梁静脉，后于脾门汇合为脾静脉出脾脏（Piper and Treuting，2018）。

3）白髓

白髓（white pulp）为致密的淋巴组织，围绕着中央动脉分布，并随其分支而逐渐变薄，由动脉周围淋巴鞘、淋巴小结和边缘区构成，相当于淋巴结的皮质。小梁动脉的分支离开小梁，进入白髓，形成中央动脉。动脉周围淋巴鞘（periarterial lymphatic sheath）是中央动脉周围厚层弥散淋巴组织，由大量 T 细胞和少量巨噬细胞与交错突细胞等构成，相当于淋巴结的副皮质区，但无毛细血管内皮微静脉。当发生细胞免疫应答时，动脉周围淋巴鞘内的 T 细胞分裂增殖，淋巴鞘增厚。动脉周围淋巴鞘的一侧可见淋巴小结，又称脾小体（splenic corpuscle），主要由大量 B 细胞构成，包含幼稚的初级淋巴滤泡和含有生发中心的次级淋巴滤泡。健康人脾内淋巴小结较少，当抗原侵入时，淋巴小结数量及动脉周围淋巴鞘剧增，抗原被清除后又逐渐减少；老年人免疫系统功能下降，初级抗体反应弱而短暂，脾脏生发中心的数量和体积比年轻人明显减少。大于 22 月龄鼠脾脏生发中心的数量及其内的细胞数目减少 60%～95%。边缘区（marginal zone）位于白髓与红髓交界的狭窄区域、动脉周围淋巴鞘的四周，有数层扁平的网状细胞呈同心圆状排列，含 T 细胞和 B 细胞，以 B 细胞为主，此外还有巨噬细胞和浆细胞。边缘区内的淋巴细胞较白髓的稀疏，还有少量的红细胞，与红髓脾索之间无明显界限。中央动脉的侧支末端在此区膨大，形成小的血窦，称边缘窦（marginal sinus），是血液内抗原及淋巴细胞进入白髓的通道。白髓内的淋巴细胞也可进入边缘窦，参与再循环。边缘区是脾脏内首先接触抗原引起免疫应答的重要部位（李宪堂等，2019；Piper and Treuting，2018）。

2. 人和常见实验动物脾脏的异同

不同物种的脾脏在结构和功能上有所不同。脾脏的结构和功能可被分成储存型、防御型和过渡型。通常，犬和猫为储存型脾脏，能够储存多达 1/3 的循环血液总量，并包含平滑肌和有限的淋巴组织。小鼠、大鼠、兔子和人类为防御型脾脏，平滑肌较少，淋巴组织较发达。人类红髓占脾脏体积的 75%～90%，与人类相比，啮齿动物的白髓较大，所以人类红髓与白髓的比值高于啮齿动物。人、小鼠、大鼠的脾脏，血窦丰富，白髓较多，被膜和小梁内含有少量平滑肌，此种脾脏的储血量少，但免疫功能较强。就淋巴组织而言，过渡型脾脏具有介于储存型脾脏和防御型脾脏之间的特征，猪和反刍动物为这类脾脏。在造血能力方面，脾脏在小鼠和大鼠中都是一个重要的器官，而成年兔和人的脾脏不参与疾病状态以外的造血活动。

人和啮齿动物解剖学结构相似，脾脏位于腹部的左上方，与胃大弯相邻。与人相比，啮齿动物的脾脏更加细长，2～4 月龄的小鼠脾脏重 100～200mg，年轻大鼠重 500～750mg，人的脾脏重约 150g。啮齿动物和人偶尔可发现副脾。小鼠脾脏位于胃的左侧，具有储存血液和制造淋巴细胞等功能；金黄地鼠脾脏呈长带形，弯曲较大，长 2.8～4.5cm，宽 0.4～0.5cm。豚鼠脾脏位于胃大弯部左侧，呈扁平的长圆形，长 2.5～3.5cm，宽 0.8～1.2cm；兔脾为长 4～5cm、宽 1～2cm 的细长脏器，呈暗蓝赤色（李和和李继承，2015；郑国强等，2011）。

小鼠一生脾脏中都有造血细胞，大鼠脾脏中也有少量造血细胞；鱼类及两栖类的脾为终身性造血器官；其他哺乳动物的脾仅在胚胎期有造血功能，但人和兔子的脾脏内仍保留很少量的干细胞，在一定条件下可恢复造血功能（郑国强等，2011）。

啮齿动物被膜较厚，由富含弹性纤维及平滑肌纤维的致密结缔组织构成，表面被覆间皮。人的被膜由胶原蛋白和少量平滑肌纤维的结缔组织构成。豚鼠脾脏被膜主要由排列成网状的致密胶原纤维和弹性纤维组成，还可见散在的平滑肌样成纤维细胞。与其他哺乳动物相比，啮齿动物和人脾脏被膜的平滑肌数量少，说明啮齿动物和人脾脏储血功能较低。

脾脏的大小及结构在不同动物间有很大差异，犬脾脏相对较大，兔脾脏相对较小。犬及鸡的脾脏呈椭圆形，鼠、兔和猪的脾脏呈长条索状。犬和牛的脾脏被膜及小梁中的平滑肌较多，而兔则较少。马、犬和猪的脾脏含有丰富的淋巴小结，而且动脉周围淋巴鞘也发达；猫和反刍动物的脾脏中淋巴组织以淋巴小结的形式存在，故淋巴小结也很丰富，但动脉周围淋巴鞘非常不发达；鼠和兔的淋巴小结很少，白髓主要是由动脉周围弥散淋巴鞘构成。

啮齿动物的白髓以 B 细胞为主，人脾脏白髓以 T 细胞为主。啮齿动物与人脾脏边缘区不同的是，啮齿动物脾脏在组织学上有边缘窦，其边缘窦明显，通过光镜便可以观察。人类的边缘窦不明显，只能通过超微结构和免疫组织化学方法观察（秦川，2008，2018，2020）。

（三）黏膜免疫系统

黏膜免疫系统（mucosal immune system，MIS）也称黏膜相关淋巴组织（mucosal-associated lymphoid tissue，MALT），主要由分布在呼吸道、胃肠道及泌尿生殖道等黏膜组织中的免疫组织、免疫细胞、免疫分子组成，包括肠相关淋巴组织、鼻咽部的鼻咽相关淋巴组织、上呼吸道和下呼吸道的支气管相关淋巴组织、泌尿生殖道的黏膜相关淋巴组织以及与之相关联的外分泌腺、结膜相关淋巴组织、泪管相关淋巴组织、喉相关淋巴组织、唾液腺相关淋巴组织等。其分布特点为器官化及散在的淋巴组织和细胞并存，是免疫系统的重要组成部分，是黏膜免疫应答发生的主要部位。

人和啮齿动物的 MALT 在长期的抗原刺激下可变大。天然或基因工程免疫缺陷突变的大鼠和小鼠，MALT 的形态学发生改变。SCID 小鼠 B 细胞和 T 细胞缺乏，肠及肺部淋巴结小（几乎不存在），细胞大小不一，不成熟，排列稀疏。裸鼠 T 细胞减少，上皮内淋巴细胞减少，T 细胞区域（滤泡间/滤泡旁）减少，巨噬细胞增多，常无生发中心（李宪堂等，2019）。

1. 肠相关淋巴组织

肠相关淋巴组织（gut-associated lymphoid tissue，GALT）是位于肠黏膜下的淋巴组织，由小肠 PP、散在于整个肠道的独立淋巴滤泡（isolated lymphoid follicle）、肠系膜淋巴结（mesenteric lymph node，MLN）、阑尾（vermiform appendix）以及弥散的免疫细胞组成。消化系统所有 GALT 的生发中心结构都是一样的。GALT 由滤泡中的 B 细胞、滤泡间的 T 细胞和输出淋巴管组成。

1）小肠 PP

这里主要介绍第 II 类动物的 PP。PP 位于肠黏膜下，向肠腔呈凸起形成穹窿部，由一层滤泡相关上皮将其与肠腔隔开，主要由含有生发中心的 B 细胞滤泡和滤泡间 T 细胞区域组成，在穹窿部富含树突状细胞、T 细胞及 B 细胞。PP 在胚胎期发育形成，人的小肠中 100～200 个，是启动肠黏膜免疫应答的重要部位。

啮齿动物的 PP，是小肠中肉眼可见的淋巴组织聚集物，分布广泛。每个淋巴滤泡通常包含 6～12 个生发中心，多于鼻相关淋巴组织（nasal-associated lymphoid tissue，NALT）和支气管相关淋巴样组织（bronchus-associated lymphoid tissue，BALT）。大鼠体内的 PP 比小鼠的大，并且通常有更大的生发中心。小鼠空肠中 PP 多于回肠，但大鼠相反，其回肠中 PP 多于空肠。小鼠大肠内也可见一些小的淋巴组织的聚集物，一个在盲肠顶端，其他的沿着升结肠和降结肠分布。大鼠中结肠和盲肠顶端有两个肉眼可见的淋巴结节。B 细胞多于 T 细胞，其中 T 细胞与 B 细胞的比率是 0.2。PP 的大小、数量、分布和组成可能因动物的品系不同而有所差异。例如，F344 大鼠的 PP 一般小于 Wistar 大鼠；PP 中 $CD4^+$ 与 $CD8^+$ 的比值是 5.0，大约是 NALT 或 BALT 的 2 倍，分别是 2.4 和 2.6；但在 Lewis 大鼠中，比率几乎相等。

2）滤泡相关上皮

滤泡相关上皮（follicle associated epithelium，FAE）主要由肠上皮细胞组成，其中散在微皱褶细胞，称为 M 细胞（microfold cell）、淋巴细胞和树突状细胞。M 细胞存在于 FAE 之间，与肠上皮细胞紧密排列在一起，形成上皮屏障，M 细胞是一种特化的对抗原具有胞吞转运作用的上皮细胞，可高效摄取并转运抗原，但无抗原加工及提呈能力。它摄取肠道内的抗原物质，转运给下方的淋巴细胞，刺激其中的 B 细胞，分化为浆细胞。M 细胞的游离面有很多微皱褶，无微绒毛，不能分泌消化酶和黏液。M 细胞基底面细胞膜内陷形成一较大的穹隆状凹腔，腔内聚集有淋巴细胞和少量的巨噬细胞。

3）独立淋巴滤泡

数千个独立淋巴滤泡散在于整个肠道，由一层含有 M 细胞的上皮所覆盖。淋巴滤泡是在出生后对肠道共生菌抗原的应答而形成，主要由 B 细胞组成。

独立淋巴滤泡位于小肠的反肠系膜边缘，已在大鼠、小鼠、兔子及豚鼠中发现，比 PP 小，平均直径 150μm，在短的肠绒毛内呈桶样淋巴样聚集，常与单个穹窿有关。其与 PP 结构相似，有 1～2 个 B 细胞滤泡，含有生发中心和少量的 $CD4^+$T 细胞，被覆 M 细胞等滤泡相关上皮细胞，以及分散的树突状细胞和少量的巨噬细胞。尽管独立淋巴滤泡的数量因小鼠的品系不同有所差异，但每只小鼠有多达 200 个独立淋巴滤泡，BALB/c 小鼠平均 150～200 个，C57 小鼠平均 100～150 个。新生小鼠没有独立淋巴滤泡，通过光学显微镜，7 日龄的 BALB/c 乳鼠和 25 日龄的 C57 小鼠十二指肠和近端空肠可检测到独立淋巴滤泡。C57 小鼠独立淋巴滤泡较少且更小，主要位于小肠远端但并不局限于反肠系膜边缘。

4）肠系膜淋巴结

肠系膜淋巴结（MLN）是体内最大的淋巴结，含 T 细胞区和淋巴滤泡，通过输入淋巴管与 PP、独立淋巴滤泡相连，是启动针对肠道抗原的免疫应答和诱导黏膜耐受的重要场所。

5）阑尾

阑尾又称蚓突，位于盲肠与回肠之间，上端连通盲肠的后内壁，下端游离。阑尾全长都附有阑尾系膜，其活动性较大。固有层内含有大量的淋巴滤泡，有利于有益菌生长，阑尾是有益菌在结肠的避难所，当机体感染某种疾病导致肠道内的有益菌减少时，阑尾中的有益菌可及时进入肠道而发挥作用。啮齿动物没有阑尾。兔有阑尾，在回盲瓣有大量的淋巴结节，也叫圆小囊。阑尾的特征性结构是含有多个淋巴滤泡，通常背向排列，淋巴滤泡在黏膜下层形成大量的 GALT，并有密集的淋巴细胞浸润，浸润至黏膜固有层。

2. 鼻咽相关淋巴组织

鼻咽相关淋巴组织（nasopharynx-associated lymphoid tissue，NALT）包括扁桃体及鼻后部淋巴组织，NALT 表面被 FAE 所覆盖，其中散在 M 细胞，上皮细胞间含有上皮内淋巴细胞（intraepithelial lymphocyte，IEL）。在大鼠和小鼠的鼻腔导气管内含有一种特殊的淋巴样上皮细胞（lymphoepithelium，LE），它们分散聚集在固有层下鼻相关淋巴组织中（NALT）。在小鼠中，伴有 LE 的 NALT 局限于鼻咽管（T3）开口侧壁的腹侧。这些覆盖的 LE 由立方体纤毛细胞、少量黏液细胞和大量非纤毛的立方体细胞组成，这些细胞具有管腔微绒毛（所谓膜细胞或 M 细胞），分别类似于肠道和下呼吸道中与肠道相关的淋巴组织和支气管相关的淋巴组织中的细胞。NALT 可直接接触空气和食物抗原，M 细胞可将抗原转运至固有层免疫细胞。NALT 的主要作用是抵御经空气和食物入侵的病原微生物的感染。NALT 这种具有特殊 LE 的结构在非人灵长类动物的鼻咽导管处也有报道，而这种淋巴样结构在非人灵长类动物鼻咽近端侧壁和鼻中隔壁上比较多。NALT 在鼻咽导管的入口，是一个非常重要的位置，因为大多数鼻腔分泌物和吸入的空气都可能携带抗原物质，流经该区域。虽然 NALT 的功能及其在一般黏膜相关淋巴系统中的作用尚不完全清楚，但这些黏膜相关淋巴组织可能在上呼吸道区域的免疫防御中发挥重要作用。

扁桃体是机体最常接触抗原引起免疫应答的淋巴器官，包括腭扁桃体（palatine tonsil）、咽扁桃体（pharyngeal tonsil）、舌扁桃体（lingual tonsil）和咽鼓管扁桃体（tubal tonsil）。腭扁桃体由第 2 对咽囊内胚层发育而来，咽扁桃体和舌扁桃体发生于第 1 对咽囊的后壁和舌根部。它们与咽黏膜内多处分散的淋巴组织共同组成咽淋巴环结构，位于消化道和呼吸道的交汇处，其黏膜面的表面积相当大，并经常与抗原接触，是诱发免疫应答和产生免疫效应的重要部位，在局部构成重要的免疫防线。人扁桃体的 B 细胞表面特征是表达 IgD 和 CD38。

1）扁桃体的组织结构

扁桃体表面覆以咽黏膜，复层扁平上皮向深部凹陷形成多个隐窝，上皮下为淋巴小结和弥散淋巴组织。扁桃体隐窝深部的复层扁平上皮内常有许多淋巴细胞、浆细胞及巨噬细胞等浸润，称为上皮浸润部。此处的上皮分散呈网状，细胞间隙大，充以大量淋巴细胞。

腭扁桃体最大，呈扁卵圆形，位于咽的两侧，共有一对。其黏膜表面覆盖复层扁平上皮。上皮向固有层深陷，形成 10～30 个隐窝（crypt），隐窝周围的固有层内有许多含有生发中心的淋巴小结及弥散淋巴组织。咽扁桃体位于咽的上后壁，只有一个，表面主要被覆假复层纤毛柱状上皮，无隐窝结构。舌扁桃体位于舌根背侧面，体积较小，表面被覆复层扁平上皮，有一个浅隐窝，故较少引起炎症。

2）人和常见实验动物扁桃体的异同

舌扁桃体和腭扁桃体仅存于哺乳动物，某些哺乳动物还有咽扁桃体。成人的咽扁桃体和舌扁桃体多萎缩退化。爬行类和鸟类的咽扁桃体十分发达。小鼠淋巴系统特别发达，但腭或咽部无扁桃体，外来刺激可使淋巴系统增生，进而导致淋巴系统疾病。犬有 4 个扁桃体，舌扁桃体、腭扁桃体、咽扁桃体、咽鼓管扁桃体。灵长类动物至少有 3 个扁桃体，舌扁桃体、腭扁桃体、咽扁桃体，可能有咽鼓管扁桃体，其他家畜也一样。

3. 支气管相关淋巴组织

1）组织结构

支气管相关淋巴组织（BALT）包括上呼吸道和下呼吸道的支气管相关淋巴组织，沿呼吸道随机分布，主要位于支气管的分叉处，也常见于支气管和动脉之间。其位于呼吸道黏膜下层，是参与气道免疫反应的淋巴细胞的局部聚集，主要由 T 细胞和 B 细胞组成，还包括少量的浆细胞、树突状细胞和巨噬细胞。与 NALT 和 PP 相比，BALT 的生发中心和巨噬细胞少，且 T 细胞和 B 细胞分布不明显，T 细胞和 B 细胞相对大小基本一致，T 细胞与 B 细胞的比值为 0.7。ED5 染色，GALT 和 NALT 中有滤泡树突状细胞，但 BALT 中无滤泡树突状细胞。

2）人与常见实验动物支气管相关淋巴组织的异同

不同物种间 BALT 差异很大，正常情况下，犬、猫和叙利亚仓鼠没有 BALT。兔 BALT 数量较多，其次是大鼠、豚鼠和小鼠。无菌猪没有 BALT，无菌大鼠有 BALT，但与普通级大鼠相比，BALT 数量较少。与暴露在病原体或抗原的啮齿动物相比，饲养在屏障/SPF 设施内的啮齿动物有较少的类似 BALT 的结构，但在健康成人和小鼠肺脏中通常检测不到 BALT，实验感染或暴露在某些抗原的情况下，小鼠和人可发生诱导型的 BALT。诱导型的 BALT 主要由 B 细胞组成。小鼠的肺脏和唾液腺经感染和免疫介导相关的疾病诱发形成三级淋巴组织，但在这些组织中通常不存在淋巴细胞。

4. 眼结膜相关淋巴组织

1）哈德腺的组织结构

哈德腺（Harder's gland）即副泪腺，又称瞬膜腺，呈浅粉红色，分两叶，马蹄形，是复管泡状腺，腺体表面的结缔组织被膜伸入实质，分割成大小不同的腺小叶，切面呈圆形或多边形，腺泡汇集成三级和次级收集管，然后通入单一的主导管，主导管纵行延伸于腺体全长，腺泡和收集管外均有毛细血管网。在腺泡和各级导管（排泄管）周围富含淋巴细胞，形成弥散淋巴组织，偶见团索状排列而成的淋巴小结或淋巴索。哈德腺内导管极为发达，其分泌物有湿润和清洗角膜的作用（鲍恩东等，1999）。

腺泡和导管上皮均由柱状上皮细胞构成。上皮细胞呈均一形态，细胞顶部充满大量脂滴小泡。I 型上皮细胞中含有大量脂滴小泡；II 型上皮细胞充满脂滴大泡，含有大量线粒体；III 型上皮细胞无特异性特征。多数腺泡的上皮细胞是充满脂滴小泡的立方上皮，其中含有长的线粒体；也有少数占据小叶中部的腺泡由小型细胞构成。

2）人和常见实验动物哈德腺的异同

人无哈德腺，但有报道称在人类胚胎阶段存在短暂的哈德腺结构。

由于腺体中黑色素细胞的色素，啮齿动物的哈德腺常布有斑点。

禽的哈德腺呈扁哑铃形，两端粗大钝圆，后端大于前端，中间细小呈带状，淡红色或褐红色，表面可见大小不等的圆形或多边形凸起的分叶状结构。其位置在眼眶内眼球的腹侧和后内侧的筋膜内，左右对称。以哈德腺为主的鼻旁和眼旁淋巴组织，也是禽体非依赖腔上囊 B 细胞分化、繁殖的场所。

猪的哈德腺很发达，出现在瞬膜的后三分之一处，整个腺体呈蕈状，凸面光滑，被膜菲薄，可清楚地区分出 20～30 个多边形的小叶，凹面借一粗大的结缔组织连接束和一些细丝将其固定在瞬膜的尾部。连接束内有血管、神经和导管等通过。扫描电镜下可见到大量呈葡萄串状的腺泡并有导管相连，腺泡外有胶原纤维呈网状围绕。

5. 血结和血淋巴结

血结和血淋巴结是两种比较特殊的免疫器官，并不普遍存在于所有动物。

1）血结

血结（hemal node）主要存在于反刍动物，但也见于马、人和其他灵长类动物，具有过滤血液和进行免疫应答的作用，组织结构介于淋巴结和脾脏之间。血结通常沿内脏血管散在分布，往往成串存在，呈暗红色或棕色，大小不等，一般呈卵圆形。在血结的门部，有一支小动脉和一支较大的静脉进出。血结有输出淋巴管，但无输入淋巴管。

血结表面被覆被膜，被膜由致密的结缔组织和平滑肌纤维组成，伸入实质形成小梁，小梁互相连接，构成不发达的网状支架。其实质主要由被膜下血窦、淋巴小结、淋巴组织索和深层血窦网组成。被膜下血窦位于被膜下，窦腔宽大，窦壁内有内皮细胞，窦内充满血液。深层血窦穿行于淋巴组织索和淋巴小结之间，彼此吻合成网，其窦壁内由内皮细胞、基膜和平滑肌纤维组成。淋巴组织索由网状组织和填充于网架内的淋巴细胞组成，淋巴小结可见有典型的生发中心。

2）血淋巴结

血淋巴结（haemolymph node）主要见于大鼠及反刍动物，或人类，通常位于脾、肾等血管附近或包埋于胸腺后面的结缔组织内，直径为1～3mm，呈暗红色。血淋巴结在结构上介于淋巴结与血结之间，既有输入淋巴管，又有输出淋巴管，但输入淋巴管很少，其血管供应与淋巴结的基本相同。

血淋巴结由被膜和实质两部分组成，被膜很薄，且构成被膜的结缔组织中不含平滑肌纤维，小梁不发达。实质分为皮质和髓质，但界限不清。皮质包括被膜下窦和淋巴小结。被膜下窦的窦壁有内皮，窦腔狭窄，腔内含有少量红细胞。血淋巴结的被膜下窦并不与血管直接相连，红细胞是穿过毛细血管后微静脉和毛细血管而游走到淋巴组织和窦腔内。被膜下窦经由小梁延伸到血淋巴结内。皮质中的淋巴小结轮廓不明显，生发中心很少见。髓质包括淋巴组织索和髓窦。淋巴组织索中浆细胞最多。髓窦狭窄，窦腔中含有红细胞和许多巨噬细胞，并且红细胞常常附着于巨噬细胞周围而形成玫瑰花结状（秦川，2017，2020）。

第三节　实验动物胎盘结构类型与母源抗体转移关系

当哺乳动物出生时，它从无菌的子宫中出来，进入一个立即暴露于大量微生物的环境。它的表面，如胃肠道，在几小时内就能获得复杂的微生物群。如果新生的动物想要生存，就必须能够控制这种微生物的定植。实际上获得性免疫系统需要一段时间才能完全发挥功能，此时固有免疫负责最初对感染的抵抗。一些妊娠期较短的物种，如小鼠，获得性免疫系统甚至可能在出生时还没有完全发育。在妊娠期较长的动物中，如大型家养哺乳动物，获得性免疫系统在出生时发育完全，但在成年后几个月内不能发挥作用。获得性免疫发育完全依赖于抗原的刺激。B细胞和B细胞受体（BCR）多样性的发展需要克隆选择和抗原驱动细胞增殖。因此，新生哺乳动物在生命的最初几周很容易受到感染。在这个时候它们需要帮助来保护自身免受感染。这种临时的帮助是由母乳以抗体和T细胞的形式提供的。从母亲向新生儿的被动免疫转移对生存至关重要。各种哺乳动物的胎儿和出生仔畜免疫的获得各有不同。在初乳中主要为IgA，初生动物血清中的母源抗体大部分为IgG，对仔畜预防病毒和细菌感染起着一定的保护性免疫作用。大部分IgA对黏膜表面起着局部保护作用，IgG起着整体保护作用。但是母源抗体还具有有害作用，它能诱发新生动物溶血病（如驹）和抑制出生动物的主动免疫（施新猷，2000）。

一、实验动物胎盘屏障和母源抗体的转移特点比较

雌性动物将母源抗体转移给胎儿或仔畜的途径和特异性不同，这与动物胎盘的结构和类型有关，一般来说，有3种主要的转移途径，随动物种类不同，有的经绒毛膜尿囊型胎盘转移，有的经卵黄囊上皮和卵黄循环转移，还有的是初乳经肠道吸收。前两者被认为是胎儿期获得抗体的途径，后者为山生后转移抗体的途径（表3-5）。

在人类和其他灵长类动物中，胎盘是血性绒毛膜，即母体血液与滋养细胞直接接触。这种类型的胎盘允许母体的IgG而非IgM、IgA或IgE直接转移到胎儿。母体的IgG可以进入胎儿的血液，新生婴儿的循环系统IgG水平与母体相当。

犬和猫有一个内皮绒毛膜胎盘，其中绒毛膜上皮与母体毛细血管的内皮细胞接触。在这些物种中，5%～10%的IgG直接从母体转移到幼犬或幼猫，但大多数抗体必须通过初乳获得（有趣的是，大象也

有内皮绒毛膜胎盘，在这个物种中有明显的产前被动免疫转移）。

反刍动物的胎盘是联合连接的，也就是说绒毛膜上皮与子宫组织直接接触。马和猪的胎盘是上皮绒毛膜，而胎儿的绒毛膜上皮与完整的子宫上皮接触。在有这两种类型胎盘的哺乳动物中，免疫球蛋白分子的胎盘通过是完全被阻止的。因此，它们的新生儿完全依赖于通过初乳获得的抗体（沈霞芬和卿素珠，2015；施新猷，2000）。

表 3-5 动物的胎盘屏障和母源抗体的转移

动物	胎盘类型	结构（层数）	转移途径	选择性	抗体转移		持续时间
					出生前	出生后	
小鼠	血性绒毛膜	4	肠（主要）卵黄囊	+	+（卵黄囊）	++	出生到 17 天
大鼠	血性绒毛膜	4	肠（主要）卵黄囊	+	+（卵黄囊）	++	出生到 20 天
豚鼠	血性绒毛膜	2	肠（主要）卵黄囊、肠	+++		+	整个妊娠期间和出生后 2 天内
家兔	血性绒毛膜	2	卵黄囊	+	+++	—	从妊娠 15 天起
猫	内皮绒毛膜		肠		—	+++	不定
犬	内皮绒毛膜		肠		—	++	出生到 8 天
灵长类	血性绒毛膜		胎盘	+	+++	—	妊娠开始 3 个月
猪	上皮绒毛膜	6	肠	—	—	+++	出生到 8 天
牛	结缔组织绒毛膜或上皮绒毛膜	6	肠	—	—	+++	出生后 36h
马	上皮绒毛膜	6	肠	—	—	+++	出生到 34 天
绵羊	结缔组织绒毛膜或上皮绒毛膜	6	肠	—	—	+++	出生后 36h
刺猬		4	肠	+	—	+++	出生到 35 天
水貂			肠		—	+++	出生到 8 天
雪貂			肠		—	+++	不定

二、实验动物母子间抗体的移行特点比较

小鼠、大鼠、豚鼠、兔子、非人灵长类动物等新生动物出生时存在由母体带来的抗体，而且幼仔的血清抗体效价常常比母体的高，母体的抗体从胎内就开始移动，更多的是出生后，通过母乳，大量的抗体向幼体动物移行。猪等新生动物保存的抗体在吮吸了抗体效价高的乳汁后，最初血清抗体效价是上升的。在胎内抗体母仔移行的有兔子、啮齿类和灵长类，单抗体的母仔移行途径不同。

三、动物母源抗体转移中呈现选择作用的组织特点比较

免疫球蛋白转送是有选择性的，有些种类的抗体易转移，同种（系）抗体转移比异种抗体快。胎盘对各种母源抗体也有选择性。例如，灵长类中 IgG 易通过胎盘屏障，IgM、IgA 和 IgE 则不能。兔子的 IgG、IgM 易通过胎盘到达胎儿。关于母源抗体选择性的转移机制尚不清楚，一般认为这种选择性的转移是因组织能选择性地识别抗体的 Fc 片段造成的（表 3-6，表 3-7）。

牛初乳中所有的 IgG，大部分的 IgM，大约一半的 IgA 都是从血液中转移过来的。相比之下，在牛乳中，只有 30% 的 IgG 和 10% 的 IgA 是这样产生的，其余部分由乳腺内的淋巴组织产生。初乳还含有自由形式和结合 IgA 的分泌成分。初乳含有许多细胞因子。例如，牛初乳含有大量的 IL-1β、IL-6、TNF-α 和 IFN-γ，马初乳含有 IL-4、IL-6、TNF-α 和 IFN-γ。这些细胞因子可能促进幼龄动物免疫系统的发育（施新猷，2000）（表 3-8）。

表 3-6　母源抗体转移中呈现选择作用的组织

动物种类	组织	动物种类	组织
大鼠和小鼠	肠	偶蹄兽	乳腺
家兔	卵黄囊	鸟类	卵黄囊膜
灵长类动物	胎盘		

表 3-7　各种实验动物补体合成部位特点的比较

合成部位	C1	C2	C3	C4	C5	C6
腹腔巨噬细胞	小鼠 大鼠 灵长类	豚鼠	小鼠 大鼠 豚鼠 兔 灵长类	猴		兔
肺泡巨噬细胞	灵长类	豚鼠	大鼠 豚鼠 兔 灵长类			
脾脏		豚鼠	小鼠 大鼠 豚鼠 兔 灵长类		小鼠	兔
肝脏		豚鼠	豚鼠 灵长类	灵长类		兔
淋巴细胞			豚鼠 猴	猴		
骨髓		豚鼠	大鼠 豚鼠 灵长类	豚鼠 灵长类		
小肠	豚鼠					

表 3-8　大动物初乳和奶中的免疫球蛋白水平

物种	液体	免疫球蛋白/（mg/dL）				
		IgA	IgM	IgG	IgG3	IgG6
马	初乳	500～1500	100～350	1500～5000	500～2500	50～150
	奶	50～100	5～10	20～50	5～20	0
牛	初乳	100～700	300～1300	2400～8000		
	奶	10～50	10～20	50～750		
羊	初乳	100～700	400～1200	4000～6000		
	奶	5～12	0～7	60～100		
猪	初乳	950～1050	250～320	3000～7000		
犬	初乳	500～2200	14～57	120～300		
	奶	110～620	10～54	1～3		
猫	初乳	150～340	47～58	3250～4400		
	奶	240～620	0	100～440		

第四节　实验动物肺脏的比较免疫学

一、实验动物肺脏结构和细胞多样性的比较

对于肺脏，不同物种的解剖结构有很大的差异，这可能会影响动物对疾病的反应。为了将动物研究与人类疾病联系起来，我们需要了解这些差异是什么。肺脏组织结构决定了其功能，我们从肺胸膜、小叶间隔、远端气道和一些哺乳动物的肺结构单元的比较形态学介绍（表3-9，表3-10）。

（一）肺胸膜的比较

肺胸膜（pulmonary pleura）不仅是一个机械的外壳，它对于肺脏的正常功能和应对机体疾病也非常重要。肺胸膜主要由单层鳞状间皮细胞和微绒毛组成，微绒毛附着在由弹性和胶原纤维组成的致密结缔组织上。人类和大型动物肺胸膜比较厚，而包括一般实验动物在内的相对小的动物，它们的肺胸膜相对较薄。虽然厚薄是相对而言的，但物种之间的差异非常明显。对于同一物种来说，不同的解剖位置，它们的肺胸膜厚度也不尽相同。由于间皮下层的结缔组织，血管和淋巴管等成分的多少决定肺胸膜的厚度不同。哺乳动物肺胸膜的厚度为20～80μm。

McLaughlin 认为人类的肺胸膜较厚，相对厚的区域由支气管动脉分支供应血液，相对薄的区域由肺动脉供应血液。这两种血管系统压力的差异可能会影响胸腔积液的形成率。拥有较厚肺胸膜的动物往往具备最广泛的淋巴管网络。对于肺胸膜较薄的动物，如犬类的肺胸膜淋巴管较为广泛。其他实验动物，如小鼠、大鼠和兔子，它们的肺胸膜淋巴管相对较少。

（二）肺小叶内隔膜和小叶间隔膜

许多结缔组织隔支从肺胸膜贯穿肺实质。虽然所有的肺脏由类似的结构单元组成，从肺胸膜表面或切面看，肺小叶内间隔和肺小叶间隔的可见性取决于分隔这些肺小叶内和肺小叶间的结缔组织数量。恒河猴、犬、猫和一般实验动物的肺，无论是从肺胸膜表面还是从切面看，相邻的支气管肺段或小叶之间的分离都不明显。而人类、牛、羊、猪、马的肺，可以从肺胸膜表面看到清晰的肺小叶间隔，因为这些物种的小叶间结缔组织较丰富。另外，决定许多肺功能的是小叶间隔的完整性，而不是小叶间结缔组织的数量，特别是相邻小叶间侧支通气能力。显微镜下观察显示，牛、猪和羊肺中的小叶间结缔组织完全分隔肺小叶；而人和马的肺中，肺小叶的分离是不完全的。运用高分辨率计算机断层扫描（high resolution computed tomography，HRCT）等其他技术证明羊的肺小叶间分隔也不完全。

（三）远端气管

人类肺的远端气管由几级非呼吸性细支气管组成，最后一级被称为终末细支气管（terminal bronchiole），接着是1～3级呼吸性细支气管（respiratory bronchiole）和3～5级肺泡管（alveolar duct）。区分呼吸性细支气管和肺泡管依赖于"肺泡化"程度。当肺泡完全覆盖整个气道时称为"肺泡管"，而肺泡结构较少时称为"呼吸性细支气管"。从远端气管到最后一级细支气管之间，在第一个肺泡化细支气管之前，可以通过判读细支气管壁上观察到的腺体或软骨结构等确定分级。利用以上评判标准，犬、猫和非人灵长类动物比其他动物或人类的非呼吸性细支气管分级较少。

人类和非人灵长类动物的终末细支气管之前往往有1～3级呼吸性细支气管。犬、猫和雪貂往往有多级呼吸性细支气管。小鼠、大鼠和沙鼠缺少呼吸性细支气管，终末细支气管直接开口于肺泡管。仓鼠、兔子和豚鼠的呼吸性细支气管不发达，可能仅有很短的一级或者缺如。马、牛、绵羊和猪也没有呼吸性细支气管或最多仅有一段很短的存在（Richard，2015）。

表 3-9　肺脏组织学比较：肺胸膜、小叶内和小叶间间隔及远端气管的形态学比较

物种	人类	恒河猴	犬和猫	雪貂	小鼠、大鼠、沙鼠、豚鼠、兔子等小型实验动物	马和羊	牛和猪
胸膜	厚	薄	薄	薄	薄	厚	厚
肺小叶内和小叶间结缔组织	广泛，小叶间结缔组织有一部分包裹了许多小叶	很少	几乎没有	很少	几乎没有	广泛，小叶间结缔组织有一部分包裹了许多小叶	广泛，小叶间结缔组织有一部分包裹了许多小叶
非呼吸性细支气管（非肺泡化）	数级，终末细支气管以呼吸性细支气管结束	级数较少，一般仅一级，终末细支气管以呼吸性细支气管结束	级数较少，终末细支气管以呼吸性细支气管结束	数级，终末细支气管以呼吸性细支气管结束	数级，终末细支气管以肺泡管或者非常短的呼吸性细支气管结束	数级，终末细支气管以肺泡管或者非常短的呼吸性细支气管结束	数级，终末细支气管以肺泡管或者非常短的呼吸性细支气管结束
呼吸性细支气管（肺泡化）	1~3 级	数级	数级	数级	缺失或仅很短一级	缺失或仅很短一级	缺失或仅很短一级

表 3-10　不同级导气管的定义

支气管（bronchus）
由弹性纤维、胶原纤维和平滑肌组成的疏松结缔组织中由不规则的软骨板或斑块形成的完整壁层结构。
固有层或黏膜下层含黏液或混合腺体。
含有黏液（杯状）细胞的纤毛假复层上皮。

非呼吸性细支气管（nonrespiratory bronchiole）
壁层由平滑肌和疏松结缔组织组成。没有软骨，没有腺体。
肺泡间隔附着于腔壁表面。
纤毛柱状到鳞状上皮细胞。
无黏液（杯状）细胞。
终末细支气管是最远端的、最高级别的、没有肺泡化的细支气管。它们是导气管的最后段。

呼吸性细支气管（respiratory bronchiole）
传导气道和呼吸气体空间之间的过渡结构。
结构类似于非呼吸性细支气管，除了壁上有肺泡开口和较短的上皮细胞。
初级的呼吸性细支气管的肺泡化可能较差（即肺泡很少）。
分支级数较高的，呼吸性细支气管出现较典型的肺泡化结构（即含有大量肺泡）。

肺泡管（alveolar duct）
肺泡周围向腔内开放。
螺旋平滑肌。
由 I 型或 II 型肺泡上皮细胞构成。

二、实验动物肺脏重要分泌成分的比较

气管支气管上皮的分泌细胞和黏膜下腺体共同分泌形成导气管的黏液层。然而，不同物种的分泌细胞类型、分泌细胞的数量以及黏膜下腺体的存在和数量都存在很大的差异。有些种类，包括大鼠、小鼠、兔子、仓鼠和豚鼠，几乎没有腺体；其他物种，如人类、非人灵长类、犬、猫、羊、猪和牛，有发达的腺体。这些差异可能会影响上皮表面用于黏液纤毛清除作用（mucociliary clearance）的黏液数量和性质。黏液纤毛清除作用对肺脏的固有防御体系起到重要作用，吸入的空气污染物被困或溶解在黏液层中，然后通过纤毛运输移除。最佳的清除体系依赖于黏液层、下面的纤毛周围液体和纤毛运动之间复杂的相互作用。尽管在大多数种类的气道中，纤毛细胞的水平相对恒定，但黏液层内容物成分和来源不尽相同。来源包括上皮表面和黏膜下腺体的黏液性和浆液性细胞。在某些物种中，克拉拉细胞（Clara cell）或非纤毛细支气管上皮细胞也可能参与黏液层的形成。黏液来源的多样性提示黏液成分和性质的变化。已经使用了几种方法来定义黏液组成，包括碳水化合物组织化学和细胞化学、放射自显影、免疫组织化学、生物化学。除了最后一种方法之外，所有这些方法都具有原位检测黏液成分的优点。

（一）凝胶状黏蛋白形成

黏液清除能力对肺脏的先天防御至关重要。然而，产生过多和/或清除受损是所有气道炎症性呼吸道疾病的特征，包括慢性阻塞性肺病、囊性纤维化和哮喘。此外，患者的分泌物由于 *MUC* 基因产物的

比例、糖基化、固液比或这些组合的差异而不同。形成凝胶状黏蛋白是正常清除能力的关键因素。覆盖气道表面顶端的分泌物不是均匀的，而是由聚合黏蛋白、蛋白质、脂质、水、离子等组成的复杂混合物。这种液体的复杂性和黏蛋白的性质使得鉴定变得困难，这在很大程度上是由于分离和纯化黏蛋白的高难度。目前，对黏蛋白作为分子工具的理解取得了重大进展。其中最重要的是对黏蛋白基因（人类的 *MUC* 基因）的鉴定。已经鉴定出超过 20 种人类和小鼠的黏蛋白基因，但不是所有的 *MUC* 基因产物都有相似的蛋白质骨架。黏蛋白家族被广泛定义为含有大于 50% 的含丝氨酸或苏氨酸羟基侧链上的寡糖链的糖蛋白。虽然有几种 *MUC* 基因在肺中表达，但其中两种主要的凝胶状黏蛋白是 MUC5AC 和 MUC5B。一般来说，MUC5AC 定位于上皮表面的杯状细胞，而 MUC5B 定位于黏膜下腺体。总之，黏蛋白是由黏蛋白基因产物和其他影响黏液性质的成分组成的复杂混合物。感染和炎症影响表达水平、糖基化的变化和基因产物的比例。关于黏液蛋白基因表达的动物模型相关知识对于将实验动物数据与人类联系起来非常重要。例如，MUC5AC 是人类正常黏液的主要组成部分；然而，在正常大鼠气道中，MUC5AC 的表达非常低，甚至不存在，但暴露于刺激物中可以显著诱导其表达。

（二）各种实验动物凝胶状黏蛋白分布及成分的比较

由于磺胺和（或）唾液黏蛋白的存在，人类呼吸道上皮表面和腺体的黏膜细胞都含有酸性糖复合物，而中性糖复合物则局限于黏膜下腺体的浆液细胞中。随着对其他物种的检测，发现尽管黏液细胞通常含有酸性黏液蛋白，但磺胺和/或唾液黏蛋白的优势随物种的不同而存在差异（表 3-11，表 3-12）。例如，在犬、猫、兔子和非人灵长类动物的呼吸道上皮表面黏液细胞中，磺胺黏蛋白占主导地位。在绵羊和人类的呼吸道上皮表面中，磺胺或唾液黏蛋白占主导地位，但这取决于导气管的级别。绵羊左颅叶大于 14 级或左尾叶大于 22 级的气道黏液细胞含有磺胺黏蛋白。导气管更近端处由含有磺胺和/或唾液黏蛋白的黏液细胞排列。人类的鼻腔和远端细支气管和非人灵长类动物的鼻腔主要含有磺胺黏蛋白。相比之下，在大鼠和小鼠中，唾液黏蛋白在气道表面的上皮黏液细胞中占主导地位。然而，大鼠气管支气管上皮的主要分泌细胞是含有中性糖复合物的浆液细胞。

酸性黏蛋白也存在于黏膜下腺体的黏膜细胞中。大多数物种的腺黏液细胞中都含有磺胺黏蛋白，包括大鼠、小鼠、犬、绵羊、猪和非人灵长类。在大鼠中，酸性黏蛋白的分布随腺体内位置的不同而不同，黏液小管中含有磺胺黏蛋白，黏液导管中含有唾液黏蛋白。在人类呼吸道的黏膜下腺体中，磺胺黏蛋白和唾液黏蛋白以大致相同的比例存在。

表 3-11　呼吸道上皮细胞糖类物质成分

物种	细胞类型	含量	糖类物质成分的测定		
			PAS 染色	AB 染色	HID 染色
仓鼠	Clara 细胞	+++	+	−	−
	黏液性细胞	+	+	+	−
大鼠	浆液性细胞	+++	+	−	−
	黏液性细胞	+	+	+	−
小鼠	黏液性细胞	+	+	+	−
兔子	黏液性细胞	+	+	+	+
	Clara 细胞	+++	+/−	−	−
犬	黏液性细胞	++	+	+	+
猫	浆液性细胞	++	+	+	不确定
	黏液性细胞	+	不确定	不确定	不确定
猪	黏液性细胞	+	+	+/−	+/−
绵羊	黏液性细胞	++	+	+	+/−
非人灵长类	黏液性细胞	++	+	+	+
人类	黏液性细胞	++	+	+	+

注：PAS 染色. 过碘酸希夫染色，与邻近羟基反应；AB 染色. 阿利新蓝，在 pH 为 2.6 时与酸性糖复合物发生反应；HID 染色. 高铁二胺，与含硫酸酯的酸性糖复合物反应

表 3-12　呼吸道黏膜下腺糖类物质成分

物种	细胞类型	含量	糖类物质成分的测定		
			PAS 染色	AB 染色	HID 染色
仓鼠	黏液性细胞	+/−	+	+	−
大鼠	浆液性细胞	+	+	−	−
	黏液性细胞	+	+	+	+/−
小鼠	浆液性细胞	+/−	+	不确定	−
	黏液性细胞		+	+	+/−
兔子	黏液性细胞	+/−	+	+	+
犬	浆液性细胞	++	+	−	−
	黏液性细胞		+	+	+/−
猫	浆液性细胞	++++	+	+	+/−
	黏液性细胞		+	+	+
猪	浆液性细胞	++	+	+	+
	黏液性细胞		+	+	+/−
绵羊	浆液性细胞	++	+	−	−
	黏液性细胞		+	−	−
非人灵长类	浆液性细胞	++	+	−	−
	黏液性细胞		+	+	+
人类	浆液性细胞	++	+	−	−
	黏液性细胞		+	+	+/−

注：PAS 染色. 过碘酸希夫染色，与邻近羟基反应；AB 染色. 阿利新蓝，在 pH 为 2.6 时与酸性糖复合物发生反应；HID 染色. 高铁二胺，与含硫酸酯的酸性糖复合物反应

三、实验动物肺脏的抗感染免疫

免疫系统由错综复杂的淋巴细胞和非淋巴细胞网络组成，它们通过分子信使进行通信，以监视外源因子并预防疾病。这个网络通过分子介质连接，包含独特的分区单元，以保护宿主抵抗感染和免疫系统的完整性。肺脏免疫系统就是这样工作运行的，它既能参与局部免疫功能，又能与全身免疫系统进行交流。尽管暴露于各种各样的抗原，但肺脏免疫系统所采用的保护机制必须存在并发挥作用，以防止感染疾病。除非其系统遭受损害，否则这些机制是非常有效的，在正常情况下，下呼吸道没有传染性微生物，通常是无菌的。呼吸道的入口是鼻腔，鼻腔和呼吸道各区域内壁的上皮细胞是吸入毒物和众多感染性微生物的目标。呼吸道中，鼻气道的表面积是 160cm^2，提供了大量与外界接触的机会，人类鼻腔的体积约为 16cm^3，而肺脏气体交换肺泡表面积约 150m^2，大约一个网球场的面积。此外，这些大的呼吸表面平均每天要处理 10 000L 的空气吸入交换。因此，呼吸系统暴露于每天大量吸入空气中的雾化感染微生物并不罕见，而且大的表面积为感染提供了充足的目标。面对如此压力，肺脏免疫系统必须在不引起多余炎症的情况下消灭病原体。这种独特的平衡突出了肺脏免疫功能的专一性和有效性。

肺脏免疫功能可通过感染因子的抗原攻击来阐述。例如，流感病毒和结核分枝杆菌的感染为肺脏免疫系统提供了深入和全面的知识，也有利于我们了解肺脏对其他病原的免疫功能。感染通过一系列的级联反应同时刺激非特异性固有免疫和抗原特异性获得性免疫功能，以及分子介质，旨在抵抗病原感染并使系统恢复体内平衡。保护肺脏免疫系统的主要细胞亚群包括肺泡巨噬细胞（alveolar macrophage）、树突状细胞（dendritic cell，DC）、辅助性 T 细胞（helper T lymphocyte，Th）、细胞毒性 T 细胞（cytotoxic T lymphocyte，CTL，或 Tc）、记忆淋巴细胞（memory lymphocyte）、自然杀伤细胞（natural killer cell，NK cell）、自然杀伤 T 细胞（natural killer T cell，NKT）、嗜酸性粒细胞、肥大细胞、B 细胞和中性粒细胞。每种免疫细胞亚群和它们的介质都在这一免疫系统中对疾病的预防和/或控制起着重要作用（Richard，2015）。

（一）肺脏免疫介质：可溶性免疫信使

细胞因子和趋化因子是免疫系统中细胞通信的免疫介质。它们是细胞用来协调复杂免疫反应的传递信号，通过招募特定的细胞子集来执行特定的功能，这种信号受到系统遭遇的病原类型的影响。细胞因子受体相互作用的性质加剧了细胞通信的复杂性，这些相互作用负责随后的细胞内信号转导和下游效应，包括细胞分化、生长、运动、激活、各种产物的产生和死亡。这些细胞因子受体相互作用具有复杂性，因为细胞因子配体可以与多个受体相互作用，受体结合位点可以与多个配体结合；这些细胞因子同时具有功能多样性，因为细胞类型不同，不同细胞内可能通过细胞因子信号通路激活数百个基因；这些细胞因子相互作用，因为特定细胞因子的作用可能会增强、抑制或以其他方式影响其他细胞因子的作用。由于细胞因子信号转导网络极其复杂，对涉及肺部感染发病机制的每种介质的详细综述超出了本章的范围，在此不展开介绍。

（二）肺脏的固有免疫

固有免疫在受到外来物质或感染源刺激后的早期（数小时至数天）发生。固有免疫是非特异性的，包括物理屏障，如气道黏膜，由巨噬细胞、中性粒细胞、肥大细胞、NK 细胞和 NKT 细胞主导。天然免疫细胞利用模式识别受体（pattern recognition receptor，PRR）识别来自感染因子的各种病原体相关分子模式，以及来自细胞损伤过程中释放的细胞成分的损伤相关分子模式。这些受体包括 Toll 样受体（Toll-like receptor，TLR），它们参与细菌、真菌和病毒产物和结构的识别。这些先天识别机制启动细胞信号级联反应，导致细胞因子和趋化因子的产生，以指导初始宿主防御和帮助病原体的破坏。这些早期反应虽然独立于获得性免疫反应，但对于启动获得性免疫和随后产生对特定病原体的免疫记忆至关重要。早期的固有免疫和随后的获得性免疫因病原不同而有所差异。病毒感染后 3～4 天，NK 细胞是最丰富的免疫应答者，在流感病毒感染高峰的第 7 天，NK 细胞部分地负责 CD4$^+$和 CD8$^+$ T 细胞的补充。在肺炎链球菌感染高峰的第 4 天，巨噬细胞和中性粒细胞是最丰富的免疫应答者。另外，新隐球菌真菌感染已被证明在感染高峰，即第 12 天，产生强烈的嗜酸性反应。由入侵病原体产生的细胞因子和趋化因子环境激活和招募的细胞类型是由病原体的性质决定的，突出了免疫系统的精密协作和特异性（Richard，2015）。

（三）肺脏抗原提呈：通向获得性免疫

抗原提呈细胞（antigen presenting cell，APC），如巨噬细胞和 B 细胞，以及绝大多数树突状细胞，是固有免疫和获得性免疫反应之间的主要联系。APC 分别在 MHC I 类和 MHC II 类的环境中向 CD8$^+$或 CD4$^+$细胞提呈抗原。一旦抗原被识别，可溶性介质（干扰素、细胞因子和趋化因子）就被释放，以招募和激活获得性免疫反应的适当效应细胞，加速病原体的清除。

树突状细胞被认为是为数不多的专门发挥抗原提呈功能的细胞之一，因为它能高效地摄取和提呈抗原。通常，外周组织中发现的树突状细胞处于不成熟状态，其特征是感知、摄取和处理抗原的能力增强，但由于成熟前共刺激分子表达减少，激活 T 细胞的能力降低。单核细胞来源的未成熟树突状细胞表达炎症趋化因子受体，如 CXCR1、CCR1、CCR2 和 CCR5，它们促进向炎症部位吸引和迁移。未成熟的树突状细胞与内源性或胞内来源多肽的相互作用由树突状细胞表面的 MHC I 类分子呈现，外源性或胞外来源的多肽由树突状细胞表面的 MHC II 类分子呈现。某些树突状细胞亚群也可能发生交叉提呈（将外源抗原装载到 MHC I 类分子上的过程）。未成熟树突状细胞在遇到抗原和随后的抗原处理后，受到微生物或 T 细胞源性刺激或促炎信号（如 TNF-a 和 IFN-g）的影响而成熟。树突状细胞成熟导致抗原摄取和加工减少，MHC 表达和抗原提呈增加。在成熟过程中，树突状细胞瞬时表达 MIP-1α 和 MIP-1β，并表达 IP-10、MCP-2 和 RANTES，增强未成熟树突状细胞、单核细胞和 T 细胞向炎症组织的招募。然后，CCR7 的表达允许与 SLC 和 mip-3β 相互作用，随后树突状细胞迁移到次级淋巴组织，将抗原提呈给 T 细胞。树突状细胞多肽-MHC-I 或多肽-MHC-II 复合体如果分别被 CD8$^+$或 CD4$^+$细胞受体识别，可诱导

T 细胞合成和表达 CD40 配体。CD40 配体与树突状细胞表面的 CD40 相互作用，导致树突状细胞合成用于 T 细胞 CD28 受体的 B7 共刺激分子配体。充分的共刺激信号诱导 IL-2 产生，以及随后的 T 细胞增殖和 CD4$^+$细胞向 Th1、Th2、Th17 或 T$_{Reg}$ 表型分化；或 CD8$^+$CTL 针对 Tc1、Tc2、Tc17 或调控表型。然后 T 细胞分泌大量细胞因子来激活其他类型的免疫细胞，导致炎症级联反应（Richard，2015）。

树突状细胞作为关键的抗原提呈细胞，受到负面影响会对免疫系统功能产生负面的整体影响。在一项关于结核分枝杆菌感染影响的研究中，感染导致树突状细胞向淋巴结转移以供抗原提呈的减少。此外，频繁感染的肺脏树突状细胞中 MHC II 类分子减少，与抗原特异性 T 细胞的接触能力降低，导致疾病病程延长。

（四）肺脏的获得性免疫

肺脏免疫系统是一个特殊的和分区的免疫系统。隔室化的肺脏免疫系统既能局部执行所有的免疫功能，又能与全身免疫系统进行交流。这种交流的一个例子是，人类通过手臂肌内注射流感疫苗获得免疫，通过血清中产生的特定抗体来测量系统免疫反应，从而产生对肺部感染的保护。在对小鼠和大鼠的研究中也可以观察到其他例子，在这些研究中，流感感染引起的肺部感染导致全身免疫反应，包括脾和肺的 NK 细胞活性（激活固有免疫）、CTL 活性（细胞介导的免疫）的刺激，血清和肺中的流感特异性抗体[体液介导免疫（humoral-mediated immunity，HMI）]。获得性免疫由固有免疫反应启动，包括细胞介导（T 细胞介导）免疫和体液介导（B 细胞介导）免疫，并导致抗原特异性识别和对入侵病原体的快速保护。在此不展开叙述。

（五）肺脏的比较免疫

虽然我们已经从实验动物的研究中获得了大量关于传染病中肺部免疫的科研数据，但在从一个物种到另一个物种数据的比较时需要考虑比较免疫学差异。动物的种类、品系、年龄和性别都是重要的考虑因素。如果在不适当的时间进行测定，不同物种免疫反应动力学的差异可能被错误地解释为特定动物物种的不敏感性。在比较不同菌株和物种的反应时，必须考虑遗传易感性。应确定动物的修复能力和病变的可逆性，以便进行种间比较。由于以上种种原因，不同物种之间观察到的差异是比较免疫学的一个重要方面。

我们前面已经介绍了不同物种的免疫相关组织和器官的结构差异。例如，胸腺结构和胸腺退化，即随着年龄增长，胸腺组织被脂肪组织替代，在不同的物种中通常是一致的，其他结构如淋巴结和脾脏在不同的物种中是不同的。与体型较大的物种相比，老鼠有更少的淋巴结，这些淋巴结被组织成不复杂的关联。淋巴结的数量和淋巴系统的复杂性随着物种的大小和需要淋巴系统引流的组织面积的增加而增加。例如，小鼠有两个肺引流淋巴结，犬有 3～5 个，人类有 35 个或更多，被分为 5 个不同的类别。虽然猪淋巴结的皮质和髓质是相反的，但在不同物种之间，淋巴结内部的一般组织是相似的。不同的物种之间年龄似乎也有影响，因为在犬中，淋巴结萎缩和纤维化是常见的现象（宋佳乐，2011）。

鼻灌洗液（nasal lavage fluid，NLF）和支气管肺泡灌洗液（bronchoalveolar lavage fluid，BALF）在肺脏免疫方面也存在着差异，它们是观察机体上呼吸道和下呼吸道大量炎症和免疫反应的窗口（表 3-13）。两种液体都可以测定炎症、生化、免疫细胞和介质的成分和水平，也可能包含肺损伤的免疫学指标，包括抗氧化因子、蛋白质、酶、细胞因子、生长因子和花生四烯酸代谢物。鼻分泌物中的蛋白质成分包括白蛋白、溶菌酶、乳铁蛋白、激肽释放酶、抗蛋白酶、β-葡萄糖醛酸酶、α-半乳糖苷酶、琥珀酸脱氢酶、IgA、IgG、IgE、分泌成分、谷氨酸脱氢酶和亮氨酸氨基肽酶。BALF 中测定的成分包括白蛋白、溶菌酶、sIgA、IgG、IgA、乳铁蛋白、转铁蛋白、α-I-抗胰蛋白酶、补体成分 C3 和 C4、结合珠蛋白、A2-巨球蛋白、hemopin、A2- HS-糖蛋白和 a1-酸性糖蛋白。肺细胞中 BALF 的组成以及 NALF 和 BALF 中细胞外抗氧化物质的浓度在不同物种间差异很大（Richard，2015）。

细胞功能的变化在不同物种中被观察到，特别是 NK 细胞、巨噬细胞和肺泡液体清除率（alveolar fluid clearance，AFC）。小鼠的 NK 细胞活性在 4～10 周龄达到高峰，尽管它们在小鼠肺内的活性通常很高，但应对不同菌株，NK 细胞活性存在很大的可变性。另外，人类 NK 细胞的活性并不像老鼠那样在特定年龄达到峰值，而且肺内的活性往往较低。关于肺泡巨噬细胞，小鼠、大鼠和犬的肺泡巨噬细胞在形态学上相似，而人类和非人灵长类动物的肺泡巨噬细胞相对较大，其中人类的肺泡巨噬细胞最大。此外，巨噬细胞吞噬和杀伤能力在大鼠中最低，在仓鼠和兔子中居中，在人中最高。关于 AFC，尽管 AFC 在肺灌洗液样本中通常不明显，但将抗原直接引入小鼠、大鼠、仓鼠、豚鼠和兔子的肺部可导致肺相关淋巴结中 AFC 数量升高。在将抗原引入犬肺部后，发现肺相关淋巴结和灌洗液中有 APC 的升高。还观察到，IgG 亚类的调节在小鼠和人类中是不同的，兔子和小鼠并不产生在人类中观察到的所有 IgG 亚类（Richard，2015）。

Siglec（唾液酸结合的 Ig 型凝集素）在免疫细胞上表达，而 CD33 相关的 Siglec（Siglec3 和 Siglec5~11）被认为是固有免疫细胞激活的刹车，在人类和实验动物中差异很大，可能导致临床前实验数据判读的困惑。对 TGN1412 的临床前研究中非人灵长类动物没有发生快速和激烈的免疫反应，然而 TGN1412 临床试验中，T 细胞广泛激活和随后发生的细胞因子风暴。与灵长类动物的 T 细胞（尤其是 CD4$^+$T 细胞）不同，人类 T 细胞很少甚至没有 Siglec 表达，可能可以解释以上差异的发生。TLR 激活信号通路的差异也被观察到。例如，黑猩猩和人类比狒狒、猴子和某些种类的小鼠对 LPS 更敏感，这是由于 TLR4 信号的变异。

除了物种相关的差异，性别也会导致免疫反应的变化。女性往往会产生更强的细胞和体液免疫反应，对细菌感染的抵抗力往往比男性更高，尽管女性也更容易发展为自身免疫疾病。这些与性别相关的反应差异的倾向可能与细胞数量和功能的基本差异有关。虽然人类中，男性和女性的总淋巴细胞数量相似，但女性的 T 细胞比例更高，这可能是由于男性睾酮水平升高会促进 T 细胞凋亡。我们还观察到，女性血清中 IgM 和 IgG 水平更高，这与体外实验数据相一致，即雌激素与 B 细胞的激活及 IgM 和 IgG 的产生以及睾酮暴露后 IgM 和 IgG 产生的抑制有关。尽管存在差异，但只要认真考虑反应的比较差异，就可以从各种动物模型的研究中继续深入了解机体免疫功能（Richard，2015）。

表 3-13　支气管肺泡灌洗获得性免疫活性细胞群的相对比例

物种	支气管肺泡灌洗细胞/%			淋巴细胞/%	
	巨噬细胞	淋巴细胞	粒细胞	T 细胞	B 细胞
人类	78~91	9~20	1~3	47	15~17
非人灵长类	90~91	3~6	3~6	62	4
犬	59~75	22~39	0~9	—	—
猪	60~70	30~33	0~6	—	—
豚鼠	50~80	12~50	2~19	68~76	10~20
兔子	84~98	2~16	0	—	—
仓鼠	89	3	10	—	—
小鼠	45~96	3~393	1~6	—	—
大鼠	93	2	5	50	12

（秦　川，宋志琦，屈亚锦）

参 考 文 献

鲍恩东，张春兰，张书霞，等. 1999. 鸡胚法氏囊组织发育的电镜和组织学比较观察. 动物医学进展，20(3): 57-59.

陈飘，朱萍妹，刘巧玲，等. 2014. 常用实验动物不同组织部位肥大细胞异质性的组织学特点比较. 中国实验动物学报，22(6): 75-80.

成令忠，钟翠平，蔡文琴. 2003. 现代组织学. 上海: 上海科学技术文献出版社，597-662.

李德雪，林茂勇，张乐萃. 2004. 动物比较组织学. 台北: 艺轩图书出版社，199-202.

李和，李继承. 2015. 组织学与胚胎学. 3 版. 北京: 人民卫生出版社，68-80，150-162.

李宪堂，Khan KN, John EB. 2019. 实验动物功能性组织学图谱. 北京: 科学出版社，52-67，85-99.

林志, 崔岚, 黄瑛, 等. 2013. 食蟹猴与人淋巴结组织中不同类型免疫细胞的比较. 中国新药杂志, 22(9): 1019-1023.

秦川. 2008. 医学实验动物学. 北京: 人民卫生出版社, 71-138.

秦川. 2017. 实验动物比较组织学彩色图谱. 北京: 科学出版社, 21-35.

秦川. 2018. 中华医学百科全书基础医学: 医学实验动物学. 北京: 中国协和医科大学出版社, 28-29.

秦川. 2020. 比较组织学. 北京: 科学出版社, 30-59.

沈霞芬, 卿素珠. 2015. 家畜组织学与胚胎学. 5 版. 北京: 中国农业出版社, 119-132.

施新猷. 2000. 现代医学实验动物学. 北京: 人民军医出版社, 45-63.

宋佳乐. 2011. 小鼠颈部胸腺的比较细胞学研究. 沈阳: 沈阳师范大学硕士学位论文.

郑国强, 刘安军, 滕安国, 等. 2011. 雌雄小鼠胸腺和脾脏的免疫比较. 安徽农业科学, 39(16): 9743-9745.

周光兴. 2002. 比较组织学彩色图谱. 上海: 复旦大学出版社, 7-17.

Cesta M E. 2006. Normal structure, function and histology of mucosa associated lymphoid tissue. Toxicol Pathol, 34: 599-608.

Elizabeth E, MeInnes E F. 2012. Background Lesions in Laboratory Animals a Color Atlas. Edinburgh: Elsevier Ltd, 3-4, 18-20, 46-49.

Patrick J H. 2003. Species differences in the structure and function of the immune system. Toxicology, 188: 49-71.

Piper M, Treuting P M. 2018. Comparative Anatomy and Histology: A Mouse, Rat and Human Atlas. 2nd ed. London: Elsevier Ltd, 365-400.

Richard A P. 2015. Comparative Biology of the Normal Lung. 2nd ed. London: Elsevier Ltd, 13-18, 63-77.

William J B, Linda M B. 2012. Color Atlas of Veterinary Histology. 3rd ed. Lowa: Wiley-Blackwell, 89-104.

第四章 免疫分子的比较医学

第一节 补体系统的比较免疫学

一、补体系统概述

19 世纪末，Jules Bordet 发现在正常血浆中含有一种可以增强抗体对细菌的调理作用和杀菌作用的不耐热成分。1899 年，Paul Ehrlich（1854～1915 年）把血浆中的这种不耐热抗菌活性因子称为"补体"，而血浆中的耐热抗菌因子称为"抗体"。虽然补体最初是被当作抗体反应的辅助因子，但补体在感染早期也可在缺乏抗体的情况下被激活。补体是先天免疫系统中的一个重要组成部分，清除病原体和促进炎症方面起着重要作用。

补体系统由 30 多种不同的血浆蛋白组成，这些蛋白质相互作用，通过附着在病原体表面来促进巨噬细胞对病原体的吞噬和裂解，并诱导一系列有助于抵抗感染的炎症反应。该系统的一个特点是，大部分补体在没有病原微生物感染的情况下是以没有活性的前体（酶原）的形式存在。当动物或人体受到病原微生物入侵时，酶原由另一种特定的蛋白酶激活而被裂解，成为有酶活性的蛋白酶。前体（酶原）起初是在肠道中被发现的。例如，消化酶胃蛋白酶储存在细胞内，并作为无活性前体分泌胃蛋白酶原，仅在胃的酸性环境中裂解成胃蛋白酶。

补体系统的酶原广泛分布于体液和组织中。在感染部位，它们被病原体激活，从而引发一系列酶反应，最终导致炎症反应和病原微生物的死亡。补体系统通过触发酶级联而被激活，在这种级联中，一种由其酶原前体裂解产生的活性补体蛋白酶将其底物（另一种补体酶原）裂解为其活性酶形式。新激活的补体酶进一步裂解并激活补体途径中的下一个酶原。通过这种方式，在通路起始时少量补体蛋白的激活可导致下游大量连续的酶促反应，从而极大地放大反应链的反应效果。血液凝固系统是触发酶级联的另一个例子。在这种情况下，对血管壁的小损伤会导致大血栓的形成。

激活补体途径的关键部位是在病原体的表面。根据病原体表面的不同分子，有三种不同的补体激活途径：经典途径，凝集素途径和旁路途径。这些途径依赖于不同的分子来启动，但最终产生相同的效应补体蛋白，并通过三种方法来防止感染。第一，产生大量活化的补体蛋白，这些补体蛋白与病原体共价结合，调理它们被带有补体受体的吞噬细胞吞噬。第二，一些补体蛋白活化后产生的小片段可作为化学引诱物，将更多的吞噬细胞募集到补体激活位点，并且激活这些吞噬细胞。第三，补体途径的最终组分通过在细菌膜上形成裂解孔，导致某些细菌裂解和死亡。

除了在清除感染性微生物方面的直接作用外，补体还对激活获得性免疫系统具有重要作用。在某种程度上，这是调理作用的结果，因为抗原提呈细胞表达补体受体，可增强对被补体包被的抗原的摄取，并将这些抗原提呈给获得性免疫系统。此外，B 细胞也表达补体受体，从而增强 B 细胞对被补体包被的抗原的反应。

另外，补体系统不仅可被病原微生物激活，也可以被死亡的细胞，如缺血损伤部位的细胞（缺氧导致的组织损伤）激活。补体系统对死亡或受损的细胞进行包被，促进吞噬细胞更有效地处置死亡、受损和凋亡的细胞，同时可以防止自身免疫疾病的发生。

二、补体系统活化的三种途径

在补体系统中，大部分成分一般用字母 C 后加数字表示。酶原成分具有简单的编号，如 C1 和 C2。

要注意的是，成分是按其发现的顺序，而不是反应顺序来编号的。例如，在经典途径中，反应顺序为
C1、C4、C2、C3、C5、C6、C7、C8 和 C9。裂解反应的产物则通过添加小写字母来表示，较大的片段
用 b 表示，较小的用 a 表示。例如，C4 裂解成 C4b，是与病原体表面共价结合的 C4 大片段，C4a 是具
有弱促炎特性的小片段。这种命名规则有一个例外。对于 C2，较大的片段最初命名为 C2a，具有酶活
性成分。在凝集素途径中，首先被激活的酶被称为甘露糖结合-凝集素相关的丝氨酸蛋白酶，MASP-1
和 MASP-2，之后该途径中的因子与经典途径基本相同。旁路途径中的一些成分由不同的大写字母表示，
如 B 因子和 D 因子，而不是数字编号。与经典途径一样，它们的裂解产物通过添加小写字母 a 和 b 来
命名。例如，B 因子的大片段称为 Bb，小片段称为 Ba。

（一）经典途径

经典途径中的 C1 因子是由 3 个不同的蛋白质所组成，分别是 C1q、C1r 和 C1s。因此，C1 因子是
一个复合物，每个 C1 因子都是由 1 个 C1q 分子与 2 个 C1r 分子和 2 个 C1s 分子结合而成的。而 C1q
本身又是个由 6 个亚基所组成的六聚体，其中每个亚基又是个三聚体，形成具有三螺旋胶原蛋白样尾的
球状结构域。在 C1q 六聚体中，6 个球状头通过其胶原状尾部连接在一起，同时环绕着（C1r：C1s）₂
复合物。

C1q 是一个微生物病原体识别蛋白，能够直接识别和结合微生物病原体的表面成分，如细菌细胞壁
的某些蛋白质，或革兰氏阳性菌的多阴离子表面结构，如脂磷壁酸等。或者与附着在微生物表面的抗体
结合，从而启动补体反应经典途径（图 4-1）。C1r 和 C1s 是丝氨酸蛋白酶。在抗原和抗体的免疫复合物
中，一个以上 C1q 头与病原体表面或抗体的恒定区（称为 Fc 区）相结合，导致（C1r：C1s）₂复合物
的构象变化，从而激活 C1r 中的自催化酶活性，随后 C1r 裂解 C1s 产生有活性的丝氨酸蛋白酶。一旦
被激活，C1s 酶就作用于 C1 下游的两个组分 C4 和 C2。先裂解 C4，然后裂解 C2，以产生两个大片段
C4b 和 C2a。在第一步反应中，C1s 裂解 C4 产生 C4b 共价结合到病原体表面，接着结合一个 C2 分子，
促使其受到 C1s 的裂解。C1s 裂解 C2 以产生大片段 C2a，其本身也是丝氨酸蛋白酶。C4b 与具有丝氨
酸蛋白酶的 C2a 形成复合物 C4b2a，从而形成经典途径中的 C3 转化酶，并依然与病原体表面保持共价
连接。C4b2a 在病原体表面结合并裂解 C3，形成大片段 C3b 和小片段 C3a。经典途径的关键是通过形
成 C3 转化酶 C4b2a 来裂解大量的 C3 分子，以产生能覆盖病原体表面的 C3b 分子，从而对病原体进行
调理，以达到消除病原体的目的。同时，C3 的另一种裂解产物 C3a，能引发局部炎症反应。

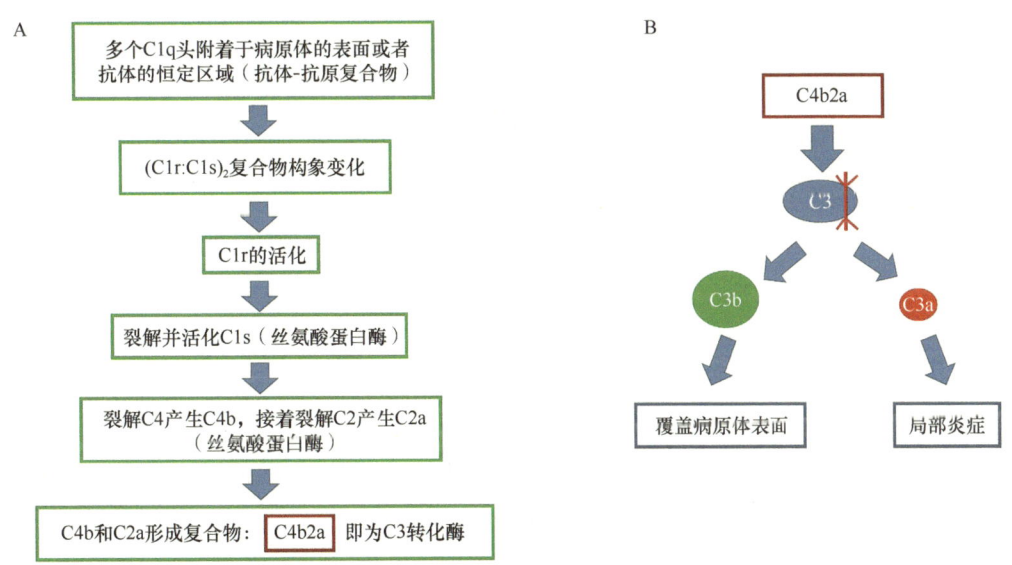

图 4-1　经典途径活化流程图

A. 经典途径的启动和 C3 转化酶的产生；B. C3 转化酶裂解 C3 分子产生具有调理作用的大片段 C3b 和具有促炎症功能的小片段 C3a

经典途径的激活方法之一是与抗体-抗原复合物结合，由此将补体系统与获得性免疫的体液免疫应答体系联系起来（图 4-1）。经典途径也可以在先天免疫应答期间被天然抗体激活。所谓的天然抗体是免疫系统在没有被感染的情况下产生的抗体。它们对自身抗原和微生物抗原具有广泛的特异性，可以与许多病原体反应。大多数天然抗体属于 IgM。IgM 是各类抗体中结合 C1q 最有效的类别。因此，天然抗体提供了一种有效的抗微生物病原体的方法，可以在感染后立即将补体活化并引导至病原体表面。

经典途径在先天免疫中的另一个重要功能是 C1q 可以直接结合某些病原体的表面。例如，与细菌表面的磷酸胆碱结合的 C 反应蛋白，可以在没有抗体的情况下触发补体活化反应。因此，由 C1 分子起始的经典途径代表了先天免疫的重要体液调节。

（二）凝集素途径

凝集素途径的启动分子包括甘露糖结合凝集素（MBL）和纤维胶原素等。这些分子具有识别微生物表面碳水化合物的能力，从而启动补体反应（图 4-2）。MBL 能特异性结合存在于许多病原体表面的甘露糖残基和某些其他糖类。然而在脊椎动物细胞上，甘露糖被其他糖基团覆盖，尤其是唾液酸。因此，MBL 能够通过与病原体表面的这些特异分子结合，启动补体系统的激活。在没有感染的情况下，它在大多数个体的血浆中浓度很低。当病原微生物入侵后，作为天然免疫反应的一部分而诱发的急性期反应中，MBL 在肝脏中表达产生。MBL 通过与 C1q 非常相似的蛋白质分子来触发补体级联反应。它也是一个多聚体，由单体形成一个具有 2～6 个头的分子。它与 C1q 一样，与 2 种蛋白酶酶原，丝氨酸蛋白酶 MASP-1 和 MASP-2 形成复合物。在进化上，MASP-2 与 C1r 和 C1s 密切相关，而 MASP-1 的亲缘关系稍远。但所有 4 种酶都可能是从一个共同前体的基因重复进化而来。当 MBL 复合物与病原体表面结合时，MASP-2 被激活，从而裂解 C4 和 C2。MASP-1 在补体激活中的作用（如果有的话）还不确定。在体外，它能够像 MASP-2 一样有效地裂解 C2，因此 MASP-1 的作用可能是增强补体的激活，即使它不能启动这一过程。由此可见，凝集素途径以与经典途径非常相似的方式启动补体活化，从而使 C2 和 C4 的裂解产生 C2a 和 C4b，由此形成 C3 转化酶。缺乏 MBL 或 MASP-2 的人在儿童早期感染率显著增加，表明凝集素途径对宿主防御的重要性（图 4-2）。与 MBL 缺乏相关的感染易感性的年龄窗说明了儿童早期宿主防御机制的重要性，这一时期发生在儿童适应性免疫反应完全成熟之前，以及母体抗体在胎盘和初乳中转移后缺失的阶段。

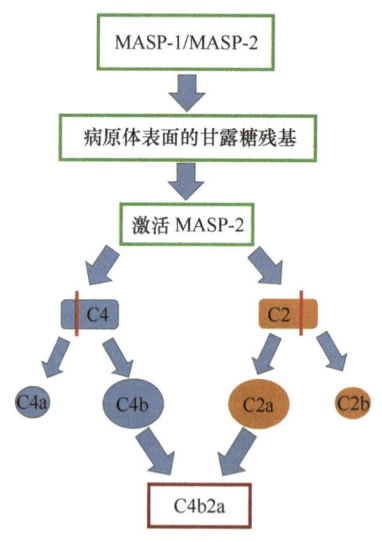

图 4-2　凝集素活化流程图

C1q 是纤维胶原素，与 MBL 的整体形状和功能相关，能与微生物表面上的碳水化合物结合，并且像胶原凝集素一样，通过 MASP-1 和 MASP-2 的结合和活化激活补体。人类有 3 种纤维胶原素：L-、M- 和 H-纤胶凝蛋白。它们在血浆中的浓度比 MBL 高。

纤胶凝蛋白与胶原凝集素的不同之处在于它们不具有与胶原蛋白样茎相连的凝集素结构域,而是具有纤维蛋白原样结构域。这种纤维蛋白原样结构域与碳水化合物结合,使胶原凝集素蛋白对含有 *N*-乙酰葡萄糖胺的寡糖具有一般特异性。

(三)旁路途径

旁路途径在经典途径被定义之后,才被发现并当作补体激活的第二种途径(图 4-3)。与经典途径和凝集素途径不同的是,此途径可以在没有特异性抗体存在的情况下在许多微生物表面上进行,并导致产生一种独特的 C3 转化酶,即 C3bBb。与补体激活的经典途径和凝集素途径相反,旁路途径不依赖于病原体结合蛋白的启动,而是通过 C3 的自发水解引发的。C3 在血浆中含量丰富,并且 C3b 通过自发裂解,以显著的速率产生(也称为"tickover")。C3 中内硫酯键在液相中受水分子的亲核攻击,从而水解形成改变构象的 C3(H$_2$O)。C3(H$_2$O)是液相的 C3,能与血浆蛋白 B 因子结合,产生 C3(H$_2$O)B。而血浆中的另外一个补体 D 因子,能够将 C3(H$_2$O)B 中的 B 因子裂解从而产生 C3(H$_2$O)Bb。该复合物是液相 C3 转化酶。虽然它只是少量形成,但它可以将许多 C3 分子裂解成 C3a 和 C3b。大部分 C3b 通过水解而失活,但有一些通过其反应性硫酯基团共价连接到病原体或宿主细胞的表面,以这种方式结合的 C3b 能够结合 B 因子,允许其被 D 因子裂解产生小片段 Ba 和活性蛋白酶 Bb,由此形成旁路途径 C3 转化酶,C3bBb(图 4-3)。

旁路途径的第二种活化方式与经典途径或凝集素途径相关。由这两个途径产生的 C3b 在微生物表面与 B 因子结合,从而改变 B 因子的结构,使其受到 D 因子裂解产生小片段 Ba 和活性蛋白酶 Bb,产生 C3 转化酶,C3bBb。从而增强经典途径或凝集素途径的效应。

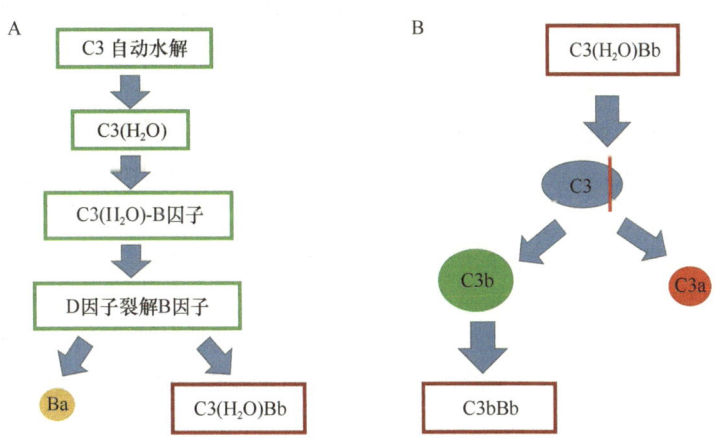

图 4-3 旁路途径活化流程图

A. 旁路途径的启动和液相 C3 转化酶的产生;B. 液相 C3 转化酶裂解 C3 分子产生 C3b,C3b 结合 Bb 产生 C3 转化酶

(四)补体系统活化的三个途径汇聚于 C3 转化酶,并进一步反应形成溶膜复合物

C3 转化酶的形成是补体激活三条途径的汇集点,因为经典途径和凝集素途径转化酶 C4b2a 与旁路途径转化酶 C3bBb 有相同活性,启动相同的后续事件。它们都将 C3 裂解成 C3b 和 C3a。C3b 通过硫酯键与病原体表面的分子共价结合,否则它会被水解失活。C3 是血浆中最丰富的补体蛋白,浓度在 1.2mg/mL 左右。单个活性 C3 转化酶附近可以结合多达 1000 个 C3b 分子。因此,补体活化的重要作用是在病原体的表面上沉积大量的 C3b,与之形成共价键结合,由此给吞噬细胞发出信号,最终消灭病原体。

级联反应的下一步是产生 C5 转化酶(图 4-4)。在经典途径和凝集素途径中,通过 C3b 与 C4b2a 结合形成 C4b2a3b,形成 C5 转化酶。同样,在旁路途径,C5 转化酶是通过 C3b 与 C3 转化酶的结合形成 C3b2Bb。C5 通过与位于 C3b 上的受体位点结合被 C5 转化酶复合物捕获,从而被其中的 C2a 或 CBb 丝氨酸蛋白酶裂解活化,产生 C5b 和 C5a。但这个反应比 C3 的裂解反应更受限制,因为 C5 只有与 C3b

结合时才能裂解，而 C3b 又与 C4b2a 或 C3bBb 结合才形成活性 C5 转化酶复合物。因此，所有三种途径激活的补体导致病原体表面结合大量 C3b 分子，但进一步产生 C5b 分子的数量比较有限。

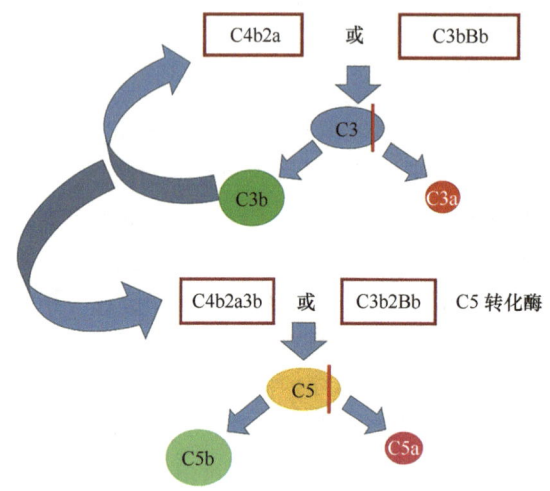

图 4-4　C5 转化酶的形成流程图

C5 分子为 C5 转化酶裂解 C5 释放 C5b 是形成溶膜复合物的第一步。接着，一个 C5b 分子与一个 C6 分子结合，形成 C5b6 复合物，此复合物再与一个 C7 分子结合。该反应导致分子构象发生变化，暴露 C7 分子上的疏水位点，将其插入细胞膜的脂质双层中。接着 C8 和 C9 与 C5b6-7 复合物结合，同样导致 C8 和 C9 上疏水性位点的暴露并插入细胞膜的脂质双层中。C8 是由两个蛋白质 C8-β 和 C8α-γ 所组成的复合物。C8-β 蛋白与 C5b6-7 复合物的结合使得 C8α-γ 的疏水结构域插入脂质双层中。接着，C8α-γ 诱导 10～16 个 C9 分子聚合成被称为溶膜复合物的针孔状结构。此复合物外表面具有疏水性，与细胞膜脂质双层结合，其内为亲水通道。该通道的直径约为 100Å，允许溶质和水自由通过脂质双层。脂质双层的破坏导致细胞稳态丧失，跨膜的质子梯度被破坏，同时宿主体液中的成分如溶菌酶渗透到细胞中，并最终破坏病原体。

在使用抗红细胞膜抗体所触发补体级联反应的实验中证明，溶膜复合物具有强力的溶解细胞的作用。但是它在宿主防御中的重要性似乎非常有限。到目前为止，补体成分 C5～C9 的缺陷仅发现与对奈瑟菌属物种的易感性有关。奈瑟菌是导致性传播疾病淋病和细菌性脑膜炎的病原体。由此可见，补体级联反应早期所产生的具有调理和炎症作用的成分对于宿主防御感染显然更加重要。

三、补体系统活化产生的主要免疫功能

（一）对病原微生物的调理作用

补体系统最重要的免疫作用是促进吞噬细胞对微生物病原体的摄取和破坏。表达在吞噬细胞表面上的各种补体受体（CRs）能特异性识别结合在病原体上的补体成分，从而促吞噬细胞对病原微生物的吞噬。调理病原体是 C3b 及其蛋白质水解衍生物的主要功能。C4b 也具有调理功能，但其作用相对较小，主要是因为其产生了比 C4b 多得多的 C3b。

补体受体有多种类型，其中最具特征的是 C3b 的受体 CR1（CD35），它在巨噬细胞和嗜中性粒细胞上均有表达。C3b 与 CR1 的结合本身不能刺激吞噬作用，但在有其他能激活巨噬细胞的介质存在的情况下能导致吞噬作用。例如，小补体片段 C5a 可以激活巨噬细胞以摄取与 CR1 受体结合的细菌。C5a 与巨噬细胞表达的 C5a 受体结合。C5a 受体具有 7 个跨膜结构域。这一种类的受体利用细胞内被称为 G 蛋白的鸟嘌呤核苷酸结合蛋白来传递信号，因此一般被称为 G 蛋白偶联受体。

另外三种补体受体，包括 CR2（也称为 CD21）、CR3（CD11b：CD18）和 CR4（CD11c：CD18），

能与附着于病原体表面的、非活化形式的 C3b 结合。C3b 受调节机制的影响，可以裂解为不能形成活性转化酶的衍生物。例如，iC3b 就是 C3b 无活性衍生物之一，在被补体受体 CR3 结合时能起到调理素的作用。与 iC3b 和 CR1 的结合不同，iC3b 与 CR3 的结合本身就足以刺激吞噬作用。C3b 的第二种分解产物被称为 C3dg，仅能与 CR2 结合。当它与表达在 B 细胞上 CR2 结合后，可作为协同受体复合物的一部分，增强 B 细胞受体接收的信号。因此，如果抗原受体对特定病原体具有特异性的 B 细胞，如果它也被 C3dg 包被，则它将在结合该病原体时接收显著增强的信号。因此，补体的激活可以产生强烈的抗体反应。

C3b 以及其非活性片段在细胞外病原体破坏中的核心调理作用影响可见于各种补体缺乏症。当人体缺乏 C3 或催化 C3b 沉积分子时，往往表现出对广谱胞外细菌感染的易感性增加。而补体的任何晚期成分缺乏的个体则相对不受影响，仅表现出对奈瑟菌感染易感性的增加。

（二）介导炎症反应

在补体反应中产生的小补体片段，包括 C3a、C4a 和 C5a，具有介导炎症反应的作用。它们与表达它们特异性受体的免疫细胞结合，可以介导局部炎症反应。当大量产生或全身注射时，它们会引起全身性循环衰竭，产生类似于由 IgE 抗体所引起的全身性过敏反应中所见的类休克症状。这种反应被称为过敏性休克，因此补体的这些小片段通常被称为过敏毒素。在这三者中，C5a 具有最高的促炎症生物活性。三者均诱导平滑肌收缩并增加血管的通透性，但 C5a 和 C3a 也作用于血管内皮细胞以诱导表达黏附分子。此外，C3a 和 C5a 可以激活黏膜下组织的肥大细胞，释放介质如组胺和 TNF-α 来引起类似反应。C5a 和 C3a 可将抗体、补体和吞噬细胞募集到感染部位，增加组织液渗透，加速携带病原体的抗原提呈细胞向局部淋巴结运动，有助于迅速启动获得性免疫反应。

C5a 还直接作用于中性粒细胞和单核细胞以增加它们对血管壁的黏附、向抗原沉积位点的迁移，以及摄取颗粒的能力。C5a 还增加这些细胞表面上 CR1 和 CR3 的表达。以这种方式，C5a 和促炎症功能较小的 C3a 和 C4a，与其他补体成分协同作用以加速吞噬细胞对病原体的破坏。C5a 和 C3a 还有类似于趋化因子的功能，通过激活与其 G 蛋白的跨膜受体向细胞发出信号，吸引中性粒细胞和单核细胞中向炎症发生处迁移。

四、补体系统三个活化途径调控的比较

（一）补体系统活化的共同特性

大部分补体的效应分子通过以非活性形式存在于血浆中酶原的顺序激活产生。由此可以避免其不受控制的激活。补体激活的另一个重要特征是起始于病原微生物细胞的表面，并把随后发生的反应局限于该位点。例如，经典途径和凝集素途径分别是由与病原体表面结合的免疫球蛋白和病原体表面的分子启动的。接着，C3 激活也发生在病原体表面的相同位点，而不是在血浆或宿主细胞表面。这主要是通过 C4b 与病原体表面的共价结合来实现的。C4 的裂解暴露 C4b 分子上的高反应性硫酯键，使其能够与激活位点附近的蛋白质或碳水化合物分子共价结合。如果 C4b 不能快速形成这种键，则硫酯键通过与水反应而使 C4b 裂解，从而不可逆地使 C4b 失活。由此防止 C4b 从病原微生物表面上的活化位点扩散到宿主健康细胞上从而引起细胞的裂解。同时，C2 分子只有在与 C4b 结合时才容易被 C1s 裂解。因此 C2a 丝氨酸蛋白酶也局限于病原体表面，保持与 C4b 结合，形成 C3 转化酶 C4b2a。而 C3 分子的活化也将发生在病原体的表面上。此外，由 C3 裂解产生的 C3b，如果不与 C4b 通过共价键结合也会迅速失活。因此，C3b 只对发生补体活化的表面进行调理。在经典途径中，抗体与病原体表面结合，当补体被结合的抗体激活时，活化了的 C3b 或 C4b 的一部分将与抗体分子共价结合。因为吞噬细胞同时具有补体和抗体的受体，所以对病原体的调节作用更为有效。这种化学上与补体交联的抗体组合可能是吞噬作用最有效的触发因素。

虽然旁路途径是由 C3 分子自动水解而启动，但此途径也需要由 C3b 共价结合到细胞表面才能得以继续，从而在病原体表面形成 C3 转化酶，C3bBb。

（二）补体系统活化的调控机制

补体反应的生物学效应包括调理细胞以促进吞噬细胞的吞噬，介导炎症反应，以及形成溶膜复合物裂解细胞。因此，不受控制的补体系统的危险性是显而易见的。宿主，如人体，拥有多种补体调节机制以防止补体系统的非正常活化。在宿主血浆中存在的一系列补体控制蛋白，在补体激活反应不同点对补体级联反应进行调节。这些控制蛋白能够让补体区分自身和非自身，特异性地保护正常宿主细胞，从而阻止潜在的破坏性后果，同时允许补体系统在病原体表面激活。例如，C1 的活化受到 C1 抑制剂 C1INH 的调控。C1INH 是血浆丝氨酸蛋白酶抑制剂，它结合活性酶 C1r：C1s 并使它们与 C1q 解离。解离后的 C1q 仍然与病原体结合。这样，C1INH 限制了活化的 C1s 裂解 C4 和 C2 的时间。通过相同的方法，C1INH 限制了血浆中 C1 的自发活化。其重要性可见于 C1INH 缺乏症遗传性血管神经性水肿。此病症是由慢性自发性补体激活导致产生过量的 C4 和 C2 裂解片段引起的。C2 的小片段 C2b 进一步裂解成肽——C2 激肽，导致广泛水肿，其中最危险的是气管局部肿胀，这可能导致窒息。与 C2 激肽具有相似作用的缓激肽也以不受控制的方式在该疾病中产生。

在 C3 转化酶形成的过程中，活化的 C3 和 C4 的硫酯键具有极强的反应性，并且不能区分宿主细胞上的羟基受体或胺基团与病原体表面上的类似基团。因此，需要由其他蛋白质介导的一系列保护机制来控制，以防止由少量 C3 或 C4 分子与宿主细胞膜结合从而导致 C3 转化酶在宿主细胞表面形成和补体系统的活化。这样的保护机制共分为三种。第一种是相关的调节因子将任何与宿主细胞结合的 C3b 或 C4b 裂解成非活性产物。第二种是各种调节因子竞争结合位于细胞表面的 C3b 从而抑制转化酶的形成。第三种是促进已形成的 C3 转化酶从宿主细胞解离。

血浆丝氨酸蛋白酶 I 因子是一种能裂解 C3b 和 C4b 补体的调节酶。它以活性形式循环，但只有当它与膜辅助因子，如 C3 结合蛋白，包括膜辅因子蛋白（MCP 或 CD46）结合时，才能裂解 C3b 和 C4b。在这些情况下，I 因子首先将 C3b 裂解成 iC3b，再裂解成 C3dg，从而使其永久失活。C4b 类似地通过裂解成 C4c 和 C4d 而失活。因子 I 对 C4b 的裂解阻止了经典途径和凝集素途径 C3 转化酶 C4b2a 的形成，对 C3b 的裂解则阻止了旁路途径 C3 转化酶 C3bBb 的形成。CR1 具有与 MCP 类似的功能，只不过分布在有限的组织中。

微生物细胞壁缺乏像 MCP 和 CR1 这样的保护性蛋白质，不能促进 C3b 和 C4b 分解。C3b 和 C4b 能分别与 B 因子和 C2 因子结合，进行补体激活。I 因子的重要性可以在遗传性因子 I 缺陷的人身上体现。在因子 I 缺陷的个体中，由于不受控制的补体激活，补体蛋白迅速耗尽，从而遭受反复的细菌感染，尤其是遭受普遍存在的化脓性球菌的感染。在血浆中还存在其他有具有能辅助 I 因子的辅因子，如 C4b 结合蛋白（C4BP）。C4BP 与 C4b 结合，主要在液体相中对经典途径进行调节。

能够与补体蛋白竞争结合到宿主细胞表面来阻止转化酶形成的血浆蛋白包括 H 因子、衰变加速因子（DAF 或 CD55）和 MCP。H 因子除了能作为因子 I 的辅因子外，它还能够与 B 因子竞争而从转化酶中置换 Bb。因为它对宿主细胞表面的唾液酸残基具有高亲和性，所以 H 因子能优先与结合到脊椎动物细胞上的 C3b 结合，从而阻止 C3 转化酶 C3bBb 的形成。相反，当补体在异物表面活化时，如在细菌表面，或在因缺血、病毒感染或抗体结合而受损或被修饰的宿主细胞上，C3 转化酶需要被稳定以确保补体激活反应的进行。这些细胞上有一种被称为备解素的正调节血浆蛋白，它与 C3bBb 转化酶结合，增强其稳定性。C3bBb 转化酶一旦形成并稳定的在细胞表面，即快速裂解更多的 C3 成 C3b，C3b 可结合病原体，充当调节素或重启通路形成另一种 C3bBb 转化酶分子，引起补体激活的级联放大效应。

DAF 能够有效地与 B 因子竞争结合在宿主健康细胞表面的 C3b，从而阻止 C3bBb 转化酶的形成。它也能把 Bb 从已形成的 C3bBb 转化酶分子中替换出来，从而阻止补体在宿主细胞上反应。相反的，如果 C3b 附着在病原体表面，由于病原体不表达 DAF 和 MCP，也缺乏吸引 H 因子的唾液酸残基，因而 B

因子能"获胜"，产生更多的 C3 转化酶 C3bBb 从而继续活化补体系统。

调节蛋白 MCP、I 因子或 H 因子突变杂合体个体的表型充分体现了在细胞表面上补体抑制和活化之间平衡的重要性。在这些个体中，功能性调节蛋白浓度降低，平衡向补体活化倾斜，导致溶血性尿毒症综合征倾向，这是一种以血小板和红细胞受损以及肾脏炎症为特征的病症，因为补体激活的无效控制。

各种调节因子竞争结合位于细胞表面的 C3b 从而抑制转化酶形成是抑制宿主细胞上补体活化的第二种机制。这样的调节因子包括 DAF 和 MCP。它们与竞争性地抑制 C2 与共价结合在病原体细胞表面的 C4b 结合，或和 B 因子与在病原体细胞表面的 C3b 结合，从而抑制转化酶的形成。第三种保护机制是促进已形成的 C3 转化酶从宿主细胞解离。这样的调节分子包括 CR1 和旁路途径中的 DAF 或 CD55，它们促进转化酶解离以及它们的辅因子活性。

除了防止 C3 转化酶形成以及 C4 和 C3 细胞膜上沉积的机制之外，还存在抑制溶膜复合物不适当地插入膜的机制。溶膜复合物聚合到由 C5 转化酶作用产生的 C5b 分子上。该复合物主要插入邻近 C5 转化酶位点的细胞膜中，也就是说，靠近病原体上的补体激活位点。然而，一些新形成的溶膜复合物可以从补体激活位点扩散并插入邻近的宿主细胞膜中。在宿主血浆中包含几种蛋白质，特别是玻连蛋白，也称为 S 蛋白，能与 C5b67 复合物结合，从而抑制其随机插入细胞膜。宿主细胞膜还含有内在蛋白、CD59 或保护素，能抑制 C9 结合到 C5b678 复合体。与许多其他外周膜蛋白一样，CD59 和 DAF 都通过糖基磷脂酰肌醇（GPI）尾部与细胞表面连接。参与 GPI 尾部合成的酶之一，在 X 染色体上编码。在造血细胞克隆该基因发生体细胞突变的人群中，CD59 和 DAF 均无法发挥作用。导致阵发性睡眠性血红蛋白尿的疾病，其特征在于补体对血管内红细胞进行裂解。事实证明，仅缺乏 CD59 的红细胞也易于因补体级联的自发激活而破坏。

（三）经典途径、凝集素途径和旁路途径中蛋白因子在进化上的关系

经典途径和凝集素途径（C4b2b）激活 C3 转化酶，以及旁路途径（C3bBb）激活 C3 转化酶的方式明显不同。然而，这三条途径中的补体蛋白基因在进化上是密切相关的。例如，补体酶原 B 因子和 C2 是密切相关的蛋白质，由位于人类 6 号染色体上的 MHC 同源基因串联编码。并且，它们各自的结合伴侣 C3 和 C4 都含有硫酯键，以共价结合的方式将 C3 转化酶连接到病原体表面。但也有特殊的因子，那就是旁路途径中的起始丝氨酸蛋白酶，D 因子。D 因子是补体系统中唯一以活化蛋白酶，而不是以酶原被表达的蛋白质，作为活性酶在循环系统中进行循环。它能快速裂解与自发活化的 C3 因子结合的 B 因子来启动旁路途径。同时它除了与结合 C3b 的 B 因子之外没有其他底物，这意味着 D 因子的底物仅存在于病原体表面，而且在血浆中的浓度非常低，因此保证了对宿主的安全性。

补体激活的不同途径比较说明了一个基本原则，即作为早期抗感染天然免疫反应的一部分，大多数以非克隆方式激活的免疫效应机制，在进化过程中被用作获得性免疫的效应机制。几乎可以肯定的是，获得性免疫反应是通过在原始的非获得性免疫系统中加入特定的识别进化而来的。

五、总结

补体系统是将病原体识别转化为针对初始感染进行免疫防御的主要机制之一。补体是血浆蛋白系统，可以被病原体直接激活或通过病原体结合的抗体间接激活，导致在病原体表面发生级联反应并产生具有各种效应器功能的活性组分。补体激活有三种途径：经典途径，由病原体直接触发或由抗体与病原体表面结合间接触发；凝集素途径和旁路途径，旁路途径也为其他两个途径提供放大循环。作为先天免疫的一部分，所有三种途径均可独立于抗体启动。所有途径中的早期事件由一系列裂解反应组成，其中较大的裂解产物与病原体表面共价结合并辅助下一组分的活化。三条途径在 C3 转化酶的形成上汇集，C3 转化酶裂解 C3 产生活性补体成分 C3b。大量 C3b 分子与病原体的结合是补体激活的中心事件。结合的补体成分，尤其是结合的 C3b 及其无活性片段，被吞噬细胞上的特异性补体受体识别，从而促进吞噬细胞对病原体的吞噬和激活相关的免疫防御。C3、C4，特别是 C5 的小裂解片段将吞噬细胞集中到

感染部位并通过与特定的三聚体 G 蛋白偶联受体结合而激活它们。这些活动共同促进吞噬细胞对病原体的摄取和破坏。结合 C3 转化酶本身的 C3b 分子进一步引发晚期事件，结合 C5 使其易于被 C2a 或 Bb 裂解。较大的 C5b 片段触发溶膜复合物的组装，导致某些病原体裂解。补体成分的活性受多种调节蛋白系统的调控。这些调节蛋白系统阻止活化补体成分与宿主细胞的结合或血浆中补体成分的自发活化以防止组织受损。

第二节　细胞因子的比较

细胞因子（cytokine，CK）是活化免疫细胞和非免疫细胞受刺激后合成的小分子多肽或糖蛋白，多数为可溶性蛋白质分子，也有少数以细胞膜结合的形式存在于体内。作为细胞与细胞之间信息传递分子，细胞因子广泛参与机体的各种生理活动，如免疫应答、炎症反应、促进造血、组织修复等。

一、细胞因子及其受体概论

（一）细胞因子的共同特性

在哺乳动物已经发现 200 多种细胞因子，虽然生物活性各异，但具有许多共同特性。

1. 理化特性

多数细胞因子为低分子量的多肽或可溶性糖蛋白，多以单体形式存在，少数以二聚体或三聚体形式存在。少数细胞因子以膜结合形式存在，如 TNF 家族的成员淋巴毒素 β、B 细胞活化因子（BAFF）、增殖诱导配体（APRIL）、CD40、CD95L 等，这些膜结合细胞因子在淋巴细胞发育和分化过程中发挥重要作用。

2. 生物学特点

1）作用方式

细胞因子以自分泌、旁分泌或内分泌方式发挥作用（图 4-5）。

（1）自分泌（autocrine）：细胞因子与产生细胞因子的细胞本身相应受体结合，发挥调节作用。

（2）旁分泌（paracrine）：细胞因子作用于邻近细胞。

（3）内分泌（endocrine）：细胞因子可通过循环系统作用于远处的靶细胞。

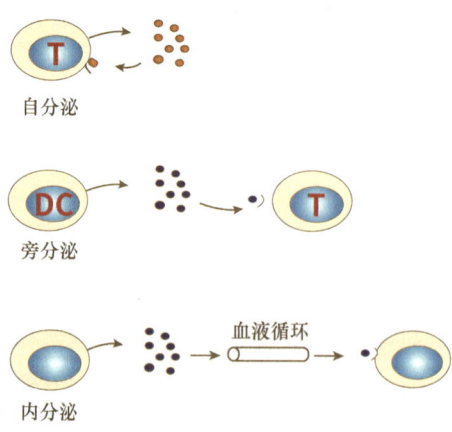

自分泌

旁分泌

血液循环

内分泌

图 4-5　细胞因子的作用方式

2）细胞因子生物学作用的复杂性

细胞因子具有多效性（pleiotropy）、重叠性（redundancy）、拮抗性（antagonism）、协同性（synergism）等特性，在诱导时具有级联诱导（cascade induction）的特点，多种细胞因子可以通过相互协调、相互作用共同调控细胞的生物学行为。一种细胞因子可以作用于不同靶细胞、产生不同的生物学效应，称为多效性；几种细胞因子可以作用于同一种细胞产生相同或相似的生物学效应称为重叠性；一种细胞因子可以抑制另一种细胞因子发挥生物学效应，称为拮抗性；一种细胞因子增强另外一种细胞因子的生物学作用，称为协同性；一种细胞因子作用于靶细胞，可以诱导其产生一种或更多的细胞因子，称为级联诱导。

3）通过细胞因子受体发挥作用

细胞因子发挥生物学作用必须通过与靶细胞表面特异性受体结合后才能启动细胞内相关信号通路，促进有关基因的转录和蛋白质的表达，从而发挥相应生物学功能。

（二）细胞因子的分类

细胞因子的种类繁多，分类方法多样。根据其结构和功能不同，通常将细胞因子分为白细胞介素、干扰素、肿瘤坏死因子、集落刺激因子、趋化因子以及生长因子六大类。

1. 白细胞介素

白细胞介素（interleukin，IL）主要由单核巨噬细胞、淋巴细胞和其他非免疫细胞产生，能够介导白细胞和白细胞之间或者白细胞与其他细胞之间的相互作用。白细胞介素广泛参与机体免疫应答、炎症反应、细胞生长分化等各个环节。

迄今为止，已发现的白细胞介素有 40 种，按发现的顺序在名称后面加阿拉伯数字编号排列，如 IL-1、IL-2、IL-3 等。

2. 干扰素

干扰素（interferon，IFN）是最早被发现的细胞因子，因其具有干扰病毒感染和复制的功能而得名。目前干扰素被分为 3 型。I 型干扰素包括 α 干扰素（IFN-α）和 β 干扰素（IFN-β）。IFN-α 有 20 多个亚型，主要由单核/巨噬细胞产生。IFN-β 主要由成纤维细胞产生。I 型干扰素可发挥较强的抗病毒作用和抗肿瘤作用，能够诱导细胞合成多种酶，选择性干扰病毒复制。除此之外，I 型干扰素达可以直接抑制肿瘤细胞增殖，增强 NK 细胞、巨噬细胞和 CTL 的抗肿瘤作用。II 型干扰素即 γ 干扰素（IFN-γ），可由活化的 T 细胞和 NK 细胞产生，与高活性的 IFN-γ 受体结合，发挥免疫调节作用。II 型干扰素抑制病毒复制的功能相对较弱，主要功能为调节免疫应答，如激活巨噬细胞；上调多种细胞 MHC 分子的表达，增强 APC 的抗原提呈功能；增强 NK 细胞和 CTL 活性；促进 Th0 细胞向 Th1 细胞转化等。III 型干扰素即 λ 干扰素（IFN-λ），包括 IFN-λ1（IL-29）、IFN-λ2（IL-28A）、IFN-λ3（IL-28B），均可与 IL-28R 结合，上调控制病毒复制的基因表达，抑制病毒在宿主细胞的增殖。

3. 肿瘤坏死因子

肿瘤坏死因子（tumor necrosis factor，TNF）由于可以使肿瘤组织发生出血坏死而得名，其家族成员与其他细胞因子不同，大多被锚定于细胞膜中，属于 II 型跨膜分子。TNF 家族成员胞外段含有经典的 TNF 同源结构域，能够与细胞因子受体发生特异性结合。在某些情况下，TNF 家族成员也可以可溶性分子形式发挥作用，通过胞外蛋白酶的作用将它们的胞外段水解切除，可出现一个细胞因子同时存在可溶性及与膜结合形式的现象，如淋巴毒素 β、BAFF、APRIL、CD40、CD95L 等。

以可溶性蛋白形式存在的 TNF 家族细胞因子为 TNF-α 和 TNF-β。TNF-α 主要由活化单核/巨噬细胞产生，淋巴细胞、成纤维细胞和角质形成细胞在感染、炎症及应激情况下也可产生 TNF-α。TNF-β 又称为淋巴毒素 α（lymphotoxin，LT-α），主要由活化的 T 细胞、NK 细胞产生。TNF-α 和 TNF-β 均为同源三聚体分子，二者受体相同。TNF 的生物学作用主要为：①介导炎症反应。作为内源性致热原，可以引起机体发热。②调节免疫应答。可促进中性粒细胞、内皮细胞和破骨细胞活化，促进多种细胞 MHC 分子和黏附分子表达，参与 T、B 细胞激活。③抗瘤作用。TNF 与 TNFR 结合后可引起肿瘤细胞凋亡。

另外，内毒素性休克、浆细胞恶液质等病理过程也有 TNF 的参与。TNF 的生物学活性具有剂量依赖性，低剂量时以介导局部炎症为主；中剂量则可引起发热，促进急性期反应蛋白产生；高剂量则引起全身性中毒反应。

4. 集落刺激因子

集落刺激因子（colony stimulating factor，CSF）是在体内外均可选择性刺激造血祖细胞增殖和分化，在体外半固体培养基上能形成相应细胞集落的细胞因子，可由活化的 T 细胞、单核/巨噬细胞、血管内皮细胞和成纤维细胞等产生。根据功能和作用不同，集落刺激因子分为巨噬细胞集落刺激因子（macrophage-CSF，M-CSF）、粒细胞集落刺激因子（granulocyte-CSF，G-CSF）、粒细胞-巨噬细胞集落刺激因子（GM-CSF）、红细胞生成素（erythropoietin，EPO）、血小板生成素（thrombopoietin，TPO）、多能集落刺激因子（multi-CSF）、干细胞因子（stem cell factor，SCF）等。

5. 趋化因子

趋化因子（chemokine）是对各种免疫细胞具有趋化和激活作用的细胞因子，由多种细胞产生，可招募血液中的单核细胞、中性粒细胞、淋巴细胞等进入感染部位。趋化因子多为小分子多肽，含 90～130 个氨基酸残基。趋化因子目前已发现 50 多种，根据其分子 N 端半胱氨酸的数目和间隔不同，可把趋化因子分为 CC、CXC、C、CX3C 4 个亚家族。

6. 生长因子

生长因子（growth factor，GF）是一类可以调节和促进不同类型细胞生长和分化的细胞因子。生长因子种类很多，主要包括转化生长因子-β（transforming growth factor β，TGF-β）、表皮生长因子（epidermal growth factor，EGF）、血管内皮生长因子（vascular endothelial growth factor，VEGF）、成纤维细胞生长因子（fibroblast growth factor，FGF）、神经生长因子（nerve growth factor，NGF）和血小板源性生长因子（platelet-derived growth factor，PDGF）等。

（三）细胞因子受体

细胞因子与靶细胞表达的相应受体结合发挥生物学效应。细胞因子受体的名称通常在细胞因子的名称后面加上 R（receptor）来标识，如 IL-2R（IL-2 受体）、TNFR（TNF 受体）等。细胞因子受体均为跨膜分子，包括胞外区、跨膜区和胞内区。细胞因子与靶细胞表面的相应细胞因子受体结合后可启动细胞内信号转导途径从而调节细胞的功能。

1. 细胞因子受体的分类

根据细胞因子胞外结构及氨基酸序列的相似性，细胞因子受体可分为 5 个家族。

1）I 类细胞因子受体家族

I 类细胞因子受体家族也称血细胞生成素受体家族（hematopoietin receptor family），此类受体的细胞膜外区有一个或多个保守的半胱氨酸和 Trp-Ser-X-Trp-Ser（WSXWS）基序。包括 IL-2、IL-3、IL-4、IL-5、IL-6、IL-7、IL-9、IL-11、IL-12、IL-13、IL-15、IL-21、GM-CSF、G-CSF 等细胞因子的受体。

2）II 类细胞因子受体家族

II 类细胞因子受体家族也称干扰素受体家族。此类受体的细胞膜外区有保守的半胱氨酸但无 WSXWS 基序，包括 IFN-α、IFN-β、IFN-γ 以及 IL-10 家族细胞因子的受体。

3）III 型细胞因子受体家族

III 型细胞因子受体家族即肿瘤坏死因子受体超家族（tumor necrosis factor receptor superfamily，TNFRSF）。此类受体细胞膜外区含有数个由 40 个氨基酸残基组成的富含半胱氨酸的结构域，胞内区具有可以诱导凋亡和刺激基因表达的信号机制，主要包括 TNF-α、淋巴毒素（LT）、FasL、CD40、神经生长因子（NGF）等，多以同源三聚体发挥作用。

4）免疫球蛋白超家族受体

这类受体胞外段在结构上与免疫球蛋白的 V 区或 C 区相似，即具有数个 IgSF 结构域，属于 Ig 超家族。IL-1、IL-18、M-CSF、SCF 等细胞因子受体属于此类受体。

5）趋化因子受体家族

这类受体均为 7 次跨膜的 G 蛋白偶联受体，其命名规则为在趋化因子亚家族名称后缀以 R，再按受体被发现的顺序缀以阿拉伯数字进一步区分。例如，与 CXCL 趋化因子结合的受体共有 5 种，分别命名为 CXCR1～CXCR5。CCL 趋化因子受体共有 9 种，分别命名为 CCR1～CCR9。CCR5 是人类免疫缺陷病毒（HIV）感染巨噬细胞和某些记忆 T 细胞的辅助受体，CCR5 的小分子拮抗肽可抑制 HIV 感染这些细胞。CCR5 的编码基因为多态性基因。携带缺失了 32 个碱基的 CCR5 等位基因的纯合子个体，其 CCR5 不能辅助 HIV 感染，即使多次接触 HIV 也不发生艾滋病（AIDS）。

2. 细胞因子受体共有链

多数细胞因子受体由 2～3 条多肽链构成。其中 1 条（或 2 条）多肽链与细胞因子发生特异性结合，称为细胞因子结合亚单位。另 1 条多肽链则转导信号，称为信号转导亚单位。在细胞因子受体中，信号转导亚单位可共用，称为细胞因子受体共有链（common chain，c）。IL-2、IL-4、IL-7、IL-9、IL-15 和 IL-21 受体拥有相同的信号转导亚单位 γ 链（common γ chain，γc），如果 γ 链基因突变，可影响多种细胞因子的作用，造成多种免疫细胞发育障碍，导致重症联合免疫缺陷病。

3. 可溶型细胞因子受体和细胞因子受体拮抗剂

1）可溶型细胞因子受体

除膜型受体外，很多细胞因子受体还存在可溶形式。可溶型细胞因子受体也可以较低亲和力结合细胞因子，与膜型受体竞争结合细胞因子，从而抑制细胞因子功能。检测某些可溶型细胞因子受体水平有助于某些疾病的诊断，对病程发展和转归的监测。

2）细胞因子受体拮抗剂

一些细胞因子受体存在天然拮抗剂，如 IL-1 受体拮抗剂（IL-1Ra），可以竞争结合 IL-1 受体，从而抑制 IL-1 的生物学活性。人工制备的细胞因子结合物或受体拮抗剂可用于治疗某些因细胞因子过高引起的相关疾病。

（四）细胞因子的免疫学功能

细胞因子在免疫细胞的发育分化、免疫应答及其免疫调节中扮演重要的角色。

1. 调控免疫细胞的发育、分化和功能

骨髓多能造血干细胞（hematopoietic stem cell，HSC）在骨髓中发育分化为不同谱系的免疫细胞时受骨髓基质细胞分泌的多种细胞因子所调控（IL-7、SCF、CXCL12 等）。骨髓和胸腺微环境中产生的细胞因子对调控免疫细胞的增殖和分化起着关键作用。例如，IL-3 和 SCF 等可作用于多能造血干细胞以及多种定向分化的祖细胞；IL-7 是 T 细胞和 B 细胞发育过程中的早期促分化因子；IL-15 促进 NK 细胞的发育分化。发育成熟的免疫细胞要发挥生物学作用也离不开细胞因子。例如，IL-4、IL-5、IL-6、IL-13 促进 B 细胞的活化增殖和分化为抗体产生细胞，IL-4 可诱导 IgG1 和 IgE 产生；IL-12 和 IFN-γ 诱导 T 细胞向 Th1 亚群分化，而 IL-4 诱导 T 细胞向 Th2 亚群分化等。

2. 调控机体的免疫应答

在固有免疫阶段，巨噬细胞分泌的细胞因子，如 IFN、TNF、IL-1 和 IL-6 等，可激活巨噬细胞，增强其吞噬和杀菌作用。有些细胞因子则可以激活 NK 细胞，发挥抗病毒和抗肿瘤作用，干扰素则可以抑制病毒复制。除了调节固有免疫以外，细胞因子在介导和调节适应性免疫方面也发挥重要作用。例如，IFN-γ 能够促进 APC 表达高水平的 MHC-II 分子，促进 CD4$^+$T 细胞的活化；IL-4、IL-5、IL-6 促进 B 细胞的增殖和活化；IL-10、TGF-β、IL-35 抑制免疫细胞的增殖。

3. 刺激造血

血细胞的生成离不开细胞因子的作用。刺激造血的细胞因子包括 IL-3、SCF、G-CSF、GM-CSF 等，这些细胞因子在造血干细胞生长、分化以及各种血细胞生成过程中发挥重要作用，如 GM-CSF 可作用于髓样细胞前体以及多种髓样谱系细胞；G-CSF 可促进中性粒细胞分化和吞噬功能；M-CSF 促进单核/巨噬细胞的分化和活化。EPO 促进红细胞生成；TPO 和 IL-1 促进巨核细胞分化和血小板生成。

4. 参与炎症反应

细菌感染时可刺激感染部位的巨噬细胞释放 IL-1、TNF-a、IL-6、IL-8 和 IL-12，引起局部和全身炎症反应，促进对病原体的清除。IL-8 趋化中性粒细胞和活化的 T 细胞进入感染部位，最终清除病原体感染细胞或病原体。

5. 诱导细胞凋亡

TNF-α 和 LT 可直接杀伤肿瘤细胞或病毒感染细胞。活化 T 细胞表达的 Fas 配体（FasL）可通过膜型或可溶型形式结合靶细胞上的受体 Fas，诱导细胞凋亡。

二、细胞因子及其受体的比较

（一）白细胞介素

1. IL-1 家族

IL-1 家族共有 11 个成员，IL-1 家族的基因定位于染色体 2q13 长 430kb 的区域，包括 7 个激动剂（IL-1 α、IL-1 β、IL-18、IL-33、IL-36 α、IL-36β 和 IL-36γ）、3 个受体拮抗剂（IL-1Ra、IL-36Ra 和 IL-38）及抗炎因子 IL-37。IL-1 家族可分为 4 个亚家族，即 IL-1 亚家族、IL-33 亚家族、IL-18 亚家族和 IL-36 亚家族。

IL-1R 家族也有 11 个成员，即 IL-1R1（IL-1RI）、IL-1R2（IL-1RII）、IL-1R3（IL-1RAcP）、IL-1R4（ST2）、IL-1R5（IL-18Rα）、IL-1R6（IL-1Rrp2、IL-36R）、IL-1R7（IL-18Rβ）、IL-1R8（TIR8，也称SIGIRR）、IL-1R9（TI-GIRR-2）和 IL-1R10（TIGIRR-1）。它们的胞外段含 3 个免疫球蛋白样区（IL-18BP、TIR8 除外），胞内含 TIR 结构域，与 TLR 信号通路相同。TIR 结构域是细胞感受微生物感染、启动固有免疫和炎症反应的关键感受器。IL-1 受体家族成员可形成 4 个受体复合物，即 IL-1R 复合物（IL-1R1和 IL-1RAcP）、IL-33 受体复合物（ST2 和 IL-1RAcP）、IL-18 受体复合物（IL-18Ra 和 IL-18Rb）、IL-36受体复合物（IL-1Rrp2 和 IL-1RAcP），还有 2 个伪受体（IL-R2 和 IL-18BP），以及未发现配体的 TIR8（是 IL-1 负调节因子）。

1）IL-1α 与 IL-1β

IL-1α 和 IL-1β 分子结构均不含信号肽，由不同基因编码，共同结合 IL-1R，生物学作用相似，参与发热，炎症反应、免疫应答、刺激造血、促进伤口愈合等。IL-1α 前体分子量 31kDa，可组成性表达于单核/巨噬细胞、中性粒细胞以及胃肠道、肺、肝、肾的上皮细胞、血管内皮细胞和星形胶质细胞。细胞坏死时，IL-1α 作为"警报素"被释放，并被特定的钙蛋白酶（calpain）切割成成熟的 17kDa 的 IL-1α，促进细胞启动炎性细胞因子和趋化因子级联反应，引起无菌性炎症。细胞凋亡时，IL-1α 可迅速由细胞质转移至细胞核，与染色质牢固结合；当细胞坏死时，IL-1α 可由细胞核进入细胞质，随细胞坏死而被释放，引起机体的炎症反应。此外，IL-1α 也可以表达于活化的单核细胞表面。在炎性信号刺激下，单核/巨噬细胞、皮肤 DC 细胞和脑组织小胶质细胞可分泌 IL-1β。与 IL-1α 不同，IL-1β 前体无生物活性，经 caspase-1 剪切后释放至细胞外才具有活性。单核/巨噬细胞内富含 caspase-1，其前体须由炎症小体剪切，若组成炎症小体的 NLRP3 单个氨基酸发生功能性突变，则有活性的 IL-1β 分泌增加，导致自身炎症性疾病。但是，并非所有 IL-1β 所致炎症均与 NLRP3 和 caspase-1 活性相关，caspase-1 缺陷小鼠也可发生 IL-1β 所致炎症疾病。细胞外无活性的 IL-1β 前体由中性粒细胞酶（如蛋白酶 3）剪切，也可由 caspase-11 剪切。

IL-1R 有 2 种类型：①IL-1R1，由人 *IL-1RI* 基因编码 549 个氨基酸，其中胞外区 316 个氨基酸，单次跨膜区 20 个氨基酸和胞内区 213 个氨基酸，分子量为 80kDa，含有 3 个免疫球蛋白样结构域。IL-1RI 与 IL-1 结合形成复合体，同时导致构象改变，促使 IL-1RI 与 IL-1R 辅佐蛋白（IL-1 receptor accessory protein，IL-1 RAcP）相互作用形成复合物，继而启动下游信号 IL-1 与 IL-1R1 结合为复合物后可启动信号转导；②IL-IR2 为诱饵受体，其细胞质段比较短，对 IL-1 生物学活性具有负调节作用。

2）IL-1 受体拮抗剂

IL-1 受体拮抗剂（IL-1 receptor antagonist，IL-1Ra）的氨基酸与成熟 IL-1β 有 26%的同源性，在细胞内有两种储存形式：分泌型 IL-1Ra（secreted IL-1Ra）和细胞内型 IL-1Ra（intracellular IL-1Ra）。前者为 177 个氨基酸的蛋白质，包含有一个 25 个氨基酸的信号肽，可经高尔基体-内质网向细胞外分泌。IL-1Ra 主要由单核/巨噬细胞产生，其次为中性粒细胞、角质化上皮细胞、滑膜细胞等。IL-1Ra 是天然的特异性 CK 抑制物，其作用机制为：①IL-1Ra 是一个有高度选择性的竞争性受体拮抗剂，能与 IL-1 竞争结合 IL-1RI，但不能引发 IL-1RI 与 IL-1AcP 结合，不能传递任何细胞内信号，而被认为是一种内源性的 IL-1 活性抑制剂；②IL-1Ra 有 3 个胞内 IL-1Ra 变异体（表达于成纤维细胞、单核细胞、角质细胞、上皮细胞和内皮细胞等），均缺乏信号肽而被滞留于胞内，可抑制 IL-1 诱导的基因表达，下调细胞对 IL-1 的应答。

2. IL-2

人 IL-2 蛋白含 153 个氨基酸，N 端有 20 个氨基酸在分泌时被切除，分子量约 15kDa，主要由 CD4[+] 和 CD8[+] T 细胞产生，另外 NK 细胞、转化的 B 细胞、白血病细胞也可产生。IL-2 主要以自分泌或旁分泌方式发挥效应。不同种属间，IL-2 沿种系谱向上有约束性，向下则无约束性。例如，人 IL-2 能促进小鼠 T 细胞增殖，但小鼠 IL-2 促进人 T 细胞增殖的效应很低。

IL-2 受体（IL-2R）有 P55、P70、P64 3 个亚单位，分别被命名为 IL-2Rα（CD25）链、IL-2Rβ 链（CD122）和 IL-2Rγ 链。IL-2Rα 链与 IL-2 低亲和力结合，而且不具备信号传递功能；IL-2Rγ（CD132）不单独与 IL-2 结合，只有在 IL-2R 的 α、β 和 γ 三者结合或 β 和 γ 结合后才显示出与 IL-2 的高亲和性；信号传递功能与 β 和 γ 有关。此外，γ 链也是其他多种细胞因子（如 IL-4、IL-7、IL-9、IL-13、IL-15、IL-21 等）受体的功能性组成单位，而 β 链则是 IL-15R 的组成单位。

IL-2R 分布于活化的 T 细胞、B 细胞、NK 细胞表面。慢性刺激 T 细胞可使 IL-2Rα 脱落，所形成的 sIL-2R 可与游离的 IL-2 结合，从而干扰 IL-2 与靶细胞的相互作用。在感染、自身免疫病、白血病和器官移植等病理过程中，sIL-2R 可增高 100 倍。

IL-2 在体外具有如下生物学作用：①促进所有 T 细胞亚群增殖及产生 CK；②促进 NK 细胞毒活性及产生 CK；③诱导淋巴因子激活的杀伤（LAK）细胞扩增；④促进活化 B 细胞增殖及产生抗体；⑤激活单核/巨噬细胞，并增强其杀瘤活性。体内 IL-2 是参与免疫应答的重要细胞因子，并参与炎症反应、抗肿瘤效应和移植排斥反应。

3. IL-3

人 *hIL-3* 基因位于染色体的 5q23—5q31，与 GM-CSF 相邻；小鼠 *mIL-3* 基因位于 11 号染色体，也与 *GM-CSF*、*IL-4*、*IL-5* 等基因串联排列。*hIL-3* 和 *mIL-3* 的基因结构类似，两者均有 5 个外显子和 4 个内含子，两者分别编码 152 个氨基酸和 166 个氨基酸。人成熟 IL-3 分子量为 15~17kDa，由 133 个氨基酸残基组成；鼠 IL-3 成熟蛋白质含 140 个氨基酸。人和小鼠、大鼠的 IL-3 没有种属交叉反应性。黑猩猩、长臂猿、恒河猴的 IL-3 均可刺激人相应细胞的增殖。IL-3R 由 α 和 β 两条链构成。IL-3Rα 链是 IL-3 所特有的，决定 IL-3 作用的特异性。IL-3Rα 链分子量为 41kDa（糖蛋白为 60～80kDa），IL-3Rβ 链分子量为 96kDa（糖蛋白为 120～135kDa），与 IL-5R、GM-CSFR 的 β 链相同，称为共有的 β 链（βc）。但只有单独的 α 链才能形成高亲和力的受体。βc 是这三种细胞因子具有许多共同生物学活性的基础。在小鼠 IL-3R 系统中，有一条 IL-3 特有的 β 链，即 BIL-3 或 AIC2A。小鼠 IL-3RβIL-3 不与其他细胞因子受体的 α 链结合，可与 IL-3 结合。小鼠 IL-3Rβ IL-3 与 IL-3Rα 链结合形成高亲和力受体，这种高亲和力受体与 βc 形成的高亲和力受体没有功能上的区别。

4. IL-4

IL-4 主要由 Th2 细胞产生，其他 T 细胞亚群、双阳性胸腺细胞、激活的肥大细胞等也能产生。IL-4 的天然变异体为 IL-4△2（缺乏外显子 2），具有拮抗 IL-4 的作用。IL-4R 有两型：①I 型 IL-4R，主要分布于造血细胞表面，由 α 链（CD124）与 CK 受体 γ 公链组成；②II 型 IL-4R，分布于造血细胞和非造血细胞，由 IL-4Rα 链和 IL-13Rα1 链（CD213A1）组成，此受体分别与 IL-4 和 IL-13 结合。sIL-4R 和 IL-4 与膜 IL-R 的亲和力相似，是膜 IL-4R 强有力的竞争性抑制，可用于抗移植排斥反应或阻断 IgE 介导的 I 型超敏反应。

IL-4 的生物学作用：①以自分泌方式促进 Th2 细胞分化，但抑制 Th1 细胞分化；②刺激 B 细胞 Ig 重链类别转换，产生 IgE；③联合 IL-13 诱导 M2 型巨噬细胞分化；④联合 IL-13 刺激胃肠道蠕动，还可促进嗜酸粒细胞募集并参与变态反应；⑤促进双阴和双阳胸腺细胞增殖。敲除 *IL-4* 基因的小鼠，T 细胞及其亚群发育虽正常，但不能诱导 Th2 型细胞因子产生。

人 *IL-4R*（*hIL-4R*）基因定位于 16p11.2—p12.1，小鼠 *IL-4R*（*mIL-4R*）基因定位于 7 号染色体的末端。*mIL-4R* DNA 长 25kb，含 12 个外显子和 11 个内含子，其 cDNA 全长 3.7kb，由 11 个外显子编码，5'端有多个转录激活位点。IL-4R 有两型，I 型由 α 亚基、γc 链构成，α 亚基与 IL-4R 高度亲和，γc 链与 IL-4 和 IL-4Rα 复合物结合。尽管 γ 链只能中度增加 IL-4R 对 IL-4 的亲和力，但它是 IL-4R 信号转导途径必不可少的成分之一。II 型 IL-4R 含有 IL-13Rα、IL-13Rα'和 IL-4Rα 3 种亚基，前二者的作用与 γc 链相似。小鼠的 IL-4Ra 链含 785 个氨基酸残基，其中 553 个位于胞内区，胞内区含 5 个酪氨酸残基，其位置及周围序列高度保守，分别为 Y497、Y575、Y603、Y631 和 Y713，提示其功能的重要性。胞内区的近膜区有一富含脯氨酸的序列，被命名为"box1"，近"box1"区有酸性氨基酸序列，与 Src 激酶和 Jak1 相互作用。

5. IL-5

人的 IL-5 由 134 个氨基酸残基组成，含 22 个氨基酸残基信号肽，2 个糖基化点。小鼠 IL-5 由 133 个氨基酸残基组成，含 21 个氨基酸的信号肽。成熟 IL-5 分子含有 112 个氨基酸残基，裸肽分子质量 12～15kDa，有 3 个糖基化位点，糖基化后分子质量为 18kDa，糖基化对 IL-5 的生物活性并无影响。人和鼠 IL-5 在氨基酸水平和 DNA 水平的同源性分别为 70% 和 77%。小鼠 IL-5 在人细胞有很高的活性，而人 IL-5 在鼠细胞只有很小的活性。在人类 IL-5 主要由活化的 T 细胞产生，在小鼠则由 Th2 亚群细胞产生。IL-5R 由 α 链（CD125）和 CK 受体 β 公有链（CD131）组成。

IL-5 的生物学作用：①促进 B 细胞分化成浆细胞，促进 IgA 的合成。小鼠 IL-5 对 B 细胞的分化主要作用于细胞增殖后期的 B 细胞，并增加活化 B 细胞 IL-2R 的表达，人 IL-5 只作用于 B 细胞刺激后很窄的时相内。②对嗜酸性粒细胞的成熟、分化、存活等起重要作用，参与变态反应和抵抗蠕虫感染。③协同 ConA 或 IL-2 诱导胸腺中杀伤性 T 细胞前体（CTPp）分化为 CTL。④B1 细胞发育依赖于 IL-5。

6. IL-6

人 *IL-6* 基因位于 7p15—p21，其蛋白的分子量为 19～28kDa，由 184 个氨基酸残基组成。IL-6 主要由单核巨噬细胞、成纤维细胞、T 细胞、B 细胞、上皮细胞、角质细胞以及多种肿瘤细胞（如肺癌细胞）产生。由于其糖基化或磷酸化不同，单核细胞至少表达 5 种不同分子量的 IL-6。IL-6△4 缺少外显子 4，可与 IL-6R α 链结合为复合物，但不能传递信号，从而竞争性抑制 IL-6 的生物学活性。

IL-6R 由 α 链（CD126）和信号传递链（gp130，CD130）组成，α 链可结合配体，与 gp130 共同组成 IL-6 的高亲和力受体。gp130 为信号传递链，也是 IL-11R、CT-1R、LIFR、OSMR 和 CNTFR 的公用链。IL-6R 表达广泛，活化 B 细胞、静止 T 细胞、NK 细胞、骨髓瘤细胞、肝细胞、髓样白血病细胞均有表达。sIL-6R 可作为膜受体激动剂与 IL-6 形成复合物，进一步结合 gp130，发挥 IL-6 的生物学作用。sIL-6R/IL-6 复合物不仅可作用于表达 IL-6R 的靶细胞，还可作用于不表达 IL-6R，但表达 gp130 的靶细胞。

IL-6 的生物学作用：①属内源性致热原，参与炎症反应；②促进 B 细胞增殖、分化并分泌抗体；③诱导 CD4$^+$Th0 细胞向 Th17 细胞分化；④增强 NK 细胞及 CTL 杀瘤活性；⑤对神经和造血系统具有广泛效应；⑥促进肝合成急性期蛋白。

7. IL-7

人 *IL-7* 基因位于 8q12—q13，表达产生一个由 177 个氨基酸残基组成的人 IL-7（包括 25 个氨基酸的信号肽）。鼠 *IL-7* 基因编码 154 个氨基酸残基的鼠 IL-7 前体。经 cos-7 细胞表达后获得的由 129 个氨基酸残基组成的未糖基化重组鼠 IL-7，其蛋白的分子量为 14.9kDa，而修饰后分子质量可增加至 25kDa。比较人与鼠 IL-7 核苷酸序列的同源性，发现可读框的同源性最高，为 81%，5′端和 3′端非编码区的同源性分别为 73% 和 63%。IL-7 主要由骨髓基质细胞和胸腺细胞组成性表达，人和小鼠角质细胞也可分泌 IL-7。IL-7R 由低亲和力的 IL-7 受体 α 链（CD127）和 CK 受体 γ 公有链共同组成高亲和力受体。IL-7R 分布于 T 细胞、前 B 细胞及骨髓巨噬细胞表面。IL-7Rα 链表达缺陷的小鼠缺乏 γδT 细胞，但 NK 细胞发育和功能正常。

IL-7 生物学作用：①促进巨核细胞成熟，促进前 B 细胞增殖，双阴性（DN）或双阳性（DP）胸腺细胞增殖；②调控 TCR β 链基因重排及表达，协同 IL-2 刺激成熟 T 细胞活化；③促进 NK 细胞、CTL 增殖、分化及杀伤活性；④诱导单核细胞分泌 IL-1、IL-6 和 MIP。

8. IL-8

见本章"趋化因子超家族"。

9. IL-9

IL-9 主要由 Th 细胞产生。人 *IL-9*（h*IL-9*）基因位于 5q31—q33 上，小鼠 *IL-9*（m*IL-9*）基因位于 13 号染色体上，人和小鼠 *IL-9* 基因结构相似。人 IL-9 不能作用于小鼠细胞，但小鼠 IL-9 可作用于人细胞。

IL-9R 由配体结合链（CD129）与 CKR 公有 Y 链组成。IL-9 的活性与信号转导及转录活化因子 1（signal transducers and activators of transcription 1，STAT1）、STAT3 和 STAT5 有关。IL-9R 主要分布于 Th2 细胞、肥大细胞、巨噬细胞及部分胸腺瘤细胞。

IL-9 的生物学作用：①协同 IL-3 促进肥大细胞生长和分化；②促进 Th 细胞生长；③与 IL-4 协同诱导 B 细胞产生 IgM、IgG 和 IgE；④刺激人红细胞生成；⑤促进炎症反应。

10. IL-10

人 *IL-10* 基因位于 1q31—q32，编码 178 个氨基酸，其中包含 18 个氨基酸的信号肽和 160 个氨基酸的成熟肽。成熟肽分子质量约为 18.7kDa，几乎不发生糖基化。IL-10 主要由活化的巨噬细胞和树突状细胞分泌，并抑制两者功能。另外，Treg 细胞、Th1 细胞、Th2 细胞和 Breg 细胞，以及某些非免疫细胞（如角质细胞）也可产生 IL-10。IL-10R 类似于干扰素受体，属 II 型细胞因子受体家族，两条肽链均与 JAK1 和 TYK2 Janus 家族激酶相关，可活化 STAT3。IL-19、IL-20、IL-22、IL-24、IL-26 与 IL-10 有很高的同源性，属于 IL-10 家族。

IL-10 的生物学功能：①抑制活化的巨噬细胞和 DC 产生 IL-12，负调节 IFN-γ 分泌；②抑制巨噬细胞和 DC 表面共刺激分子和 MHC I 类分子的表达；③参与黏膜炎症反应，与胃肠道炎症反应有关。

11. IL-11

人 IL-11 的 cDNA 结构与灵长类有 97% 的同源性，氨基酸差别仅有 11 个，基因定位于 19q13.3—q13.4。灵长类 IL-11 的 cDNA 全长 1092 个核苷酸，编码 199 个氨基酸残基的多肽链（含 21 个氨基酸的信号肽）。IL-11 主要来源于间质细胞和骨髓成纤维细胞。比较人和鼠的 IL-11 发现，86% 的核苷酸相同，88% 的氨基酸相同。IL-11R 由配体结合 α 链和信号转导亚单位 gp130 组成。后者为 IL-6R、LIFR、OSMR、CNTFR 所共有。

IL-11 的主要功能：①促进巨核细胞集落形成，促进血小板生成；②刺激 B 细胞发育；③促进多系祖细胞扩增和分化；④调节红系祖细胞增殖；⑤刺激浆细胞瘤细胞增殖；⑥抑制脂肪细胞分化。

12. IL-12

IL-12 由分子量 40kDa 的 P40 与 35kDa 的 P35 两条糖基链经二硫链连接组成。P35 cDNA 序列编码一条 219 个氨基酸残基的多肽，其成熟蛋白质分子质量为 27.5kDa，包含 7 个半胱氨酸残基和 3 个可能的 N 端糖基化位点。P40 cDNA 序列编码一条 328 个氨基酸的多肽，其中 N 端的残基 1～22 为疏水信号肽部分，成熟蛋白质分子质量为 34.7kDa，包含 10 个半胱氨酸残基和 4 个可能的 N 端糖基化位点，以及一个理论上的肝素结合位点。编码 P40 链的基因位于人 5 号染色体长臂 3 区（5q31—q33），而 P35 链的编码基因则位于人 3 号染色体长臂 1 区（3q12—q13）。鼠 P40 链与 P35 链的编码基因分别与相关人类基因有 70% 及 60% 的序列同源性。人 IL-12 不能作用于小鼠，而小鼠 IL-12 可作用于人。IL-12 主要由树突状细胞、巨噬细胞、B 细胞及 T 细胞产生。IL-12R（CD212）由 β1 和 β2 链组成，表达于激活的 T 细胞和激活的 CD56⁺NK 细胞表面，其中 Th1 细胞表达 β2 链，而 Th2 细胞不表达。P40 含与 IL-12R 结合的部位。P40 可形成同源二聚体 IL-12p80，竞争性抑制 IL-12 和 IL-23 与受体结合。

IL-12 的生物学作用：①增强 NK 细胞增殖和细胞毒性作用；②刺激 T 细胞和 NK 细胞产生 IFN-γ；③促进 Th0 细胞向 Th1 细胞的分化；④抑制 Th2 细胞分泌 IL-4 和 IL-5；⑤抑制 IL-4 诱导的 IgE 生成。因此，IL-12 的主要作用是促进 Th1 应答，抑制 Th2 应答。

13. IL-13

人 IL-13 基因定位于 5q31，人和小鼠 IL-13 在基因水平上有 66% 同源性。人 IL-13 分子有 132 个氨基酸残基，切除 18 个氨基酸的信号肽后，成熟 IL-13 分子为 114 个氨基酸，与小鼠 IL-13 有 58% 同源性。IL-13 主要由 Th2 细胞产生（嗜碱性粒细胞、嗜酸性粒细胞和 NKT 细胞也可产生）。IL-13R 是由 IL-13α1 链和 IL-4Rα 链组成的异源二聚体。IL-13R 可表达于 B 细胞、单核巨噬细胞、树突状细胞、嗜碱性粒细胞、嗜酸性粒细胞、成纤维细胞、内皮细胞和支气管上皮细胞表面。

IL-13 的功能：①诱导 M2 型巨噬细胞活化，参与组织修复和纤维化；②诱导 B 细胞增殖、分化和抗体类型转换，促进 IgM、IgG4 和 IgE 产生；③协同 G-CSF 及 GM-CSF，促进集落形成。

14. IL-14

其实质为他西林 α 蛋白（taxilin），是突触融合蛋白（syntaxin）的结合蛋白。

15. IL-15

IL-15（14～15kDa）组织分布极为广泛，骨骼肌及胎盘组织中 IL-15 mRNA 水平很高。IL-15 与 IL-2 的氨基酸序列不同，但空间结构相似，具有某些相似的生物学作用。高亲和力 IL-1R 为异源三聚体，即 IL-15Rα 链、IL-2R β 链和 CK 受体公有链组成了高亲和力的 IL-15R，可表达于淋巴样细胞、单核细胞、NK 细胞、骨髓基质细胞等。

IL-15 在人类的粒细胞、单核细胞和 B 细胞中表达，而在小鼠中，仅在造血祖细胞和某些髓样细胞中表达，在小鼠和猕猴中，NK 细胞的稳态依赖于 IL-15，但在人类中未发挥相同的作用。

IL-15 的生物学作用主要为：促进 T 细胞、B 细胞、肥大细胞增殖和分化；促进 NK 细胞成熟及其杀伤活性。IL-15 的细胞来源及靶细胞分布均较广，可在不表达 IL-2 的组织中发挥类似 IL-2 的效应。

16. IL-16

IL-16 由活化的 T 细胞、中性粒细胞、嗜酸性粒细胞、树突状细胞、肥大细胞等产生。组胺与 5-HT 可刺激 $CD8^+T$ 细胞分泌 IL-16；丝裂原、抗原或抗 CD3 抗体可诱导 $CD4^+T$ 细胞产生 IL-16。IL-16R 为 CD4 分子，但可能还有另一个分子作为主要受体。

IL-16 的生物学作用：趋化 CD4 细胞（包括 T 细胞、树突状细胞、单核/巨噬细胞、朗格汉斯细胞）和嗜酸粒细胞；诱导 $CD4^+T$ 细胞表达 IL-2R，继而在 IL-2 作用下使之从 G_0 期进入 G_1 期；上调 HLA-DR 表达；抑制 HIV 复制。

17. IL-17

IL-17 细胞因子家族包括 6 个成员，分别是 IL-17A、IL-17B、IL-17C、IL-17D、IL-17E 和 IL-17F。其中 IL-17A 和 IL-17F 最相似，但其生物学活性主要由 IL-17A 介导。其受体家族包括 5 个成员：IL-17RA、IL-17RB、IL-17RC、IL-17RD 和 IL-17RE。IL-17 受体不与任何其他已知的细胞因子受体同源。IL-17A 主要由 Th17 细胞分泌，一些天然免疫细胞在天然免疫反应早期也可以快速表达 IL-17A，其他家族成员由多种细胞产生。IL-17A 通过与细胞表面受体 IL-17RA 结合，进而与 IL-17RC 形成异源二聚体介导下游信号。胞内接头分子 Act1 可以被招募到受体复合物上与 IL-17RA 和 RC 上的 SEFIR 结构域结合，泛素化 TRAF6（TNF receptor associated factor-6）从而激活 NF-κB、MAPKs 和 C/EBP 等转录因子，促进炎症基因的表达。IL-17RA 在体内的多种细胞类群中广泛表达，而 IL-17RC 主要在上皮细胞、内皮细胞等基质细胞中表达，但在造血细胞中表达量较低。

IL-17 的主要生物学功能：①诱导 G-CSF 及其受体表达，促进中性粒细胞生成；②刺激趋化因子和其他细胞因子（如 TNF）产生，募集中性粒细胞、单核细胞至炎症局部；③诱导防御素产生。

18. IL-18

IL-18 的结构类似于 IL-1，其缺乏分泌蛋白所具有的信号肽，故首先以前体形式表达于单核/巨噬细胞、未成熟树突状细胞、T 细胞、B 细胞、破骨细胞、角质细胞等表面，在 caspase-1 和其他酶的作用下，可转变为生物活性分子。鼠 IL-18 前体蛋白基因编码 192 个氨基酸，只有 157 个氨基酸的成熟蛋白才有生物活性，成熟的 IL-18 分子质量为 18～19kDa。人 IL-18 前体多肽和鼠 IL-18 有 65% 的同源性。IL-18R 由 α 链（CDw218a）和 β 链（CDw218b）组成，广泛表达于初始 T 细胞、NK 细胞、巨噬细胞、中性粒细胞、内皮细胞和平滑肌细胞。IL-18R α 链与 IL-18 结合，IL-18R β 链可与 IL-18Rα/IL-18 复合物结合，启动信号转导。此外，IL-18 结合蛋白可与 IL-18 结合，发挥中和作用。

IL-18 的功能与 IL-12 类似，其主要功能包括诱导活化的 T 细胞、NK 细胞和 B 细胞分泌 IFN-γ，参与抗感染免疫；促进 Th1 细胞生长、分化；活化中性粒细胞、促进 GM-CSF 和 CXC 表达；通过上调 FasL 表达而促进 NK 细胞毒活性；参与黏膜免疫；抗瘤效应及缓解慢性移植物抗宿主病（GVHD）。

19. IL-19

IL-19 基因位于 1q32.2，编码 177 个氨基酸，含 24 个氨基酸的信号肽，成熟蛋白有 153 个氨基酸。IL-19 有 21% 的氨基酸与 IL-10 的相同。*IL-19* 的外显子和内含子结构与人 *IL-10* 基因相同，*IL-19* cDNA 编码区由 5 个外显子和 4 个内显子组成。单核细胞在 LPS 刺激下可产生 IL-19、IL-19 与 I 型 IL-20R 复合物结合。

IL-19 的生物学作用：促进单核细胞产生 IL-6、TNF-a 及活性氧；促进 Th2 细胞应答。

20. IL-20

IL-20 基因位于 1q32，编码 184 个氨基酸，含 20 个氨基酸的信号肽，成熟蛋白有 164 个氨基酸。IL-20 与 IL-17 有 21.3% 的同源性。IL-20 主要由角质细胞和单核细胞产生，在银屑病患者皮肤与类风湿性关节炎患者滑膜液中 IL-20 增高。过表达 IL-20 可导致表皮分化障碍，小鼠在新生期即因皮肤形成缺陷而继发性死亡。IL-20R 有两型：①I 型 IL-20R 由 IL-20Rα 链和 IL-20R β 链组成；②II 型 IL-20R 由 IL-22Rα 链和 IL-20Rβ 链组成。IL-20 和 IL-24 可与上述两型受体结合，而 IL-19 则仅能与 I 型 IL-20R 结合，通过 JAK1 通路激活 STAT3 分子。

21. IL-21

人 *IL-21* 基因位于 4q26—q27，与 *IL-2*、*IL-4* 和 *IL-15* 基因有较高同源性。人 IL-21 前体含 162 个氨基酸，含有 31 个氨基酸的信号肽。IL-21 有 4 个螺旋结构，与 IL-2、IL-4 和 IL-15 高度同源。鼠 IL-21 与人 IL-21 有 57% 的同源性，也有一个信号肽，成熟鼠 IL-21 为 122 个氨基酸。鼠和人 IL-21 的 α 螺旋 A 和 D 特别保守，与其他 γc 家族细胞因子一样，这些区域在与受体识别过程中发挥重要作用。IL-21 主要由活化的 CD4$^+$T 细胞（Tfh、Th17）和 NKT 细胞产生。IL-21R 由 IL-21R a 链和 CK 受体 γ 公有链（CD132）组成异源二聚体，主要表达于 T 细胞（Tfh、Th17）、B 细胞、NK 细胞和树突状细胞表面。人和鼠的 IL-21R 在 DNA 水平同源性为 72%，蛋白质水平同源性为 62%。

IL-21 的生物学作用：①诱导 Tfh 细胞的分化以及向淋巴结生发中心的迁移，通过自分泌促进 Tfh 细胞表面表达 CXCR5 和 ICOS，在 Tfh 与 B 细胞相互作用及 GC 形成中发挥关键作用；②在 B 细胞对 TD-Ag 应答中发挥关键作用，刺激 B 细胞增殖并分化为浆细胞；③促进 Th17 细胞分化与扩增；④促进 NK 细胞和 CD8$^+$T 增殖和细胞毒作用。

22. IL-22

IL-22 属于 IL-10 家族成员，人 IL-22 全长 179 个氨基酸，与 IL-10 有 23% 同源性，其中 33 个氨基酸为信号肽，成熟蛋白质有 146 个氨基酸。鼠 IL-22 全长 180 个氨基酸，与鼠 IL-10 同源性为 22%。人类 *IL-22* 基因是一个单拷贝基因，它位于染色体 12q15，小鼠的 IL-22 基因定位于 10 号染色体，也与 *IFN-γ* 基因在同一区域内。人 IL-22 与小鼠 IL-22 比较有 79% 氨基酸相同，人 IL-22 与人 IL-10 比较有 25% 氨基酸相同。T 细胞和固有淋巴细胞（innate lymphocyte，ILC）是 IL-22 的主要分泌细胞，包括辅助性 T 细胞（Th22、Th17、Th1）、CD8$^+$T 细胞（γδT 细胞、NKT 细胞）。IL-22R 由 IL-22Rα 链和 IL-10 β 链组成，IL-22Rα 链是其特异性受体，主要表达于皮肤、肾、呼吸和消化系统。IL-22 主要作用通路是 JAK（结合 IL-22R 亚基）-STAT 信号通路，激活 IL-22 可以促进 STAT3、STAT1 和 STAT5 磷酸化。STAT3 的磷酸化能使信号转移至细胞核内，从而调节靶基因的表达。IL-22 也可以激活 MAPK 信号通路，包括 MEK-ERK-RSK、JNK/SAPK 和 p38 激酶。

IL-22 生物学作用包括：参与炎症和组织损伤；在上皮组织（尤其是皮肤、胃肠道等部位）产生，可增强上皮屏障功能、刺激上皮修复，从而维持上皮完整性。

23. IL-23

IL-23 由 p19 和 IL-12 亚基 p40 组成。p19 本身无生物学活性，仅当与 p40 结合为复合物才具有活性。IL-23R 主要由活化的树突状细胞和巨噬细胞分泌，IL-23R 由 IL-23R 链和 IL-12R β1 链组成。

IL-23 的生物学作用：①促进小鼠 CD4$^+$ CD45RB^{low} 记忆 T 细胞增殖；②诱导 T 淋巴母细胞和记忆 T 细胞产生 IFN-γ，并促进它们增殖；③维持活化 Th17 细胞产生 IL-17，并稳定 Th17 细胞。

24. IL-24

IL-24 由人黑色素瘤分化相关基因 7（melanoma differentiation associated gene 7，*mda-7*）编码，蛋白质有 206 个氨基酸，23.8kDa，基因定位于 1q32。主要由活化的外周血单核细胞分泌，Th2 细胞也可产生少量 IL-24。IL-24R 是 I 型/II 型 IL-20R 复合物。

IL-24 的生物学作用：①抑制黑色素瘤细胞生长；②抑制多种肿瘤细胞生长并诱导它们凋亡；③抑制内皮细胞迁移和分化，阻断 VEGF 诱导的血管生成；④促进单核细胞产生 TNF-α 和 IL-6。

25. IL-25

人 *IL-25* 基因定位于 14q11.2，编码 161 个氨基酸的蛋白质，信号肽为 16 个氨基酸，成熟蛋白质为 145 个氨基酸。在氨基酸序列上，IL-25 与 IL-17A 同源性为 25.0%，与 IL-17B 同源性为 35.6%，与 IL-17C 同源性为 34.5%。鼠 IL-25 为 169 个氨基酸，分子量为 17.5kDa。*IL-25R* 基因定位于 3p21.1，最初被认为是 IL-17B 的受体，含 502 个氨基酸，可分为分泌型和膜型。IL-25（IL-17E）由活化的 Th2 细胞、肥大细胞及上皮细胞产生，可诱导 Th2 细胞和 ICL2 分泌 IL-5、IL-9 和 IL-13。与其他 IL-17 家族成员不同，IL-25 主要通过诱导 IL-5 募集嗜酸粒细胞，故在变态反应中发挥重要作用。

26. IL-26

IL-26 基因定位于 12q15，与 *IFN-γ* 基因和 *IL-22* 基因相邻，为同源二聚体，主要由单核细胞、记忆 T 细胞产生。其受体由 IL-20Rα 链和 IL-10Rβ 链组成。IL-26 生物学作用为：在感染后的 T 细胞转化中发挥重要作用；诱导 IL-8、IL-10 和 ICAM-1 产生；参与皮肤和黏膜免疫。

27. IL-27

IL-27 由 IL-12 亚基 p40 相关蛋白 EBI-3（EB virus-induced gene 3）和 IL-12 亚基 p35 相关蛋白 p28（即 IL-30）组成，主要由抗原提呈细胞，包括树突状细胞、巨噬细胞等在微生物或其他免疫刺激物刺激下产生。IL-27 受体（IL-27R）是一个由 WSX-1/TCCR（IL-27R）和 gp130 组成的异二聚体，两者都是免疫球蛋白超家族成员。gp130 同样是 IL-6 和 IL-35 受体的组成部分，而 IL-27R 为 IL-27R 独有。两个亚单位都参与了 IL-27 信号的传递，单独存在时均不能有效介导 IL-27 信号转导。

IL-27 的生物学作用：①迅速介导初始 CD4$^+$T 细胞增殖；②诱导初始 CD4$^+$T 细胞向 Th1 分化；③抑制外周 T 细胞转变为 Treg；④直接阻断 Th17 细胞在中枢神经系统内发育，限制 Th17 细胞介导的葡萄膜炎和巩膜炎；⑤限制中枢神经系统、眼睛、胎盘、前列腺等部位炎症反应，可能参与相关器官的免疫赦免；⑥中和 IL-27 可保护小鼠抵御致死性内毒素性腹膜炎，提示可调节急性感染早期炎症反应。IL-27 可以促进 Th1 和 Tr1 分化，抑制 Th2、Th17 及 Treg 应答，在免疫调节方面具有重要作用。

28. IL-28

IL-28A（IFN-λ2）和 IL28B（IFN-2λ3）均为 III 型干扰素家族成员。IL-28R 由 IFNλ-1 链和 IL-10Rβ 链组成，IL-28A、IL-28B 和 IL-29 结合相同的受体，其受体后信号与 I 型干扰素相同。IL-28 生物学作用：①抗病毒和抗肿瘤；②协同 I 型和 II 型 IFN 诱导基因表达；③诱导耐受型树突状细胞产生。

29. IL-29

IL-29 属 III 型干扰素家族成员，也称 IFNλ-1，其受体与 IL-28R 相同。IL-29 的生物学作用与 IL-28 基本相同。

30. IL-30

IL-30 基因位于 16p12.1，是 IL-27 的 p28 亚基，也称 T 细胞活化淋巴因子，可表达于胎盘、骨髓、肝脏、胃、皮肤以及睾丸组织的单核细胞、巨噬细胞、树突状细胞，可抑制 IL-17 产生，抑制炎症反应。

31. IL-31

人 *IL-31* 基因位于 12q24.31，编码 164 个氨基酸的蛋白质；小鼠 IL-31 有 163 个氨基酸，主要由活化的 Th2 细胞产生。IL-31R 由 IL-31Rα 链和抑瘤素 M（oncostatin M）受体组成异源二聚体，可组成性表达于内皮细胞、活化的单核细胞及嗜酸性粒细胞表面。其中 IL-31Rα 链类似于 gp130，负责传递信号。IL-31 参与 T 细胞介导的免疫应答，并参与炎症和退行性皮肤疾病发生。IL-31 转基因导致过敏性皮炎、秃头瘙痒症、皮肤损害等。

32. IL-32

人类 *IL-32* 基因定位在 16p13.3，有 6 个异构体（α、β、γ、δ、ε、ζ）。IL-32 主要由活化的淋巴细胞、NK 细胞、上皮细胞以及 IL-18 转基因细胞产生，IL-32 的功能：①活化 NF-κB 和促分裂原活化的蛋白质激酶（MAPK），促进不同细胞表达促炎 CK；②促进 CXC 趋化因子表达，促进中性粒细胞吞噬和杀伤作用；③与单核细胞和中性粒细胞内颗粒丝氨酸蛋白酶 3（PR3）结合，水解某些生物活性物质，如表皮细胞的 PR3 可水解 IL-18 前体，释放具有活性的 IL-18，后者可有限水解 IL-32α，形成的水解片段具有更强活性；④在类风湿性关节炎中介导软骨和骨骼破坏；⑤诱导 PGE2 产生，抑制细胞免疫应答；⑥参与活化诱导的细胞死亡（AICD）。

33. IL-33

IL-33 属 IL-1 家族成员，人和小鼠的 IL-33 分别定位于 9 号染色体（9 p 24.1）和 19 号染色体（19qcl）上，最早被作为高内皮微静脉中的转录因子被发现。小鼠 IL-33 有 266 个氨基酸；人 IL-33 为 270 个氨基酸。IL-33 可由平滑肌细胞和上皮细胞组成性合成，由成纤维细胞、角质细胞和固有免疫细胞等诱导性表达。静止细胞中，IL-33 主要位于细胞核，可直接结合 NF-κB，阻碍其激活的基因转录。组织损伤时，细胞核内 IL-33 被释放。IL-33 受体为 ST2（也称 ST2L），表达于活化的 Th2 细胞、肥大细胞、嗜碱性粒细胞、嗜酸性粒细胞和 ILC2 细胞表面。

释放至胞外的 IL-33 可参与局部炎症反应，也被归于损伤相关分子模式（DAMP）。IL-33 的作用机制：刺激 Th2 细胞产生 IL-5、IL-13，参与抗线虫类感染；过表达 IL-33 可促进 I 型超敏反应性疾病和某些自身免疫病发生。

34. IL-34

人 *IL-34* 基因定位于 16q22.1，可由皮肤中的角质形成细胞和脑中的神经元产生，可诱导髓系细胞分化和发挥抗炎作用。IL-34 受体是 CSF-1R，可刺激单核细胞存活并维持朗格汉斯细胞存活。红斑狼疮患者和牙周疾病患者的 IL-34 水平升高，另外 IL-34 可诱导肿瘤相关巨噬细胞极化并促进纤维细胞增生。

35. IL-35

IL-35 由 EBI3 和 IL-12p35 异源二聚体组成。人 IL-35 p35 亚基编码基因位于 3q25.33，EBI3 亚基编码基因位于 19p13.3。IL-35 可由 Treg 和 Breg 产生，可抑制 Th1、Th17 细胞增殖，诱导 Treg、Breg，发挥抗炎作用，缓解胶原诱导的关节炎。像其他 IL-12 细胞因子家族一样成员，IL-35 与 IL-35R 的结合激活 T 细胞中的 STAT1 和 STAT4；在 B 细胞中，IL-35 信号转导介导 STAT1 和 STAT3。在 Th2 细胞中，IL-35 通过抑制 GATA3 和 IL-4 表达来阻断 Th2 分化。关于 IL-35 的研究主要来自小鼠，人类 Treg 细胞在强烈刺激下也可产生 IL-35。

36. IL-36

IL-36α、IL-36 β、IL-36γ、IL-36Ra 和 IL-38 构成 IL-36 亚家族，其基因位于 2q14.1。IL-36 需经酶剪切后才具有生物活性。IL-36α、IL-36 β、IL-36γ 是 IL-36R 激动剂，IL-36Ra 是 IL-36R 拮抗剂。IL-36α 与 IL-36R 结合后可激活 NF-κB 信号，这种激活可被 IL-36Ra 抑制。IL-36 由淋巴细胞、固有免疫细胞、皮肤表皮细胞和肺支气管上皮细胞产生，可选择性作用于皮肤和肺组织。其功能：在炎症反应过程中可以诱导炎性细胞因子、趋化因子的分泌，促进 Th1 和 Th17 应答；参与和促进皮肤和肺组织的固有免疫应答以及炎症反应。

37. IL-37

IL-37 属 IL-1 家族成员的 IL-18 亚家族，目前仅在人体发现。其基因位于人 2 号染色体长臂上的

IL-1 家族基因簇上（2q13），大小为 3.617kb。它包含 6 个外显子，分为 5 个亚型，主要依据其所含外显子的不同而划分，分别为 IL-37a、IL-37b、IL-37c、IL-37d、IL-37e。IL-37 无信号肽，前体含 caspase-1 的酶切位点。IL-37 在细胞核内能够结合核转录因子 Smad3 而抑制有关基因转录。研究显示，IL-37 可发挥抑制炎症反应的作用。

38. IL-38

IL-38 基因位于 2q14.1，其基因序列与 IL-1Ra、IL-36Ra 分别有 41%、43% 同源性，三维结构与 IL-1Ra 类似，也属于 IL-1 家族成员的 IL-36 亚家族，其受体为 IL-36R。皮肤基底上皮和扁桃体内增殖的 B 细胞可分泌 IL-38。IL-38 可以通过抑制 Th17 细胞分泌 IL-17、IL-22 等炎症介质，抑制 IL-36γ 所致 IL-8 产生等机制抑制机体炎症反应。

39. IL-39

IL-39 是由 IL-23p19α 亚基和 Ebi3β 亚基组成的异二聚体，其受体未知。IL-23p19α 亚基编码基因位于 12q13.3，EBI3β 亚基基因位于 19p13.3。IL-39 由活化的 B 细胞分泌和树突状细胞、巨噬细胞表达，IL-39 通过激活 STAT1 / STAT3 介导炎症反应。狼疮易感小鼠中活化的 B 细胞分泌 IL-39。此外，在体内外，IL-39 可诱导中性粒细胞的分化和增殖。

40. IL-40

IL-40 位于染色体 17q25.3，编码 IL-40 的基因在人类基因组中以 C17orf99 表示，主要由胎肝、BM 和活化的 B 细胞表达，编码 265 个氨基酸的小分泌蛋白（27kDa），包括 20 个氨基酸的信号肽，其受体未知。目前认为 C17orf99 的功能应与哺乳动物特异性免疫功能相关。证实 IL-40 在 BM 和外周中的 B 细胞成熟中起作用，可能在 IgA 类别转换中发挥作用。

（二）肿瘤坏死因子家族

肿瘤坏死因子超家族大约包括 20 个成员，除 LTα 外，均属 II 型膜蛋白，可形成三聚体膜分子发挥作用。

1. TNF-α

人体多种细胞均可产生 TNF-α，如免疫细胞、成纤维细胞、内皮细胞、角质细胞、表皮细胞等。人 *TNF-α* 基因编码前体蛋白，含有信号肽的前体蛋白可固定于细胞膜，分子质量 26kDa。在蛋白酶的作用下将信号肽切除后，形成 17kDa 的分泌型 TNF-α。

TNFR 分为 55kDa（CD120a）和 75kDa（CD120b）两型，表达于除红细胞外的所有体细胞表面。二型 TNFR 的编码基因不同，但是胞外区结构相似，因此 TNF-α 和 TNF-β 均能与两型受体结合，但亲和力不同；由于两型受体的胞内区结构不同，因此其信号传递可能不同。

TNF-α 的生物学活性主要包括参与内毒性休克，引起浆细胞恶液质，介导机体炎症反应，参与免疫应答、抗肿瘤以及参与动脉粥样硬化、脉管炎等病理过程。

2. TNF-β

TNF-β 也称淋巴毒素（lymphotoxin，LT），分为膜结合型和分泌型。膜结合型 TNF-β 由 LTα 与 LT β 组成，主要表达于活化的 T、B 细胞表面。分泌型 TNF-β 为 LTα 同源三聚体，由活化的 T 细胞、NK 细胞、B 淋巴母细胞样细胞产生，可结合两型 TNFR。

虽然 TNF-β 和 TNF-α 的核苷酸同源性仅 28%，细胞来源也不同，但二者的生物学作用相似，均能趋化、激活中性粒细胞，参与炎症反应，但是 TNF-β 不参与内毒素性休克，却参与外周淋巴器官的发育。

3. LIGHT

LIGHT 主要来源于淋巴细胞、单核细胞和粒细胞，可结合 LT-βR 和 HVEM 两种受体，诱导细胞凋亡。

LIGHT 的生物学作用：诱导表达 LT-βR 和 HVEM 的肿瘤细胞凋亡，促进活化淋巴细胞释放 IFN-γ，参与胸腺 T 细胞阴性选择，参与免疫应答，可促进 CTL 分化。

（三）IFN

IFN 是人类发现的第一个细胞因子。IFN 根据其分子结构、结合受体及生物学活性分为 3 个亚类。

1. I 型 IFN

I 型 IFN 包括 IFN-α、IFN-β 以及 IFN-ε、IFN-κ、IFN-ω、IFN-δ、IFN-τ、IFN-υ、IFN-ζ。I 型 IFN 均结合 IFN-αR1 和 IFN-αR2 组成的 IFN-α/βR，生物学功能相似。IFN-α 主要由单核/巨噬细胞产生；IFN-β 主要由成纤维细胞产生。IFN-α/βR 表达于单核/巨噬细胞、多形核白细胞、B 细胞、T 细胞、血小板、上皮细胞、内皮细胞与肿瘤细胞等表面。I 型 IFN 的主要生物学作用包括抑制病毒复制；上调 MHC-I 类分子表达；促进 Th1 细胞分化以及 NK 细胞、CTL 的细胞毒活性。

2. II 型 IFN

II 型 IFN 即 IFN-γ，由活化 Th1 细胞、CD8$^+$T 细胞和 NK 细胞产生。IFN-γ 受体由 IFN-γR1（CDw119）和 IFN-γR2 组成，分布于除成熟红细胞外的几乎所有细胞表面。IFN-γ 的生物学功能主要有激活巨噬细胞，增强杀菌能力；促进 B 细胞进行类别转换产生 IgG；促进 Th1 细胞分化，抑制 Th2 和 Th17 细胞分化；刺激协同刺激分子的表达。

3. III 型 IFN

III 型 IFN 包括 IFN-λ1（IL-29）、IFN-λ2（IL-28A）和 IFN-λ3（IL-28B），共同结合受体 IL-28R。IL-28 受体主要表达于上皮细胞及部分免疫细胞表面。

（四）集落刺激因子

集落刺激因子（CSF）主要包括 M-CSF、G-CSF、GM-CSF、IL-3、干细胞因子（stem cell factor，SCF）、EPO 等。其中粒细胞-巨噬细胞集落因子（GM-CSF）在人和小鼠中没有交叉活性，SCF 的交叉活性不确定。其余因子均具有人和小鼠交叉活性。

1. IL-3

见前述。

2. GM-CSF

GM-CSF 主要由活化的 T 细胞、巨噬细胞、成纤维细胞及内皮细胞产生。GM-CSF 受体主要表达在单核细胞、中性粒细胞、嗜酸性粒细胞及嗜碱性粒细胞表面，由含 WSXWS 基序的 α 链（CD116）及 β 公有链组成（IL-3R、IL-5R 公用）。

GM-CSF 的主要生物学作用：可刺激骨髓中性粒细胞和巨噬细胞集落形成；刺激胚肝祖细胞形成嗜酸粒细胞集落；增强单核巨噬细胞、粒细胞和嗜酸性粒细胞的杀菌、抗肿瘤、抗寄生虫作用；增强粒细胞、单核细胞的吞噬活性和黏附分子的表达以及趋化作用；刺激树突状细胞生成。

3. M-CSF

M-CSF 主要由活化的 T 细胞、B 细胞及单核细胞、成纤维细胞、内皮细胞、骨髓基质细胞、成骨细胞及多种肿瘤细胞合成和分泌。M-CSF 包括膜结合型和分泌型及蛋白多糖（PG-M-CSF）三种形式。M-CSF 受体（CD115）主要表达于单核巨噬细胞表面，由 *FMS* 原癌基因编码，可构成同源二聚体，与 M-CSF 高亲和力结合。M-CSF 的主要生物学作用：促进骨髓中单核巨噬细胞发育；激活单核巨噬细胞，促进其增殖和活化以及黏附分子表达；促进单核巨噬细胞分泌 IL-1、TNF、G-CSF、IFN 等细胞因子参与炎症反应。人 M-CSF 可作用于小鼠，而小鼠 M-CSF 不能作用于人。

4. G-CSF

G-CSF 主要来源于活化的单核巨噬细胞、成纤维细胞、内皮细胞、骨髓基质细胞。G-CSF 受体（CD114）含 WSXWS 基序，与 G-CSF 高亲和力结合，主要表达在造血祖细胞、中性粒细胞、内皮细胞等细胞表面。G-CSF 可刺激骨髓内中性粒细胞的前体细胞，如早幼粒细胞、成髓细胞的存活、增殖及分化；在外周促进成熟中性粒细胞活化。

5. SCF

SCF 也称 C-kit 配体，主要由成纤维细胞、骨髓基质细胞和内皮细胞产生。SCF 可分为分泌型（SCF-1）和跨膜型（SCF-2）。SCF 受体即 C-kit（CD117），可表达于干细胞和肥大细胞表面。SCF 可与 IL-7 以及多种 CSF 相互协同作用，刺激造血干细胞分化各种不同谱系的细胞；可刺激造血干细胞、肥大细胞和黑色素细胞生长。

6. EPO

EPO 主要由肾小球基底膜外侧肾小管周围毛细血管内皮细胞产生，同时胚胎肝脏、巨噬细胞也可产生 EPO。EPO 受体可与 EPO 高特异性结合，该受体主要表达于造血祖细胞，心、肝、脑、内皮细胞和平滑肌细胞以及生殖器官也有 EPO 受体表达。EPO 可以促进骨髓内红细胞的发育成熟、抗凋亡、促进内皮细胞产生 NO 等功能。

（五）趋化因子

1. CXC 亚族（α 亚族）

近氨基端存在 CXC 基序，包括 CXCL1～16。例如，CXCL8（也称 IL-8）主要由激活的单核细胞、组织细胞以及巨核细胞产生，对中性粒细胞、嗜碱性粒细胞和 T 细胞具有趋化作用。但是 IL-8 只在人类中发现，在小鼠中未发现。

2. CC 亚族（β 亚族）

近氨基端存在两个相邻的半胱氨酸（CC），包括 CCL1～28。例如，CCL2（也称 MCP-1）主要由活化的 T 细胞产生，对单核细胞、T 细胞、嗜碱性粒细胞和树突状细胞具有趋化作用。CCL6、CCL9、CCL12 已在小鼠中鉴定，在人类中未鉴定。

3. C 亚族（γ 亚族）

近氨基端只有一个半胱氨酸（C），包括 XCL1～2，对成熟 T 细胞、NK 细胞和树突状细胞具有趋化作用。

4. CXXXC（δ 亚族）

近氨基端存在 CXXXC 基序。例如，CX3CL1（也称 Fractalkine），可分为膜型和分泌型，对 T 细胞和单核细胞具有趋化作用。

（六）其他细胞因子

1. 转化生长因子 β

转化生长因子 β（TGF-β）包括 TGF-β1、TGF-β2、TGF-β3。TGF-β1 为同源二聚体，主要由 Treg 细胞、活化的巨噬细胞合成分泌。TGF-β 受体有两种：TGF-βR1 和 TGF-βR2，与 TGF-β 结合可以使 SMAD2 和 SMAD3 磷酸化，继而结合 SMAD4 并转入细胞核内，启动有关基因的转录。

TGF-β 是体内具有免疫抑制功能的重要细胞因子，如抑制 T 细胞增殖，抑制 M1 型巨噬细胞活化；促进 Treg 和 Th17 细胞分化；诱导 IgA 抗体产生；刺激血管形成，参与组织修复和纤维化。

2. 表皮生长因子家族

表皮生长因子（EGF）家族包括 4 个成员，即 EGF、TGF-α、肝素结合表皮生长因子（heparin-binding EGF-like growth factor，HB-EGF）、双向调节素（amphiregulin，Areg），均有跨膜型和分泌型，可结合共同的 EGF 受体。EGF 和 TGF-α 能够促进上皮细胞、内皮细胞以及成纤维细胞增殖，促进血管形成并加速伤口愈合。HB-EGF 能够刺激肝细胞、成纤维细胞、角质细胞增殖。Areg 可双向调节细胞生长。

3. 成纤维细胞生长因子家族

成纤维细胞生长因子（FGF）家族包括酸性 FGF（acid FGF，aFGF）和碱性 FGF（basie FGF，bFGF）。前者主要来源于视网膜、脑、骨基质和骨肉瘤，后者主要来源于神经组织、肾上腺皮质、垂体、黄体和胎盘。aFGF 和 bFGF 与 FGFR 结合后可促进肉芽组织形成和伤口愈合，具有促进中胚层、神经外胚层细胞增殖、分化，趋化血管内皮细胞等功能。

除此之外，目前已知还有血小板源性生长因子（PDGF）、血管内皮细胞生长因子（VEGF）、神经生长因子（NGF）、肿瘤抑制素 M（OSM）、脂肪因子（adipokine）在血管生成、伤口修复、诱导肿瘤细胞分化、激活淋巴细胞等诸多方面发挥作用。

三、细胞因子与临床

细胞因子与临床的关系日益密切，主要体现在以下几个方面：细胞因子与疾病的发生、细胞因子与疾病的诊断、细胞因子与疾病的治疗。现代生物技术研制开发的重组细胞因子、细胞因子抗体和细胞因子受体拮抗蛋白在临床上已经获得广泛的应用。

（一）细胞因子与疾病的发生

1. 细胞因子风暴

细胞因子风暴（cytokine storm）是指机体感染微生物后引起体液中多种细胞因子如 TNF-α、IL-1、IL-6、IL-12、IFN-α、IFN-β、IFN-γ、MCP-1 和 IL-8 等迅速大量产生的现象，是引起急性呼吸窘迫综合征和多器官衰竭的重要原因。细胞因子是调节免疫应答的重要分子。免疫细胞的激活、增殖、分化、效应都离不开细胞因子的作用。正常生理条件下，细胞因子的产生及作用受到多方面的调控。异常情况下，由于细胞因子的调控失灵，可使体液中迅速大量产生多种促炎细胞因子，造成细胞因子风暴。细胞因子风暴可发生在多种疾病，如脓毒血症、严重急性呼吸综合征（SARS）和流感等。CAR-T 技术治疗肿瘤时，细胞因子风暴也是造成患者死亡的重要原因。

2. 致热与炎症病理损害

细胞因子，如 IL-1、TNF-α 和 IL-6 等，为机体内源性致热原，可作用于下丘脑体温调节中枢，引起机体发热；也有一些细胞因子，如 TNF-α、IL-1 等可刺激血管内皮细胞释放 NO、自由基等炎性介质，引起机体凝血功能改变，甚至诱发弥散性血管内凝血，在感染性休克发病过程中发挥重要作用。应用重组 IL-1 受体拮抗物、TNF-α 抗体等药物，可以阻断相关信号通路，降低人内毒素性休克病死率。

3. 细胞因子与肿瘤

细胞因子如 TNF-α、IFN、LIF 等可抑制肿瘤细胞生长。但有些肿瘤细胞可高表达 IL-6、M-CSF、EGF 等细胞因子，这些细胞因子可促使细胞增殖失控，从而促进肿瘤发展。

4. 免疫系统疾病

（1）自身免疫病：细胞因子在自身免疫疾病发病过程中发挥重要作用，多种自身免疫病患者细胞因子水平异常，如类风湿关节炎（RA）患者的滑液中含有高浓度的 TNF-α 往往伴有骨侵蚀。应用抗 TNF-α 抗体或 TNF-α 拮抗剂不但可迅速缓解 RA 的临床症状，还可以抑制关节病变发展，提高患者生存质量。银屑病患者皮肤组织 IL-17、IL-23 及 IL-6 等炎性细胞因子水平明显高于健康对照者，应用这些炎性细胞因子作用的制剂可有效缓解银屑病病情。

（2）免疫缺陷病：细胞因子或细胞因子受体表达异常可导致免疫缺陷，如 IL-2Rγ 链基因缺陷可导致患者出现 X 连锁重症联合免疫缺陷病。由于 IL-2Rγ 链是多种细胞因子受体（如 IL-2、IL-4、IL-7、IL-9、IL-15 和 IL-21 等）公用信号转导链，该基因突变后可影响 T、B、NK 等细胞的发育，使个体出现严重的细胞免疫和体液免疫缺陷。

（3）超敏反应：细胞因子与 B 细胞产生的抗体类型有关。IL-4、IL-5、IL-6 可促进 IgE 合成；IFN-γ、IL-12 可抑制 IL-4 诱生 IgE 的作用。因此，IL-4 的拮抗剂可用于 I 型超敏反应性疾病的治疗。

（4）细胞因子与移植排斥反应：器官移植时，如发生急性排斥反应，可见血清 IL-2、IL-1、TNF-α 等水平升高。移植物局部以 IL-1、TNF-α 和 M-CSF 水平的升高最为明显。IFN-γ 则在移植物抗宿主病发生时水平增高。

（二）细胞因子与疾病的诊断

某些情况下，细胞因子水平的变化可作为疾病早期诊断和鉴别诊断的指标。例如，造血系统异常与 IL-3、CSF 水平变化有关；TNF 与脓毒血症、急性重度肝炎、肿瘤患者的恶病质等有密切关系。

（三）细胞因子与疾病的治疗

1. 直接或间接细胞因子治疗

给机体直接补充重组细胞因子可用于治疗疾病。例如，应用 IFN 治疗肿瘤及病毒感染；应用 EPO 治疗贫血、GM-CSF 用于治疗化疗后肿瘤患者的白细胞下降等。也可以用将淋巴细胞在体外用细胞因子激活扩增后，再回输机体的 LAK 疗法；将肿瘤浸润淋巴细胞经体外扩增、活化后回输体内的 TIL 疗法治疗肿瘤。

2. 细胞因子拮抗治疗

用可溶性细胞因子受体、细胞因子受体拮抗剂或抗细胞因子抗体治疗疾病。例如，应用抗 TNF 抗体治疗类风湿关节炎，应用 IL-2R 抗体防治移植排斥等。

第三节　细胞表面分子的比较

细胞表面分子（cell surface marker）是细胞膜脂双层结构中镶嵌的膜蛋白，包括表达于细胞表面的多种抗原、受体和黏附分子等。细胞表面分子参与了免疫应答过程中细胞之间的相互识别，以及细胞间或细胞与基质间的相互识别。免疫细胞通过细胞与细胞间的直接作用以及细胞因子或其他介质介导的间接作用方式完成免疫应答过程。免疫细胞的表面分子包括白细胞分化抗原、主要组织相容性复合体抗原、黏附分子、细胞因子受体等。

一、白细胞分化抗原

白细胞分化抗原（leukocyte differentiation antigen，LDA）是指血液相关细胞在分化成为不同谱系细胞、分化不同阶段及细胞活化过程中表达的细胞表面分子。白细胞分化抗原广泛存在于淋巴细胞、髓系细胞、红细胞、血管内皮细胞、上皮细胞、成纤维细胞、神经内分泌细胞的表面。白细胞分化抗原参与了机体重要的生理和病理过程。例如，免疫细胞的相互识别、活化、增殖和分化，造血干细胞的分化和造血调控，炎症，细胞迁移，等。多数白细胞分化抗原在不同物种中执行相同或相似的生物学功能，在生物进化过程中具有保守性。

（一）人白细胞分化抗原概述

人白细胞分化抗原通过单克隆抗体鉴定，一般将来自不同实验室的单克隆抗体所识别的同一个分化抗原归为一个分化群（cluster of differentiation，CD）。细胞膜表面的分化抗原群由国际人类白细胞分化抗原专题讨论会（The Human Leucocyte Differentiation Antigen Workshop，HLDA Workshop）命名，目前人的 CD 标号已至 CD371（2019 年）。按照细胞分类将 CD 大致可以分为 T 细胞、B 细胞、髓系细胞、NK 细胞、血小板、红细胞、非谱系、黏附分子、内皮细胞、细胞因子受体、碳水化合物结构、树突状细胞、干/祖细胞、基质细胞等 14 个组（表 4-1）。

表 4-1　人白细胞分化抗原按细胞类型的 CD 分组

分组	分布细胞	CD 分子举例
T 细胞	T 细胞	CD3、CD4、CD8、CD28
B 细胞	B 细胞	CD19、CD20、CD21、CD40
髓系细胞	髓系细胞	CD14、CD35、CD64
NK 细胞	NK 细胞	CD16、CD94、CD314
血小板	血小板	CD36、CD41、CD51
红细胞	红细胞	CD233～CD242
非谱系	广泛	CD30、CD32、CD45RA
黏附分子	广泛	CD11、CD18、CD29
内皮细胞	内皮细胞	CD25、CD95、CD178
细胞因子受体	广泛	CD106、CD140、CD144
碳水化合物结构		CD60、CD75
树突状细胞	树突状细胞	CD83、CD85
干/祖细胞	造血干/祖细胞	CD34、CD117、CD133
基质细胞	广泛	CD331～CD334

CD 抗原参与了机体重要的生理病理过程，包括免疫应答、免疫调节、炎症发生等。人的白细胞抗原按照其执行的功能主要分为细胞受体、细胞因子受体、细胞黏附分子、淋巴细胞激活受体等，具体分组举例见表 4-2。

表 4-2　人白细胞分化抗原按功能的 CD 分组

表面功能分子种类	主要分布细胞	CD 分子举例
细胞受体	T 细胞、B 细胞、NK 细胞、粒细胞、巨噬细胞、树突状细胞	CD3、CD4、CD8、CD122、CD115、CD100、CD81
细胞因子受体	广泛	CD25、CD115、CD117、CDw119、CD120、CD122、CDw124、CD126、CDw127、CDw128、CDw130
细胞黏附分子	淋巴细胞、内皮细胞	CD11a/CD18、CD54、CD102、CD11b/CD18、CD54、CD49d/CD29、CD106、CD62、CD49/CD29
免疫细胞间相互识别	广泛	CD22-CD45RO、CD58、CD4-MHCII类分子、CD5-CD72、CD8-MHCI类分子、CD54、CD102、CD80
淋巴细胞激活受体	T 细胞、B 细胞、髓样细胞、NK 细胞、非谱系	CD2、CD3、CD4、CD5、CD8、CD28、CD43、CD44、CD19、CD20、CD21、CD22、CD23、CD40、CD80、CD14、CD16、CD69
细胞膜表面酶相关	广泛	CD10、CD13、CD26、CD45、CD73、CDw75
病毒受体	—	CD21、CD4、CD54、CD46

（二）小鼠白细胞分化抗原概述

小鼠作为免疫学研究的重要动物模型，其 CD 分子的研究对人 CD 分子的研究具有很重要的推动作用，很多人的白细胞分化抗原的结构和功能都是从小鼠模型的实验中获得的。小鼠的白细胞分化抗原最初是从近交系小鼠淋巴细胞表面鉴定而来，称为淋巴细胞抗原（lymphocyte antigen，Ly Ag）。随着小鼠和人的白细胞分化抗原的研究，发现很多小鼠和人的白细胞分化抗原是同源分子，因此国际小鼠标准化遗传委员会（Committee on Standardized Genetic Nomenclature for Mice）决定小鼠中同样采用 CD 命名。在保留 Ly 抗原命名的同时，当某一种 Ly 抗原发现是人 CD 抗原的同源分子时，将取消 Ly 命名，以 CD 命名。例如，小鼠 Ly5 与人 CD45 同源，因此将 Ly5 取消，改为小鼠 CD45。已有 35 个 Ly 编号被取消，命名为 CD 序号。

目前已有 Ly1～Ly116 个小鼠的淋巴细胞抗原，大多数小鼠的淋巴细胞抗原已有相应的 CD 号，但还有些小鼠的 Ly 分子未发现人类的同源 CD 分子，同时很多人的 CD 分子在小鼠中也未找到相应的同源分子（表 4-3）。研究小鼠白细胞分化抗原，对小鼠生理及免疫功能的研究具有重要意义，同时小鼠和人存在同源的白细胞分化抗原，小鼠可以作为研究人类白细胞分化抗原结构和功能的动物模型。

表 4-3　小鼠白细胞分化抗原的 Ly 编号

Ly 编号	现有的 CD 号	基因描述	染色体位置
Ly1	CD5	CD5	19
Ly2	CD8a	CD8a	6
Ly3	CD8b	CD8b	6
Ly4	CD4	CD4	6
Ly5	CD45	Ptprc	1
Ly6	—	—	15
Ly7	—	—	16
Ly8	—	—	—
Ly9	—	—	1
Ly10	CD98	—	19
Ly11	—	—	2
Ly12	CD5	CD5	19
Ly13	—	—	—
Ly14	—	—	7
Ly15	CD11a	Itgal	7
Ly16	—	—	12
Ly17	CD16/32	Fcgr2b	1
Ly18	—	—	12
Ly19	CD72	Lyb-2	4
Ly20	—	—	4
Ly21	CD11a	Itgal	7
Ly22	CD62L	Sell	1
Ly23	—	—	2
Ly24	CD44	PGP1	2
Ly25	—	—	2
Ly26	—	—	
Ly27	—	Ly6	15
Ly28	—	—	13
Ly29	—	—	4
Ly30	—	—	
Ly31	—	—	4

Ly 编号	现有的 CD 号	基因描述	染色体位置
Ly32	CD72	—	4
Ly33	—	—	1
Ly34	—	—	13
Ly35	CD8a	—	6
Ly36	—	—	6
Ly37	CD2	—	3
Ly38	CD1d	—	3
Ly39	—	—	17
Ly40	CD11b	Itgam	—
Ly41	—	Npps	10
Ly42	CD23	Fcer2a	8
Ly43	CD25	IL-2Ra	2
Ly44	CD20	CD20	19
Ly47	CD54	ICAM1	9
Ly48	CD43	载唾液酸蛋白	7
Ly49A-H	—	杀伤细胞凝集素受体亚家族 A	6
Ly51	—	谷氨酰胺氨基肽酶	3
Ly52	—	—	
Ly53	CD80	—	16
Ly54	CD79A	—	7
Ly55	—	亚家族 B 成员 1	6
Ly56	—	—	—
Ly57	—	B 细胞 linker	19
Ly58	CD86	—	16
Ly59	CD161	亚家族 B 成员 1C	6
Ly60	—	—	—
Ly61	—	—	15
Ly62	CD154	CD40 配体	x
Ly63	CD137	—	4
Ly64	—	Muc13	16
Ly65	CD157	—	5
Ly66	CD223	—	6
Ly67	Ly6e	—	15
Ly68	CD93	—	2
Ly69	—	—	
Ly70	—	—	
Ly71	—	黏附类 G 蛋白隅联受体 E1	17
Ly72	—	—	
Ly73	—	—	
Ly74	CD326	上皮黏附分子	17
Ly75	CD205	DEC-205	2
Ly76	—	TER-119	—
Ly77	—	—	
Ly78	CD180	—	13
Ly79	—	—	
Ly80	—	—	

续表

Ly 编号	现有的 CD 号	基因描述	染色体位置
Ly81	—	—	—
Ly82	—	—	—
Ly83	—	—	—
Ly84	—	—	1
Ly85	—	—	—
Ly86	—	—	13
Ly87	—	—	—
Ly88	—	—	—
Ly89	—	—	7
Ly94	—	天然细胞毒性触发受体 1	7
Ly96	—	髓样分化因子 2	1
Ly97	—	肿瘤相关钙信号传感器 2	6
Ly98	—	肿瘤坏死因子受体趋家族成员 10b	14
Ly99	—	—	—
Ly100	—	C 型凝集素结构域家族 5，成员 A	6
Ly102	—	足细胞特异蛋白抗体	6
Ly105	—	Toll 样受体 2	3
Ly106	—	F11 受体	1
Ly108	—	SLAM 家族成员 6	1
Ly110	—	溶质载体家族 46，成员 2	4
Ly114	—	细胞母子受体样因子 2	5
Ly116	—	跨膜 4 域亚家族 A 成员 4B	19

（三）人和小鼠造血干细胞发育表面标志物差异比较

造血干细胞（hematopoietic stem cell，HSC）具有自我更新能力，并能够分化为白细胞、红细胞、血小板等多种血液相关细胞，对于重建造血和免疫系统的功能维持有着重要作用。随着白细胞分化抗原的研究和流式细胞仪的应用，人和小鼠的造血干细胞分离纯化和鉴定取得了飞快的进展，为造血干细胞体外扩增、定向诱导分化、基因治疗、细胞治疗奠定了基础。

人造血干细胞首先发育为多能祖细胞（multiple pluripotent progenitor，MPP），多能祖细胞进一步发育为淋系共同祖细胞（common lymphoid progenitor，CLP）和髓系共同祖细胞（common myeloid progenitor，CMP）。淋系共同祖细胞最终分化为 B 细胞、T 细胞和 NK 细胞。髓系共同祖细胞分化为粒-巨噬细胞祖细胞（granulocyte-macrophage progenitor，GMP）和巨核-红系祖细胞（megakaryocyte-erythroid progenitor，MEP）。粒-巨噬细胞祖细胞最终分化为单核细胞（monocyte）、巨噬细胞（macrophage）、树突状细胞（dendritic cell）、中性粒细胞（neutrophil）、嗜酸性粒细胞（eosinophil）、嗜碱性粒细胞（basophil）、肥大细胞（mast cell）。巨核-红系祖细胞最终分化为红细胞（erythrocyte）、巨核细胞（megakaryocyte）和血小板（platelet）。

小鼠的造血干细胞分化与人造血干细胞分化类似，部分细胞中具有表面标记的差异。同时小鼠造血干细胞具有异质性，依据 CD34 的表达差异，分为长期造血干细胞（long-term HSC，LT-HSC）和短期造血干细胞（short-term HSC，ST-HSC）（图 4-6）。表 4-4 比较了人和小鼠造血干细胞发育不同阶段的细胞表面标记物的差异。

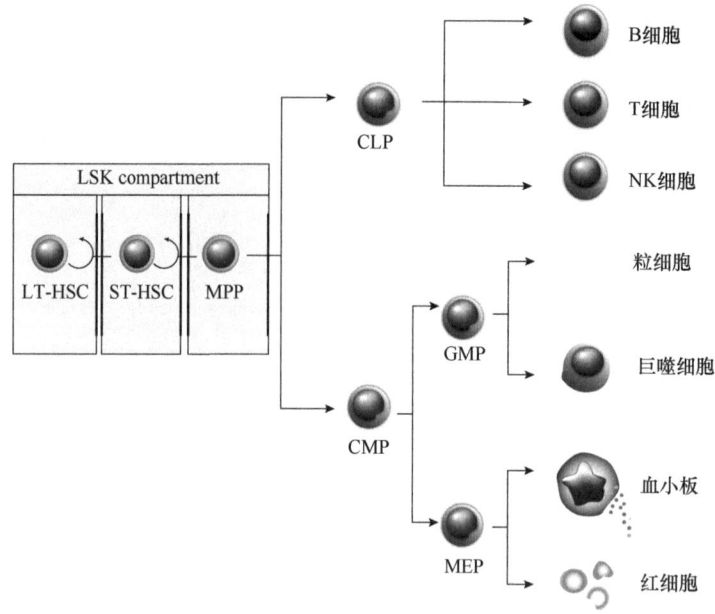

图 4-6　造血干细胞分化图（Blank et al.，2008）

表 4-4　人和小鼠造血干细胞发育和分化表面标记物比较

分化阶段	人表面标记物	小鼠表面标记物	
造血干细胞	CD34$^+$CD38$^-$CD45RA$^-$CD49$^-$CD90$^-$	长期造血干细胞	Lin$^-$Sca-1$^+$c-Kit$^+$CD34$^-$Flt-3$^-$
		短期造血干细胞	Lin$^-$Sca-1$^+$c-Kit$^+$CD34$^-$Flt-3$^-$
多能祖细胞	CD34$^+$CD38$^-$CD45RA$^-$CD90$^-$		Lin$^-$Sca-1$^+$c-Kit$^+$Flt-3$^+$
共同淋系祖细胞	CD34$^+$CD38$^+$CD45RA$^+$CD10$^+$		Sca-1$^+$CD117$^+$CD93$^+$CD127$^+$CD135$^+$
共同髓系祖细胞	CD34$^+$CD38$^+$CD45RA$^-$CD10$^+$		CD117$^+$CD16/32$^-$CD34$^+$CD41$^+$Sca-1$^-$
粒细胞-巨噬细胞祖细胞	CD34$^+$CD38$^+$CD45RA$^+$CD10$^-$CD123$^+$CD135$^+$		CD117$^+$CD16/32$^+$CD34$^+$CD64$^+$Sca-1$^-$
巨核细胞-红系祖细胞	CD34$^+$CD38$^+$CD7$^-$CD10$^-$CD45RA$^-$CD135$^-$IL3Ra$^-$		CD117$^+$CD16/32$^-$CD34$^-$CD64$^-$CD127$^-$Sca-1$^-$
NK 细胞	CD3$^-$CD56$^+$CD94$^-$NKp46$^+$		CD11b$^+$CD122$^+$NK1.1$^+$NKG2D$^+$NKp46$^+$
T 细胞	CD3$^+$		CD3$^+$
B 细胞	CD19$^+$		B220$^+$
单核细胞	CD14$^+$		CD11b$^+$CD115$^+$CX3CR1$^+$Ly6C$^+$
巨噬细胞	CD11b$^+$CD68$^+$CD163$^+$		CD45$^+$CD64$^+$F4/80$^+$MerTK$^+$
树突状细胞	CD11c$^+$HLA-DR$^+$		CD11c$^+$CD24$^+$CD45$^+$MHCII$^+$Siglec-F$^-$
中性粒细胞	CD11b$^+$CD16$^+$CD18$^+$CD32$^+$CD44$^+$CD55$^+$		CD11b$^+$CXCR4$^-$MHCII$^-$Gr1$^+$Siglec-F$^-$
嗜酸性粒细胞	CD45$^+$CD125$^+$CD193$^+$F4/80$^+$Siglec-8$^+$		CCR3$^+$CD11b$^+$IL-5Rα^+MHCII$^-$Siglec-F$^+$
嗜碱性粒细胞	CD19$^-$CD22$^-$CD45^{low}CD123$^+$		CD41$^-$CD49b$^+$CD117$^-$FcϵRI$^+$
肥大细胞	CD32$^+$CD33$^+$CD117$^+$CD203c$^+$FcϵRI$^+$		CD45$^+$CD117$^+$FcϵRI$^+$Integrinβ7$^+$
红细胞	CD235α^+		Ter119$^+$
巨核细胞	CD41b$^+$CD42a$^+$CD42b$^+$CD61$^+$		CD9$^+$CD41$^+$CD42b$^+$CD117$^+$CD150$^+$CXCR4$^+$
血小板	CD41b$^+$CD42a$^+$CD42b$^+$CD61$^+$		CD9$^+$CD41$^+$GPIa/IIa$^+$GPIb/V/IX$^+$GPVI$^+$

（四）人和小鼠免疫细胞表面标记物差异比较

随着细胞生物学、免疫学、流式细胞仪的广泛应用，人和小鼠白细胞分化抗原的不断发现，为深入理解免疫应答提供了理论基础。白细胞分化抗原可作为区分不同免疫细胞的膜表面标记。通过比较人和小鼠不同免疫细胞表面标记物的差异，有利于认识人和小鼠免疫应答、抗原识别、信号转导的差异，是免疫学和细胞生物学的重要组成部分。

1. T 细胞

小鼠中 T 细胞的标记物是 CD90（Thy-1），但 Thy-1 的表达并不局限于 T 细胞，在成熟 CD3 阳性的 T 细胞中也会表达，类似于 CD27 和 CD28。在人类中，CD2、CD5 和 CD7 是 T 细胞标记物，这些表面标记也在其他细胞亚群中有表达。成熟 T 细胞的表面标记物在人和小鼠中都是 CD3，CD8 和 CD4 分子用来标记辅助性 T 细胞和细胞毒性 T 细胞。CD161C 用来标记同时具有辅助性 T 细胞和细胞毒性的第三种 T 细胞。记忆 T 细胞的标记物包括 CD44、CD62L 和 CD45RB。活化 T 细胞的标记物包括 CD26、CD27、CD30、CDW137、CD152、CD154、CD134、CD95L、CD45R/B220 和 Ly-6E。

2. B 细胞

小鼠中，最常用的 B 细胞表面标记物是 CD45R/B220，同时这个表面标记物也在活化的 T 细胞、NK 细胞和 NK 祖细胞中表达。CD19 特异的在 B 细胞表面标记，在 NK 细胞和激活的 NK 细胞中不表达，因此 CD19 可以更准确地用于 B 细胞的鉴定。IgM 和 IgD 在不同 B 细胞表面表达，CD23、CD5 和 CD11b 可以将 B 细胞进一步分为不同的亚群。还有很多白细胞分化抗原在 B 细胞分化和活化中表达，包括 CD138、CD157、CD35、CD21、CD40、CD72、CD22、Ly-68 和 Ly-78。CD86 和 CD80 虽然广泛表达于 T 细胞、B 细胞和树突状细胞，但却是激活 B 细胞的最好标记物。

3. NK 细胞

人和鼠的自然杀伤细胞差异较大。CD161c 是小鼠中使用最广泛的 NK 细胞标记物，但是由于其表达仅限于新西兰黑小鼠（New Zealand Black）和 C57BL/6 小鼠，许多常用品系如 BALB/c 不表达 CD161c。与许多其他 NK 细胞标记物一样，CD161c 也在 T 细胞的亚群上表达。神经元黏附分子标记为 CD56，一直作为人的 NK 细胞表面标记物，但是小鼠中克隆到的 CD56 在小鼠的 NK 细胞表面没有表达。NK 受体的表面标记物包括了 CD94、CD161A 等。小鼠与人同源的杀伤性受体还没有发现，而人的杀伤性抑制受体 gp49A 和 gp49B 在小鼠的肥大细胞中被克隆。因此 gp49 在人和小鼠中不具备相同的免疫学功能，而 Klra 家族蛋白在小鼠中执行了杀伤性抑制和激活受体的功能。

4. 巨噬细胞和单核细胞

Ly71 是小鼠巨噬细胞表面标记物，同时也在嗜酸性粒细胞和树突状细胞表面表达。但是没有人的白细胞分化抗原与小鼠的 Ly-71 同源。CD11b 是单核细胞/巨噬细胞谱系常用的表面标记物，在 NK 细胞、粒细胞、T 细胞亚群和 B 细胞亚群上表达。CD14 被广泛认为是人的巨噬细胞/单核细胞群的最佳标记物。在小鼠中，CD14 在单核细胞中表达较低或不可检测。其他用于识别巨噬细胞/单核细胞亚群的表面标记物包括 MOMA-1、MOMA-2、MAC-2、MAC-3 等。

5. 树突状细胞

树突状细胞的表面标记物取决于其所处的微环境和激活状态，同时由于树突状细胞在组织中的数量很少，使得可检测的表面标记物较难确定。树突状细胞表达许多黏附分子和髓系标记物。Ly-75 和 CD11c 是树突状细胞的表面标记物，同时也在其他类型细胞中表达。在人类中，CD83 是树突状细胞标记物。小鼠中的另一种树突状细胞的标记物为 Ly-79 和 Ly-74，与一种人类上皮生长因子同源。

二、黏附分子

黏附分子（adhesion molecule）是指在细胞表面表达，介导细胞间或细胞与基质间相互接触和结合的蛋白质。黏附分子以配体-受体结合的方式，参与细胞的信号转导、细胞的生长及分化、炎症、淋巴细胞归巢、肿瘤转移等重要的生理和病理过程。黏附分子属于白细胞分化抗原，其中大多数已有 CD 编号。黏附分子根据其结构和功能可分为免疫球蛋白超家族（immunoglobulin superfamily，IGSF）、整合素家族（integrin family）、选择素家族（selectin family）、钙黏着蛋白家族（Ca^{2+}-dependent cell adhesion molecule family，Cadherin）和一些其他未归类的黏附因子等。尚未归类的黏附因子包括 selectin 分子配体的寡糖决定簇，如 CD15、S-Lewis^x、S-Lewis^a，此外还有 CD44、MAd、MLA 等黏附分子。以下分别按照不同的蛋白质家族比较人与小鼠之间的差异。

（一）免疫球蛋白超家族

免疫球蛋白超家族（IGSF）是指细胞表面的、可溶性的蛋白质家族。蛋白质家族的分子结构中存在与免疫球蛋白类似结构域的蛋白质，具有参与细胞间相互识别、结合和黏附的作用。免疫球蛋白超家族成员都含有 70～100 个氨基酸组成的紧密折叠的免疫球蛋白（immunoglobulin，Ig）结构。Ig 结构在缺少免疫系统的无脊髓动物中的主要功能是细胞黏着，在脊髓动物的免疫系统中才具有了免疫功能。免疫球蛋白超家族包括了细胞表面抗原受体、抗原受体的辅助受体、细胞活化或抑制的分子，以及抗原提呈、信号转导、细胞黏附和细胞因子受体等。本节主要介绍与细胞黏附相关的免疫球蛋白超家族成员。

表 4-5 列举了与细胞黏附相关的免疫球蛋白超家族成员的分布、分子质量、配体，以及在人和小鼠中的 CD 编号。

表 4-5 细胞黏附相关的免疫球蛋白超家族成员

黏附分子	分布	分子质量/kDa	配体	人 CD 编号	小鼠 CD 编号
LFA-2	T 细胞、胸腺细胞、粒细胞	50	LFA-3（IHSF）	CD2	CD2
LFA-3	广泛	40～65	LFA-2（IHSF）	CD58	—
ICAM-1	广泛	80～114	LFA-1（整合素）	CD54	CD54
ICAM-2	内皮细胞	60	LFA-1（整合素）	CD102	CD102（Ly60）
ICAM-3	外周血静止白细胞	140/108	LFA-1（整合素）	CD50	CD50
ICAM-4	红细胞	42	整合素	CD242	CD242
ICAM-5（TLCN）	神经元	130	整合素	—	CD50
VCAM-1	内皮细胞、上皮细胞、树突状细胞、巨噬细胞	100、110	VLA-4（整合素）	CD106	CD106
PECAM-1	白细胞、血小板、内皮细胞	140	PECAM-1（IGSF）	CD31	CD31

细胞黏附分子 2（cell adhesion molecule-2，ICAM-2）又称为 CD102，是黏附分子中免疫球蛋白超家族中的成员。ICAM-2 是 I 型跨膜糖蛋白，含有 Ig 样的 C2 型结构域，可以与白细胞黏附因子淋巴细胞功能相关抗原-1（lymphocyte function associated antigen-1，LFA-1）结合。小鼠的 *ICAM-2* 基因与人的基因同源性为 60%，具有相同的组织表达谱。人细胞中表达小鼠 *ICAM-2* 基因后，仍然可以作为配体与人的 LFA-1 蛋白结合。说明人和小鼠的 *ICAM-2* 基因作为 LFA-1 的配体具有相关的结构和功能。最初认为 ICAM-2 介导了静止状态下淋巴细胞的归巢和移动。由于小鼠和人的 ICAM-2 结构功能类似，在对 *ICAM-2* 基因敲除小鼠的研究中发现 ICAM-2 介导病理状态下嗜酸性粒细胞的趋化过程。

（二）整合素家族

整合素家族是一个膜受体家族，主要介导了细胞间、细胞与细胞外基质、细胞与病原体的黏附作用，参与了白细胞迁移、免疫刺激、吞噬等重要的免疫过程。

整合素家族分子是 α、β 两条链由非共价键连接组成的异源双体。α 和 β 链均为 I 类跨膜蛋白，包含了胞膜外区、胞质区和穿膜区三部分。α 和 β 链在整个脊椎动物中都具有显著的同源性。整合素分子有 18 种 α 亚单位和 8 种 β 亚单位，这两种亚单位共组成 24 个不同的异二聚体。每个受体具有不同的配体结构域和不同的细胞分布。两种亚单位组成整合素分子，多数 α 亚单位只能与一种 β 亚单位结合形成异源双体，但也有的 α 亚单位可能与不同的 β 亚单位组合。依据 β 亚单位的不同将整合素家族分为 8 个组，同一个组中不同成员的 β 链相同，α 链不同。目前还有一些识别序列尚未明确的整合素分子，包括 α1β1、α6β1、α7β1、α8β1、αLβ2、αMβ2、α6β4、αIELβ7、αvβ8 等。

整合素分子在体内广泛分布，可以表达于多种细胞。某些整合素分子的表达则具有明显的细胞类型特性，如 gpIIb/IIIa（IIb/β3）主要表达在巨核细胞和血小板；LAF-1、Mac-1、P150/95 只表达在白细胞表面；α6β4 特异性表达在上皮细胞。每一种细胞的整合素分子的表达随其分化与生长状态而变化。表 4-6 列举了整合素家族成员的亚单位结构、分布、配体及在人和小鼠中的 CD 编号。

表 4-6　整合素家族成员

分组	成员	亚单位结构	分布	配体	人 CD 编号	小鼠 CD 编号
VLA 组（β1 组）	VLA-1	α1β1	广泛	胶原蛋白、层粘连蛋白	CD49a	CD49a
	VLA-2	α2β1	广泛	胶原蛋白、层粘连蛋白	CD49b	CD49b
	VLA-3	α3β1	广泛	层粘连蛋白、纤连蛋白、胶原蛋白	CD49c	CD49c
	VLA-4	α4β1	造血细胞	纤连蛋白、VCAM-1	CD49d	CD49d
	VLA-5（FNR）	α5β1	广泛	纤连蛋白	CD49e	CD49e
	VLA-6（LNR）	α6β1	广泛	层粘连蛋白	CD49f	CD49f
	α7β1	α7β1	肌肉、神经胶质瘤	层粘连蛋白	—	—
	VNR-β1	αvβ1	黑色素瘤；神经肿瘤	玻连蛋白、血纤蛋白原	CD51	—
白细胞黏附受体组（β2 组）	LFA-1	αLβ2	白细胞	ICAM-1、ICAM-2、ICAM-3	CD11a	CD11a
	CD11c/CD18（CR3）	αMβ2	白细胞	血纤蛋白原、ICAM-1	CD11c/CD18（CR3）	CD11c/CD18（CR4）
	CD11c/CD18（CR4）	αXβ2	白细胞	血纤蛋白原	CD11c/CD18（CR4）	CD11c/CD18（CR4）
血小板糖（β3 组）	gpIIbIIIa	αIIbβ3	血小板单核细胞	血纤蛋白原、纤连蛋白	CD61	CD61
	VNR-β3	αvβ3	广泛	玻连蛋白、纤连蛋白、胶原蛋白	—	—
β4 组	α6β4	α6β4	表皮细胞	层粘连蛋白	CD104	CD104
β5 组	VNR-β5	αvβ5	广泛	玻连蛋白、纤连蛋白	—	—
β6 组	αvβ6	αvβ6	上皮细胞	纤连蛋白、TGFβ1+3	—	—
β7 组	α4β7（LPAM-1）	α4β7 αIELβ7		纤连蛋白、VCAM-1	—	Ly69
β8 组	αvβ8	αvβ8	神经组织	纤连蛋白、TGFβ1+3	—	—

注：VCAM-1（vasscular cell adhesion molecule-1），血管细胞黏附分子-1；ICAM-1（intercellular adhesion molecule-1），细胞间黏附分子-1；ICAM-2（intercellular adhesion molecule-2），细胞间黏附分子-2；ICAM-3（intercellular adhesion molecule-3），细胞间黏附分子-3

补体受体 3（complement receptor 3，CR3）和补体受体 4（complement receptor 4，CR4）是整合素家族白细胞黏附受体组的成员，可以与 ICAM 和纤维蛋白等多种配体结合，参与了细胞黏附、迁移、吞噬等细胞活动。这两种整合素在人和小鼠的免疫细胞中都有表达，但是在表达水平和功能上存在明显差异。表 4-7 和表 4-8 分别比较了 CR3 和 CR4 在人和小鼠免疫细胞表达和功能的差异。

表 4-7　CR3 和 CR4 在人和小鼠免疫细胞中表达差异比较

细胞	人		小鼠	
	CR3	CR4	CR3	CR4
单核细胞	+	+	+	某些亚群
巨噬细胞	+++	+++	+	某些亚群
树突状细胞	+++	+++	某些亚群	+++
中性粒细胞	+	+	+	某些亚群
NK 细胞	++	某些亚群	某些亚群	某些亚群
T 细胞	激活状态表达	激活状态表达	激活状态表达	激活状态表达
B 细胞	激活状态表达	激活状态表达	某些亚群	某些亚群

表 4-8 CR3 和 CR4 在人和小鼠免疫细胞中功能差异比较

细胞	人		小鼠	
	CR3	CR4	CR3	CR4
单核细胞	纤维蛋白原和内皮细胞的黏附、吞噬	纤维蛋白原黏附、迁移	内皮细胞黏附、吞噬	—
巨噬细胞	伪足形成、吞噬	伪足形成、纤维蛋白原黏附、吞噬	黏附、吞噬	吞噬
树突状细胞	伪足形成、吞噬	伪足形成、纤维蛋白原黏附	凋亡细胞的吞噬	凋亡细胞的吞噬
中性粒细胞	趋化、黏附、吞噬	内皮细胞黏附	黏附、脱颗粒、吞噬	—
NK 细胞	增强细胞毒性	—	增强细胞毒性	—
T 细胞	抑制增殖、T 细胞归巢	CD8 介导的细胞溶解	T 细胞发育	—
B 细胞	迁移	增殖、纤维蛋白原黏附	负调节 BCR 信号、调节 Igy 应答	—

（三）选择素家族

选择素家族（selectin family）蛋白是单链跨膜的糖蛋白，参与了淋巴细胞归巢、急性慢性炎症过程。选择素家族蛋白分为胞膜外区、穿膜区和胞质区。选择素家族成员胞膜外区有较高的同源性，均由三个结构域构成，包括外侧钙依赖的氨基端，可以结合碳水化合物，是选择素分子的配体结合区域；紧邻外侧氨基端的是表皮生长因子样结构域（epithelial growth factor-like domain），不直接参加配体的结合，维持选择素分子的构成；近胞膜部分是补体调节蛋白（complement regulatory protein）重复序列。选择素家族蛋白的穿膜区和胞质区没有同源性。

选择素家族依据分布的细胞种类，分为三个家族成员：淋巴细胞选择素（leukocyte-selectin，L-selectin）、血小板选择素（platelet-selectin，P-selectin）及内皮细胞选择素（endothelium-selectin，E-selectin）。家族成员的结构在不同物种之间有着显著的同源性，但是胞质区和跨膜区在不同选择素之间不保守。不同的结构决定了不同选择素的定位，L-selectin 在白细胞的微囊中表达，P-selectin 在分泌颗粒中表达，E-selectin 在细胞膜中表达。表 4-9 比较了不同选择素家族成员的分布、分子质量、配体和 CD 编号。

表 4-9 选择素家族成员比较

选择素家族成员	分布	分子质量/kDa	配体	人 CD 编号	小鼠 CD 编号
L-selectin（LECAM-1）	白细胞	75～80	PNAd	CD62L	CD62L Ly22
P-selectin	血管内皮细胞、血小板	140	S-Lewis^x	CD62P	—
E-selectin	血管内皮细胞	115	S-Lewis^x	CD62E	—

E-selectin 是在内皮细胞表达的选择素家族分子，在炎症反应中对白细胞的募集、肿瘤细胞和内皮细胞的黏合、细胞的迁移有着重要作用。E-selectin 包含一个 N 端的 C 型选择素结构域，一个表皮生长因子样结构域，6 个重复的补体调节蛋白序列。E-selectin 的配体为唾液酸化的路易斯抗原（S-Lewis^x）。在不同的物种之间 C 型选择素结构域同源性为 72%，表皮生长因子样结构域同源性为 60%。比较小鼠和人的 E-selectin 的结合和解离能力，发现小鼠的 E-selectin 与 S-Lewis^x 的结合能力比人的 E-selectin 更强。可以将小鼠和人的 E-selectin 结构域进行比较，在人的 E-selectin 中插入或替代小鼠的 E-selectin 结构域，以求更好的细胞黏附作用。

（四）钙黏着蛋白家族

钙黏着蛋白家族（Ca^{2+}-dependent cell adhesion molecule family，cadherin family）是钙离子依赖的细胞膜相关的糖蛋白，在钙离子存在时，可以抵抗蛋白酶的水解作用，主要参与了细胞识别和黏附，在组织形态发生和维持中起着重要作用。钙黏着蛋白家族为 I 型膜蛋白，包括了胞膜外区、穿膜区和胞质区三个部分。胞膜外区有多个重复的结构域，近膜区有 4 个保守的半胱氨酸残基，外侧的 113 个氨基酸是配体结合区。同时胞膜外区具有钙离子结合作用。钙黏着蛋白家族的胞外区有 43%～58%的同源性。跨膜区由重复的单链糖蛋白构成。钙黏着蛋白的胞质区高度保守，与细胞骨架相连，向胞质内传递信号。

在脊椎动物中发现了 100 多种不同类型的钙黏着蛋白，包括典型钙黏着蛋白（classical cadherin）、桥粒型钙黏着蛋白（desmosomal cadherin）、原钙黏着蛋白（protocadherin）和非典型钙黏着蛋白（unconventional cadherin）。而无脊椎动物中的钙黏着蛋白已知有 20 种左右。典型钙黏着蛋白家族成员的分子质量、分布、配体和 CD 编号见表 4-10。

表 4-10 典型钙黏着蛋白的分子质量、分布和 CD 编号比较

典型钙黏着蛋白家族成员	分子量/kDa	分布	配体	人 CD 编号	小鼠 CD 编号
E-cadherin	124	上皮组织	E-cadherin	CD324	—
N-cadherin	127	神经组织、横纹肌、心肌	N-cadherin	CDw325	—
N-cadherin 2	88	脑组织	—	—	—
P-cadherin	118	胎盘、间皮组织、上皮细胞	P-cadherin	—	—

桥粒型钙黏着蛋白在人和小鼠种包含 3 种桥粒胶蛋白（desmocollin 1～3，DSC1～3）和 3 种桥粒黏蛋白（desmoglein 1～3，DSG1～3）。其中 DSG1、DSC1、DSG3 和 DSC3 在鳞状上皮如表皮中表达；DSG2 和 DSC2 在上皮中表达。桥粒型钙黏着蛋白参与了组织结构完整性、细胞骨架激活及信号转导等生物过程。

原钙黏着蛋白家族是钙黏着蛋白家族中最大的亚群，在人的 5 号染色体及小鼠的 18 号染色体上发现了三个大的原钙黏着蛋白簇。小鼠与人的原钙黏着蛋白相比，基因簇较大，包含了更多的基因。在哺乳动物中，原钙黏着蛋白家族主要在中枢神经系统中高表达，参与了神经早期组织形态发生和神经回路的形成，出生后参与了调节突触传递的作用。

非典型钙黏着蛋白包括 CDH4～CDH23 等多个蛋白质，已有功能的非典型钙黏着蛋白的功能如表 4-11 所示。

表 4-11 非典型钙黏着家族蛋白功能和 CD 编号比较

非典型钙黏着家族蛋白	命名	功能	人 CD 编号	小鼠 CD 编号
CDH4（cadherin 4）	R-cadherin	神经生长、肾脏和肌肉发育	—	—
CDH5（cadherin 5）	VE-cadherin	血管内皮	CD144	CD144
CDH6（cadherin 6）	K-cadherin	肾脏发育、肿瘤转移和侵袭	—	—
CDH8（cadherin 8）		突触黏附、轴突生长	—	—
CDH9（cadherin 9）	T1-cadherin	孤独症	—	—
CDH10（cadherin 10）	T2-cadherin	孤独症	—	—
CDH11（cadherin 11）	OB-cadherin	骨骼发育和维持	—	—
CDH13（cadherin 13）	T-cadherin	细胞迁移，不参与细胞-细胞黏附	—	—
CDH15（cadherin 15）	M-cadherin	肌肉细胞分化	—	—
CDH16（cadherin 16）	KSP-cadherin	肾脏组织发育	—	—
CDH17（cadherin 17）	LI-cadherin	肝脏和肠道	—	—
CDH23（cadherin 23）	—	神经上皮	—	—

第四节 MHC 的比较

一、MHC 的组成和遗传特性

（一）MHC 的发现

1. 鼠 MHC 的发现

20 世纪 40 年代，George Snell 和他的同事们利用遗传技术在小鼠上进行移植肿瘤以及组织移植排

斥反应的研究。他们首先通过连续重复全同胞或亲子交配来培育遗传背景完全相同的近交品系小鼠。在 20 代连续交配后，繁殖得到的近交品系小鼠在所有染色体上的所有位置均具有相同的核酸序列。换句话来说，近交小鼠的每个遗传基因座均为纯合，并且每只近交品系小鼠的基因相同（syngeneic）。然而，对于多态性（polymorphism）基因，因为近交品系其为纯合的，所以可以表达来自原始群体中的单个等位基因。因此，不同品系小鼠可以表达不同的等位基因（allele）彼此间同种异体（allogeneic）。

当组织或器官（如皮肤）从一只动物移植到另一只动物时，会产生两种可能的情况。一种是移植的皮肤能够存活并起到正常皮肤的作用。另一种是移植的皮肤会被免疫系统破坏，这个过程称为排斥（rejection）。然而，近交品系小鼠的皮肤移植实验结果表明近交品系小鼠之间普遍呈现移植物的接受情况，而不同近交品系（或杂交品系）小鼠之间呈现出移植物排斥情况。因此，将识别移植物为自身或外来抗原的个体遗传性状称为组织相容性（histocompatibility），将决定这一识别能力的基因称为组织相容性基因。自身和外来之间的差异归因于不同组织相容性基因的遗传多态性，即等位基因多态性。

人们对 MHC 基因座组成的了解在很大程度上来自对实验动物小鼠的育种研究。这些研究的一个关键发展是同源小鼠品系的产生，其仅在负责移植物排斥的基因方面不同。同类系（congenic）小鼠作为遗传背景完全相同的纯系小鼠，其每个遗传基因座上彼此相同，除了 MHC 基因座不同。

在鉴定相容性的基因中，研究者选择两种同类系小鼠，它们除了被选定特定的基因座（MHC）不同外，其他所有基因座都是相同的。利用同类系小鼠对同种异体排斥移植物能力的分析表明，一个单一的基因区域作为影响移植物快速排斥的主要原因，这个区域被称为主要组织相容性基因座（major histocompatibility locus）。1953 年，Snell 等发现了在小鼠 17 号染色体上一个特异性的基因座与一个基因有关，该基因编码一种名为抗原 II 的多态血型抗原，因此该区域被命名为组织相容性-2（histocompatibility-2，H-2）。最初，这个基因座被认为包含一个控制组织相容性的基因。然而，在不同种同类系小鼠的杂交过程中，H-2 基因座偶尔发生重组事件，这表明它实际上包含几个不同但紧密相连的基因，并且每个基因都参与了移植排斥反应。由此，该基因区域包含多个相关基因，被称为主要组织相容性复合体（MHC）。决定移植组织命运的基因存在于所有哺乳动物物种中，与首次在小鼠中发现的 *H-2* 基因同源，都被称为 *MHC* 基因。其他导致移植排斥反应程度较轻的基因称为次要组织相容性基因。

2. 人 MHC 的发现

用于发现和定义小鼠 *MHC* 基因的实验是利用近亲繁殖方式，显然这种方式不能应用于人类中。然而，作为临床医学中的治疗方法，输血特别是器官移植方面的发展为发现和定义人类控制排斥反应的基因提供了强有力的推动作用。Jean Dausset 和他的同事们首先发现对移植肾脏排斥或对白细胞有输血反应的患者体内通常含有与供体（donor）器官或血液中白细胞上的抗原发生反应的循环抗体。与同种异体个体的细胞起反应的血清称为同种异体抗血清（alloantisera），其中含有同种异体抗体（alloantibody），而该抗体靶标的分子被称为同种异体抗原（alloantigen）。在当时普遍地推测，这些同种异体抗原是由能够区分外来和自身组织的多态性基因表达的产物。因为这些同种异体抗原表达于人类的白细胞上，所以它们被称为人类白细胞抗原（human leukocyte antigen，HLA）。通过血清学方法定义的前三个基因分别为 *HLA-A*、*HLA-B* 和 *HLA-C*。随后，研究者利用混合白细胞反应（mixed leukocyte reaction，MLR）实验并结合血清学方法进一步鉴定到一个 HLA 基因座，即 *HLA-D*，由该基因座编码的蛋白质可以与同种异体抗体进行反应，改名为 HLA-D-related，即 HLA-DR 分子。此外，借助 MLRs 实验两个相邻于 HLA-DR 并且基因编码结构上与 HLA-DR 相似的蛋白质分子也被鉴定，它们对应的基因分别为 *HLA-DQ* 和 *HLA-DR*。事实上，通过移植实验定义的人类 *HLA* 基因座在功能上等同于小鼠 *H-2* 基因座。现在我们已经了解到所有哺乳动物中的 MHC 分子具有基本相同的结构和功能。小鼠中通过排斥反应定义的 *H-2K*、*H-2D* 和 *H-2L* 基因与在人类中通过血清学定义的 *HLA-A*、*HLA-B* 和 *HLA-C* 基因是同源的，它们被归为 class I MHC 基因。小鼠中 *Ir* 基因（I-A 和 I-E）与通过 MLR 鉴定的人类的 *HLA-DR*、*HLA-DP* 和 *HLA-DQ* 为同源基因，它们被归为 class II MHC 基因。

（二）MHC 的命名

早期的 HLA 抗原是根据血清学检测的反应来进行描述的，即通过将致敏患者的血清与来自不同供体的淋巴细胞进行孵育来检测其细胞毒性。因此，所有 *HLA* 基因座最初都是由抗体反应来定义的，并按发现的先后顺序进行编号。然而，随着检测方法的改进，人们发现血清学检测方法无法区分一些 HLA 类型的抗原，一些具有不同 DNA 序列的等位基因可以编码具有相似血清学反应活性的抗原。20 世纪 80 年代，在分子生物学的发展下，基于各种以 PCR 为基础的分子分型的检测方法被广泛使用，大量新的等位基因数量迅速增加，因此需要进一步完善 HLA 命名法。

目前的 HLA 命名法包括 4 个基于 DNA 测序结果的数字：①等位基因或抗原组，通常对应血清学上的命名；②等位基因的特定氨基酸序列；③同义多态性的存在；④非编码区域的差异。等位基因名称中的星号表示等位基因是用分子的方法进行分型的。例如，HLA-A*68：02：01：02：第一个数字 68，表示该等位基因属于广谱的等位基因 68；第二个数字 02，表示该组的第二个基因序列；第三个数字 01，表示该等位基因与第一个描述的等位基因相比在编码区中存在非同义替换；第四个数字 02，表示该等位基因与第一个描述的等位基因相比非编码区有不同。有时还会在新的等位基因编号后用字母 N、L、S、C、A、Q 等后缀表示该基因的表达情况。N（null）表示不表达的无效基因；L（low）表示在细胞表面相对正常水平低表达；S（secreted）表示不在细胞表面表达的可溶性分泌型分子；C（cytoplasm）表示基因产物只出现在细胞质中；A（aberrant）表示基因表达异常；Q（questionable）表示等位基因中存在突变，有疑问而不能确定。尽管如此，HLA 系统的命名作为一个十分复杂的问题，至今仍然被世界卫生组织（World Health Organization，WHO）命名委员会定期评估和修订。

（三）MHC 的组成、结构和分类

在人类中，MHC 位于 6p21.31 区域上，其长度约为 4cM（centimorgan）或约 3500kb 的 DNA 长度，占人基因组的 1/3000。在经典遗传学中，如此庞大的基因区域在减数分裂过程中有约 4%频率可能发生基因重组，因此，造成了 *MHC* 基因结构的复杂性。目前，研究表明许多参与蛋白质抗原加工处理和提呈的相关基因都位于 *MHC* 基因的区域内。换句话说，这个基因区域包含了抗原提呈机制所需的大量信息。其中，根据这些基因编码产物的功能，将 *MHC* 基因区域内的基因分为经典 *HLA* 基因、免疫相关基因和免疫无关基因。此外，按这些基因在染色体的排列位置分为 3 个区域，即 I 类 MHC 区、II 类 MHC 区和 III 类 MHC 区。下面我们将对每个区域的基因组成和相关基因的功能进行介绍。

I 类 MHC 区位于整个 MHC 区域远离着丝点的一端，其大小占整个 MHC 区域的 1/2。其中包含 3 个经典的 MHC I 类基因，即 *HLA-A*、*HLA-B* 和 *HLA-C*，它们分别负责编码 HLA I 类分子的重链，并且具有高度的多态性。

II 类 MHC 区位于整个 MHC 区域近着丝点端，其大小占整个 MHC 区域的 1/4。其中包含 3 个经典的 MHC II 类基因，即 *HLA-DP*、*HLA-DQ* 和 *HLA-DR*。每个经典的 II 类分子都由两个编码 α 链的基因以及两个或两个以上编码 β 链的基因座组成。除了经典的 II 类基因外，在该区域中还含有一些在抗原加工和处理中起关键作用的基因。其中一个基因编码蛋白称为抗原处理相关的转运蛋白（TAP），是一种异源二聚体蛋白。它的主要功能是将抗原肽从细胞质转运到内质网，在内质网中抗原肽可以与新合成的 I 类分子进行结合。TAP 二聚体蛋白的两个亚基由 II 类 MHC 区内的两个基因分别编码。在 *TAP* 基因所在基因簇中存在其他基因负责编码蛋白酶体胞质蛋白酶复合体的亚基。蛋白酶体的主要功能为在细胞质中蛋白质抗原降解为肽段用于 I 类分子的结合和提呈。此外，一个编码非多态的异源二聚体 II 类分子的 *HLA-DM* 基因也存在该区域中，其功能是参与抗原肽与 II 类分子的结合。

在 I 类和 II 类中间的区域含有炎症相关基因[如 *TNF-α*、淋巴毒素 LT 基因、淋巴毒素-β（lymphotoxin-β，LTβ）及热激蛋白基因等]、转录调节基因（如 *I-κB*）、补体基因（如 *C2*、*C4A* 和 *C4B*）和一些免疫无关基因等，这些编码不同功能蛋白的基因被称为 III 类 *MHC* 基因。该区域大小占整个 MHC 区域的 1/4。

在 HLA-C 和 HLA-A 之间以及 HLA-A 的着丝点端之间含有许多 I 类样基因，因为它们与 I 类基因相似，但很少或没有多态性。这些基因编码的蛋白质表达可以与 β2m 相互作用，称为 HLA IB 分子，以区别于经典的多态类分子。典型的 IB 类分子包括 HLA-G 和 HLA-H。其中 HLA-G 可能在 NK 细胞的抗原识别中发挥作用。有研究表明 HLA-H 可能参与铁代谢，但尚未发现其在免疫系统中的功能。值得注意的是，在这些区域中的许多 I 类样的基因为假基因。大多数 I 类样基因和它们的假基因的功能尚不清楚。一些研究者指出了这些基因的一个功能可能是作为 DNA 序列"库"，在基因转换作用下增加经典的 I 和 II 类 *MHC* 基因的多态性。相比于点突变，基因转换是一种更高效的产生遗传变异的机制。在对特定人群中 *MHC* 基因进行的研究结果也展现了 MHC 分子的异常多态性可能是基因转化而非点突变所导致。

鼠 *MHC* 位于 17 号染色体上，其 DNA 长度约 2000kb。鼠 I 类基因包括 *H-2K*、*H-2D* 和 *H-2L* 基因座，其 II 类基因包括 *Aa*、*Ab*、*Ea* 和 *Eb* 基因座，分别编码 II 类分子的 α 链和 β 链。值得注意的是，鼠 *MHC* 区域基因的排列顺序与人 *MHC* 基因略有不同。鼠 I 类基因 *H-2K* 位于 II 类区域的着丝粒一端，而其他 I 类基因和非多态性 IB 类基因位于着丝点的另一端。此外，鼠的 III 类基因区域与人具有高度的同源基因的密度。鼠 β2m 与人一样，同样不是由 MHC 区域编码的，而是由位于 2 号染色体上的独立基因所编码。

在人和鼠中，I 类和 II 类 *MHC* 基因具有相同的内含子-外显子组织模式。其中，外显子编码信号肽序列；在 I 类基因中外显子 2、3 和 4 负责编码约含有 90 个氨基酸残基的 α1、α2 和 α3 结构域。其中，外显子 2 和 3 具有高度多肽性，后面涉及 I 类结构时会详细介绍。在 II 类基因中外显子 2 和 3 分别编码同样含有约 90 个氨基酸残基的 α 链和 β 链的 α1、α2 或 β1、β2。两类 *MHC* 基因的剩余外显子负责编码跨膜区和胞质区域。

（四）MHC 的遗传特点

HLA 在遗传上具有多基因性、共显性、多态性、单元性遗传（又称单倍型和连锁不平衡）等特点。下面我们将对 HLA 的遗传特点分别进行简要的介绍。

1. 多基因性

之前我们已经介绍了，*HLA* 基因含有多个不同的 HLA I 类和 II 类的基因座，其编码产物具有相似的结构和功能 HLA 分子，此特点就称为 HLA 的多基因性（polygenic）。HLA 多基因性特点赋予了人类可以通过遗传获得在结构和功能上相似的经典的 HLA I 类和 II 类分子，它们各自具有结合不同抗原肽的能力，其足以结合人类一生中可能遭遇的绝大多数的抗原。

2. 共显性

共显性（codominance）指两条同源染色体上同一基因座的每个等位基因均为显性基因，并且可以编码和表达各种 HLA 分子，共显性遗传特点在一定程度上增加了 HLA 分子提呈抗原的多样性。

3. 多态性

在 HLA 复合体的每个基因座上存在多个等位基因，其中每个等位基因在群体中都以一定的频率出现。迄今为止，人 HLA I 类三个基因座（*HLA-A*、*HLA-B* 和 *HLA-C*）已经鉴定到 2313 个、3011 个和 1985 个具有多态性的等位基因。而 HLA II 类基因（*HLA-DPα/-DPβ*、*HLA-DQα/-DQβ* 和 *HLA-DRα/-DRβ*）目前也已经鉴定到 501 627 个和 1404 个 α 和 β 等位基因。如此庞大的等位基因数目主要由基因点突变、基因重组、基因交换等遗传变异现象以及环境压力（尤其是病原体刺激）等因素所导致。从整体上来看，群体中高水平的 HLA 多态性赋予了个体适应不同地域环境的生存优势，从而在一定程度上限制了病原微生物的感染与传播。

4. 单倍型

位于一条染色体上紧密连锁的一组特定的 *HLA* 等位基因的组合，就称为一个单倍型（haplotype）。个体 *HLA* 等位基因表达产物的性状称为表型（phenotype）。人类作为二倍体（diploid）动物，其 HLA 遗传符合孟德尔遗传定律，每对染色体上各含有两种单倍型，分别来自父、母双方，因此后代子女的 HLA 单倍型一个来自父方，一个来自母方；同胞兄弟姐妹间两个 HLA 单倍型相同的概率为 25%。因此，亲代与子代之间必然有一个且只可能有一个相同的单倍型。组织器官移植时需要测定供、受体的 HLA 单倍型。

5. 连锁不平衡

在遗传学中，当两个基因座上特定等位基因组合的观察频率与随机相关的期望频率之间存在差异的现象，称为基因座处于连锁不平衡（linkage disequilibrium）状态。换句话说，HLA 的连锁不平衡是指某个单倍型中的某些等位基因的出现频率高于或低于随机分布的频率的现象。人类的 HLA 区域表现出很强的连锁不平衡性，即某些 *HLA* 等位基因作为保守的 HLA 单倍型共同遗传。因此，涉及 *HLA-A*、*HLA-B*、*HLA-C*、*HLA-DR* 和 *HLA-DQ* 的特定等位基因的 HLA 单倍型广泛存在于人群中。例如，在人群中常见的 HLA 单倍型 HLA-A*01：01、HLA-B*08：01、HLA-C*07：01、HLA-DRB1*03：01、HLA-DRB3*01：01、HLA-DQA1*05：01、HLA-DQB1*02：01。由于这种连锁不平衡性，使得在临床中为 HLA 匹配增加了困难。然而，HLA 连锁不平衡有助于人类 HLA 优势等位基因的积累和表达，以抵抗不同的病原以及适应不同的环境。

二、MHC 分子

阐明 MHC 分子的生物学和化学特征是现代免疫学最重要的成就之一。其中，在该领域中关键的具有里程碑意义的研究是由 Don C. Wiley、Jack L. Strominger 及其同事首次解析了人类 MHC Ⅰ 类和 Ⅱ 类分子的胞外区晶体结构。此后，许多结合有多肽配体的 MHC 分子晶体结构被大量的解析和详细的分析。基于这些研究，使我们现在对于 MHC 分子如何结合和提呈特异性的多肽配体以及如何进一步引起适应性免疫应答得到很好的了解。这一部分将介绍 Ⅰ 类和 Ⅱ 类 MHC 分子的结构特征和表达调控的特点。

（一）MHC Ⅰ 类分子

MHC Ⅰ 类分子由两条多肽链组成，一条是由 *HLA* Ⅰ 类基因编码的 α 链或重链，其大小为 44～47kDa；另一条是由位于人 15 号染色体上非 *HLA* 基因编码的 β 链或轻链，即 β2 微球蛋白（β2-microglobulin，β2m），其大小约为 12kDa。两者通过非共价键相互作用。整个 HLA Ⅰ 类分子可以分为胞外区、跨膜区和胞质区三个区域。

胞外区由 3 个结构域组成，从 N 端起依次为 α1、α2 和 α3，每个结构域含有约 90 个氨基酸残基。其中，α1 和 α2 结构域通过相互作用形成 2 个平行的 α 螺旋以 8 个反平行 β 折叠股的 "平面"，进而共同构成了结合抗原肽的多肽结合槽（peptide binding cleft or groove），其长约 25Å、宽 10Å、深 11Å，其大小和形状适合于容纳不同构象的 8～11 个氨基酸长度的多肽。值得注意的是，HLA Ⅰ 类分子多肽结合槽两端是封闭的，因此在一定程度上限制了所容纳的多肽长度。此外，HLA Ⅰ 类分子的多态性主要集中于 α1 和 α2 结构域，而这一特点决定了不同 MHC Ⅰ 等位基因编码产物可以结合和提呈不同的抗原肽供 T 细胞识别。相比于前两者，α3 结构域则相对保守，属于免疫球蛋白样（immunoglobulin-like）结构域。而该区域主要涉及 MHC Ⅰ 类分子与 T 细胞表面 CD8 分子的相互作用。α3 结构域的羧基末端约 25 个疏水性氨基酸构成了 MHC Ⅰ 类分子的跨膜区，其穿过细胞膜脂质双层，将 MHC Ⅰ 类分子锚定在细胞膜上。紧随跨膜区后的位于细胞质中的约 30 个氨基酸残基的区域为胞内区，其中包含碱性氨基酸簇。研究表明该区域可能参与调节 MHC Ⅰ 类分子与其他膜蛋白的相互作用，同时也涉及细胞内信号的转导。

β2m 作为一种低分子质量蛋白质（分子质量约 12 000Da）仅含有一个最基本的免疫球蛋白超家族

（immunoglobulin superfamily，Ig-SF）C1 结构域。在 1968 年，Berggard 和 Bearn 从含有肾小管性蛋白尿患者的尿液中首次分离到 β2m 蛋白。随后研究发现 β2m 涉及与 HLA I 类分子相互作用，并且在所有 MHC I 类分子中都是恒定不变的。β2m 以非共价键与重链胞外 α3 相互作用，这对维持 MHC I 类分子天然构象的稳定具有重要意义。完全组装 MHC I 类分子是由 MHC I 重链、β2m 轻链和结合的抗原肽组成的异源三聚体，并且在细胞表面上 MHC I 类分子的稳定表达需要异源三聚体每个组分的存在。MHC I 重链与 β2m 轻链的相互作用需要通过抗原肽与 α1 和 α2 形成的多肽结合槽的结合而稳定。同时，抗原肽的结合同样可以通过 β2m 轻链的相互作用而得到加强。此外，研究表明敲除 *β2m* 基因的小鼠体内不表达 MHC I 类分子。

（二）MHC II 类分子

MHC II 类分子由两条非转录相关的多肽链组成：一条为 α 链，其大小为 32～34kDa；另一条为 β 链，其大小为 29～32kDa。与 I 类分子不同，II 类分子的两条链都由具有多态性的 *MHC* 基因编码。整个 HLA II 类分子可以分为胞外区、跨膜区和胞质区三个区域。

在胞外区中，II 类分子的 α1 和 β1 区域相互作用形成多肽结合槽，其在结构上类似于 I 类分子的结合槽。其中，α1 区域负责形成 1 个 α 螺旋和 4 个 β 折叠股，而 β1 区域负责形成剩余的 1 个 α 螺旋和 4 个 β 折叠股。像 I 类分子一样，多态性氨基酸残基主要集中于 α1 和 β1，构成多肽结合槽及其周围。值得注意的是，人类 II 类分子的 β 链具有大多数的多态性。在 II 类分子中，多肽结合槽的两端是开放的，其适合结合 13～18 个氨基酸长度，甚至是更长的多肽。II 类分子的 α2 和 β2 区域相当于 I 类分子的 α3 和 β2m 区域，通过折叠形成 Ig 结构域，并且特定 II 类基因的等位基因是非多态性的。II 类分子的 β2 区域中具有 CD4 的结合位点，类似于 I 类分子重链 α3 中 CD8 的结合位点。通常情况下，一个 II 类 MHC 基因座（如人 *HLA-DR*）的 α 链常与相同基因座的 β 链配对，而很少与其他基因座（如人 *HLA-DQ*、*DP*）的 β 链配对。α2 和 β2 区域羧基末端约 25 个氨基酸为疏水性跨膜区。跨膜区之后为短的亲水性胞质区。

完全组装的 II 类分子是由 α 链、β 链和结合的抗原肽组成的异源三聚体，并且 II 类分子在细胞表面上的稳定表达需要异源三聚体的所有三个组分的存在。与 I 类分子一样，这样确保了最终在细胞表面上的 MHC 分子可以正常地进行抗原肽展示，供 T 细胞识别。

（三）MHC 分子的表达和调控

在病原入侵机体时，需要 MHC 分子将抗原提呈于 T 细胞，所以细胞中 *MHC* 基因的表达决定了该细胞中外来（如病原微生物）抗原是否会被 T 细胞识别。然而，MHC 分子的表达有几个重要特征。

（1）I 类分子在几乎所有有核细胞上组成表达，而 II 类分子通常仅在树突状细胞、B 细胞、巨噬细胞和一些其他细胞类型上表达。这种 MHC 表达模式与 I 类和 II 类抑制性 T 细胞的功能密切相关。I 类限制性 CD8$^+$T 细胞的效应功能是杀死被细胞内病原微生物感染的细胞。例如，病毒，其几乎可以感染任何有核细胞，所以 CD8$^+$T 细胞识别的配体需要存在于所有有核细胞中。然而，有核细胞上 I 类 MHC 分子的表达恰好满足了这一需要，提供了病毒抗原在有核细胞上有效展示的系统。相反，II 类限制性 CD4$^+$辅助性 T 细胞具有一系列需要识别由有限类型的细胞所提呈抗原的功能。特别是，幼稚型 CD4$^+$T 细胞需要识别外周淋巴器官中的树突状细胞提呈的抗原。分化 CD4$^+$辅助性 T 细胞的主要作用是激活（或帮助）巨噬细胞清除已被吞噬的细胞外病原微生物，并且激活 B 细胞以产生用于清除细胞外病原微生物的抗体。因此，II 类分子主要在这些类型的细胞上表达，并提供用于展示外源微生物和蛋白质的抗原肽的系统。

（2）在先天性和适应性免疫应答期间产生的细胞因子可以增加 MHC 分子的表达。在大多数类型的细胞中，IFN-α、IFN-β 和 IFN-γ 可以增加 I 类分子的表达水平，并且 TNF 和淋巴毒素（LT）具有相同的效果。IFN 是在对许多病毒的早期先天免疫反应期间产生的，而 TNF 和 LT 是机体免疫系统对许多病原微生物感染应答所产生的。因此，针对病原微生物的先天免疫应答增加了将抗原提呈于特异性 T 细胞的 MHC 分子的表达，而这是先天免疫刺激适应性免疫反应的机制之一。

II 类分子的表达也受不同细胞中不同细胞因子的调节。在抗原提呈细胞中，如巨噬细胞，IFN-γ 也可以作为参与刺激 II 类分子表达的主要细胞因子。正常情况下，这些细胞 II 类分子的表达水平较低。在先天免疫反应期间，NK 细胞可以产生 IFN-γ 刺激这些细胞使其 II 类分子表达水平显著提高。然而，在适应性免疫反应期间，由抗原活化的 T 细胞产生的 IFN-γ 同样可以刺激抗原提呈细胞增加其 II 类分子的表达。在树突状细胞中，II 类分子的表达随着这些细胞的成熟而增加，此外其也受细胞因子如 TNF 的影响。B 细胞组成型地表达 II 类分子，并且可以由 IL-4 介导其表达。血管内皮细胞（如巨噬细胞）在 IFN-γ 刺激下增加 II 类分子表达。此外，研究表明除非暴露于高水平的 IFN-γ 下，否则大多数非免疫类型的细胞均表达很少 II 类 MHC 分子，并且这些细胞几乎不会向 CD4$^+$T 细胞提呈抗原。然而，一些细胞，如神经元，不表达 II 类分子。

（3）转录速率是 MHC 分子合成和细胞表面表达水平的主要决定因素。细胞因子通过刺激多种类型细胞中 I 类和 II 类基因的转录速率来增加其 MHC 分子的表达。这些作用是由细胞因子激活转录因子（cytokine-activated transcription factor）结合于 *MHC* 基因启动子区域中调节序列所介导的。几种转录因子可以组装并结合于一种称为 II 类转录激活因子（class II transactivator，CIITA）的蛋白质，随后整个复合物结合于 II 类启动子的近端区，进而促进 II 类基因的有效转录。在这一过程中，CIITA 通过将转录因子绑定形成复合物，进而充当 II 类基因表达的主要调控因子。目前，已知的这些人免疫缺陷疾病中，如裸淋巴细胞综合征（bare lymphocyte syndrome，BLS），转录激活因子或转录因子（如 CIITA 或 RFX）的基因突变与其 MHC 分子缺陷表达直接相关。此外，缺乏 CIITA 的敲除小鼠也显示在树突状细胞和 B 细胞上缺失 II 类分子的表达，并且 IFN-γ 不能诱导巨噬细胞上的 II 类分子表达。

值得注意的是，参与抗原加工和提呈的许多蛋白质的表达是受协调调节的。例如，IFN-γ 不仅增加 I 类和 II 类基因的转录，同时可以增加 β2m、编码蛋白酶体的两个亚基的基因和编码 TAP 异二聚体亚基的基因的转录。

三、MHC 分子与抗原肽的结合

MHC 分子是适应性免疫应答中提呈抗原肽的核心分子，因此研究者开展了大量的工作来阐明肽-MHC 相互作用的分子基础和 MHC 分子结合的抗原肽的特征。这些问题对于理解 T 细胞抗原识别乃至定义具有免疫原性的蛋白质及其性质都具有重要的生物学意义。对于在个体中具有免疫原性的蛋白质，它们必须含有可以与该个体的 MHC 分子相结合的肽，并且可以供 T 细胞识别。下面总结了抗原肽与 MHC 结合的结构基础和相互作用的关键特征。已经用于分析和研究肽-MHC 相互作用的方法如下所述。

（1）早期的研究主要依赖于辅助性 T 细胞和 CTL 的功能测定，即将这些细胞与不同抗原肽以及抗原提呈细胞一起孵育检测其应答。通过确定哪种类型的抗原肽可以激活 T 细胞产生应答，进而确定由抗原提呈细胞提呈这些抗原肽的特征。

（2）在纯化 MHC 分子后，可以通过平衡透析和凝胶过滤等方法研究它们与溶液中放射性或荧光标记的抗原肽的相互作用，进而对结合的和游离的抗原肽进行定量测定分析。

（3）将抗原提呈细胞与蛋白质抗原进行不同时间孵育处理，通过亲和层析纯化来自这些细胞的 MHC 分子，并洗脱结合于其中的抗原肽用于质谱鉴定，或通过氨基酸测序分析已经来自完整蛋白质在体内产生的 MHC 结合肽的性质。这两种方法都可以用于分离和定义来自人或其他动物的抗原提呈细胞所提呈的内源性抗原肽。

（4）肽-MHC 复合物的 X 射线晶体学分析提供了关于抗原肽如何结合于 MHC 分子多肽结合槽中以及参与该结合的氨基酸残基的相互作用特点。

在这些研究的基础上，现在我们已经详细地了解了肽-MHC 相互作用的物理和化学特征。然而，抗原肽与 MHC 分子的结合和抗原与 B 和 T 细胞受体的结合不同。

（一）抗原肽结合 MHC 分子的结构基础

抗原肽与 MHC 分子的结合是由抗原肽与 MHC 分子多肽结合槽内的氨基酸残基的非共价相互作用

来实现的。蛋白质抗原在抗原提呈细胞中被蛋白质水解切割成适合 MHC 分子结合的一定长度多肽。这些多肽以一定的构象与 MHC 分子多肽结合槽结合。一旦结合，抗原肽及其相关的水分子将会填充在结合槽中，与结合槽底部的 β 折叠 "平面" 和两侧 α 螺旋的氨基酸残基产生广泛地接触。在大多数 MHC 分子中，人为将多肽结合槽划分为不同的 "口袋"（A-F 口袋）。抗原肽氨基酸残基的主链和侧链可以与组成这些口袋的氨基酸残基发生相互作用。这种抗原肽的残基称为锚着残基（anchor residue），因为它们贡献了结合时所需的大部分的相互作用，进而将抗原肽锚定在 MHC 分子结合槽中。抗原肽的锚着残基可位于肽的中间或末端。一般地，每个 MHC 分子的结合肽通常仅含有一个或两个锚着残基，这可以使抗原肽的其他残基具有更大的可变性，而这些残基则用于特定 T 细胞识别。事实上，并非所有抗原肽都使用锚着残基与 MHC 分子结合。特别是在 II 类分子结合抗原肽时，肽的特异性相互作用可以发生在 MHC 结合槽的 α 螺旋两侧，并通过形成氢键或电荷相互作用（盐桥）促进抗原肽的结合。相比于 II 类分子，I 类结合肽通常在其羧基末端含有疏水性或碱性氨基酸，这些氨基酸通常作为锚着残基对其抗原肽提供主要的相互作用。

除了锚着残基外，结合肽的一部分氨基酸残基从 MHC 分子结合槽顶部开口处暴露，该部分肽的氨基酸残基的侧链可以供抗原受体和特异性 T 细胞识别。值得注意的是，T 细胞受体也与 MHC 分子自身的 α 螺旋上呈多态性的氨基酸残基相互作用。因此，来自抗原肽和 MHC 分子的氨基酸残基共同参与 T 细胞的抗原识别，其中肽负责抗原识别的精细特异性，而 MHC 氨基酸残基则导致 T 细胞的 MHC 限制性。由此可知，抗原肽或 MHC 分子的多肽结合槽中氨基酸残基的改变将最终影响抗原肽结合和 T 细胞识别。

因为 MHC 分子的多肽结合槽及其周围的氨基酸残基呈现多态性（即它们在各种 MHC 等位基因中是不同）。不同的等位基因有利于不同抗原肽的结合和提呈，而这是 *MHC* 基因作为 "免疫应答基因" 功能的结构基础；只有表达 MHC 等位基因的动物能够结合特定抗原肽并将其提呈于 T 细胞，进而引起免疫应答反应。

（二）抗原肽与 MHC 分子相互作用的特征

MHC 分子可以广泛特异性地结合不同类型的抗原肽并将其展示于细胞膜表面供 T 细胞识别，并且抗原识别的特异性主要存在于 T 细胞的抗原受体。每个能够产生免疫应答的抗原肽必须含有一些有助于其结合 MHC 分子多肽结合槽的氨基酸残基，此外还必须含有从结合槽中突出的氨基酸残基，而这些残基可以被 T 细胞识别。MHC 分子和抗原肽的相互作用有以下几个重要特征。

（1）每个 I 类或 II 类 MHC 分子具有一个可以容纳多种不同抗原肽的多肽结合裂缝。一个 MHC 分子结合多种不同抗原肽的能力可以通过一系列实验证据来确定。①如果某一特异性抗原肽的 T 细胞被提呈该肽的抗原提呈细胞所刺激，则可以通过添加过量的其他结构相似的抗原肽来抑制该反应。在这些实验中，MHC 分子结合不同的抗原肽，但 T 细胞可能仅识别由 MHC 分子提呈的这些肽中的一种。②纯化后的 MHC 分子直接结合抗原肽的研究明确指出了单个 MHC 分子可以结合多种不同的抗原肽，并且多种抗原肽彼此竞争性地结合每种 MHC 分子的单个结合位点。③来自抗原提呈细胞中纯化的 MHC 分子洗脱其抗原肽的分析表明，可以从任一种类型的 MHC 分子上洗脱得到多种不同的肽。

从已知解析的 I 类和 II 类 MHC 分子的晶体结构中也证实了 MHC 分子中存在一个多肽结合槽。因此，对一个 MHC 分子可以结合多种不同的抗原肽并不奇怪。因为每个个体仅含有少数不同的 MHC 分子（一个杂合个体中含有 6 个 I 类分子和 10～20 个 II 类分子），并且这些 MHC 分子必须能够从人们可能遭遇的大量蛋白质中提呈不同的肽段。

（2）与 MHC 分子结合的抗原肽具备促进这种相互作用的结构特征。其中，这些结构特征中的一点就是抗原肽的长度——对于 I 类分子其可以结合长度为 8～11 个氨基酸残基的多肽，而 II 类分子可以结合长度为 10～30 个长度或甚至更长的多肽，其结合多肽的最佳长度为 12～16 个残基。此外，与特定等位基因 *MHC* 分子结合的抗原肽含有与该等位基因 *MHC* 分子之间互补的氨基酸残基。值得注意的是，与 MHC 分子结合的氨基酸与 T 细胞识别的氨基酸残基是不同的。

（3）抗原肽和 MHC 分子的结合是可饱和的，并且低亲和力的相互作用（解离常数$[K_d]$约 10^{-6}mol/L）具有较低的结合速率和更低的解离速率。目前的研究表明，抗原肽-MHC 相互作用的亲和力远低于抗原-抗体结合的亲和力，通常其解离常数 K_d 为 $10^{-7}\sim10^{-10}$mol/L。在溶液中，抗原肽与 II 类 MHC 分子结合的饱和需要 15～30min。一旦结合，该肽结合于 II 类分子上可能会持续数小时到数天。因此，MHC 分子中抗原肽异常缓慢的解离速率使得抗原肽-MHC 复合物在抗原提呈细胞表面保持足够长的时间，以确保其与抗原特异性 T 细胞产生相互作用。

（4）个体的 MHC 分子不能区分外源肽（如来自病原微生物的抗原肽）和来自其自身抗原的肽。因此，在 MHC 分子展示自身肽和外源肽时，T 细胞需要检查这些展示的抗原肽是否存在于外来的抗原中，因此在该过程中 T 细胞的监视功能就显得尤为重要。然而，MHC 分子不能区分自身抗原和外来抗原引出了两个问题。首先，由于 MHC 分子不断暴露于丰富的自身肽中，并且可能与之结合，那么它们是如何结合并提呈可能相对稀少的外源肽？其次，如果不断提呈自身肽，为什么不会引起自身免疫反应？事实上，这些问题的答案在于 MHC 生物合成和组装的细胞生物学、T 细胞的特异性，以及这些细胞对少量肽-MHC 复合物的精确敏感性。

四、MHC 在医学上的意义

（一）MHC 与疾病的关系

大量的研究表明 MHC 与疾病之间存在联系。研究者通过对人群中不同型别 HLA 分子的出现频率进行调查和统计，发现某些疾病与特定的 HLA 分子型别存在相关性。最有代表性的例子就是，患有人强直性脊柱炎（ankylosing spondylitis）的北美白人有 91% 以上携带有 HLA-B27 分子。随后，研究者试图通过统计学计算来评估某些疾病与特点 HLA 分子型别存这一相关性，由此提出相关危险系数（relative risk，RR）。该系数的计算公式为 RR=P+×C-/P-×C+，其中，$P+$ 为携带某些 HLA 分子的人数；$C-$ 为不携带此分子的对照组人数；$P-$ 为不携带此 HLA 分子的疾病人数；$C+$ 为携带此 HLA 分子的对照组人数。当 RR＞1，说明此疾病与某种 HLA 分子型别有关联；RR 值越大，表明携带此 HLA 分子患某疾病的遗传风险也越大。目前关于不同型别的 HLA 分子与遗传疾病间的相关性已经得到了很好的确定，其对于医学上疾病的诊断和预防都有很好的借鉴意义。

事实上，除了 *HLA* 基因型别以及频率与疾病存在联系外，HLA 分子表达水平同样与疾病间存在一定的联系。一些有免疫性疾病、传染性疾病以及内分泌疾病的患者抗原提呈细胞表面的 HLA II 类分子表达水平发生异常改变。例如，在感染 HIV-1 的 CD4$^+$T 细胞中 HLA-A 和 HLA-B 表达水平显著下调。此外，*HLA-C* 等位基因的表达水平也与银屑病的易感性存在相关性。最新的研究表明，*HLA I* 类基因的表达与免疫失调相关的神经性疾病（如精神分裂症）也具有一定的联系。

因此，分析 MHC 与疾病关联不仅有助于阐明 MHC 在免疫应答中的作用和疾病的发生机制，而且有助于某些疾病的辅助诊断，以及疾病的预测、分类及预后判断。一般认为，不同疾病与 MHC 关联的机制各异。随着人类基因组研究逐渐深入及现代分子生物学技术的发展，有可能为在基因水平阐明 HLA 和疾病关联的机制提供新线索。

（二）MHC 与肿瘤的关系

在细胞性免疫中，CTL 识别并杀死由自身 MHC I 类分子提呈抗原的靶细胞，因此 MHC I 类分子的表达水平直接影响免疫识别和免疫清除。在人类肿瘤中经常发现 HLA I 类分子的表面表达和/或功能的改变，然而其作为肿瘤细胞逃逸免疫监测和清除的机制而存在。目前研究表明 HLA I 类分子的异常表达可能是由于编码经典 HLA I 类和/或 HLA I 类抗原加工的相关基因的基因结构改变或失调引起的。HLA I 类抗原加工的相关基因组分的失调可能发生在表观遗传、转录或转录后水平上。在一些恶性肿瘤中，这些异常与更高的肿瘤分期、分级、疾病进展、患者存活率降低以及基于 CD8$^+$T 细胞的免疫治疗失败显著相关。除 HLA I 类分子异常外，非经典 HLA-G 分子也常在肿瘤中表达，并通过多种微环境因素介导逃逸 T 细胞和 NK 细胞的识别。目前，可以基于血清和血浆中可溶性 HLA-G 的水平作为某些恶性肿瘤预测的参考指标。因此，非经典和经典 HLA I 类分子及抗原加工通路中组分的改变为肿瘤细胞提供了不同的免疫失活机制，导致肿瘤生长和逃逸宿主免疫监视。肿瘤细胞是如何逃逸免疫监视并得以发展的始终是医学研究的重点问题。

（三）MHC 与器官移植

在临床上在进行器官移植时首先需要进行组织相容性检测，即对供体和受体的 HLA 进行鉴定。然而，供、受体之间 HLA 型别的匹配程度决定了移植是否成功。*HLA-I* 类基因有 A、B、C 三个位点，分别编码 HLA-A、HLA-B、HLA-C 分子。这三个位点是否匹配与移植器官长期存活有关。在 *HLA-II* 基因位点中，HLA-DR 被认为与移植器官存活时间有关。值得注意的是，在肾脏移植中，组织相容性配型的重要性次序为：HLA-DR＞HLA-B＞HLA 和 HLA-C，相同数量的匹配越多越好。此外，除了考虑 HLA 配型外，ABO 血型配型检测也十分重要。

（四）MHC 与输血反应

一些接受供体血小板的患者在输血后未显示预期的血小板计数增加。这可能是由于许多因素造成的，包括受体免疫介导的供体血小板破坏。在大多数病例中由于产生了抗 HLA I 类抗体，从而发生因白细胞或血小板受到破坏进而引起非溶血性输血反应。这种情况最常见于受孕期对 HLA 敏感的女性，同时也发现于输血或移植致敏的患者中。因此，在临床上需要在输血后 10min 或 1h 对血小板输注反应差的患者进行抗 HLA I 抗体筛选。一些患有 HLA 相关血小板耐受性的患者可能需要增加输血量，如白血病患者。这些患者需要进行 HLA 分型鉴定并且在可能的情况下输注 HLA 匹配的供体血液以降低额外致敏的风险。

（章勇良，鞠吉雨，白 琳，梁瑞英）

参 考 文 献

何维, 曹雪, 熊思东, 等. 2010. 医学免疫学. 北京: 人民卫生出版社.

金伯泉. 2001. 细胞与分子免疫学. 北京: 科学出版社.

Bailey M, Christoforidou Z, Lewis M C. 2013. The evolutionary basis for differences between the immune systems of man, mouse, pig and ruminants. Veterinary Immunology and Immunopathology, 152: 13-19.

Blank U, Karlsson G, Karlsson S. 2008. Signaling pathways governing stem-cell fate. Blood, 111: 492-503.

Erdei A, Lukácsi S, Mácsik-Valent B, et al. 2019. Non-identical twins: Different faces of CR3 and CR4 in myeloid andlymphoid cells of mice and man. Seminars in Cell & Developmental Biology, 85: 110-121.

Frenette P S, Wagner D D. 1997. Insights into selectin function from knockout mice. Thrombosis and Haemostasis, 78(1): 60-64.

Hammel M, Weitz-Schmidt G, Krause K, et al. 2001. Species-specific and conserved epitopes on mouse and human E-selectin important for leukocyte adhesion. Experimental Cell Research, 269: 266-274.

HDLA Home Page. http://www.hcdm.org/

Holmes K L, Morse III H C. 1988. Cell surface antigen expression in murine hematopoietic cell differentiation. Immunol Today, 9: 355.

Junghans D, Haas I G, Kemler R. 2005. Mammalian cadherins and protocadherins: about cell death, synapses and processing. Current Opinion in Cell Biology, 17: 446-452.

Lai L, Alaverdi N, Maltais L, et al. 1998. Mouse cell surface antigens: nomenclature and immunophenotyping. J Immunol, 160: 3861-3868.

Lowell C A, Mayadas T N. 2012. Overview-studying integrins *in vivo*. Methods Mol Biol, 757: 369-397.

Morishita H, Yag T. 2007. Protocadherin family. Current Opinion in Cell Biology, 19(4): 584-592.

Mouse Genome Informatics. http://www.informatics.jax.org/

Rocheleau A D, Cao T M, Takitani T, et al. 2016. Comparison of human and mouse Eselectin binding to Sialyl-Lewisx. BMC Structural Biology, 16: 10.

Schnell U, Cirulli V, Giepmans B N G. 2013. EpCAM: Structure and function in health and disease. Biochimica et Biophysica Acta, 1828: 1989-2001.

Thomson R B, Ward D C, Quaggin E, et al. 1998. cDNA cloning and chromosomal localization of the human and mouse isoforms of Ksp-cadherin. Genomics, 51: 44.

Vestweber D, Blanks J. 1999. Mechanisms that regulate the function of the selectins and their ligands. Physiological Reviews, 71(1): 181-213.

Wu Q, Zhang T, Cheng J F, et al. 2001. Comparative DNA sequence analysis of mouse and human protocadherin gene clusters. Genome Research, 11: 389-404.

Zaidel-Bar R. 2013. Cadherin adhesome at a glance. Journal of Cell Science, 126: 373-378.

第五章　固有免疫系统和固有免疫应答的比较免疫学

在物种进化过程中，不同物种针对各自的生活环境进化出了各自的免疫系统。根据种系和个体免疫系统的进化、发育及效应机制和作用特征，通常把免疫应答分为固有免疫应答和适应性免疫应答两种类型，分别由固有免疫系统和适应性免疫系统执行。

固有免疫（innate immunity）又称天然免疫（natural immunity）或非特异性免疫（nonspecific immunity），是机体在种系发生和进化过程中逐渐形成的一种天然固有的抵御体外病原体侵袭、清除体内抗原性异物的一系列免疫防御能力。其特点为可经遗传获得，与生俱有；应答发生迅速，无抗原特异性；应答无免疫记忆，强度不会因为再次接触抗原而改变。

固有免疫应答是宿主抵御外来病原微生物入侵的第一道防线，也是启动适应性免疫应答的必经之路，其在机体免疫防御、免疫监视和免疫自稳中的作用越来越受到关注。

第一节　固有免疫应答概述

一、固有免疫系统的组成

固有免疫系统由固有免疫屏障、固有免疫分子和固有免疫细胞组成。

（一）固有免疫屏障

固有免疫屏障包括物理屏障、化学屏障和微生物屏障，还包括机体内在一些特殊重要器官存在的一些屏障。

人体的皮肤表皮细胞和消化道、呼吸道及生殖道的黏膜上皮细胞都是紧密排列的，能有效阻止外来有害物质的入侵，形成物理屏障；皮肤和黏膜细胞可以产生分泌液，含有多种杀菌、抑菌分子，构成了化学屏障；而在黏膜中寄生的正常菌群，形成不利于外来病原微生物繁殖的微环境，发挥了重要的微生物屏障作用。

机体内的一些屏障结构，如血脑屏障、血眼屏障等，可有效阻止病原体感染体内重要器官。母亲和胎儿之间的血胎屏障，可有效防止病原体等有害物质进入胎儿体内，但不影响母胎进行营养物质交换。

（二）固有免疫分子

机体血液、分泌液和组织液中存在很多免疫效应分子，是组成固有免疫系统的重要部分。固有免疫分子包括溶菌酶、抗菌肽、补体、细胞因子和趋化因子、急性期蛋白、黏附分子等。

1. 溶菌酶

溶菌酶因具有溶菌活性而得名，可直接作用于革兰氏阳性菌，破坏其细胞壁的主要成分肽聚糖，导致细菌溶解。而革兰氏阴性菌因其肽聚糖成分外被脂多糖成分外膜覆盖，因此对溶菌酶不敏感。

2. 抗菌肽

抗菌肽是一类耐受蛋白酶的具有抗菌活性的小分子多肽的统称。已发现的抗菌肽有400余种，广泛存在于人、植物、动物及微生物中。抗菌肽具有广谱的杀菌作用，对革兰氏阳性菌和革兰氏阴性菌、真菌和某些包膜病毒及肿瘤细胞有直接杀伤作用。

防御素是一种最重要的抗菌肽，是一种阳离子肽。由于静电引力，防御素能插入细菌磷脂双分子层，形成孔洞，造成细菌损伤而死亡。

3. 补体

补体是存在于人和动物血清或组织液中的一些不耐热、经活化后具有酶活性、可介导免疫应答和炎症反应的蛋白质。补体系统由 30 余种蛋白质组成，正常情况下是以酶原的形式存在的。在病理情况下，可通过既独立又交叉的三条途径（经典途径、旁路途径和凝集素途径）被活化。

补体的效应机制包括三个方面。首先，补体激活后会形成攻膜复合体，在细菌膜上形成小孔，最终溶解细菌；其次，补体与免疫细胞表面的各种补体受体相互作用，能发挥类似抗体的作用，参与对靶细胞的吞噬和杀伤过程；最后，补体成分也可以发挥类似趋化因子的作用，把免疫细胞募集到感染局部。

4. 细胞因子和趋化因子

细胞因子是一类细胞分泌产生的低分子量可溶性蛋白质，具有多种调控机体免疫应答的功能。细胞因子通过与靶细胞表面的细胞因子受体相互结合发挥功能，其种类繁多、功能多样，被喻为是细胞间沟通信息的"语言"。细胞因子具有产生的多向性和同一性、作用的多效性和重叠性、效应的拮抗性和协同性，除此之外，细胞因子彼此之间还在诱导生成、受体调节及效应发挥三个层面上相互影响，构成了体内组成丰富、关系复杂、效应综合的细胞因子调控网络。

趋化因子原本也隶属于细胞因子范畴，后因其与免疫细胞的循环、归巢密切相关，将其单独分类。目前发现的 50 余种趋化因子主要分为四类，在免疫细胞定向迁移、活化与发育中发挥重要作用。

（三）固有免疫细胞

固有免疫细胞主要包括单核-巨噬细胞、中性粒细胞、自然杀伤细胞、树突状细胞等。

1. 单核-巨噬细胞

血液循环中的单核细胞（monocyte）穿过血管壁到达组织后，就变成了组织中的巨噬细胞（macrophage，Mφ）。一些巨噬细胞定居于组织中，具有组织特异性，并被赋予了特定的名称，如肺泡中的尘细胞、肝脏中的库普弗细胞、骨组织中的破骨细胞、肾脏中的肾小球系膜细胞和脑组织中的小胶质细胞，它们都属于巨噬细胞。

巨噬细胞具有很强的吞噬能力，能摄取病原微生物，将其溶解，还能参与抗原加工处理提呈。此外，巨噬细胞能分泌多种炎性细胞因子，参与和促进炎症反应。

2. 中性粒细胞

中性粒细胞（neutrophil）属于小吞噬细胞，是血液中数目最多的白细胞。中性粒细胞的特点是寿命短、更新快、数量多。中性粒细胞细胞质中含有大量中性细颗粒，多是溶酶体，可促进其吞噬和消化功能。此外，中性粒细胞具有很强的变形和穿越血管壁的能力，是感染时首先被趋化到感染部位的细胞。

3. 自然杀伤细胞

自然杀伤（natural killer，NK）细胞最早是在 20 世纪 70 年代初，由瑞典科学家 Rolf Kiessling 教授发现。它是淋巴细胞的一个亚群，占外周淋巴细胞的 10%～15%。NK 细胞体积较大，细胞质中含有大量的嗜苯胺蓝颗粒，被称为大颗粒淋巴细胞，能够直接杀伤靶细胞。

NK 细胞的主要功能是分泌细胞因子和发挥细胞毒活性。根据 CD56 和 CD16 的相对表达情况可以区分不同亚群的 NK 细胞：低表达 CD56、高表达 CD16 的 NK 细胞以杀伤功能为主，产生细胞因子的能力较低；而高表达 CD56、低表达 CD16 的 NK 细胞以分泌细胞因子为主，细胞毒活性较低。

4. 树突状细胞

树突状细胞（dendritic cell，DC）是 1973 年由美国科学家 Steinman 教授首先发现的，因其成熟时具有许多树突样突起而得名。DC 是目前所知体内最强的专职抗原提呈细胞，主要功能就是摄取加工处理提呈抗原，启动适应性免疫应答，是联系固有免疫和适应性免疫的桥梁。

DC 也有很多不同的亚群，除了经典的 DC（cDC）以外，人们发现还有一种浆细胞样的 DC（pDC），能直接分泌细胞因子，参与固有免疫应答。

5. 其他固有免疫细胞

除了上述细胞以外，还有很多细胞也参与了固有免疫应答过程，包括 B1 细胞、γδT 细胞、自然杀伤 T 细胞、固有淋巴细胞、肥大细胞、嗜酸性粒细胞、嗜碱性粒细胞等。

二、固有免疫应答的过程

（一）固有免疫应答的时相

固有免疫应答从应答时相上大致分为固有免疫期（0～4h）、固有免疫应答期（4～96h）和适应性免疫应答启动期（96h 以后）。

在固有免疫期，主要发挥作用的是机体的免疫屏障和体液中现存的一些固有免疫效应分子，包括抗菌肽、溶菌酶、补体、急性期蛋白、细胞因子等；在固有免疫应答期，组织局部的巨噬细胞识别入侵的病原体被活化，一方面自身的吞噬功能加强，另一方面其分泌大量的炎性因子、趋化因子，招募和激活其他固有免疫细胞共同应答，清除病原体；适应性免疫应答启动期主要是组织中未成熟的 DC 摄取抗原后，向淋巴结迁移，在此过程中，DC 逐渐成熟，且与抗原提呈相关的分子上调表达将抗原的信息提呈在膜表面，最终与 T 细胞形成免疫突触，并把抗原信息传递给抗原特异性的 T 细胞，启动适应性免疫应答（图 5-1）。

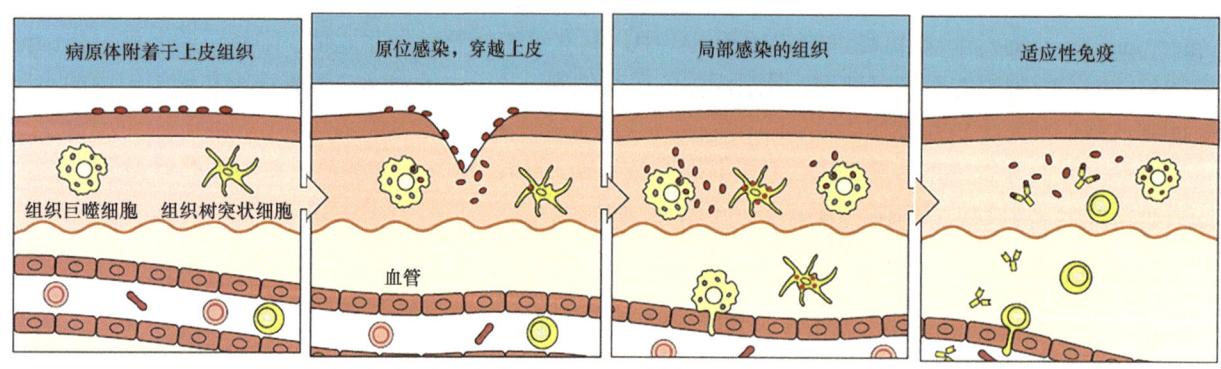

图 5-1　固有免疫应答的作用时相

正常情况下，机体完整的黏膜上皮细胞组成致密的物理屏障，与正常菌群和局部的化学因子共同组成了固有免疫屏障，阻止感染入侵。当因为一些原因导致病原体穿透上皮屏障进入机体后，进入固有免疫期，主要是由局部组织中一些现存的效应分子发挥作用。固有免疫应答期是组织定植的固有免疫细胞（主要是巨噬细胞）识别入侵病原体被活化，分泌大量细胞因子和趋化因子，一方面促进自己的吞噬功能，另一方面招募血管中更多的效应细胞到感染局部，介导炎症反应，清除病原体。DC 吞噬摄取病原体，并将其信息带到淋巴结，启动固有免疫应答。在适应性免疫应答阶段，病原体特异性的 T 细胞和抗体到达感染部位，高效、特异性地清除感染病原体

（二）固有免疫识别机制

固有免疫细胞要对外来病原微生物进行应答，首先需要准确的识别出"非己"的成分。对外来微生物的感知是启动免疫应答的第一步，而我们的环境中有千变万化的微生物，这些微生物都不尽相同，固有免疫细胞是怎样识别它们的呢？

1. 模式识别

举个例子，如果你是一个门卫，每天的工作就是负责监控进入小区的人。你肯定不可能认识所有的人，但是如果你看见一个人眼睛到处瞟，直盯着别人的口袋；或者这个人在上车时一个劲地往前挤；又或者他总在人多的地方转悠，鬼鬼祟祟地注意着摄像头……不用说，你一定知道，这人多半是小偷，你会立刻报警。你并不认识他们，也不知道他们是小偷，但他们有小偷的特征，基于这些特征就可以初步断定这个人是小偷。固有免疫细胞也采取了相似的方式。

1989 年，Janeway 提出了固有免疫的"模式识别理论"，即固有免疫系统用模式识别受体（PRR），识别病原体所特有的保守性的病原体相关分子模式（PAMP），从而启动免疫应答将其清除。Toll 样受体（TLR）是最重要的模式识别受体之一。

黑腹果蝇生活史短，易饲养，繁殖快，染色体少，突变型多，个体小，是一种研究昆虫免疫系统的很好的模式生物。在对果蝇免疫系统的研究中，法国科学家霍夫曼发现一种 Toll 分子突变的果蝇，在感染真菌后无法有效激发抗菌肽反应，最终造成果蝇死亡，从而确定 Toll 分子是果蝇的重要免疫分子。在霍夫曼重要发现的推动下，科学家开始在哺乳动物中寻找与 Toll 同源的、具有相似功能的蛋白质，并最终发现了一种识别细菌脂多糖的、与果蝇中的 Toll 基因同源的分子 TLR4。

TLR 是一类跨膜受体，TLR4 是第一个被发现的 TLR。目前已经在哺乳动物中发现 13 种 TLR 家族成员，人类中发现 10 种。这些 TLR 广泛表达于固有免疫细胞的表面和细胞内，参与了固有免疫应答的信号感知过程。每一种 TLR 都识别自己特定的配体，而这些配体都是病原体上共有的结构（表 5-1）。

表 5-1 TLR 及其识别的配体

分类	主要表达细胞	细胞定位	识别配体	配体来源
TLR1	巨噬细胞，树突状细胞，中性粒细胞，肥大细胞	细胞膜	三酰基脂多肽	细菌、寄生虫
TLR2	巨噬细胞，树突状细胞，中性粒细胞，肥大细胞	细胞膜	肽聚糖、磷脂壁酸	革兰氏阳性菌
			细菌脂蛋白	分枝杆菌
			酵母多糖	真菌
			磷酸酰甘露聚酯糖	真菌
			GPI 连接蛋白	锥虫
			某些病毒蛋白	病毒
TLR3	巨噬细胞，树突状细胞，NK 细胞，内皮细胞，上皮细胞	细胞内体溶酶体	双链 RNA	病毒
			poly（I∶C）	人工合成
TLR4	巨噬细胞，树突状细胞，中性粒细胞，肥大细胞，嗜酸性粒细胞	细胞膜	脂多糖	革兰氏阴性菌
			磷脂壁酸	革兰氏阳性菌
			甘露糖、酸性多糖	真菌
			融合蛋白	呼吸道合胞病毒
TLR5	单核细胞，树突状细胞，T 细胞，NK 细胞，肠道上皮细胞	细胞膜	鞭毛蛋白	细菌
TLR6	单核巨噬细胞，树突状细胞，中性粒细胞，B 细胞，NK 细胞	细胞膜	二酰基脂多肽	支原体
			酵母多糖	真菌
			磷脂壁酸	革兰氏阳性菌
TLR7	浆细胞样树突状细胞，中性粒细胞，B 细胞，嗜酸性粒细胞	细胞内体溶酶体	单链 RNA	病毒
			咪唑喹啉类分子	人工合成
TLR8	单核巨噬细胞，树突状细胞，中性粒细胞，NK 细胞	细胞内体溶酶体	单链 RNA	病毒
TLR9	浆细胞样树突状细胞，NK 细胞，中性粒细胞，B 细胞，嗜酸性粒细胞	细胞内体溶酶体	非甲基化 CpG DNA	细菌、病毒
			疟原虫色素	疟原虫
TLR10	浆细胞样树突状细胞，B 细胞	细胞膜	未知	未知

TLR 信号通路一方面可以激活细胞内 NF-κB、AP-1 等转录因子，引起多种炎性细胞因子和趋化因子的分泌，招募更多免疫细胞来到感染部位；另一方面，通过活化 IRF，产生 I 型干扰素，干扰病毒的复制和增殖。同时 TLR 信号还可以上调与吞噬有关的基因表达，增强吞噬细胞的功能；促进 DC 协同刺激分子的表达，促进 DC 的抗原提呈，进一步启动 T 细胞应答。

除了主要定位于细胞膜和内体膜上的信号转导型的 TLR 之外，固有免疫细胞还可以通过其他类型的 PRR 对 PAMP 进行识别，并对病原体及其产物发生应答。分泌型 PRR 能够识别结合病原微生物表面的甘露糖残基或磷酰胆碱，并通过激活补体产生溶菌和调理作用，发挥抗感染免疫效应（表 5-2）。

表 5-2 其他类型 PRR 及其识别的 PAMP

PRR	配体（PAMP）	生物学活性
1. 分泌型 PRR		
（1）甘露糖结合凝集素	微生物表面的甘露糖富集的寡糖	调理作用、激活补体 MBL 途径
（2）C 反应蛋白	细菌细胞壁磷酰胆碱	调理作用、补体活化
（3）LPS 结合蛋白	革兰氏阴性菌 LPS	将 LPS 传递给 CD14
（4）胶原凝集素	微生物表面甘露糖或果糖富集的寡糖	调理、激活补体凝集素途径
（5）正五聚蛋白	细菌细胞壁磷酰胆碱及磷脂酰乙醇胺	调理、补体活化、炎症指标
（6）纤维胶原素	革兰氏阳性菌胞壁 N-乙酰葡糖胺与脂磷壁酸成分	
2. 内吞型 PRR		
（1）甘露糖受体	甘露糖富集的寡糖	吞噬作用
（2）CD14	革兰氏阴性菌 LPS	促进 LPS 与 TLR 结合
（3）清道夫受体（SR）	革兰氏阳/阴性菌某些表面成分	吞噬作用、清除 LPS 等
3. 信号转导型 PRR		
（1）NOD 样受体	识别革兰氏阳/阴性菌及分枝杆菌产物	激活 NF-κB 信号、诱导黏附分子和炎性细胞因子
（2）RIG 样受体	病毒 RNA	激活 NF-κB 和 IRF3/7，协同诱导 I 型干扰素表达
（3）DNA 识别受体家族		
DAI	外源性 dsDNA	促使 IRF3 核转位，刺激 I 型干扰素产生
AIM2	DNA	激活 NF-κB 和 caspase-1，诱导促炎因子分泌
Pol III	病原体所释放富含 AT 的 dsDNA	产生 IFN-β，激活固有免疫，参与清除病毒
识别自身 DNA 的 PRR	自身 DNA	识别自身 DNA，激活自身反应性 B 细胞

2. 缺失自我和诱导自我识别

NK 细胞是一种重要的固有免疫细胞。NK 细胞表面会表达两类不同的受体：活化性受体和抑制性受体。两类受体在 NK 细胞识别"自我"和"非我"，以及维持自身免疫耐受中发挥重要的作用。

NK 细胞活化性受体主要识别一些在胞内细菌感染或病毒感染、细胞恶变等细胞处于应激压力下上调表达的危险信号；而 NK 细胞抑制性受体则主要识别自身的 MHC I 类分子，保持对自身细胞的免疫耐受。

在正常稳态情况下，正常细胞组成性表达的 MHC I 类分子与 NK 细胞抑制性受体相互作用，抑制 NK 细胞的杀伤活性，使正常细胞免受 NK 细胞的攻击。而当病毒感染或者肿瘤发生时，靶细胞往往通过下调自身 MHC I 类分子表达水平的方式来逃避 T 细胞对自己的识别和杀伤。自身 MHC I 类分子的下调表达会导致 NK 细胞的抑制信号减弱，从而诱导 NK 细胞活化，这一模式被称为"缺失自我"识别。而在细胞应激（如感染、肿瘤、炎症、损伤等）的情况下，处于应激状态的靶细胞会上调 NK 活化性受体识别的配体分子的表达水平，这时候活化信号会战胜抑制信号，从而诱导 NK 细胞的杀伤作用，这一模式被称为"诱导自我"识别（图 5-2）。

往往在多种情况下，"缺失自我"和"诱导自我"的识别模式会同时发生，以保证 NK 细胞的正确识别和应答。

（三）固有免疫效应过程

当组织局部因为物理屏障的破溃造成感染时，组织定植的巨噬细胞会首先利用 TLR 识别感染的病原体，吞噬病原微生物，并释放大量的趋化因子和细胞因子。除此之外，活化的巨噬细胞还会释放一些血浆酶介质（缓激肽、血纤肽、纤溶酶等）和脂类介质（血小板激活因子、前列腺素、白三烯等），在

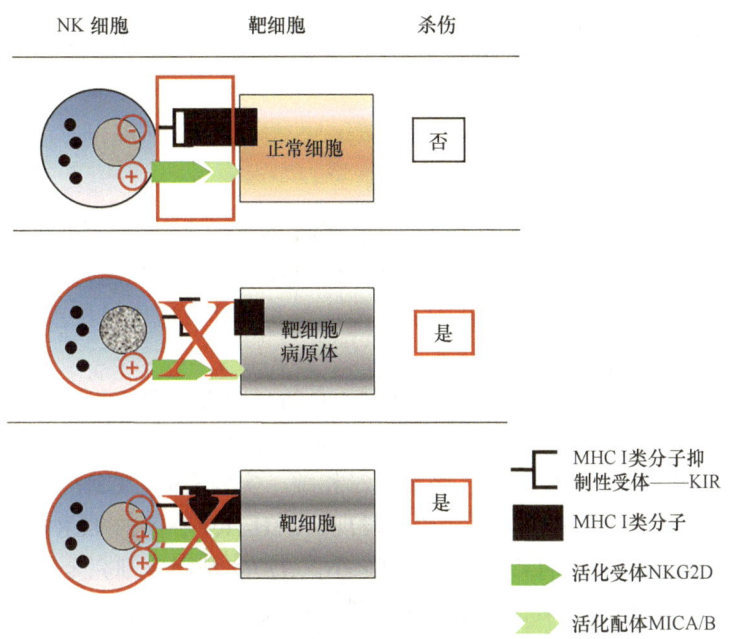

图 5-2　NK 细胞的缺失自我和诱导自我识别

在正常状态下，自身 MHC I 类分子抑制 NK 细胞的活性，使机体正常细胞免受 NK 细胞的攻击。当病毒感染或肿瘤发生时，靶细胞表面自身 MHC I 类分子表达水平下调，导致抑制信号减弱，从而诱导 NK 细胞以"缺失自我"模式活化。在细胞处于应激状态下，靶细胞表面 NK 细胞活化性受体的配体分子表达增强，活化信号战胜抑制信号，从而诱导 NK 细胞以"诱导自我"模式活化，启动杀伤效应

这些物质的作用下，组织局部的血管舒张，血管内的更多的固有免疫细胞，在趋化因子的作用下到达感染部位。

最先到达感染部位的是中性粒细胞，血液中的单核细胞也会大量穿过血管，变成组织中的巨噬细胞。而这些从血管来的效应细胞也加入抗感染免疫应答，形成一个正反馈的炎症反应，表现出红、肿、热、痛的炎症症状。

与细菌感染时巨噬细胞处于炎症反应的中心位置，产生大量的炎症性细胞因子（IL-1、IL-6 和 TNF-α 等），增强自己的吞噬能力，介导炎症反应，促进对细菌的清除不同，当机体受到病毒感染时，病毒相关的 PAMP 会通过 TLR 信号通路，促进巨噬细胞分泌大量抗病毒的 IFN-α/β，并促进 NK 细胞的免疫应答。IFN-α/β 和 NK 细胞在抗病毒感染中发挥重要作用。

通过非我、缺失自我和诱导自我的模式活化，NK 细胞以分泌穿孔素、颗粒酶和 NK 细胞毒因子等途径，实现对病毒感染的靶细胞和胞内菌感染的靶细胞的直接杀伤作用，造成靶细胞裂解。NK 细胞还可以通过其表达的 Fc 受体，参与抗体介导的细胞毒作用（ADCC），也可以利用 TNF 家族分子（FasL、TRIAL 等），导致靶细胞凋亡。除此之外，NK 细胞还会分泌多种细胞子，发挥免疫调节作用。

在巨噬细胞和 NK 细胞在感染局部参与免疫应答的同时，组织中分布的不成熟的 DC 也通过胞吞作用，摄取抗原。在摄取抗原之后，DC 开始向淋巴结迁移。迁移的过程中，DC 在胞内将抗原处理、加工，并与 MHC 分子形成复合物，提呈在细胞表面。当 DC 到达淋巴结 T 细胞区时，DC 已经成熟，高表达 MHC II 类分子、黏附分子和共刺激分子，并且此时 DC 的半寿期大大延长。在淋巴结中，DC 与抗原特异性 T 细胞形成免疫突触，将抗原信息传递给 T 细胞，启动适应性免疫应答。

第二节　固有免疫系统的比较研究

在物种进化过程中，不同物种针对各自的生活环境进化出了各自的免疫系统。从进化上来讲，固有免疫系统的出现阶段较早，低等的无脊椎动物就已经出现。而适应性免疫系统是在脊椎动物以后才出现的。从差异上来说，不同物种间固有免疫系统表现得更为保守，但是也存在着差异。

人类和小鼠在固有免疫系统中已知的差异体现在各个方面，主要涉及固有免疫相关的分子和细胞，

包括 TLR 的差异、细胞因子及其受体功能的差异、趋化因子系统的差异、黏附分子的差异、γδT 细胞的差异等。

一、TLR 的差异

果蝇的 Toll 受体是固有免疫细胞感受外来感染的感受器；哺乳动物中与之同源的 TLR 也是最重要的一种固有免疫中的 PRR。TLR 通过识别并结合相应的 PAMP 或 DAMP，感知外来感染和内在应激，活化细胞并表达一系列的免疫效应分子，在固有免疫应答和炎症反应中发挥重要的作用。而研究显示，人和小鼠在 TLR 中存在着一些差异。

首先，某些小鼠品系存在着 TLR4 的缺失。TLR4 是第一个被发现的哺乳动物 TLR，它表达于多种固有免疫细胞的细胞膜表面，主要识别革兰氏阴性菌细胞膜脂多糖（LPS），此外，TLR 4 还能识别热休克蛋白等一些应激分子，与系统性炎症、肺损伤等相关。实验表明，C3H/HeJ 小鼠和 C57BL/10ScCr 小鼠对 LPS+细菌感染高度敏感。进一步深入研究发现，C3H/HeJ 小鼠的 TLR4 蛋白的 C 端发生了错义突变，一个脯氨酸突变成组氨酸，而 C57BL/10ScCr 小鼠 TLR4 基因座则完全缺失。这些小鼠由于 TLR 4 的突变或缺失，表现出对 LPS 的刺激完全无反应性，造成其对 LPS+细菌感染高度敏感。因此，在进行 TLR 4 相关的研究时，这些品系的小鼠是不能选择的。

与 TLR4 不同，TLR7、TLR 8 是表达于细胞内体膜和溶酶体膜上的一种识别单链 RNA（ssRNA）的 TLR。将人的 TLR7 或 TLR8 表达在 HEK293 细胞上，该细胞对 ssRNA 的刺激可产生反应而激活 NF-κB 通路。将小鼠的 TLR7 表达于 HEK293 细胞，产生类似的活化反应，但转染小鼠 TLR8 的 HEK293 细胞却对 ssRNA 刺激没有表现出类似的活化现象。以上实验表明小鼠的 TLR8 表现为对 ssRNA 无反应性，与人类的 TLR8 存在明显差异。

此外，小鼠与人类在 TLR10 上也存在差异。人类的 TLR10 结构完整，而小鼠 TLR10 因为存在错义突变，该基因并不表达。小鼠的 TLR11 表达于巨噬细胞和肝脏、肾脏及膀胱的内皮细胞中，可以识别尿路病原菌等。人类的 TLR11 基因中发现了提前的终止密码子，因而该基因在人类是没有活性的。对于此类病原菌的识别，人类也必然采取了不依赖 TLR11 的措施。TLR12、TLR13 也只发现存在于小鼠体内。

二、细胞因子及其受体功能的差异

细胞因子是一类能在细胞间传递信息、具有免疫调节及效应功能的小分子多肽和蛋白质。细胞因子的组成和分类特别复杂，在机体内形成调控网络，是使众多免疫细胞彼此功能协调、形成免疫应答的基本格局和产生整体效应的主要信号分子，是免疫细胞彼此功能联系的"语言"。

同时细胞因子都是通过与其受体的结合发挥功能。大多数细胞因子受体是由两个或两个以上的多肽链亚单位组成的异源二聚体或多聚体，负责向细胞内转导信号。细胞因子受体的一类亚单位负责特异性结合细胞因子，是特有专用的；而另一类亚单位往往为多个细胞因子所共用，负责胞内信号的转导。细胞因子受体共用信号链，让细胞因子的功能更加复杂。

IL-2、IL-4、IL-7、IL-9 和 IL-15 的受体都共用一条 γ 链（γC），因此，该基因在 X 染色体上缺失或突变将导致严重的免疫缺陷。人 γC 基因突变被证实会导致 T 细胞和 NK 细胞的数目大量减少。同时由于缺少了 T 细胞的辅助，B 细胞功能受到抑制，但是 B 细胞的发育和数量是正常的。而在 γC 基因敲除小鼠中，除了 T 细胞和 NK 细胞的数目大量减少以外，B 细胞数量也显著减少，说明 γC 基因影响小鼠 B 细胞的发育过程。

IL-7 在淋巴细胞发育过程中具有重要功能。IL-7 受体由其独有的 IL-7Rα 和 γC 链组成。IL-7Rα 的缺失将导致小鼠 T 细胞和 B 细胞的发育过程阻断，但是却只阻断人的 T 细胞发育过程。这些结果表明 IL-7 是小鼠 B 细胞成熟所必需的，但不适用于人类。

三、趋化因子系统的差异

趋化因子是指能使细胞发生趋化运动的分子，属于细胞因子家族的一个独立亚群。至今已发现 47 个人类趋化因子和 18 个趋化因子受体，是目前已知细胞因子中最大的亚群。趋化因子广泛表达于机体各组织和细胞，其受体则主要表达于免疫细胞。趋化因子及其受体在机体内主要发挥"导航"功能，介导免疫细胞的定向迁移及其在各个组织器官中的定位，在免疫细胞发育和免疫应答中起重要作用。

根据成熟肽 N 端两个保守的半胱氨酸的相对位置不同，趋化因子可以分为 C、CC、CXC 和 CX3C 四个亚族。迄今发现的 CXC 趋化因子为 CXCL1~CXCL17，CC 趋化因子为 CCL1~CCL28，C 趋化因子有 XCL1 和 XCL2 两个成员，CX3C 趋化因子目前只有 CX3CL1 一个成员。趋化因子受体用 R 来代替 L，根据结合配体类别的不同，趋化因子受体可分为 CXC 趋化因子受体（CXCR）、CC 趋化因子受体（CCR）、CX3C 趋化因子受体（CX3CR）及 XC 趋化因子受体（XCR）亚族。目前已发现的 CC 趋化因子受体为 CCR1~CCR11；CXC 趋化因子受体为 CXCR1~CXCR7；CX3C 和 C 趋化因子受体目前各只有一个成员，分别为 CX3CR1 和 XCR1。

人和小鼠的趋化因子和趋化因子受体种类存在着一定的差异，不是所有的趋化因子和趋化因子受体都为人和小鼠所共有（表 5-3）。

表 5-3　趋化因子系统人和小鼠的差异

趋化因子/受体	人	小鼠
CXCR1	+	−
CXCL7、CXCL8、CXCL11	+	−
CCL13、CCL14、CCL15、CCL18、CCL23、CCL24、CCL26		
CXCL15	−	+
CCL6、CCL9、CCL12		

四、黏附分子的差异

细胞黏附分子是众多介导细胞间或细胞与细胞外基质间相互接触和结合的分子的统称。黏附分子以受体-配体结合的形式发挥作用，参与细胞识别、活化和信号转导，细胞增殖分化，细胞伸展和迁移等重要过程。

黏附分子种类很多，根据其结构特点可分为整合素家族、选择素家族和免疫球蛋白超家族等。选择素（selectin）是一类异亲型结合、Ca^{2+} 依赖的细胞黏附分子，能特异性识别并结合寡糖基团。选择素家族主要参与白细胞与血管内皮细胞之间的识别与黏着，有 L-选择素、E-选择素、P-选择素三个成员。

小鼠 P-选择素在内皮细胞上的表达可以被炎性介质（如肿瘤坏死因子和脂多糖）诱导上调，而人类却存在另一种选择素：E-选择素，它也表达在内皮细胞上，而且其表达水平能被肿瘤坏死因子上调，具有与小鼠的 P-选择素相类似的现象。

五、γδT 细胞的差异

γδT 细胞是一类特殊的固有免疫 T 细胞，与经典的 αβT 细胞相比，γδT 细胞有着很多独有的特征。

首先在胸腺发育过程中，γδT 细胞发育较早，多为 CD4− CD8− 双阴性表型；其 T 细胞受体（TCR）也是由重排产生的，但是多样性有限；γδT 细胞发育过程中不经历阳性和阴性选择，识别抗原没有 MHC 限制性，且保有自身抗原应答的潜力。与 αβT 细胞发育成熟后大多定植于次级淋巴器官不同，大部分发育成熟的 γδT 细胞直接定植到表皮、肠、肺和子宫等黏膜组织，而外周血的 γδT 细胞仅占淋巴细胞的 1%~5%。γδT 细胞的抗原识别模式介于非特异性识别和特异性识别之间，能以 MHC 非限制性方式直接识别各式各样的肽类及非肽类抗原。此外，在识别抗原后 γδT 细胞能在组织中快速活化，不需要事先的动员和克隆扩增，直接分泌大量细胞因子和趋化因子，或者直接裂解感染细胞和肿瘤细胞，发挥生物学作用。

对 γδT 细胞的研究揭示了许多人与鼠之间的显著差异。首先，人和小鼠的 γδTCR 和 αβTCR 的基因数目存在着一些差异（表 5-4）。此外，人和小鼠 γδT 细胞在分类上也存在明显的差异。

表 5-4　人和小鼠 TCR 基因数目

			人	小鼠				人	小鼠
αβTCR	α 链	TRAV	50	75	γδTCR	γ 链	TRGV	14	7
		TRAJ	70	5			TRGJ	5	3
	β 链	TRBV	57	23		δ 链	TRDV	5	10
		TRBD	2	2			TRDD	3	2
		TRBJ	13	12			TRDJ	3	2

人的 γδT 细胞通常按照按其 TCRδ 链的基因取用来分，分为 3 个亚群，分别为 Vδ1、Vδ2 和 Vδ3 γδT 细胞。其中 Vδ2 亚型主要与 Vγ9 链组成固定配对，主要分布于外周血；而 Vδ1 亚型没有固定的 γ 链配对，在组织区域分布较为广泛，是主要存在于黏膜上皮组织的 γδT 细胞；人 Vδ3 亚群 γδT 细胞主要分布在肝脏，很少存在于血液中，是机体中数量最少的 γδT 细胞。而与之截然不同的是，小鼠的 γδT 细胞则是按其 TCRγ 链的基因取用来分类，分为 Vγ1～Vγ7 共 7 个亚群。Vγ1 和 Vγ4 亚群主要分布在小鼠的外周淋巴组织；皮肤 γδT 细胞主要为 Vγ5Vδ1 亚群；而小肠分布的 γδT 细胞主要为 Vγ7 亚群；肝脏主要为 Vγ1 和 Vγ2 亚群。

人和小鼠 γδT 细胞分类带来的差异远不止分类本身，还涉及 γδT 细胞的相关研究。研究表明，哺乳动物甲羟戊酸代谢途径中间产物异戊二烯焦磷酸（IPP）和二甲烯丙基焦磷酸（DMAPP）能活化人外周血 Vγ9Vδ2 T 细胞。甲羟戊酸途径的药物抑制剂（双膦酸类药物）唑来膦酸能抑制 IPP 和 DMAPP 下游的焦磷酸法尼酯（FPP）合酶，导致胞内的 IPP 累积，也能活化扩增 Vγ9Vδ2 T 细胞。因此在基于 γδT 细胞的免疫治疗中，人们常常使用这些小分子焦磷酸盐或双膦酸类药物，在体内或体外特异性活化人 Vδ2γδT 细胞。由于小鼠体内不存在这一类 γδT 细胞，所以这些方法对活化扩增小鼠 γδT 细胞没有作用，相关的动物实验也不能直接用野生小鼠来进行。

小鼠皮肤大量存在一种表达多样性高度受限的 γδTCR 的细胞，这些 Vγ5Vδ1 T 细胞存在于上皮中，通常为寡克隆，被称为树突状上皮 T 细胞（DETC）。DETC 是小鼠皮肤中的主要 T 细胞亚型，这些细胞的主要功能是调节免疫反应，修复创伤。而在人真皮中，主要的淋巴细胞亚群仍然是表达 αβTCR 的细胞。事实上，在人体组织内并没有鉴定出与小鼠 DETC 相类似的细胞亚群。

γδT 细胞通常被认为是体内一种典型的 Th1 样固有免疫效应细胞，它们分布在机体与病原微生物接触的第一线，通过快速大量释放以 IFN-γ 为代表的细胞因子，在抗感染免疫中发挥重要作用。然而，越来越多的近期研究表明，γδT 细胞的某些亚群（在小鼠中为 Vγ6\4\1 T 细胞，在人类为 Vδ1T 细胞）具有产生 IL-17 的特殊能力，与传统的 CD4+Th17 细胞类似。大多数小鼠 IL-17+γδT 细胞似乎是初始的，是尚未与抗原接触的细胞，由于其频率高、反应迅速的能力和广泛的抗原特异性，这些 γδT 细胞可能在细菌或病毒感染期间的病原体清除中起到主要作用。对于这一群重要的 IL-17+γδT 细胞，虽然人们已经在小鼠模型中对其表型、发育基础和生物学功能进行了细致的研究，也取得了一定的成绩，但是由于人类与小鼠的 γδT 细胞从分类上就差别很大，它们在人类免疫系统中的对应物至今仍然不明确。

人的 γδT 细胞可以通过 CD1 分子，特别是 CD1b 的提呈来识别脂类抗原。有趣的是，在人体内发现的 5 种 CD1 分子（CD1a、CD1b、CD1c、CD1d 和 CD1e），只有 CD1d 在鼠中表达。类似于 γδT 细胞，CD1 分子家族也参与了结核病的发病过程，但是它们的确切作用还未知。小鼠和人类 CD1 基因的表达差异很可能会影响结核病患者 γδT 细胞的激活与应答。

γδT 细胞优势分布于肠道等黏膜组织，处于机体与外界环境接触的第一道屏障，在抗病原体感染的免疫反应中发挥着重要的作用。研究发现，人类和小鼠的 γδT 细胞在对抗不同病原体感染时发挥的作用也不尽相同（表 5-5）。

表 5-5　γδT 细胞在抗感染免疫应答中的作用

病原体感染	人	小鼠
单核细胞增生李斯特菌（细菌感染）	γδT 细胞在感染过程中发生活化和扩增	Vγ6Vδ1 缺陷小鼠细菌负荷增加
鼠伤寒沙门菌（细菌感染）	γδT 细胞对活菌或热灭活菌快速产生 IFN-γ	上皮间的 CD8$^+$γδT 细胞通过 NKG2D 清除细菌
结核分枝杆菌（细菌感染）	Vδ2 细胞直接通过颗粒酶/穿孔素发挥细胞毒活性	是肺内最佳的 Th1 免疫应答所必需的
钩端螺旋体（细菌感染）	体外感染导致 γδT 细胞扩增，并产生 IFN-γ	—
伯氏疏螺旋体（细菌感染）	Vδ2 细胞促进 DC 的成熟并分泌 IL-12	与 DC 协同，增加 IFN-γ 的早期产生，减少细菌负担，促进适应性免疫应答
布鲁氏菌（细菌感染）	Vδ2 细胞扩增	γδT 细胞缺陷小鼠细菌负荷和传播增加
呼吸道合胞病毒（病毒感染）	抑制 γδT 细胞 IFN-γ 的产生	肺内 Vγ4 T 细胞通过分泌 IFN-γ 促进病毒的清除，但同时也会造成肺组织损伤
小核糖核酸病毒（病毒感染）	—	Vγ1 和 Vγ4T 细胞在柯萨奇病毒感染中介导有差异的细胞因子应答
疱疹病毒（病毒感染）	γδT 细胞在感染过程中增加炎性细胞因子	γδT 细胞缺陷小鼠病毒滴度、组织损伤和死亡率都增加
免疫缺陷逆转录病毒（病毒感染）	分泌促炎性因子，并直接杀伤病毒感染靶细胞	—
顶复体（原生生物）	恶性疟原虫裂殖子激活 Vδ2 细胞，并以颗粒酶方式被其杀死	幼鼠对蠕形艾美耳球虫的存活依赖于 γδT 细胞

（陈　慧，张建民，鞠吉雨，向志光）

参 考 文 献

曹雪涛. 2018. 医学免疫学. 7 版. 北京: 人民卫生出版社.

曹雪涛, 何维. 2015. 医学免疫学. 3 版. 北京: 人民卫生出版社.

Deknuydt F, Scotet E, Bonneville M. 2009. Modulation of inflammation through IL-17 production by gammadelta T cells: mandatory in the mouse, dispensable in humans? Immunol Lett, 127(1): 8-12.

Holderness J, Hedges JF, Ramstead A, et al. 2013. Comparative biology of γδ T cell function in humans, mice, and domestic animals. Annu Rev Anim Biosci, 1: 99-124.

Janeway C A, Jr, Medzhitov R. 2002. Innate immune recognition. Annu Rev Immunol, 20: 197.

Kumar V, Barrett J E. 2022. Toll-like receptors(TLRs)in health and disease: an overview. Handb Exp Pharmacol, 276: 1-21.

Mestas J, Hughes C C. 2004. Of mice and not men: differences between mouse and human immunology. J Immunol, 172(5): 2731-2738.

第六章　适应性免疫系统和适应性免疫应答的比较免疫学

根据免疫系统的进化、发育及免疫效应机制和作用特征，通常把免疫分为固有免疫和适应性免疫两种类型。其中适应性免疫又称为获得性免疫或特异性免疫，是由抗原诱导的具有抗原特异性和记忆的免疫功能反应。适应性免疫应答的主要效应细胞为 T 细胞和 B 细胞。T 细胞来源于骨髓中的淋巴样祖细胞，在胸腺中发育、分化、成熟。不同的 T 细胞亚群通过分泌细胞因子和直接的细胞毒作用，介导细胞免疫应答。B 细胞因最早被发现于鸟类的法氏囊而得名。哺乳动物没有法氏囊，骨髓是 B 细胞发育的主要场所。活化的 B 细胞分化为浆细胞，并通过合成和分泌抗体，介导体液免疫应答。

第一节　T 细胞与细胞免疫概述

20 世纪 60 年代初，人们在研究胸腺时，通过新生小鼠胸腺切除术发现脾脏、淋巴结和肠道有部分淋巴细胞是来自胸腺的。然后人们将这部分在胸腺发育成熟的淋巴细胞称为 T 细胞。随后，人们发现了 *TCR* 基因，并发现了通过基因重排产生多样性 TCR 分子的机制；并逐步认识到 T 细胞通过表面的 TCR 分子，识别抗原提呈细胞 MHC 分子提呈的抗原肽，在 TCR 信号和协同刺激信号的共同作用下活化，分化成不同功能亚群，行使生物学功能。

一、T 细胞发育

T 细胞来源于骨髓或胚肝中的淋巴样祖细胞，在胸腺中分化、发育、成熟。人 T 细胞在胸腺中发育的不同阶段，表达不同的细胞表面分子。最早期的 T 细胞是 CD4⁻CD8⁻的双阴性（double negtive，DN）细胞，随后 DN 细胞分化为 CD4⁺CD8⁺的双阳性（double positive，DP）细胞，并开始表达 TCR 分子。然后 DP 细胞经过阳性选择获得 MHC 限制性识别能力，经过阴性选择获得对自身抗原的耐受性，最终发育成成熟的、CD4 或 CD8 分子单阳（single positive，SP）的 T 细胞，迁出胸腺。

（一）TCR 的基因重排

TCR 分子是一个异源的二聚体，是 T 细胞最重要的特异性表面分子。根据 TCR 组成链的不同，可将 T 细胞分为 αβT 细胞和 γδT 细胞。其中 αβT 细胞是主要的 T 细胞，约占所有 T 细胞群体的 95%～99%。

人的 TCRα 链基因位于 14 号染色体上，β 链基因位于 7 号染色体上，具有多个功能性的 *VDJ* 基因片段。在重组酶（RAG）的作用下，β 链和 α 链依次发生基因重排，产生具有高度多样性、功能性的 TCR 分子（图 6-1）。TCR 基因与抗体基因的重组机制是相似的。

人的 γTCR 和 δTCR 基因分别位于 7 号和 14 号染色体，但是功能性基因片段的数目却远低于 β 链和 α 链。由于重组时的随机插入和消减，γδTCR 也具有高度的多样性。γδTCR 的重排早于 TCRαβ。

（二）阳性选择和阴性选择

基因重排后表达 TCR 的 CD4⁺CD8⁺ DP 细胞要经历阳性选择和阴性选择。在发育上，γδT 细胞是最早成熟的 T 细胞，它们在人类 αβT 细胞尚未发育成熟的胚胎和婴儿阶段发挥最重要的免疫学功能。γδT 细胞在 TCR 重排成功后就离开胸腺，不经历阳性和阴性选择，因此 γδT 细胞识别抗原没有 MHC 限制性，并且具有识别自身抗原的潜能。

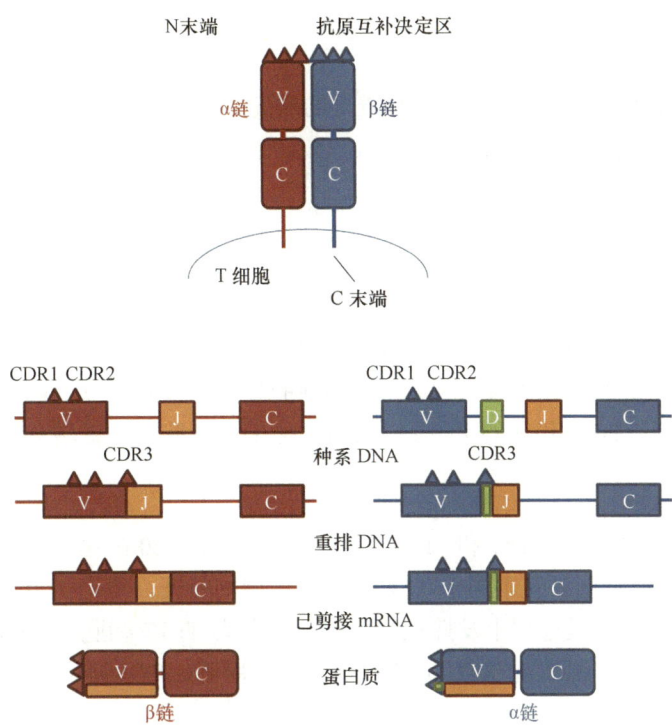

图 6-1　αβTCR 基因重排

αβTCR 基因重排发生在 T 细胞胸腺发育的过程中，其中 β 链的重排早于 α 链。TCRαβ 分子由可变区（V）和恒定区（C）组成，每条链的可变区均包含三个抗原互补决定区（CDR），其中 CDR3 是由不同的胚系基因片段在重组酶作用下重排形成，具有高度多样性，决定 TCRs 识别抗原的特异性。α 链的 CDR3 由 V 片段和 J 片段重组而成，β 链的 CDR3 由 V、D、J 片段重组而成，在 V-J、V-D 及 D-J 之间有随机的氨基酸插入和消减，使 TCRαβ 的多样性更为丰富

1. 阳性选择

在胸腺皮质中，DP 细胞首先遇到胸腺上皮细胞表达的自身肽-MHC 分子复合物。如果表达的 TCR 分子能以适当的亲和力与自身肽-MHC 分子复合物特异性结合，细胞就可继续向后分化为 CD4$^+$或 CD8$^+$ SP 细胞。与 MHC I 分子结合的细胞发育成 CD8$^+$ T 细胞，而与 MHC II 分子结合的细胞则发育成 CD4$^+$ T 细胞。若 DP 细胞以高亲和力与其结合或者不能结合，则发生凋亡而被清除，这一过程称为阳性选择。通常 95% 的 DP 细胞会被清除。阳性选择赋予了 T 细胞 MHC 限制性识别能力。

2. 阴性选择

经历了阳性选择的 SP 细胞与位于胸腺皮质和髓质交界处的抗原提呈细胞相遇，它们均高表达 MHC 分子和自身抗原肽。与自身肽-MHC 分子复合物结合的 T 细胞会被激活并发生程序性死亡，只有不识别该复合物的 T 细胞才能继续发育成熟，这一过程称为阴性选择。阴性选择保证了成熟的 T 细胞获得对自身抗原的耐受性。

二、T 细胞亚型

在外周成熟的 T 细胞中，CD4 和 CD8 分子是互相排斥的。根据 T 细胞表达 CD4 和 CD8 的不同，T 细胞主要分为两个亚型。CD4$^+$ T 细胞的 TCR 识别由 MHC II 分子提呈的 13～17 个氨基酸组成的抗原肽，能促进 B 细胞、T 细胞和其他免疫细胞的增殖与分化，调节免疫细胞之间的相互作用，被称为辅助性 T 细胞（helper T cell，Th 细胞）；CD8$^+$ T 细胞的 TCR 识别由 MHC I 分子提呈的 8～10 个氨基酸组成的抗原肽，主要发挥对靶细胞的细胞毒活性，被称为细胞毒性 T 细胞（cytotoxic T cell，Tc 细胞）。

（一）Th 细胞

初始 CD4$^+$ T 细胞活化后分化成为 Th 细胞。较早的研究认为初始 Th 细胞前体在不同因素的作用下，选择性地向 Th1 和 Th2 细胞偏移、分化。近年来，Th 细胞亚群的研究领域不断有新的亚群被鉴定，包括 Th17、Treg、Th9、Th22 和 Tfh 等。

1. Th1 和 Th2

1986 年，人们发现 CD4$^+$ Th 细胞可按产生细胞因子模式的不同，分为 Th1 和 Th2 两个亚群。其中 Th1 细胞主要介导细胞免疫应答，分泌 IL-2、IFN-γ；而 Th2 细胞主要分泌 IL-4、IL-5，介导体液免疫应答。但人们尚不清楚是什么内在因素决定了 Th 细胞的分化。直到 1997 年，科学家发现 GATA-3 是 Th2 细胞的关键转录因子，2000 年人们又找到了 T-bet 是 Th1 细胞的关键转录因子。

2. Th17

随着研究的深入，多种不同于 Th1 和 Th2 的 Th 亚群被发现。2003 年，科学家发现 IL-23 可诱导一群 Th 细胞亚群形成，该群细胞具有不同于 Th1 和 Th2 细胞的特征，可产生 IL-17A 和 IL-17F，促进炎症反应，在炎症和自身免疫病理过程中发挥重要作用，命名为 Th17 细胞。2006 年人们又鉴定出 Th17 亚群的关键转录因子 RORγt，并发现在 IL-6 和 TGF-β 的作用下，RORγt 可诱导初始 CD4$^+$ T 细胞变成 Th17 细胞。

3. Treg

1995 年，人们发现在 CD4$^+$ T 细胞中，有一群特殊的具有免疫抑制功能的亚群，它们为 CD4$^+$CD25$^+$ Foxp3$^+$，被称为调节性 T（Treg）细胞。2001 年多个报道鉴定了 Foxp3 为 Treg 的特异性转录因子。

4. 其他 Th 细胞亚型

除了上述主要的 Th1、Th2、Th17 及 Treg 以外，人们又陆陆续续发现了更多新的 Th 亚群。Th9 细胞是在 Th2 细胞基础上的重新塑型，可在体外经由 IL-4 联合 TGF-β 诱导 Th2 细胞形成，其标志性细胞因子为 IL-9。Th9 细胞可增强组织的炎症反应。

Th22 细胞是 2009 年科学家在炎症性皮肤病患者表皮浸润的 Th 细胞中鉴定出的新的亚群。这群细胞分泌 IL-22 和 TNF-α，不产生 IFN-γ、IL-4 和 IL-17。

Tfh 也称为滤泡辅助性 T 细胞，是在人的扁桃体中发现的定居在淋巴滤泡的一群 T 细胞，主要产生 IL-21，表达趋化因子 CXCR5，具有辅助 B 细胞活化的功能。Bcl-6 是控制初始 T 细胞分化成 Tfh 的转录因子。

上述所有不同的 Th 细胞亚型在诱导条件、转录因子、细胞表型、效应分子、靶细胞以及生物学作用方面均存在着差异，并在不同的生理机制和病理过程中发挥重要的作用（表 6-1）。尽管如此，这些亚群也存在一定的可塑性，即在一定的条件下可以相互调节、互相转化。

表 6-1　CD4$^+$Th 细胞亚群及功能

Th 细胞亚群	Th1	Th2	Th17	Th9	Th22	Tfh	Treg
诱导分化的关键细胞因子	IL-12；IFN-γ	IL-4	IL-1β+IL-23；IL-1β+IL-6；TGF-β	TGF-β；IL-4	TNF-α；IL-6	IL-21+IL-27；IL-12	TGF-β+IL-2
激活的 STATs	STAT4；STAT1	STAT6	STAT3	STAT6	STAT1；STAT3；STAT5	STAT3；STAT4；STAT1	STAT5
关键转录因子	T-bet	GATA-3 和 MAF	RORγt 和 RORα	PU-1 和 IRF4	RORγt 和 AhR	Bcl-6、IRF4、MAF 和 BATF	Foxp3
抑制因子	IL-4 和 IL-10	IFN-γ	IL-4、IFN-γ、IL-27 和 IL-2	IFN-γ 和 IL-27	高剂量 TGF-β	IL-10 和 IL-2	IL-6

续表

Th 细胞亚群	Th1	Th2	Th17	Th9	Th22	Tfh	Treg
趋化因子受体	CCR5、CXCR3、CXCR6	CCR3、CCR4、CCR8	CCR2、CCR4、CCR6、CCR9、CXCR3、CXCR6	CCR3、CCR6、CXCR3	CCR4、CCR6、CCR10	CXCR5	CCR2、CCR4、CCR5、CCR6、CCR7、CXCR4
分泌的细胞因子	IFN-γ、LTα、TNF-α、IL-2、IL-3、GM-CSF	IL-4、IL-5、IL-10、IL-13、GM-CSF	IL-17A、IL-17F、IL-21、IL-22、IL-26	IL-9	IL-22	IL-2、IL-4、IL-10、IL-21	IL-10、TGF-β、IL-35
免疫保护	胞内感染微生物（如结核杆菌）	蠕虫等细胞外寄生虫	黏膜和皮肤免疫，抗细菌、真菌和病毒	抗肿瘤、抗蠕虫	组织免疫、黏膜免疫、提高固有免疫应答、组织重建	辅助B细胞分化、产生长期抗体应答	免疫抑制
参与病理应答	EAE、RA、炎症性肠病（Th1过高）、遗传性抗感染免疫低下（Th1过低）	哮喘等变态反应性疾病（Th2增高）	早期炎症和包括银屑病、RA、炎症性肠病、MS在内的局部病理损伤（Th17增高）、易于真菌感染（Th17降低）	过敏性炎症和自身免疫病（Th9增高）	皮肤炎症性疾病等（Th22增高）	自身免疫病、T淋巴细胞瘤（Tfh增高）、体液免疫缺陷（Tfh降低）	肿瘤免疫逃逸（Treg增多）

注：EAE，实验性变态反应性脑脊髓膜炎；RA，类风湿关节炎；MS，多发性硬化

（二）细胞毒性 T 细胞（Tc/CTL）

细胞毒性 T 细胞的特征性表型为 CD3$^+$CD4$^-$CD8$^+$CD28$^+$。CTL 特异性识别抗原活化后，能通过释放穿孔素、颗粒酶，或者细胞因子，直接杀伤表达该抗原的靶细胞，在抗胞内微生物感染和肿瘤的免疫监视中，起到非常重要的作用。

（三）T 细胞的其他分类方式

T 细胞的分类方式有很多种，除了按照 CD4、CD8 分子的表达情况来分类之外，T 细胞还可以按照 TCR 分子的组成不同，分为 αβT 细胞和 γδT 细胞。T 细胞也可以根据效应阶段不同，分为初始 T 细胞、效应 T 细胞及记忆 T 细胞。

三、T 细胞介导的细胞免疫应答

T 细胞介导的细胞免疫应答过程大概分为三个阶段，分别是 T 细胞对抗原的识别，T 细胞的活化、增殖，以及 T 细胞的功能分化、发挥效应。

（一）T 细胞对抗原的识别

初始 T 细胞的 TCR 与抗原提呈细胞的 MHC 分子和抗原肽复合物特异性结合的过程称为抗原识别。在抗原识别中，TCR 分子不仅识别抗原肽，同时也识别复合物中的 MHC 分子。抗原识别的过程发生在外周淋巴器官中（淋巴结），从各器官组织摄取抗原并加工提呈的抗原提呈细胞在这里与 T 细胞相遇。

T 细胞表面的 CD4 和 CD8 分子是 TCR 的共受体，在 T 细胞与抗原提呈细胞特异性结合后，CD4 和 CD8 分子可分别识别和结合抗原提呈细胞表面的 MHC II 类和 MHC I 类分子，增强 T 细胞与抗原提呈细胞的亲和力。黏附分子对 LFA-1（T 细胞）和 ICAM-1（抗原提呈细胞）在抗原识别中也起到很重要的作用。T 细胞和抗原提呈细胞的结合面形成免疫突触，促进 TCR 的信号向胞内转导。

（二）T 细胞的活化、增殖

T 细胞的完全活化仅依赖于 TCR 信号是远远不够的，免疫突触内存在多个共刺激分子对，它们提供的共刺激信号对 T 细胞活化是不可或缺的。

通常意义上，TCR-MHC 抗原肽复合物提供的抗原识别信号为第一信号，使得 T 细胞初步活化；而

只有加上共刺激信号（第二信号）才能导致 T 细胞完全活化。最常见的共刺激分子对包括 CD28/CD80-CD86、CD40L/CD40、OX40/OX40L、4-1BB/4-1BBL、ICOS/ICOSL 等。需要注意的是，共刺激信号也不完全是活化信号。有的分子如 CTLA-4、PD1 等，是重要的负性共刺激分子。负性共刺激分子在 T 细胞活化后诱导性表达，控制免疫应答的强度，调节免疫应答的适时终止。近年来，针对解除 T 细胞的负向共刺激信号，使其最大限度的发挥抗肿瘤免疫效应的免疫检查点抗体，取得了重大突破，为肿瘤的免疫治疗带来了希望。

T 细胞活化后，CD3 分子胞质区的免疫酪氨酸活化基序（ITAM）被磷酸化，进一步通过激活 ZAP-70 向胞内转导信号。经过一系列信号转导分子的级联反应，最终通过转录因子，调节与细胞分裂增殖与分化相关的靶基因表达。

（三）T 细胞的功能分化、发挥效应

如前所述，T 细胞按共受体 CD4、CD8 分子的表达情况来分，主要分为 $CD4^+$ Th 和 $CD8^+$ Tc。CD4 和 CD8 分子识别不同的 MHC 分子，决定了 T 细胞不同的效应格局。初始 $CD4^+$ T 细胞识别经 MHC II 类途径提呈的外源性抗原，分化成 Th1 和 Th2 细胞；初始 $CD8^+$ T 细胞识别经 MHC I 类途径提呈的内源性抗原，分化成细胞毒性 T 细胞。

T 细胞主要的效应形式为分泌细胞因子和直接发挥细胞毒活性。$CD4^+$ T 细胞针对外源细菌感染等事件，通过多种细胞因子的产生与分泌，发挥 Th 细胞的功能，辅助 B 细胞活化分泌抗体，调节细胞免疫应答和体液免疫应答。而 $CD8^+$ T 细胞主要是针对细胞内细菌、病毒感染和一些基因突变的自身肿瘤细胞产生细胞毒活性，直接裂解靶细胞。

在抗原被清除后，特异性扩增的 T 细胞通过机体的一些免疫自限机制，数量会快速减少。很少一些效应细胞会分化为记忆 T 细胞。记忆 T 细胞可以被低浓度抗原、细胞因子以及低水平协同刺激分子激活，介导快速和增强的再次免疫应答。

第二节　B 细胞与体液免疫应答概述

B 细胞通过合成和分泌抗体，介导体液免疫应答。早期研究发现，鸟类抗体产生细胞来源于法氏囊，因此用法氏囊英文首字母来命名 B 细胞，以区别于人们在胸腺中发现，并以胸腺英文首字母命名的 T 细胞。抗体是 B 细胞发挥免疫功能的主要效应分子，B 细胞分泌的抗体，与 B 细胞膜表面的 B 细胞受体（BCR）有着相同的序列。BCR 多样性库赋予了 B 细胞不同的抗原结合特异性，在遭遇相应抗原后，初始 B 细胞被活化，并大量增殖，最终分化成浆细胞，分泌特异性的抗体，参与体液免疫应答。

一、B 细胞发育

在哺乳动物胚胎发育过程中，B 细胞的发育始于胚肝，后来转移到骨髓。在骨髓中，多能造血干细胞首先分化为共同淋巴细胞前体，再经过早期原 B 细胞、晚期原 B 细胞、大前 B 细胞和小前 B 细胞阶段，发育成未成熟的 B 细胞。未成熟 B 细胞从骨髓中来到脾脏，继续发育成成熟 B 细胞。

与 T 细胞的胸腺发育过程类似，B 细胞在发育过程中伴随着基因重排获得具有抗原识别功能的 BCR。BCR 是膜型免疫球蛋白，由重链和轻链组成。在早期原 B 细胞，免疫球蛋白重链可变区基因开始发生 D-J 片段重排，晚期原 B 细胞发生 V-DJ 重排。在大前 B 细胞阶段，免疫球蛋白重链基因已经完成重排。小前 B 细胞阶段，轻链 VJ 基因重排，进而发育成膜表面表达 mIgM 的未成熟 B 细胞。在外周免疫器官中，免疫球蛋白重链恒定区的不同剪切连接，形成同时表达 mIgM 和 mIgD 的成熟 B 细胞。

新生的 B 细胞中含有大量的自身反应性克隆，机体进一步通过克隆清除、受体编辑、克隆失能等多种方式，建立起 B 细胞的中枢免疫耐受。

二、B 细胞介导的体液免疫应答过程

在遇到抗原之前，初始 B 细胞定植于外周淋巴器官的 B 细胞区。接触到特异性抗原刺激后，由 BCR 介导的第一信号和协同刺激信号共同作用，诱导 B 细胞活化、增殖、分化成浆细胞，产生抗体发挥免疫效应。由于抗体存在于体液中，因此 B 细胞介导的免疫应答被称为"体液免疫应答"。

由于抗原种类不同，B 细胞应答过程也不同：B 细胞对胸腺依赖（TD）抗原的应答需要 T 细胞辅助；而胸腺非依赖（TI）抗原则可以直接活化 B 细胞，诱导抗体产生。

（一）B 细胞对 TD 抗原的应答

绝大多数的蛋白质类抗原都是 TD 抗原，B 细胞对这类蛋白质抗原的应答必须有 Th 细胞辅助。

与 T 细胞类似，B 细胞的活化也需要双信号参与。第一信号是由 BCR 介导的。BCR 可以直接识别完整抗原的天然构象，无须抗原提呈细胞的加工处理，也没有 MHC 限制性。作为 BCR 的共受体，CD19/CD21/CD81 复合体共同参与了 B 细胞第一信号的传递。除此之外，作为抗原提呈细胞，B 细胞通过胞吞作用，将 BCR 结合的抗原内化，并进行加工处理，与 MHC II 类分子结合，提呈给抗原特异性的 Th 细胞。Th 细胞表达的 CD40L 与 B 细胞的 CD40 结合，可为 B 细胞活化提供第二信号。

在次级淋巴器官中，初始 T 细胞被 DC 活化后，一部分离开淋巴器官来到组织发挥效应，还有一部分移动到 T 细胞区和 B 细胞所在的淋巴滤泡的交界位置，通过提供协同刺激信号和分泌细胞因子等方式，辅助 B 细胞活化。

生发中心（GC）是 B 细胞对 TD 抗原应答的重要场所。B 细胞与 T 细胞在交界位置相互作用后，一部分 B 细胞直接分化成浆细胞，产生特异性 IgM 抗体，为机体的抗感染免疫提供即刻的防御效应；而另一部分 B 细胞则和 Th 细胞一起迁移至初级淋巴滤泡，继续增殖，形成 GC。Th 细胞在 GC 中分化成 Tfh 细胞。GC 中大部分为活化的 B 细胞，也有 10%左右的 Tfh 细胞和滤泡树突状细胞。

在 GC 中绝大多数 B 细胞发生凋亡。部分 B 细胞在抗原刺激和 T 细胞辅助下继续分化发育，经历抗原受体修正、体细胞高频突变、抗原受体亲和力成熟、Ig 类别转换等过程，最终分化成分泌高亲和力 IgG 抗体的浆细胞或记忆 B 细胞，为机体感染和再次感染提供更为有效的抗体应答。

（二）B 细胞对 TI 抗原的应答

TI 抗原包括细菌多糖、多聚蛋白质及脂多糖等。这些物质有的具有丝裂原成分，可以非特异性的激活多克隆 B 细胞；有的具有许多重复性的抗原决定簇，可以令多个 BCR 发生交联而活化抗原特异性 B 细胞。B 细胞对 TI 抗原的应答无须 T 细胞的辅助，也不引起 T 细胞应答，在感染初期就可以产生特异性的抗体。

（三）体液免疫应答的一般规律

病原体初次侵入机体所引发的免疫应答称为初次免疫应答。初次应答后期，随着病原体的清除，效应 T、B 细胞均发生死亡，但是应答过程中所形成的抗原特异性记忆 T 细胞和记忆 B 细胞却得以长期保存。一旦再次遭遇相同的抗原刺激，记忆淋巴细胞可迅速、高效、特异地产生应答，这就是再次免疫应答。

B 细胞初次免疫应答产生的抗体主要为 IgM 抗体，后期可产生 IgG，抗体总量少，亲和力低，维持时间短。而由记忆 B 细胞介导的再次免疫应答则表现为快速反应，具有抗体水平高、亲和力高和持续时间长的特点。

三、体液免疫应答的效应机制

体液免疫应答的主要效应分子是特异性抗体。抗体的效应机制包括中和作用、激活补体溶细胞作用、

抗体介导的调理作用和细胞毒作用。

细菌毒素、病毒等都要通过与细胞表面的受体结合才能进入细胞。抗体可以阻断这一过程，从而发挥中和作用。抗原抗体结合形成的免疫复合物可通过经典途径激活补体系统，从而发挥补体介导的杀菌、溶菌作用。此外，抗体 Fab 段与抗原结合以后，其 Fc 段则可与吞噬细胞或以 NK 细胞为代表的具有杀伤活性的效应细胞结合，发挥调理作用，促进吞噬细胞吞噬病原体，或介导效应细胞对靶细胞的细胞毒作用。

第三节　适应性免疫系统的比较研究

以小鼠为代表的啮齿类动物的免疫系统与人类的整体结构非常相似,因此它们被大多数免疫学家选择,作为实验工具、实验模型,对它们的免疫应答的研究可以帮助人们进一步了解人类免疫系统的工作方式。然而,人类与小鼠的体型、大小和寿命有着巨大的差别,并且两者在完全不同的环境中生活,在漫长的进化过程中,人与小鼠的免疫系统之间还是产生了明显的差异。相似是主要方面,但是在使用小鼠作为人类疾病模型的临床前实验研究中,不能忽视差异,是需要被慎重考虑的。

人类和小鼠适应性免疫系统的共同特点在这里不予赘述,我们主要概括一下两者的差异。人类和小鼠的适应性免疫系统已知的差异体现在各个方面,包括:T、B 细胞发育过程中关键分子突变的效应差别,T 细胞活化和极化应答的差别,T 细胞协同刺激分子的差别,T 细胞稳态和归巢的差别,B 细胞亚群及不同阶段表面分子的差别,IL-17[+] T 细胞的差别,黏膜相关 T 细胞的差别,滤泡辅助 T 细胞的差别,以及类风湿性关节炎相关 T 细胞的功能差别等。

一、T、B 细胞发育过程中关键分子突变的效应差别

ZAP70 在 TCR 信号转导过程中具有十分重要的作用。在 TCR 信号通路中,CD3 磷酸化的 ITAM 招募具有 SH2 结构域的 ZAP70 分子是信号向下转导的关键信号分子。在人和小鼠中,ZAP70 缺失导致不同的 T 细胞发育结果。在人体内,ZAP70 的缺失将导致 CD8[+]T 细胞亚群缺失,虽然也会导致 CD4[+]T 细胞功能丧失,但是其数量是正常的。而相同的突变如果发生在小鼠中,将会阻碍胸腺中双阳性 T 细胞的发育,进而同时影响两个亚群的发育分化。

最近的研究表明 Flt3 信号转导在淋巴细胞发育过程中起着关键作用,但在小鼠的造血干细胞或骨髓发育中不起作用,而人 Flt3 配体则影响造血干/祖细胞的存活以及 B 细胞分化。

二、T 细胞活化和极化应答的差别

激活 T 细胞的一个关键步骤是持续钙流的产生。人 T 细胞内流的钙离子与外流的钾离子平衡,很大部分由细胞膜上的钠钾通道介导,在体外抑制该通道能够特异性的阻断 T 细胞活化,因此钠钾通道的抑制剂被作为新型的免疫抑制剂进行广泛研究。而由于小鼠 T 细胞上根本不表达此通道,因此钠钾通道抑制剂在小鼠实验中得不到预期结果。

适应性免疫应答中,T 细胞活化后一个关键步骤为向 Th1 或 Th2 表型分化,这个过程中细胞因子环境起着决定性的作用,并涉及很多关键分子的表达。在人体内,病毒性感染发生时,包括巨噬细胞在内的多种固有免疫细胞会分泌大量的I型干扰素 IFN-α,IFN-α 会激活初始 T 细胞的转录因子 STAT4,诱导 T 细胞向 Th1 亚型分化。而在小鼠中,IFN-α 既不能诱导 Th1 分化,也不能激活 STAT4。

自 T 细胞极化的现象被发现以来,人们一直以之作为 T 细胞活化应答的标志,而且通常人们认为,这两个亚型是相斥的,Th1 分化的细胞因子会抑制 Th2 细胞的分化。但其实,Th1/Th2 极化的现象在小鼠比较容易观察到,而在人类系统中,极化现象是非常不明确的。Th1 和 Th2 亚型的细胞的确能够在人类疾病中被发现,然而,越来越多的证据表明,在许多疾病中,并不能对这两种亚型作出明确的区分,

在大多数时候，这两种亚型的细胞是同时存在的。例如，在小鼠中，IL-10 被认为是 Th2 细胞分泌的细胞因子，然而在人体内，Th1 和 Th2 两者都可以产生 IL-10。人和鼠对血吸虫感染的免疫反应也存在显著差异。流行病学的数据表明，在人体内，Th2 细胞参与抗血吸虫感染的免疫反应，包括嗜酸性粒细胞和 IgE 抗体，三者为战胜感染的关键；然而在小鼠中，抗感染的效应细胞主要由 IFN-γ 激活，Th1 亚型细胞反应对血吸虫的清除至关重要。

三、T 细胞协同刺激分子的差别

T 细胞要活化，需要抗原依赖的 TCR 信号作为第一信号，但是要完全活化，同样离不开抗原非依赖的协同刺激信号，又叫第二信号。最经典的 T 细胞共刺激分子是 CD28，它表达在 T 细胞表面，与抗原提呈细胞表面的 B7 分子结合，向 T 细胞内传递活化信号。在小鼠中，近乎 100% 的 $CD4^+T$ 细胞和 $CD8^+T$ 细胞都表达 CD28。而反观人类，只有 80% 的 $CD4^+T$ 细胞和 50% 的 $CD8^+T$ 细胞表达 CD28。众所周知，CTLA-4 是一个免疫检测点分子，它与 CD28 竞争性地结合 B7，抑制 T 细胞的过度活化。因为 CD28 表达的差别，人们在小鼠实验中看到了 CTLA-4 抗体在促进 T 细胞活化上比人更显著的效果。

ICOS 是另一个与 CD28 相关的共刺激分子。近期的有关于人体 ICOS 缺失的研究报告指出了在人和鼠之间 ICOS 功能的差异。在小鼠中，ICOS 的缺失不会影响成熟 B 细胞的数量、功能状态以及 IgM 的分泌能力；而在人中，ICOS 的缺失却会严重影响 B 细胞发育成熟、功能及 IgM 的分泌能力。

最近，人们又发现了一个属于 B7 家族的共刺激分子 B7-H3。人们发现，它的功能在人和鼠中截然相反。在鼠中它抑制 T 细胞活化，而在人中却促进 T 细胞活化，其机制尚不明确。

四、T 细胞稳态和归巢的差别

一旦被激活，人类的 T 细胞会表达 MHCII 类分子。一方面，T 细胞活化后具备了捕获、加工和提呈抗原的能力，并且它们也会表达 B7 分子，因此，它们能正向调控和增强免疫反应。而另一方面，由 T 细胞提呈抗原也可能导致 T 细胞的无能或者导致活化诱导的细胞凋亡。而小鼠的 T 细胞活化后不具备这一现象。目前尚不清楚为什么小鼠 T 细胞不具备这个功能，但是人们推测它可能与维持 T 细胞的稳态有关。因为体型的差异，人类对记忆 T 细胞的多样性维持时间的要求比小鼠长得多。

维持体内 T 细胞的稳态需要诱导不需要的细胞凋亡。介导细胞凋亡的 caspase-8 和 caspase-10 为人体内死亡受体的下游分子，它们在功能上有一部分的重叠。小鼠 caspase-10 和 caspase-8 基因缺失将导致胚胎期死亡。而人体 caspase-8 缺失只是导致免疫缺陷。

五、B 细胞亚群及不同阶段表面分子的差别

B 细胞中的 B1 细胞是一种定植于组织中的 B 细胞，其表面特征性的分子为 CD5。B1 细胞 BCR 缺乏多样性，识别一些病原体共有的模式分子，属于一种固有免疫细胞。B1 细胞是天然 IgM 抗体的主要来源，能与多种抗原发生交叉反应。

CD5 主要表达在小鼠的 B1 细胞亚群上，但在人 B 细胞中，其表达比小鼠中更异质。在人类，CD5 可以通过响应某些刺激而被诱导。B1 细胞组成型表达 CD5，而在 B2 细胞中，CD5 表达是可诱导的。

此外，在 B 细胞发育和效应过程中，处于不同阶段的 B 细胞的表面分子在人和鼠之间也存在着一些差异（表 6-2）。

表 6-2　不同阶段的 B 细胞表面分子的人和鼠差异

B 细胞所处阶段	阳性分子		阴性分子	
	小鼠	人	小鼠	人
原 B 细胞（Pro-B）	CD19，CD43，CD24，B220，IL7R	CD10，CD19，CD34，CD38，CD24，IL7/3R	BP1，Flt3，ckitlow	ckitlow

续表

B 细胞所处阶段	阳性分子		阴性分子	
	小鼠	人	小鼠	人
前 B 细胞（Pre-B）	CD19，CD25var，CD24，B220，BP1，Siglec-G，IL7R	CD10，CD19，CD20，CD24，CD38，IL7/4/3R	CD43low，ckit	CD34，ckit
未成熟 B 细胞（immature B）	CD19，CD24，CD93，B220	CD10，CD19，CD20，CD21，CD40，CD24high，CD38high，IL4R	CD43，CD23	ckit，CD27，IL7R
过渡性 B 细胞（transitional B）	CD19，CD24，CD93，CD21var，CD23var，B220	CD19，CD20，CD5，CD21，CD24high，CD38high		CD27，CD10low
边缘性 B 细胞（marginal zone B）	CD1d，CD9，CD21high，CD22high，CD35high，B220	CD1c，CD19，CD20，CD21high，CD27var	CD93，CD23	
调节性 B 细胞（regulatory B）	CD1dhigh，CD5，CD19，CD24，TIM	CD1dhigh，CD5，CD19，CD21，CD24high	CD62L，CD93var	CD27var
滤泡样 B 细胞（follicular B）	CD19，CD22，CD23，CD38，B220	CD19，CD20，CD21，CD22，CD23，CD24	CD1dlow，CD21/35low，CD93	CD10，CD27，CD38low，CD24low
激活性 B 细胞（activated B）	CD27，CD69，CD80，B220，Flt3，MHCIIhig	CD27，CD19，CD20，CD25，CD30，CD69，CD80，CD86，CD135	CD138，CXCR4	
生发中心 B 细胞（germinal center B）	CD19，CD37，CD20，GL7，Siglec2	CD10，CD19，CD20，CD23，CD27，CD38high，CD269，BCMA	CD93，CD38low	CD24low
浆细胞（plasmablast）	CD19，CD138，CXCR4，MHC II	CD19，CD38high，CD27high，CD269，MHCII	B220low，Flt3	CD20，CD138
记忆 B 细胞（memory B）	B220，CD38var，CD62Lvar，CD80var，CD95low	CD19，CD20，CD40，CD27var，CXCR4，5，7		CD23low，CD38

六、IL-17$^+$ T 细胞的差别

IL-17 是目前已发现的 30 多种白细胞介素之一，按序号排在第 17 位。该家族包括 6 个成员（IL-17A～IL-17F）。IL-17 是一种主要由活化的 T 细胞产生的致炎细胞因子，可以促进 T 细胞的激活和刺激上皮细胞、内皮细胞、成纤维细胞产生多种细胞因子如 IL-6、IL-8、粒细胞-巨噬细胞集落刺激因子和细胞黏附分子 1，从而导致炎症的产生。

Th17 细胞是除 Th1 和 Th2 细胞以外的另一个重要的 Th 细胞亚群，它们以产生 IL-17A 和 IL-17F 为特征。Th17 细胞参与多种慢性炎症和自身免疫疾病，在其中发挥重要的作用。

在小鼠中，Th17 细胞在激活后很快特异性表达 IL-21，而自分泌的 IL-21 在 RORγt 和 IL-17 的表达中起着重要作用。在 Th17 细胞分化过程中，IL-21 也能部分取代 IL-6，使已建立的 Th17 细胞有能力进一步促进邻近细胞分化成 Th17 细胞。此外 IL-23 联合 TGF-β 也可诱导 RORγt 和 IL-17 的表达，但只有在 IL-6 或 IL-21 诱导 IL-23 受体表达后。因此，IL-6、IL-21、IL-23 和 TGF-β 在 Th17 细胞分化过程中的依次作用为：首先，IL-6 上调 IL-21，然后 IL-6 和 IL-21 上调 IL-23 受体，最后，IL-23 联合 TGF-β，进一步促进 Th17 细胞的分化和功能。其中 IL-21 发挥着承上启下的重要作用。而在人类，IL-21 在 Th17 分化发育中的作用尚待深入研究（表 6-3）。

表 6-3 小鼠和人 Th17 细胞的异同

调节 Th17 细胞分化和功能的细胞因子	人	小鼠	Th17 细胞效应性细胞因子	人	小鼠
TGF-β	-/+	++	IL-17A	++	++
IL-6	++	++	IL-17F	+	+
IL-23	++	++	IL-21	?	+
IL-21	?	++	TNF-α	+	+
IL-1β	++	+	IL-22	+	+
TNF-α	+	+	IL-26	+	?
IL-4	-	-	IFN-γ	+	+
IFN-γ	-	-	IL-10	?	+
IL-12	-	-			
IL-27	-	-			

IL-17 是 Th17 细胞分泌的标志性细胞因子，但是除此之外，Th17 细胞也能分泌很多其他的炎性因子。Th17 细胞分泌的效应性细胞因子在人鼠之间也存在一些细微的差别（表 6-3）。

除 Th17 细胞以外，有一些 CD8$^+$ T 细胞也能分泌 IL-17。在人和小鼠体内，人们均发现一种能分泌 IL-17 的 CD8$^+$ T 细胞，它们的表型为 CD45$^-$CD27$^{+/-}$（表 6-4）。

表 6-4　小鼠和人分泌 IL-17 和 IFN-γ 的 T 细胞表型

T 细胞	种属	TCR	表面标记	趋化因子受体	分泌细胞因子
CD4$^+$ T 细胞	人/鼠	αβ	CD45$^+$CD25$^+$ CD45$^+$CD25$^-$ CD45$^-$CD25$^+$ CD45$^-$CD25$^-$	CCR6、CCR4、CCR5	IL-17/IFN-γ
CD8$^+$ T 细胞	人/鼠	αβ	CD45$^-$CD27$^{+/-}$	CCR5、CCR6	IL-17
γδT 细胞	鼠	Vγ6/4/1	CD27$^-$CD122lowCD44lowSCARThigh	未检测	IL-17
γδT 细胞	鼠	Vγ5/X	CD27$^+$CD122highCD44highSCARTlow	未检测	IFN-γ
γδT 细胞	人	Vδ1	CD27$^+$CD161$^+$	CCR6、CCR4、CCR7	IL-17/IFN-γ
γδT 细胞	人	Vδ2	CD45RO$^+$CD27$^-$	CCR5、CCR2、CXCR3	IFN-γ

γδT 细胞通常被认为是体内一种典型的 Th1 样固有免疫效应细胞，它们分布在机体与病原微生物接触的第一线，通过快速大量释放 IFN-γ 和 TNF-α，在抗感染免疫中发挥重要作用。然而，越来越多的近期研究表明，γδT 细胞的某些亚群（在小鼠中为 Vγ6/4/1 T 细胞，在人类为 Vδ1T 细胞）具有产生 IL-17 的特殊能力，与传统的 CD4$^+$Th17 细胞类似。令人惊讶的是，大多数小鼠 IL-17$^+$γδT 细胞似乎是初始的，尚未与抗原接触的细胞，由于其频率高、反应迅速的能力和广泛的抗原特异性，这些 γδT 细胞可能在细菌或病毒感染期间的病原体清除中起到主要作用。对于这一群重要的 IL-17$^+$γδT 细胞，虽然人们已经在小鼠模型中对其表型、发育基础和生物学功能进行了细致的研究，也取得了一定的成绩，但是由于人类与小鼠的 γδT 细胞从分类上就差别很大，它们在人类免疫系统中的对应物至今仍然不明确。

七、黏膜相关 T 细胞的差别

黏膜相关不变 T（MAIT）细胞是一个高度保守的 T 细胞群体，它们表达相同的针对 MHC 相关蛋白 1（MR1）特异性的 αβTCR，表现出与自然杀伤 T 细胞相似的固有免疫功能。尽管 MAIT 细胞在进化过程中高度保守，并且在人类和小鼠之间的表型和功能相似，但仍然有一些差别。

在人类中，MAIT 细胞丰富，在外周血中占 10%，在肝脏中占 50%，但它们的频率在个体之间存在显著差异，其原因尚不清楚。这个比例在小鼠中就要低得多，目前还不清楚是什么因素调节 MAIT 细胞的数量并导致物种之间的这种差异。

MAIT 细胞在胸腺中发育并迁移到外周，成为人类免疫系统中最大的抗原特异性 αβT 细胞群体。在小鼠中，MAIT 细胞表达 Vα19-Jα33，与 Vβ6 或 Vβ8 形成的恒定 TCR。在人类，MAIT 细胞优势表达 Vα7.2-Jα33/α20/α12，这些 α 链与 Vβ2 或 Vβ13 配对。

除了 TCR 胚系基因取用不同以外，MAIT 细胞在胸腺发育过程中表面分子的表达在人鼠之间也存在显著差异（图 6-2）。小鼠 MAIT 细胞在胸腺发育中，按照 CD24 和 CD44 分子的表达情况，经历三个阶段，分别是 CD24$^+$CD44$^-$（第一阶段），CD24$^-$CD44$^-$（第二阶段）和 CD24$^-$CD44$^+$（第三阶段）MAIT 细胞。而在人类，MAIT 细胞三个发育阶段是由 CD27 和 CD161 分子的表达情况划分的，分为 CD27$^-$CD161$^-$（第一阶段），CD27$^+$CD161$^-$（第二阶段）和 CD27$^{low/+}$CD161$^+$（第三阶段）。除此之外，其他表面分子、细胞因子受体、转录因子的表达也存在差别（表 6-5）。

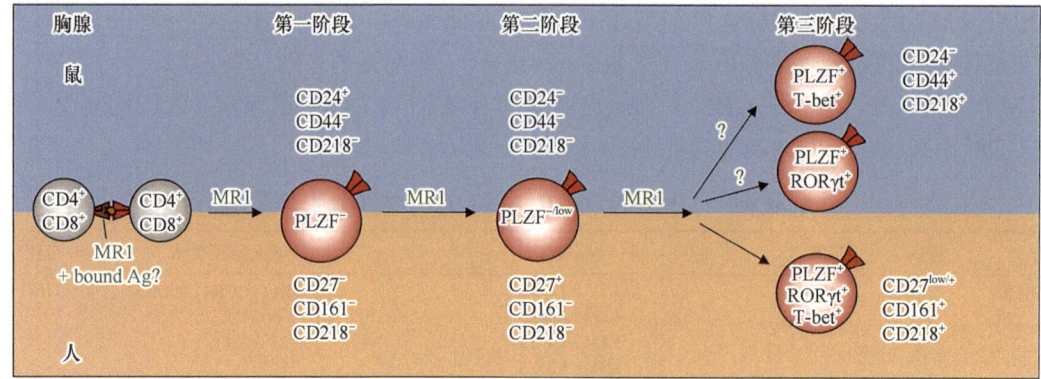

图 6-2　人和小鼠 MAIT 细胞三阶段发育过程的异同

PLZF：早幼粒细胞白血病锌指结构（固有免疫样 T 细胞发育相关转录因子）；T-bet：Th1 细胞特异性转录因子；

RORγt：Th17 细胞特异性转录因子

表 6-5　小鼠和人 MAIT 细胞胸腺发育不同时期的表型特征

分类	分子	第一阶段	第二阶段	第三阶段
表面分子	CD4/CD8 共受体	CD4$^+$/CD8$^+$/CD4$^+$CD8$^+$	人：CD4$^+$/CD8$^+$/CD4$^+$CD8$^+$ 鼠：CD4$^+$/CD8$^+$/CD4$^-$CD8$^-$	CD4$^+$/CD8$^+$/CD4$^-$CD8$^-$
	CD8αβ	CD8αβ$^+$	CD8αβ+	CD8αβ+
	CD24（鼠）	+	−	−
	CD27（人）	−	+	低/+
	CD44（鼠）	−	−	+
	CD62L（鼠）	居中	ND	−
	CD69（鼠）	+	ND	−
	CD103（鼠）	−	ND	低/+
	CD161（人）	−	−	+
	NK1.1（鼠）	ND	ND	低/+
	CD278/ICOS（鼠）	−	ND	+
细胞因子受体	CD122/IL-2Rβ（鼠）	−	ND	居中
	CD127/IL-7R（鼠）	−	ND	+
	CD218/IL-18R	−	ND	+
转录因子	PLZF	−	低	+
	T-bet 和 RORγt	低	低	人：T-bet+RORγt+ 鼠：T-bet+/RORγt+

八、滤泡辅助性 T 细胞的差别

滤泡辅助性 T 细胞（Tfh 细胞）是 CD4$^+$T 细胞的一个亚群，其主要功能是诱导 B 细胞分化为分泌抗体的浆细胞和记忆细胞，主要分布在次级淋巴器官的生发中心附近，除此之外，外周循环中也存在记忆型的 Tfh 细胞。在过去的 10 年里，基于对小鼠模型的深入研究，人们对 Tfh 细胞生物学的了解显著增加。然而，最近对从人类淋巴器官和血液样本中分离出的人 Tfh 细胞的研究和对人 Tfh 细胞发育机制的观察结果中，揭示了人和小鼠 Tfh 细胞的一些差异性。

最近的数据表明，在小鼠和人类之间，Tfh 细胞的发育过程可能有所不同。在人类中，细胞因子 TGF-β 与 IL-12 和 IL-23 一起作用，促进激活的初始 CD4$^+$T 细胞上多种 Tfh 相关分子的表达，包括 CXCR5、IL-21 和 Bcl-6。此外，用诱导产生 Th17 细胞的细胞因子条件培养的人的初始 CD4$^+$T 细胞，这些细胞会共表达 Tfh 与 Th17 细胞的相关分子。这些现象与小鼠 CD4$^+$T 细胞形成了鲜明对比，因为在小鼠中，TGF-β 的存在抑制了包括 IL-21、ICOS 和 Bcl-6 在内的 Tfh 细胞相关分子的表达。

虽然 Bcl-6 是公认 Tfh 细胞谱系的特征转录因子，但在对小鼠的研究表明，生发中心的 Tfh 细胞存在共表达 Bcl-6 和 T-bet（Th1 细胞的特征转录因子）的现象。在人类，扁桃体中的生发中心 Tfh 细胞除了与小鼠中相似的共表达的 Bcl-6 和 T-bet 的亚群以外，还存在共表达的 Bcl-6 和 RORγt（Th17 细胞的特征转录因子）的特殊亚群。这些表达不同转录因子的 Tfh 细胞亚群是否具有特殊的不同功能尚待确定；至于这些特殊亚群的 Tfh 细胞的来源，有一种解释是在人类的 Th1 和 Tfh 细胞之间以及 Th17 和 Tfh 细胞之间有着共同的发育路径。

九、类风湿关节炎相关 T 细胞的功能差别

类风湿关节炎（RA）是一种自身免疫性炎症性风湿性疾病，其特征是多关节滑膜炎，最终导致软骨和骨骼破坏。虽然 RA 是一种 T 细胞依赖性疾病，但还没有明确的"关节炎性"T 细胞群体的特征。目前的研究认为，Treg 细胞的数量和（或）功能不足以及效应 T 细胞对 Treg 细胞介导的免疫调节的抵抗，很可能导致正常的免疫应答失控，从而发生滑膜炎。此外，除了炎症环境中正常应答的"失控"外，关节外的自体 T 细胞和通过 T 细胞依赖过程产生的自身抗体也是 RA 发病机制中的关键因素。

在 RA 的相关研究中，动物模型能帮助人们获取在人类身上无法获得的疾病组织、细胞，研究发病机制，人们在小鼠中建立了很多能具有很好特征的 RA 模型。在过去的几十年中，我们已经从最经典的小鼠蛋白聚糖诱导的关节炎（PGIA）模型中获得了大量与 RA 发病及病程相关 T 细胞亚群功能的信息。初始 T 细胞在不同细胞因子的诱导下可以分化为 Th17 细胞或 Treg 细胞，这些 T 细胞亚群具有很高的可塑性，能分泌不同的细胞因子、炎性介质，在 RA 疾病的发生发展中发挥重要作用。然而，在人类 RA 和 PGIA 小鼠模型中，RA 相关的 Th17 细胞或 Treg 细胞被诱导产生、表达及分泌的细胞因子不尽相同（图 6-3）。

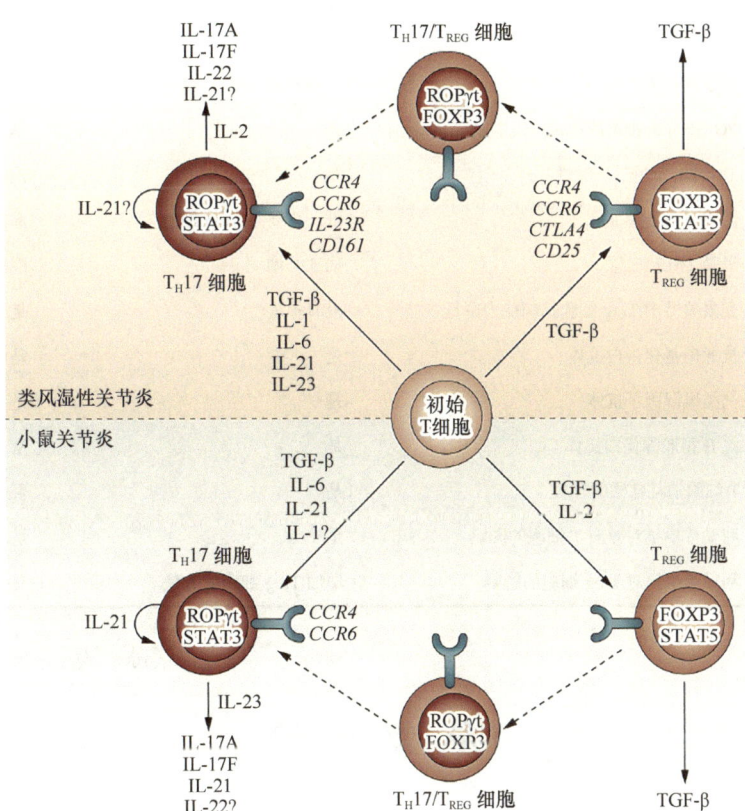

图 6-3　在人类 RA 和其小鼠模型中细胞因子对 Th17-Treg 轴调控的异同（Kobezda et al.，2014）

除了上述细胞因子对 RA 相关 Th17-Treg 轴调控的区别以外，目前对 RA 相关自身反应性 T 细胞的发育和功能、各种 T 细胞亚群、关节归巢 T 细胞、T 细胞依赖性自身抗体和治疗性干预措施等方面，从人类 RA 中获得的数据与从关节炎动物模型研究中获得的结果也存在着一些差异（表 6-6），这些差异

可能是为什么大多数 T 细胞靶向治疗策略在 RA 患者中失败的原因。我们在未来预测 RA 中 T 细胞靶向生物制剂的临床疗效方面应该充分考虑到动物模型的适用性。

表 6-6　小鼠关节炎模型与人类 RA 相关 T 细胞的异同

分类	特征	小鼠	人
自身反应性 T 细胞的发育和功能	MHC 限制性	是	是
	瓜氨酸化蛋白的 T 细胞应答	针对瓜氨酸纤维蛋白原和瓜氨酸化蛋白聚糖	针对多种瓜氨酸化蛋白
	针对 II 型胶原蛋白的 T 细胞应答	是	是
T 细胞亚群	Th17-Treg 细胞的可塑性	是	是
	Th17 细胞向 Th1 细胞的转化	是	是
	Th2 细胞向 Th17 细胞的转化	否	否
	TGF-β 依赖的 Th17 细胞分化	否	是
	IL-6–STAT3 依赖的 Th17 细胞发育	是	是
	IL-1 依赖的 Th17 细胞分化	在某些研究中	是
	IL-2 依赖的刺激	Treg 细胞	Th17 细胞，IL-17
	IL-21 依赖的正反馈通路	是	在某些研究中
	Th17 细胞分泌 IL-22	在某些研究中	是
	IL-23 依赖的 Th17 细胞应答的维持	是	是
	TGF-β 依赖的 Treg 细胞生长	是	是
	TNF 对 Treg 细胞的作用	促进扩增	抑制扩增
	滑膜异位淋巴结构	没有报道	是
	PD1 对 Tfh 细胞的作用	是	是
	Th1-Tfh 细胞的可塑性	是	没有报道
关节归巢的 T 细胞	滑膜 T 细胞募集水平	低，主要是 Treg 细胞	高，主要是 Th1 细胞
	滑膜 Th17 细胞	局部扩增	限制性的局部扩增
	受累关节中 Treg 细胞抑制能力降低	没有报道	是
T 细胞依赖的自身抗体	抗亚硝基化蛋白抗体	是	是
	抗类风湿因子抗体	是	是
	抗 II 型胶原蛋白抗体	是	是
治疗性干预	T 细胞消耗疗法的疗效	是	否
	利妥昔单抗对效应 T 细胞的影响	是	是
	利妥昔单抗对 Treg 细胞的影响	增加 Treg 细胞的数量	有争议的

（陈　慧，牛海涛，张建民）

参 考 文 献

曹雪涛. 2018. 医学免疫学. 7 版. 北京：人民卫生出版社.

曹雪涛，何维. 2015. 医学免疫学. 3 版. 北京：人民卫生出版社.

Deknuydt F, Scotet E, Bonneville M. 2009. Modulation of inflammation through IL-17 production by gammadelta T cells: mandatory in the mouse, dispensable in humans? Immunol Lett, 127(1): 8-12.

Ichii M, Oritani K, Kanakura Y. 2014. Early B lymphocyte development: Similarities and differences in human and mouse. World J Stem Cells, 6(4): 421-431.

Koay HF, Godfrey DI, Pellicci DG. 2018. Development of mucosal-associated invariant T cells. Immunol Cell Biol, 96(6): 598-606.

Kobezda T, Ghassemi-Nejad S, Mikecz K, et al. 2014. Of mice and men: how animal models advance our understanding of T-cell function in RA. Nat Rev Rheumatol, 10(3): 160-170.

Mestas J, Hughes CC. 2004. Of mice and not men: differences between mouse and human immunology. J Immunol, 172(5): 2731-2738.

Ueno H, Banchereau J, Vinuesa CG. 2015. Pathophysiology of T follicular helper cells in humans and mice. Nat Immunol, 16(2): 142-152.

第七章 黏膜免疫系统的比较

黏膜免疫系统是机体免疫系统的重要组成部分，是一个由淋巴组织、黏膜相关细胞及效应分子组成的高度完整且调节完善的复杂网络。黏膜免疫在机体分布广泛，可独立存在于外周免疫系统之外，具有丰富的淋巴组织和免疫活性细胞，是机体抵御病原微生物入侵的第一道防线。同时，它们还具有耐受寄生于上皮和黏膜器官中的非致病共生微生物群的特点。本章重点讨论黏膜免疫系统，比较分析人和实验动物在黏膜免疫系统的组织构成（表 7-1）、免疫应答、免疫调控及黏膜免疫相关疾病等方面的异同。

表 7-1 人类和不同物种黏膜相关淋巴组织的比较

黏膜相关淋巴组织（MALT）	人类	其他物种
肠道相关淋巴组织（GALT）	人类小肠有 100~200 个派尔集合淋巴结，有生发中心；仅有 10% 的肠上皮内淋巴细胞是 TCRγδT 细胞，其比例高于其他淋巴组织；人类表达 Vα24 TCRα 链；黏膜相关不变 T 细胞人类表达 TCRVα7.2-Jα33；健康成人的肠每 5~20 个上皮细胞存在一个上皮内淋巴细胞；可见 M 细胞	小鼠小肠有 8~10 个 PPs；无菌小鼠有 PPs，但无生发中心；TCRγδT 细胞占肠上皮内淋巴细胞的 50% 左右；小鼠表达 Vα14 TCRα 链；黏膜相关不变 T 细胞小鼠表达 TCRVα19-Jα33；正常小鼠小肠每 5~10 个上皮细胞大约有 1 个上皮内淋巴细胞；猴、猪、牛、兔、鼠、鸡等其他物种都可观察到 M 细胞
鼻咽相关淋巴组织（NALT）	人类大多数淋巴组织在咽淋巴环中组成扁桃体	啮齿动物没有扁桃体，NALT 可能取代了扁桃体的功能；牛出生时扁桃体发育良好；绵羊、兔、非人灵长类动物等具有良好的 NALT 组织；犬没有典型的 NALT 结构
支气管相关淋巴组织（BALT）	BALT 只在人类早期（儿童和青少年）肺中出现；健康成年人中通常不存在 BALT；成年人出现 BALT 提示潜在疾病状态	在正常状态下，兔及猫科动物的下呼吸道黏膜具有发育完好的 BALT；小鼠的下呼吸道黏膜未存在少量 BALT，在细菌或病毒感染时才多量出现
结膜相关淋巴组织（CALT）	30%~100% 的健康人存在 CALT；CALT 伴随儿童时期发育，到 10 岁左右最发达，平均每眼 30 个滤泡，随后随着年龄的增长而减少	兔有明显 CALT；牛、犬、小鼠、豚鼠、猪、绵羊、猕猴、双峰驼和禽类等其他物种都存在 CALT
泌尿生殖道相关淋巴组织（UALT）	女性阴道上皮含有朗格汉斯细胞；在阴道、宫颈内膜和尿道上皮下有多种树突状细胞和巨噬细胞；生殖道黏膜层有 B 细胞和 T 细胞；生殖道黏膜局部产生的抗体是 IgG，少部分为 IgA	恒河猴阴道和宫颈黏膜上皮分布着朗格汉斯细胞；恒河猴阴道、宫颈、颈管内黏膜下有不同数量的 B 细胞和巨噬细胞；很多动物生殖道黏膜可诱导局部黏膜免疫反应

第一节 黏膜免疫概论

黏膜覆盖了人体与外界环境接触的最大表面区域，它通过覆盖包括呼吸道、消化道、泌尿生殖道及其相关联的外分泌腺，形成了机体内环境与外环境之间的物理屏障。由于黏膜表面积大，具有复杂的结构，且持续暴露于外部环境，使得黏膜途径是绝大多数病原体进入机体的主要途径。病原体可通过吸入、摄入或性接触等方式通过黏膜进入机体。因此，宿主必须在黏膜表面保持动态和灵活的免疫屏障，以防止有害病原体侵入。

一、黏膜免疫系统的组成

黏膜免疫系统（mucosal immune system，MIS）是全身免疫系统的一部分，局部黏膜组织总是在接受微生物性抗原、食物性抗原、变应原等不断刺激，继而诱导不同性质的免疫反应，如免疫应答或免疫耐受。黏膜免疫系统由分布于呼吸道、胃肠道、泌尿生殖道的黏膜上皮组织和分泌物，黏膜下及一些外分泌腺体处的淋巴组织，以及栖息微生物群构成。在健康状态下，黏膜免疫系统可对非致病性共生微生物和良性环境物质保持耐受性，是执行局部特异性免疫功能的主要场所。黏膜免疫系统由黏膜上皮组织及分泌物（mucosal epithelium/mucus）、黏膜相关淋巴组织（mucosal-associated lymphoid tissue，MALT）、共生菌群（commensal microorganisms）三部分组成。

MALT 包括肠道相关淋巴组织（gut-associated lymphoid tissue，GALT）、鼻咽相关淋巴组织（nasopharynx-associated lymphoid tissue，NALT）、支气管相关淋巴样组织（bronchus-associated lymphoid tissue，BALT）、结膜相关淋巴组织（conjunctiva-associated lymphoid tissue，CALT）、泌尿生殖道相关淋巴组织（urogenital associated lymphoid tissue，UALT）、外分泌腺以及泌乳期乳腺等，它们在抗病毒免疫反应中起着重要作用，是机体抗病毒免疫应答的重要诱导部位。派尔集合淋巴结（Peyer's patch，PP）、盲肠和孤立淋巴结等构成了 GALT，它们是胃肠道黏膜免疫的核心诱导部位；扁桃体、腺样增殖体、支气管等则是上行呼吸道和鼻腔、口腔黏膜免疫的核心诱导部位。胃肠道黏膜固有层的淋巴样细胞、上呼吸道、生殖道，以及乳腺、唾液腺、泪腺等分泌腺组织，可作为黏膜免疫应答的效应部位。

二、黏膜免疫的一般特征

黏膜免疫系统是保护胃肠道、支气管、肺、泌尿生殖系统等黏膜免受外界抗原入侵的屏障。其中，胃肠道黏膜免疫系统是最大和最复杂的组成部分。人类肠黏膜约含有 $5×10^{10}$ 个淋巴细胞，肠黏膜除具有强大的吸收功能外，还必须抵抗数万亿细菌的侵入。黏膜免疫系统的基本解剖结构包括外部的黏膜上皮屏障和内部的引流淋巴结。外部的黏膜上皮屏障发挥防止微生物入侵的基本功能，在结缔组织中，弥散分布着多种类型的免疫细胞，这些细胞对局部微生物的固有免疫和适应性免疫应答至关重要。内部的相应引流淋巴结则能够启动和扩增对入侵微生物的适应性免疫应答。

黏膜上皮是内外环境之间的屏障，是微生物入侵的重要部位。潜在的结缔组织，如肠道中的固有层，包含许多分散的淋巴细胞、树突状细胞、巨噬细胞和肥大细胞。黏膜下结缔组织还包含次级淋巴组织，其包括 B 细胞、T 细胞、树突状细胞和巨噬细胞。这些免疫细胞的集合，通常称为 MALT，是启动特定黏膜适应性免疫应答的部位。黏膜免疫系统中的适应性免疫应答在屏障组织外的引流淋巴结中被诱导。在皮肤和黏膜组织中，上皮屏障外的抗原被上皮细胞内的特化细胞摄取并输送到引流淋巴结或 MALT。值得注意的是，在黏膜免疫系统的引流淋巴结或 MALT 中产生的效应淋巴细胞，将进入血液并优先归巢至同一器官的黏膜下结缔组织。

黏膜免疫系统的各部分因其所在组织的独特解剖属性而有所不同。例如，肠道中抗原的摄取及其向次级淋巴组织的转运，依赖于细胞类型和淋巴引流途径，这些与皮肤或内脏器官中的发生不同。肠道的不同区域和其他黏膜器官中的 MALT 结构也具有不同的特征。此外，黏膜免疫系统还包含一些限制于黏膜免疫系统但在整个免疫系统中并不存在的特殊细胞和分子类型，包括树突状细胞亚群（如皮肤中的朗格汉斯细胞）、抗原转运细胞（如肠中的 M 细胞）、T 细胞（如上皮细胞中的 γδ T 细胞）和 B 细胞亚群（如产生 IgA 黏膜组织中的 B 细胞和浆细胞）。此外，黏膜免疫系统还具有重要的调节作用，用于防止对非致病性微生物和外来物质入侵的不必要反应。其中，肠相关免疫系统能够抑制肠黏膜定居的共生细菌的反应。体表暴露于有菌环境中（包括皮肤、肺和泌尿生殖道等）的黏膜免疫组织，对抑制非致病微生物和无害外来物质的免疫反应有重要作用。

第二节 消化道黏膜免疫系统

消化道黏膜系统整体由管状组织结构组成，其结构由位于基底膜上的连续上皮细胞层依次排列构成。基底膜是外部环境的物理屏障，黏膜上皮层是一层基底层外的疏松结缔组织，在肠道中称为固有层，包含血管、淋巴管和黏膜相关的淋巴组织，黏膜下层是一个致密的结缔组织层，连接黏膜和平滑肌层。胃肠道黏膜免疫系统在免疫学上具有两个显著特征。首先，小肠和大肠的黏膜总面积超过 $200m^2$，主要由小肠绒毛和微绒毛组成；其次，肠道的内腔充满了微生物，其中许多微生物与食物一起被摄取，同时，大多数微生物在健康个体的黏膜表面上作为共生物不断生长。据估计，超过 500 种不同种类的细菌，接近 10^{14} 个细胞，生活在哺乳动物的肠道中。尽管这些共生菌在肠黏膜屏障外侧时对宿主有益，但如果它们异常穿过黏膜屏障进入循环系统，甚至穿透肠壁，则可能会引发严重疾病，甚至危及生命。因此，黏膜免疫系统必须能够在绝大多数非致病微生物的存在下，识别并消除病原体，发挥固有免疫和适应性免疫应答作用。

一、肠黏膜上皮细胞

小肠和大肠内的肠黏膜上皮细胞是消化道固有免疫系统的组成部分，这些细胞参与对病原体的反应、对共生生物的耐受性，以及用于递送至肠道适应性免疫系统的抗原摄取。肠黏膜上皮细胞有多种类型，均来自肠腺隐窝，包括分泌黏液的杯状细胞、分泌细胞因子的吸收性柱状上皮细胞、分泌肠激素的内分泌细胞、抗原摄取的 M 细胞和分泌抗菌肽的潘氏细胞等，是参与肠道黏膜固有免疫的主要功能细胞。所有这些细胞类型均以不同的方式对黏膜的屏障功能起保护作用。

肠道中的固有免疫保护是由黏膜上皮细胞及其黏液分泌物提供，并由非特异性物理和化学屏障介导。相邻的肠黏膜上皮细胞通过形成紧密连接的蛋白质结合在一起，构成肠道黏膜的主要物理屏障。黏膜上皮细胞、树突状细胞、巨噬细胞等产生的抗微生物物质，则通过病原相关分子模式（PAMP）识别受体，参与诱导抗病毒反应和炎症反应。

杯状细胞是维持上皮细胞屏障功能的一群特化细胞，它位于肠绒毛的顶部，可以分泌多种黏液，通过疏水作用结合肠道病原微生物蛋白，限制细菌等病原微生物侵入肠黏膜，构成了肠道上皮组织的黏液屏障。吸收性上皮细胞通过摄取可溶性多肽抗原，分泌大量细胞因子，在细胞因子刺激下诱导活化的胃肠黏膜上皮细胞进行抗原提呈，诱导黏膜免疫应答。M 细胞是黏膜上皮组织具有胞饮转运功能的上皮细胞，位于覆盖淋巴组织专门的穹顶结构 PP 表面的淋巴上皮中，其向肠腔面具有很多深浅不一的皱褶，这些细胞表面没有微绒毛结构，不分泌黏液和消化酶，它们本身也无抗原加工和提呈作用，M 细胞主要通过摄取和运输肠道内的抗原性物质，被树突状细胞等抗原提呈细胞加工后提呈给 T 细胞，诱导免疫应答或免疫耐受。潘氏细胞位于肠道隐窝的底部，通过分泌抗菌肽消灭入侵的细菌，由于其紧邻肠道干细胞，故潘氏细胞对肠道干细胞的增殖和分化、肠道发育和肠道黏膜防御起重要的调节作用。肠道上皮还存在一些内分泌细胞，它们在抗原刺激下分泌小分子递质和肠道激素等，刺激肠道神经和免疫细胞发挥功能，促进肠道消化吸收营养物质，还可调节肠道的黏膜免疫防御功能。由此可见，肠道上皮细胞作为连接固有免疫应答与适应性免疫应答的桥梁，既能促进机体对营养物质的吸收，也能形成物理屏障防御微生物的入侵，这些细胞对维持肠道微环境稳态的平衡至关重要。

二、肠相关淋巴组织

肠相关淋巴组织由淋巴结构和弥散淋巴细胞组成。其中，淋巴结构包括小肠 PP、独立淋巴滤泡（isolated lymphoid follicle，ILF）、肠系膜淋巴结（mesenteric lymph node，MLN）；弥散淋巴细胞包括上皮内淋巴细胞（intraepithelial lymphocyte，IEL）和固有层内淋巴细胞（lamina propria lymphocyte，LPL）。

小肠 PP 位于肠黏膜下，由连滤泡上皮（follicle-associated epithelium，FAE）与肠腔隔开，是黏膜内的一组淋巴滤泡，它是胚胎期发育形成过程中启动黏膜免疫应答的部位。独立淋巴滤泡由 B 细胞和 T 细胞（以 CD4$^+$ T 细胞为主）组成，在其表面覆盖着一层微皱褶细胞（micro-fole cell，MC，M 细胞）以及抗原提呈细胞，主要吞噬病毒和肠道病原菌，并识别胃肠道内呈现的多种抗原。肠系膜淋巴结是体内最大的淋巴结，含有 T 细胞区和淋巴滤泡，与 PP、独立淋巴滤泡相连，主要启动针对肠道抗原的免疫应答和诱导黏膜耐受。PP 大到肉眼可见，在人类小肠有 100～200 个，小鼠有 8～10 个。大肠也存在与 PP 类似的淋巴样结构，但体积小于 PP。在成年鼠的 PP 中，B 细胞的比例占 50%～70%，T 细胞的比例占 10%～30%。

肠上皮内淋巴细胞存在于上皮细胞之间，主要为 T 细胞，约占 90%。小肠上皮内 αβT 细胞主要以 CD8$^+$T 细胞为主，也存在少量 γδ T 细胞。肠上皮内淋巴细胞可分为两类，其中一类肠上皮内淋巴细胞为 CD8$^+$ 杀伤 T 细胞，约占 80%，其细胞表面表达 αβ TCR，能够识别经典 MHC I 类抗原，经活化后释放颗粒酶和穿孔素，从而发挥抗黏膜感染的作用。另一类肠上皮内淋巴细胞表面表达 NKG2D 分子或 γδ TCR，它能识别非经典 MHC I 类抗原，释放颗粒酶和穿孔素，从而发挥细胞毒作用。人类的肠上皮内淋巴细胞，仅有 10% 淋巴细胞是 TCR γδT 细胞，其比例高于其他淋巴组织。在小鼠中，TCR γδT 细胞则占肠上皮内淋巴细胞的 50% 左右。黏膜上皮中还存在 NKT 细胞，其表面表达不变 αTCR 分子链，其中小鼠表达 Vα14 αTCR 分子链，人类表达 Vα24 αTCR 分子链，两者具有较高同源性，都能识别由 MHC 非经典分子 CD1d 提呈的脂类抗原。

固有层淋巴细胞包括黏膜固有层 T 细胞和黏膜固有层 B 细胞。固有层 T 细胞主要包括 CD4$^+$效应或记忆 T 细胞，分为 Th1 细胞、Th2 细胞和 Th17 细胞等，还有极少量的 Treg 细胞和 CD8$^+$T 细胞。在正常状态下，黏膜固有层的效应或记忆 T 细胞对食物或共生菌群抗原呈耐受或低反应状态，但一旦出现病原菌感染，效应 T 细胞会启动保护性免疫应答，同时，Treg 细胞的调控功能相应下调。在黏膜固有层中发现了一个受 MHC 分子限制的 T 细胞亚群，称为黏膜相关不变 T 细胞，该细胞亚群表达不变的 TCRα 链，其中人类为 TCRVα7.2-Jα33，而小鼠为 TCRVα19-Jα33。固有层的 B 细胞则多为 IgA$^+$B 细胞，这些 B 细胞主要分布于 PP 的生发中心，经抗原刺激后分化为浆细胞，主要分泌 IgA。研究显示，无菌小鼠虽然有 PP，但无生发中心，只有外来微生物才刺激生发中心形成，继而产生 IgA$^+$B 细胞。

PP 在 1677 年由 Peyer 发现，这些肠黏膜下的大量淋巴细胞集团，主要分布于盲肠、扁桃体和回肠。PP 中有明显的淋巴上皮及大量上皮下淋巴组织，淋巴组织中含有大量淋巴滤泡，覆盖滤泡的上皮细胞为 M 细胞。目前，在人、猴、猪、牛、兔、鼠、鸡等动物中都观察到了 M 细胞。随着年龄的增长，人类小肠中 PP 的大小逐渐增加直到青春期，成年人的 PP 随着小肠各部位集合淋巴结数量的减少，数量迅速下降。据估计，在健康成人的肠道黏膜中，大约有 1 个上皮内淋巴细胞（IEL）。啮齿类动物 PP 中存在很少的 IgG 浆细胞，它们的 PP 发育需要细菌的存在。小鼠和大鼠虽然没有阑尾，但它们的盲肠壁上有大量淋巴样细胞聚集。正常小鼠的小肠黏膜中，每 5～10 个上皮细胞大约有 1 个上皮内淋巴细胞；结肠黏膜中，每 40 个上皮细胞大约有 1 个上皮内淋巴细胞。

虽然大鼠、狒狒和人 PP 的组织形态非常相似，但它们的免疫表型有所不同。大鼠的 PP 细胞表达 IgD 和 IgM，灵长类（人和狒狒）PP 细胞表达 IgM 或 IgA。这提示啮齿类动物和灵长类动物的 PP 受抗原刺激后，诱导浆细胞分泌免疫球蛋白至固有层的过程有所差异。此外，猪、狗和反刍动物有两种不同类型的 PP。人类阑尾和犬 PP 均有很多表达 IgG 的浆细胞，即使没有微生物的暴露，这些空肠和回肠的 PP 也会生长。猪 PP 中存在 IgA 浆细胞，但其数量可能相对较少。PP 的数量和大小可能随年龄增长发生变化，这可能与猪空肠和回肠中 PP 的较长分布有关，反映了猪肠道免疫系统的区域化特征。

第三节 呼吸道黏膜免疫系统

与消化道黏膜一样，呼吸系统、泌尿生殖系统和结膜的黏膜都具有严密的屏障功能，以抵抗环境中微生物的入侵和抑制共生微生物的反应。呼吸系统的黏膜沿着鼻腔、鼻咽、气管和支气管延续排列。肺泡及支气管气道上皮的囊状末端也被认为是呼吸道黏膜的一部分。吸入空气时，呼吸道黏膜暴露于各种外来物质中，包括空气传播的有机成分、植物花粉、尘埃颗粒和多种其他环境抗原等。呼吸道的微生物菌群不像肠道那么多样化，因为深呼吸道和肺泡通常是无菌的。呼吸道黏膜免疫系统通过进化形成了独特的免疫调节机制，能够在免疫耐受和免疫激活状态之间保持平衡，从而有效抵抗病原微生物的入侵。同时，黏膜免疫系统通过精细的免疫调节，避免过度免疫反应导致的呼吸系统损伤。因免疫系统未能很好地控制支气管和肺部感染，肺炎仍是全球最高发病率和死亡率的疾病。

一、鼻咽相关淋巴组织

在呼吸道，位于咽管入口处的次级淋巴聚集体被称为鼻咽相关淋巴组织（NALT），是上呼吸道中唯一结构完善的由杯状细胞和 M 细胞包裹的黏膜相关淋巴组织，在上呼吸道的局部免疫反应中发挥重要作用。NALT 的结构因物种不同而存在差异。在人类,大多数淋巴组织在咽淋巴环中组成扁桃体。啮齿类动物没有扁桃体,研究者认为啮齿类的 NALT 可能取代了扁桃体的功能。啮齿类动物的 NALT 位于软腭的前方,由成对的淋巴结组成,形成由 T 细胞、B 细胞、高内皮小静脉和树突状细胞组成的非包囊淋巴聚集体。研究显示,大约 40% 的被调查儿童可以观察到 NALT,且部位不确定。在大鼠和小鼠出生前鼻上皮可见一些 B 细胞和一些树突状细胞,出生时在鼻底可见 NALT。小鼠出生第 7 天鼻腔可见特定的 B 细胞和 T 细胞区域以及高内皮静脉,在鼻上皮中发现 M 细胞。14 日龄小鼠的绝大部分鼻黏膜没有淋巴管,鼻黏膜基底部的鼻泪管淋巴网直接连接到眼部区域,眼部的间质液通过鼻泪管排入鼻腔和腭裂淋巴管,进而通过咽部淋巴管到达颈深部淋巴结。研究发现,小鼠的支气管相关淋巴组织具有比人类更丰富的 NALT,这与小鼠主要以鼻呼吸有关,使得绝大多数吸入的抗原都通过它们的鼻腔通道。

非人灵长类动物的 NALT 位于鼻咽近端的侧壁和隔膜壁上,其 NALT 比大鼠 NALT 更多。

牛 NALT 最初于 1992 年被发现。牛的扁桃体位于咽部入口处,其功能与人类的咽淋巴环相似。在牛发育期间,妊娠 95 天即可检测腺样体,妊娠 120~150 天可见到纤毛、微绒毛细胞和单核细胞的松散积累,妊娠 5 个月后形成小淋巴卵泡,随后出现杯状细胞。牛的扁桃体在出生时已发育得较为完善,但生发中心的形成和 MHC II 类抗原表达的增加,则主要发生在出生后的早期阶段。

绵羊 NALT 结构聚集在咽鼓管开口的后面,由离散的 B 细胞和 T 细胞区域组成,类似于人类和啮齿类动物的区域。研究表明,绵羊 NALT 被纤毛和非纤毛细胞覆盖,这些细胞在抗原摄取和加工中起重要作用。

犬鼻黏膜中没有典型的 NALT 结构。犬的咽淋巴环包括舌扁桃体、腭扁桃体、软腭扁桃体和咽扁桃体或腺样体。犬的鼻咽黏膜看起来均匀,鼻咽扁桃体不明显。由于犬同时通过鼻子和嘴呼吸,故犬鼻和鼻咽黏膜暴露于吸入的抗原减少,这也是咽部扁桃体在犬的发育不如马、牛、羊和猪那么发达的原因。

兔的鼻腔有良好的 NALT 组织,在兔鼻腔中间三分之一处,NALT 占据了最大的空间。考虑到体重换算,兔和人类的鼻腔占据相似的体积。然而,与啮齿动物相比,兔的 NALT 更丰富。鉴于人类和兔鼻腔之间的相似性,兔比啮齿动物更适合作为鼻内疫苗的动物模型。

二、支气管相关淋巴组织

在呼吸道,具有特殊上皮的淋巴聚集物被称为支气管相关淋巴组织(BALT),它是支气管黏膜中的次级淋巴组织,是有组织的支气管淋巴样聚集体或滤泡。BALT 的淋巴滤泡内主要为 B 细胞,周围存在成熟的小淋巴细胞,滤泡的边缘区域分布着高内皮细胞微静脉。BALT 主要位于动物和人类支气管的分叉处,存在于胎儿中并在出生后迅速发展,尤其在有抗原存在的情况下。由 BALT 引发的体液免疫应答主要包括局部 IgA 的分泌以及 BALT 衍生的 B 细胞向远处黏膜位点的迁移和分布。BALT 在功能上类似于肠中的黏膜淋巴聚集体,并且被认为是常见黏膜免疫系统的成员。

在健康人类,BALT 只在儿童和青少年的肺部发现。这与 GALT 有很大的不同,GALT 存在于所有研究过的哺乳动物中,BALT 不是一般哺乳动物的组成结构。如果没有呼吸道感染史,BALT 在健康人中通常不存在。BALT 的存在通常与某些疾病状态相关,如慢性炎症、感染或自身免疫疾病等。

NALT 分布于上呼吸道黏膜中,BALT 分布下呼吸道黏膜中。在正常状态下,兔及猫科动物的下呼吸道黏膜具有发育完好的 BALT,而在人和小鼠的下呼吸道黏膜中未发现其存在。只有在病毒或细菌感染的情况下,人和小鼠的下呼吸道黏膜中才能观察到 BALT。因此,BALT 又被称为诱导型 BALT。大量研究表明,无菌动物体内不存在或存在数量非常少的 BALT。因此,研究者认为抗原暴露是导致BALT 发育的主要机制。人们在哺乳动物和鸡支气管组织中发现了离散的淋巴细胞,并且主要由表达 IgA 的 B 细胞组成。研究人员对兔 BALT 和火鸡 BALT 的结构和功能的研究中发现,它们的 BALT 和 GALT 结构十分相似。禽类 BALT 分布在次级支气管及其末端开口处,其表面由缺少纤毛、有不规则微绒毛的扁平上皮细胞组成,表面存有深的凹陷,细胞质内溶酶体和内质网等细胞器均较少,顶部细胞质存在许多空泡。扁平上皮下淋巴组织中含有巨噬细胞和异嗜性白细胞。

第四节　结膜和泌尿生殖道黏膜免疫系统

机体依靠有效的黏膜免疫防御机制来维持脆弱组织结构和功能的完整性。因此，与胃肠道黏膜和呼吸道黏膜系统一样，泌尿生殖系统的黏膜表面和眼结膜表面也必须通过免疫屏障，抵抗环境中不同微生物的侵入，同时平衡入侵微生物和多共生生物的免疫反应。

一、结膜相关淋巴组织

眼结膜经常受到潜在病原体和有害物质的挑战，是黏膜免疫防御的重要靶器官。眼相关淋巴组织包括泪腺、结膜相关淋巴组织 CALT 和泪液引流相关淋巴组织。CALT 是黏膜相关组织的一部分，也是眼免疫系统的重要组成部分。CALT 位于固有层内，由一个特殊分泌淋巴上皮的扩散层组成，其淋巴滤泡数量有变异性，其淋巴结构与隐窝相关。CALT 的淋巴层含有 T 细胞和分泌 IgA 的浆细胞，淋巴滤泡由 B 细胞、T 细胞、巨噬细胞和树突状细胞组成。这些滤泡能摄取抗原并发挥免疫应答作用。在人类，CALT 的滤泡主要分布于上下眼睑的跗骨区和睑结膜，少数可见于穹窿部，但很少出现在球结膜上。30%～100% 的健康个体中存在 CALT，其数量在儿童发育阶段（从出生到 10 岁左右）逐步增加，10 岁以后则随着年龄的增长而减少。需要指出的是，CALT 中的高内皮小静脉对淋巴细胞归巢到结膜很重要。组织学研究证实，CALT 能够识别眼表面的抗原，并参与启动和调节局部眼表面的免疫应答。

CALT 首先被发现于兔子的眼结膜处，研究者在对牛、狗、小鼠、豚鼠、猪、绵羊、猕猴、双峰驼和禽类等动物的研究中发现，这些动物的眼结膜都有 CALT，CALT 的形态和功能特征与其他黏膜免疫区域相似。兔、猪、禽类等动物的 CALT 主要集中在结膜穹窿上皮表面、上眼睑及第三眼睑。淋巴小结分布分散且数量较少，主要集中在鼻泪管周围。尽管多种动物均存在 CALT，但动物抗体等试剂的缺乏限制了 CALT 的免疫调控机制研究。啮齿动物模型作为黏膜免疫研究的重要工具，是研究 CALT 参与免疫反应的重要模型。与其他物种类似，BALB/c 小鼠的 CALT 组成也包括滤泡相关上皮、以 CD8$^+$T 细胞为主的上皮内淋巴细胞，以及由 B 细胞、CD4$^+$T 细胞、巨噬细胞、树突状细胞、邻近的血液和淋巴管组成的滤泡。作为眼区重要的免疫应答组织，CALT 能协同邻近结构完成独特的局部免疫功能，并参与全身免疫应答的调控。

二、泌尿生殖道相关淋巴组织

泌尿生殖道黏膜是针对微生物入侵的免疫防御，主要依赖于上皮层细胞。男性尿道末端为复层鳞状上皮，女性上生殖道为分泌黏液的单层柱状上皮，阴道黏膜为复层鳞状上皮。阴道上皮层还含有朗格汉斯细胞；在阴道、宫颈内膜和尿道上皮层可见多种树突状细胞和巨噬细胞；生殖道黏膜下层还可见 B 细胞和 T 细胞。此外，女性生殖道各部分组织中均可见白细胞，其中，输卵管和子宫中白细胞的比例更高，子宫内膜含有大量的白细胞，主要聚集于集合淋巴结。研究发现，恒河猴的阴道、宫颈、颈管内黏膜下均有不同数量的 B 细胞和巨噬细胞，阴道和宫颈黏膜上皮分布着朗格汉斯细胞，其周围分布着依赖激素周期性变化的上皮细胞。研究显示，人类口服脊髓灰质炎疫苗后，首先启动胃肠黏膜免疫相关淋巴组织进行免疫应答，同时，在人子宫、宫颈和阴道分泌物中也能够检测到特异性抗体，说明泌尿生殖道黏膜通过共同黏膜免疫系统，发挥免疫保护作用。在动物实验中，生殖道黏膜局部进行不同的抗原诱导，均可在局部检测到特异性 IgA 和 IgG，说明雌性动物生殖道可以产生黏膜免疫应答。与其他部位黏膜的 IgA 主导性抗体不同的是，生殖道黏膜仅分泌少量 IgA，主要分泌的抗体为 IgG，在人类颈管内和宫颈阴道分泌物中，IgG 约占 80%，这些生殖道黏膜分泌的 IgG 和 IgA 一样，都对病原体具有抵抗作用。

第五节 黏膜免疫应答及调控

人类在进化过程中逐渐依赖于共栖微生物来完成多种消化和吸收功能,包括降解人类自身细胞无法消化的膳食成分。尽管共栖生物在黏膜屏障外是有益的,但如果它们穿过黏膜屏障进入循环,尤其针对免疫受损的个体,则可能是致病甚至致命的。这些隐藏在黏膜中的共生体,是一个必须要时刻防范的潜在危险。此外,通过消化道黏膜、呼吸道黏膜、泌尿生殖道黏膜等摄入的致病性生物,包括细菌、病毒、原生生物、蠕虫、寄生虫等,均能引起严重的疾病。通常,这些致病微生物仅占黏膜局部微生物群的一小部分。然而,致病微生物通过不同黏膜途径的感染每年在全世界造成数百万人死亡。为了保持机体健康,黏膜免疫系统必须能够在绝大多数非致病微生物的存在下,识别并消除数量罕见的致病病原体,这对黏膜免疫是一个需要实时应对的挑战。

一、黏膜固有免疫应答

黏膜固有免疫主要由物理屏障、化学屏障和免疫细胞构成。物理屏障包括上皮细胞及其紧密连接形成的上皮障碍,以及黏液层、纤毛运动、蠕动等机械清除机制。化学屏障包括胃酸($pH<1$)、黏蛋白(具有抗菌和抗病毒作用)、酶类(如溶菌酶)、防御素(抗菌肽)以及多胺类物质(如精胺和亚精胺)等;免疫细胞包括巨噬细胞、树突状细胞、肥大细胞、嗜酸性粒细胞和上皮内淋巴细胞(IEL)等。在正常情况下,黏膜免疫以诱导免疫耐受为主,通过抑制性巨噬细胞和耐受性树突状细胞等机制,避免对无害抗原(如食物和共生微生物)产生过度免疫反应。当病原体入侵时,黏膜免疫系统通过模式识别受体(如 TLR 和 NLR)识别病原体,激活固有免疫应答,发挥吞噬作用、分泌细胞因子以及抗原提呈等功能,从而清除病原体并启动适应性免疫应答。

(一)胃肠道黏膜的固有免疫应答

胃肠道黏膜免疫系统拥有很多与其他黏膜组织共享的免疫特征。参与固有免疫的小肠内肠上皮细胞和大肠内肠上皮细胞,是胃肠道固有免疫系统的重要组分,它们通过对病原体进行防御反应,对共生生物产生耐受,以及对递送至肠道的适应性免疫系统的抗原摄取,参与黏膜免疫的保护。这些肠上皮细胞均来自肠腺隐窝中的前体,主要包括分泌黏液的杯状细胞,位于肠绒毛的顶部;分泌细胞因子的吸收上皮细胞;抗原摄取 M 细胞,存在于覆盖淋巴组织的专门穹顶结构中;隐孢子细胞,位于隐窝的底部,分泌抗菌肽发挥黏膜保护作用。所有这些细胞均以不同的方式对黏膜屏障发挥保护作用。

肠道中的固有免疫保护,部分由黏膜上皮细胞及其黏液分泌物提供的非特异性物理和化学屏障介导。非特异性物理屏障由相邻的肠上皮细胞通过形成紧密连接形成,紧密连接的关键蛋白包括闭锁蛋白(如 ZO-1)和闭合蛋白家族(如 Occludin 和 Claudins),这些蛋白紧密连接在一起,形成一个屏障,阻断病原体及其相关分子模式(PAMP)通过上皮细胞之间的缝隙进入固有层。此外,黏膜层很多细胞,包括黏膜上皮细胞、树突状细胞和巨噬细胞,均能产生抗微生物物质,这些细胞均通过 PAMP 识别受体,诱导抗病原体的炎症反应和抗病毒的细胞毒作用。研究发现,一些促进身体其他部位炎症的固有免疫受体也在肠道黏膜免疫中发挥抗炎作用。一种广泛糖基化蛋白质,被称为黏蛋白,可以形成黏液性物理屏障,用于防止微生物接触胃肠道细胞。这些黏蛋白的结构特点为含有许多不同 O-连接的寡糖,包括分泌型黏蛋白和细胞表面黏蛋白。其中,分泌型黏蛋白包括 MUC2、MUC5 和 MUC6,它们能形成厚度为 $300\sim700\mu m$ 的水合凝胶。这些凝胶样结构通过形成物理屏障,有效阻止微生物与上皮细胞直接接触,从而构建一个抗微生物基质。

(二)呼吸道黏膜的固有免疫应答

由于细胞和分泌物之间的紧密连接,构成大部分呼吸道黏膜的假复层纤毛柱状上皮,包括鼻腔、鼻咽和支气管树,这些呼吸道黏膜免疫组织具有与肠上皮相似的物理和化学屏障功能。气道中的黏液能够捕获包括微生物在内的外来物质，纤毛将黏液和被困微生物移出肺部。因此，一些黏液和纤毛受损的个体，如重度吸烟者或囊性纤维化患者，发生严重支气管肺感染的频率增加。支气管肺泡也存在具有抗菌功能的黏膜免疫，但这些功能受到严格的调控，以防止发生严重的肺泡炎症进而损害气体交换。下呼吸道肺泡通常是无菌的，但可以沿着支气管损伤而产生支气管肺炎，肺泡衬里细胞可直接被病毒感染。肺泡表面活性蛋白 A 和 D 作为胶原凝集素（collectin）家族蛋白被分泌到肺泡腔中，并与许多病原体表面的碳水化合物 PAMP 结合。这些表面活性蛋白能够中和病毒并帮助清除吸入肺泡的空气中的微生物，但它们也抑制了肺部的炎症和过敏反应。研究显示，SP-A 能够抑制 TLR2 和 TLR4 在肺泡巨噬细胞中的表达，并且产生炎性细胞因子，SP-A 还能通过结合 TLR4，降低肺泡巨噬细胞的吞噬活性。肺泡巨噬细胞代表肺泡腔内的大部分游离细胞，与大多数其他组织中的巨噬细胞不同，它们始终维持抗炎表型。这些肺泡巨噬细胞表达 IL-10、NO 和 TGF-β，与脾和肝等其他组织中的常驻巨噬细胞相比，它们的吞噬能力较差，但可发挥抑制 T 细胞的免疫应答，降低树突状细胞的抗原提呈作用。

二、黏膜适应性免疫应答

黏膜适应性免疫应答主要通过效应或记忆淋巴细胞实现，这些淋巴细胞通过黏膜免疫系统再循环至不同部位发挥效应。它们对无害抗原并不应答，当遇到有害抗原激活时，记忆 B 和 T 细胞群通过淋巴引流从黏膜诱导环境移出，再经输出淋巴管引流到经胸导管，最终释放到大静脉而进入血液循环，又落户于黏膜部位，针对同一抗原进行高效特异性免疫应答。其中，20% 的免疫细胞可以通过淋巴细胞的归巢，进入其他黏膜部位发挥效应，发挥放大免疫应答的效应。黏膜适应性免疫应答的抗原特异性黏膜效应细胞主要包括产生 IgA 的浆细胞以及成熟的 B 细胞和 T 细胞。浆细胞产生的分泌型 IgA（secretory immunoglobulin A，SIgA）是主要的黏膜免疫球蛋白，在参与黏膜保护中发挥重要作用。

（一）黏膜体液免疫应答

体液免疫是黏膜免疫的主要过程，可溶性蛋白质或细菌、病毒等颗粒物质作为抗原，与黏膜淋巴组织的 M 细胞表面尚未明确的部位结合，通过吞饮小泡被摄入 M 细胞内，在经过 M 细胞的加工中，未被降解的抗原释放至上皮深区淋巴组织，由抗原提呈细胞进行抗原提呈，诱导黏膜结合淋巴组织内的 B 细胞和 T 细胞致敏。致敏的 B 细胞、T 细胞通过淋巴导管系统离开黏膜结合淋巴组织，随后通过胸导管进入血液循环，进而到达消化道、呼吸道等处的黏膜固有层和腺体。黏膜固有层是一个重要的黏膜效应部位，致敏的 B 细胞在固有层定居下来，并在抗原、致敏 T 细胞和细胞因子群的刺激下，增殖变为成熟的 IgA 浆细胞，产生 SIgA。研究表明，人体每天分泌 SIgA 的量为 30～60mg/kg，超过其他免疫球蛋白的总量。IgA 在浆细胞内合成后，由 J 链（含胱氨酸较多的酸性蛋白）连接成二聚体分泌出胞，到达黏膜上皮细胞表面，与上皮细胞产生的分泌片连接成完整的 SIgA，释放到分泌液中，与上皮细胞紧密结合在一起，在黏膜或浆膜表面发挥免疫保护作用。由于外分泌液中的 SIgA 含量多，又不容易被蛋白酶破坏，故成为抗感染、抗过敏的主要屏障。SIgA 具有很多功能，包括：①阻抑黏附作用。SIgA 可阻止病原微生物黏附于黏膜上皮细胞表面。SIgA 使病原微生物发生凝集，丧失活动能力，减少微生物在黏膜上皮细胞的黏附；SIgA 与微生物结合后，阻断了微生物表面的特异结合点，丧失了微生物与上皮细胞的结合力；SIgA 与病原微生物抗原结合成复合物，从而刺激消化道、呼吸道等黏膜的杯状细胞分泌大量黏液，"冲洗"黏膜上皮，进一步妨碍微生物对上皮细胞的黏附。②免疫排除作用。SIgA 对由食物摄入或空气吸入的某些抗原物质具有封闭作用，使这些抗原游离于分泌物而被排除，或使抗原物质局限于黏膜表面，不进一步进入机体，从而避免超敏反应的发生。③溶解细菌作用。血清型 IgA 或 SIgA 均无直接杀菌作用，但它们可与溶菌酶、补体共同作用，引起细菌溶解。④中和病毒作用。一些黏膜局部的特异性 SIgA 不需要补体的参与，即能中和消化道、呼吸道等部位的病毒，使其不能吸附于易感细胞上。⑤介导 ADCC 作用。小肠淋巴细胞表达 IgA 的 FcR，它们属于由 IgA 介导 ADCC 作用的淋巴细胞，但这种效应也可能导致上皮细胞损伤。人类和小鼠 IgA 的差别见表 7-2。

表 7-2 人类和小鼠 IgA 的比较

人类	小鼠
IgA 单体和二聚体	IgA 主要是单体
由不同恒定区基因片段编码的 IgA1 和 IgA2 两亚类	单一 IgA
血清中含有丰富的 IgA，主要是 IgA1 的单体	血清中 IgA 水平较低
IgM 与聚合 Ig 受体结合情况好	IgM 与聚合 Ig 受体结合不良
肝细胞不表达多聚 Ig 受体	由肝细胞表达的聚合 Ig 受体将 IgA 转运到胆汁中，然后含有 IgA 的胆汁通过胆管进入肠腔，这有助于维持低血清 IgA 水平
IgM 记忆细胞是常见的并且存在相关的分泌 IgM 和 IgA 的黏膜浆细胞	少量的 IgM 记忆细胞和分泌 IgM 的黏膜浆细胞
FcαR1 表达与固有免疫相关	没有 FcαR1 表达
B2 细胞来源	从 B1 和 B2 B 细胞谱系衍生的

呼吸道中的保护性体液免疫以 SIgA 为主，但是其分泌的 SIgA 量远低于胃肠道。同时，SIgG 在上呼吸道中也发挥重要作用。初始 B 细胞的活化、分化和 IgA 同种型转换，在呼吸系统的解剖部位存在变异，但主要位于鼻咽部和纵隔淋巴结中的扁桃体和腺样体，并且在肺中与支气管相邻。与肠道相比，下呼吸道中的固有层中聚集或分离的淋巴滤泡相对较少，并且在这些位置的体液免疫应答较少。将 SIgA 的浆细胞归巢回呼吸道黏膜上皮附近的气道组织，取决于分泌的呼吸道上皮细胞趋化因子 CCL28 及其在浆细胞上的受体 CaR10。IgA 和 IgG 通过与肠道相同的多聚 Ig 受体和跨细胞转运 FCRn 机制，转运到气道腔中。针对气道抗原的 IgE 反应是呼吸系统过敏性疾病的重要机制，常见疾病包括花粉症和哮喘。当 IgE 与气道中丰富的肥大细胞结合时，IgE 产生炎症效应。通过气道树突状细胞取样和抗原提呈，这些抗原传递给支气管周围和纵隔淋巴结中的幼稚 T 细胞，继而启动肺的 T 细胞应答。树突状细胞网络存在于气道的黏膜中，并可以分为多种不同表面标记和位置的亚群，其中，CD103$^+$CD11b$^-$树突状细胞亚群能够从支气管上皮细胞之间的树突延伸到气道腔中。通过这些树突状细胞对气道的抗原摄取，抗原被迁移至引流淋巴结，并被处理提呈给幼稚 T 细胞，诱导 Th2 亚群分化。这些激活的 Th2 细胞回到支气管黏膜中，被固定层中的树突状细胞重新激活成为过敏原，进而诱导过敏性炎症反应。这个途径被认为是人类过敏性哮喘的重要发病机制。

（二）黏膜细胞免疫应答

黏膜细胞免疫的效应细胞主要包括上皮淋巴细胞、T 细胞、B 细胞、NK 细胞和辅助细胞（如巨噬细胞、树突状细胞）。此外，还有一些免疫细胞，包括粒细胞和肥大细胞等也参与其中。固有层淋巴细胞中 40%～90% 为 T 细胞，是功能活跃的效应细胞。参与黏膜免疫的 T 细胞按其表型及功能可分 4 个主要亚群，即杀伤性 T 细胞（Te）、抑制性 T 细胞（Ts）、迟发型超敏反应性 T 细胞（DTH）、诱导辅助性 T 细胞（Ti/Th）/反抑制性 T 细胞（Tes）。活化的杀伤性 T 细胞的主要细胞毒性物质包括细胞毒素和穿孔蛋白，这些毒性物质能够对抗原特异性靶细胞发起"致死性攻击"，而未受损伤的杀伤性 T 细胞可与靶细胞分离，再次攻击新的靶细胞。65%～80% 的 CD3$^+$T 细胞（CD 分布于成熟 T 细胞表面，是一群对信号传递具有重要作用的表面蛋白）为 CD4$^+$细胞亚群。位于固有层的 CD4$^+$T 细胞能促进 IgA 合成，而位于固有层的 CD8$^+$T 细胞则可抑制 IgA 的合成。

上皮内淋巴细胞作为体内最大的淋巴细胞群，是一个高度异质性细胞群。它们位于上皮细胞之间，离肠腔很近，成为黏膜免疫系统中最先与细菌、食物和抗原接触的部位。在人类、小鼠和大鼠中，上皮内淋巴细胞中 90% 以上是 CD3$^+$T 细胞，仅有不到 6% 的细胞为可分泌 SIgA$^+$的 B 细胞，此外还有极少量非 T 非 B 的裸细胞。上皮内淋巴细胞的主要功能是通过识别和消除被病原体感染的上皮细胞，发挥保护性细胞毒性作用，从而快速控制感染。在小鼠中，上皮内淋巴细胞显示出一系列的特异性免疫应答，包括 NK 细胞活性增高、产生特异性细胞毒作用、分泌干扰素、上调上皮细胞 MHC Ⅱ 类抗原的表达，以及产生与 Th1、Th2 功能相关的细胞因子。因此，上皮内淋巴细胞具有调节其他淋巴细胞和上皮细胞免疫功能的作用。此外，上皮内淋巴细胞还能诱导对食物抗原的免疫耐受，并促进上皮细胞的更新。

（三）人与实验动物肠道黏膜免疫参与细胞的异同

在人体内，调节性 T 细胞（Treg）在维持肠道内稳态方面具有重要作用。研究显示，通过定向转移 Treg，实验性 T 细胞转移性结肠炎得到了显著抑制。在小鼠，可以检测到 TGF-β 诱导的 FOXP3 表达和免疫抑制，而这个 FOXP3 依赖的免疫抑制在人类黏膜免疫中却未见到，这个调节差异在某种程度上解释了为什么人类自身免疫性炎性肠病中很少出现 Treg 缺陷。研究显示，这个 Treg 差异可能是基于 TLR2 信号的调控差异，TLR2 信号的激活能降低鼠 Treg 的免疫抑制，却能增加人 Treg 的免疫抑制。对新生猪，比较普通环境喂养以及实验性洁净环境喂养的肠道黏膜状况，发现洁净环境喂养的新生猪黏膜 CD4$^+$CD25$^+$FOXP3$^+$调节性 T 细胞数量显著降低，这意味着调节性 T 细胞与效应 T 细胞的抑制性调控比例降低，血清新环境抗原 IgG 抗体增加，可见黏膜免疫发育期的调控参与动物的免疫耐受。

小鼠 B 细胞能表达人类并不表达的 TLR4，这使小鼠 B 细胞能够独立于 T 细胞进行针对脂多糖进行反应，这种特点应该与小鼠肠道微生物富含的脂多糖有关。未接触微生物的洁净鼠和新生儿固有层内含有极少的 IgA 分泌细胞，当受到共生微生物刺激，即使仅有一个菌种，固有层 IgA 分泌细胞即开始增多并分泌特异性 IgA，这些 IgA 分泌由双重信号调节，其分子调控机制尚存在争议。

肠内微生物抗原通过固有层树突状细胞加工提呈递送至肠道上皮细胞，启动 Fc 受体依赖的 IgG 调理免疫应答。人类肠道黏膜树突状细胞亚群数量众多，它们通过树突样结构进入相邻上皮细胞间的空隙，能在 GALT 内部激活各种 T 细胞免疫应答，肠腔内的抗原则通过 Fc 介导的抗体调理机制运送至 GALT。小鼠也存在 IgG 调理的免疫应答，细菌鞭毛蛋白能通过 FcRn 穿过小鼠肠道上皮细胞，递送给 GALT 的树突状细胞，诱导 T 细胞免疫应答。

抗原肠系膜淋巴结从小肠和大肠中收集经淋巴细胞传递来的抗原，并作为效应和诱导淋巴细胞分化的位点，其归巢于固有层。人类有 100～150 个淋巴结位于肠系膜的膜层之间。肠道 T 细胞广泛分布于肠上皮层、固有层和黏膜下层，以及派尔集合淋巴结和其他有组织的淋巴滤泡集合中。在人类中，大多数上皮内 T 细胞是 CD8$^+$T 细胞。在小鼠中，约 50%的上皮内淋巴细胞是 γδT 细胞，类似于皮肤中的表皮内淋巴细胞。在人类中，只有约 10%的上皮内淋巴细胞是 γδT 细胞，但这一比例仍然高于其他组织中 T 细胞中发现的 γδT 细胞的比例。表达 αβ 和 γδ 受体的上皮内淋巴细胞均显示有限的抗原受体多样性，这提示黏膜上皮内淋巴细胞的受体多样性与大多数 T 细胞不同，这种限制性 TCR 库为进化依赖的产物，旨在专注识别肠上皮表面常见的微生物。固有层 T 细胞多为 CD4$^+$T 细胞，大多数具有活化效应物或记忆 T 细胞的表型，后者具有效应记忆表型，这些固有层效应细胞和记忆 T 细胞由 GALT 和肠系膜淋巴结中的幼稚前体产生后，进入淋巴循环，优先归巢回到固有层。

在小鼠中，Th17 细胞被发现参与到黏膜免疫中，这需要某些类型细菌的诱导或独特的细胞因子激活。健康小鼠的小肠固有层富含 Th17 细胞，而结肠中则很少见。小鼠 Th17 细胞需要某些肠道菌群的定植以及一定的细菌门（出生后的分段丝状细菌），通过细菌微生物群诱导，肠黏膜 T 细胞亚群会发生变化。脆弱拟杆菌菌株多糖 A 诱导 Th17 细胞产生 IL-10，因此，Th17 细胞的稳态能保护小鼠免受致病细菌侵袭。

三、黏膜免疫应答的调节性 T 细胞调控

GALT 中含有丰富的调节性 T 细胞，可预防针对内部共生微生物的炎症反应。据估计，人类固有层中的 CD4$^+$细胞中 FoxP3$^+$调节性 T 细胞的数量是其他外周淋巴组织的 2 倍。这些调节性 T 细胞大多数在肠道中用于应答肠道局部遇到的抗原，为适应性调节性 T 细胞。此外，CD103$^+$DC 细胞和局部视黄酸的堆积，也可诱导 FoxP3 和 TGF-β 的局部表达，产生大量 FoxP3$^+$调节性 T 细胞。调节性 T 细胞通过多种机制，包括诱导肠道局部产生免疫抑制细胞因子 IL-10、TGF-β 及 IL-2，维持肠道免疫稳态。调节性 T 细胞或其细胞因子/受体缺乏，则会发生黏膜病理损伤。在人类，IL-10 和 IL-10 受体基因突变与儿童早发严重炎症性肠病相关，通过非自体去除 T 细胞造血干细胞移植，IL-10 受体突变的炎性肠病能得到显

著改善，这也提示 IL-10 在肠道黏膜免疫中的核心调控作用。敲除 IL-10 受体的小鼠黏膜免疫稳态破坏，局部分泌大量的促炎因子，导致严重肠道炎症，这些情况在敲除 TGF-β、IL-2 或 IL-2 受体的小鼠中均可见到。由于无菌条件下的小鼠肠道不发生炎症，因此，如果没有免疫缺陷的无菌小鼠发生严重肠道炎症，最大可能还是针对共生肠道菌群的免疫抑制不充分。通过特定细胞因子敲除的小鼠模型研究，发现在 TGF-β 和 IL-10 依赖性炎性肠病中，调节性 T 细胞和巨噬细胞是这些细胞因子的重要来源。同样，敲除 FoxP3$^+$调节性 T 细胞的 IL-10 基因，即可产生严重的结肠炎症，但却没有炎症性疾病的其他表现，这间接证实了调节性 T 细胞能够产生维持肠道免疫稳态的 IL-10。

第六节　黏膜免疫系统与疾病

由于肠道黏膜免疫细胞的丰富程度及持续活性，肠道黏膜发生由免疫介导的炎性疾病最多见。人类的乳糜泻（麸质敏感性肠病或非嗜性口炎）是由针对摄入蛋白质的免疫应答引起的小肠黏膜炎性疾病，这些小肠黏膜的绒毛萎缩，吸收不良，导致肠外表现的各种营养缺乏。通过不摄取含麸质食物的抗原限制，可以治疗这种针对黏膜的炎性疾病。此外，人类食物过敏（food allergy）也与黏膜免疫有关，易感人群对食物抗原发生 Th2 细胞介导的急性肠道炎性损伤，提示黏膜对食物抗原适应性免疫耐受失败。肠道共生菌群失调，是导致人类肠道黏膜免疫异常的最重要机制，由此出现两种最常见的炎性肠病：溃疡性结肠炎（ulcerative colitis，UC）和克罗恩病（Crohn's disease，CD）。溃疡性结肠炎是好发于结肠和直肠的慢性炎性肠病，炎症主要累及肠黏膜及黏膜下层；克罗恩病是一个好发于末端回肠和右半结肠的慢性炎性肠病，炎症可累及全层。目前，这两种疾病的病因均不清楚。在人类，小肠微绒毛隐窝底部的 Paneth 细胞仅能合成 2 个结构性 α-防御素，结肠隐窝吸收性上皮细胞合成 β-防御素；在小鼠，小肠隐窝上皮细胞能分泌＞20 个 α-防御素。人类防御素表达缺陷导致的黏膜防御不良，伴随黏膜免疫对免疫共生生物的负调控不够充分，是人类克罗恩病的重要发生机制。通过给小鼠注射幼稚 CD4$^+$ CD25$^+$ T 细胞，制备的免疫缺陷小鼠也出现了克罗恩病变，虽然缺陷小鼠的体内仍有效应 T 细胞前体，但因为它们缺乏 CD4$^+$ CD25$^+$ T 细胞，无法充分抑制共生生物，使这些肠道菌群侵袭肠黏膜致病。此外，敲除 IL-2 或 IL-2 受体基因以及敲除 FOXP3 基因的小鼠，均因为调节性 T 细胞的减少而发展为严重的炎性肠病。在人类，FOXP3 突变出现一系列调节性 T 细胞异常相关疾病，其中就包括严重的炎性肠病，以及很多其他组织的自身免疫疾病。

第七节　黏膜免疫系统比较的小结与展望

无论是人还是哺乳类实验动物，黏膜作为机体与外界环境之间相互作用的第一道屏障在个体的免疫防御、免疫识别、免疫耐受和免疫应答上均发挥排头兵的作用。MALT 作为黏膜免疫的核心，通过一系列基于黏膜免疫的功能，包括抗原提呈、体液免疫、细胞免疫及免疫调节，在黏膜区发挥网络调控和精准抵抗病原微生物入侵的作用。本章概述了 GALT、NALT、BALT、CALT 和 UALT 在人类和实验动物模型的研究现状，其中 GALT 因为其紧邻大量的肠道共生生物，而得到越来越多的关注。肠道黏膜免疫异常导致了人炎性肠病的发生，其中最常见的疾病克罗恩病发病率高，给患者带来慢性疾病负荷，而且目前缺乏有效的治疗途径。基于黏膜免疫的炎性肠病的有效治疗，既依赖于对肠道黏膜免疫的深入探索，更需要建立巧妙的实验动物模型进行比较医学的研究。通过实验动物的黏膜免疫，首先，我们能从胚胎发育角度见证黏膜免疫耐受机制，这种基于黏膜发育过程中个体对共生生物群的黏膜识别一旦损伤，就会引发一系列黏膜疾病；其次，我们能通过构建精准基因敲除/过表达实验动物模型，理解黏膜免疫参与细胞和蛋白质的功能，以及复杂的分子网络调控机制；最后，通过在实验动物上进行基于黏膜免疫的疫苗构建和应用，越来越多的黏膜免疫疫苗正在和即将用于预防人类病原微生物疾病的预防。图 7-1 是目前正在进行的针对细菌和病毒的黏膜免疫疫苗。伴随黏膜免疫的深入细致研究，我们相信会有更多优先、安全、高效和方便的黏膜疫苗面世，成为人类抗病原微生物的重要途径。

抗病毒免疫
普氏栖粪杆菌
VSL＃3益生菌混合物

抗病毒和疫苗免疫
鼠李糖乳杆菌
副干酪乳杆菌
植物乳杆菌
干酪乳杆菌
嗜酸乳杆菌
乳酸乳球菌
唾液乳杆菌
发酵乳杆菌
短双歧杆菌
两歧双歧杆菌
长双歧杆菌婴儿亚种
费氏丙酸杆菌谢氏亚种
嗜热链球菌

抗病毒免疫
干酪乳杆菌
副干酪乳杆菌
约氏乳杆菌
罗伊氏乳杆菌
短双歧杆菌
两歧双歧杆菌
长双歧杆菌婴儿亚种
费氏丙酸杆菌谢氏亚种
嗜热链球菌
肠道分节丝状菌
脆弱拟杆菌
梭菌类IV分组和XIVa分组
鞘氨醇单胞菌

抗病毒和疫苗免疫
鼠李糖乳杆菌

抗病毒免疫
干酪乳杆菌
德氏乳杆菌保加利亚亚种
罗伊氏乳杆菌
布拉氏酵母菌

抗病毒和疫苗免疫
鼠李糖乳杆菌
嗜酸乳杆菌
副干酪乳酪杆菌
短双歧杆菌
两歧双歧杆菌
长双歧杆菌婴儿亚种
嗜热链球菌

抗病毒免疫
罗伊氏乳杆菌
唾液乳杆菌
发酵乳杆菌
大肠杆菌Nissle 1917
枯草芽孢杆菌

抗病毒和疫苗免疫
鼠李糖乳杆菌
嗜酸乳杆菌
乳双歧杆菌

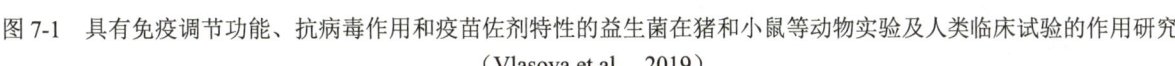

图 7-1　具有免疫调节功能、抗病毒作用和疫苗佐剂特性的益生菌在猪和小鼠等动物实验及人类临床试验的作用研究
（Vlasova et al.，2019）

（薛　婧）

参 考 文 献

Arrazuria R, Pérez V, Molina E, et al. 2018. Diet induced changes in the microbiota and cell composition of rabbit gut associated lymphoid tissue(GALT). Scientific Reports, 8(1): 14103.

Asanuma H, Thompson A H, Iwasaki T, et al. 1997. Isolation and characterization of mouse nasal-associated lymphoid tissue. J Immunol Methods, 202: 123-131.

Bailey M, Christoforidon Z, Lewis M C. 2013. The evolutionary basis for differences between the immune systems of man, mouse, pig and ruminants, Vet Immunol. Immunopathol, 152: 13-19.

Bienenstock J, McDermott M R. 2005. Bronchus and nasal-associated lymphoid tissues. Immunological Reviews, 206: 22-31.

Brandtzaeg P. 2009. Mucosal immunity: Induction, dissemination, and effector functions. Scandinavian Journal of Immunology, 70(6): 505-515.

Chang S Y, Ko H J, Kweon M N. 2014. Mucosal dendritic cells shape mucosal immunity. Exp Mol Med, 46: e84.

Cornes J S. 1965. Number, size, and distribution of Peyer's patches in the human small intestine. Gut, 6: 225-229.

Dezzutti C S. 2015. Animal and human mucosal tissue models to study HIV biomedical interventions: can we predict success? J Int AIDS Soc, 18: 20301.

Foo S Y, Phipps S. 2010. Regulation of inducible BALT formation and contribution to immunity and pathology. Mucosal Immunol, 3: 537-544.

Galletti J G, Guzmán M, Giordano M N. 2017. Mucosal immune tolerance at the ocular surface in health and disease. Immunology, 150(4): 397-407.

Ganz T. 2003. Defensins: antimicrobial peptides of innate immunity. Nat Rev Immunol, 3(9): 710-720.

Gibbons D L, Spencer J. 2011. Mouse and human intestinal immunity: same ballpark, different players；different rules, same score. Mucosal Immunol, 4: 148-157.

Glocker E O, Kotlarz D, Boztug K, et al. 2009. Inflammatory bowel disease and mutations affecting the interleukin-10 receptor.

N Engl J Med, 361(21): 2033-2045.

Haley Patrick J. 2003. Species differences in the structure and function of the immune system. Toxicology, 188: 49-71.

Hein Wayne R, Griebel Philip J. 2003. A road less travelled: large animal models in immunological research. Nat Rev Immunol, 3: 79-84.

HogenEsch H, Felsburg P J. 1992. Immunohistology of Peyer's patches in the dog. Vet Immunol Immunopathol, 30: 147-160.

Honda K, Takeda K. 2009. Regulatory mechanisms of immune responses to intestinal bacteria. Mucosal Immunology, 2(3): 187-196.

Kabat A M, Pott J, Maloy K J. 2016. The mucosal immune system and its regulation by autophagy. Front Immunol, 7: 240. doi: 10. 3389/fimmu. 2016. 00240.

Kiyono H, Azegami T. 2015. The mucosal immune system: From dentistry to vaccine development. Proc Jpn Acad Ser B Phys Biol Sci, 91(8): 423-439.

Kroese F G, Ammerlaan W A, Deenen G J, et al. 1995. A dual origin for IgA plasma cells in the murine small intestine. Adv Exp Med Biol, 371A: 435-440.

Lamichhane A, Azegamia T, Kiyonoa H. 2014. The mucosal immune system for vaccine development. Vaccine, 32(49): 6711-6723.

Lewis M C, Inman C F, Patel D, et al. 2012. Direct experimental evidence that early-life farm environment influences regulation of immune responses. Pediatr Allergy Immunol, 23(3): 265-269.

Ley R E, Hamady M, Lozupon C, et al. 2008. Evolution of mammals and their gut microbes. Science, 320: 1647-1651.

Lohrberg M, Pabst R, Wilting J. 2018. Co-localization of lymphoid aggregates and lymphatic networks in nose-(NALT)and lacrimal duct-associated lymphoid tissue(LDALT)of mice. BMC Immunol, 19(1): 5.

Loo S K, Chin K N. 1974. Lymphoid tissue in the nasal mucosa of primates, with particular reference to intraepithelial lymphocytes. J Anat, 117(Pt 2): 249-259.

Murugan D, Albert M H, Langemeier J, et al. 2014. Very early onset inflammatory bowel disease associated with aberrant trafficking of IL-10R1 and cure by T cell replete haploidentical bone marrow transplantation. J Clin Immunol, 34(3): 331-339.

Nguyen T L, Vieira-Silva S, Liston A, et al. 2015. How informative is the mouse for human gut microbiota research? Disease Models & Mechanisms, 8(1): 1-16.

Pabst R. 2015. Mucosal vaccination by the intranasal route. Nose-associated lymphoid tissue(NALT): Structure, function and species differences. Vaccine, 33: 4406-4413.

Pabst R, Gehrke I. 1990. Is the bronchus-associated lymphoid tissue(BALT)an integral structure of the lung in normal mammals, including humans? Am J Respir Cell Mol Biol, 3(2): 131-135.

Peloquin J M, Nguyen D D. 2013. The microbiota and inflammatory bowel disease: insights from animal models. Anaerobe, 24: 102-106.

Peng S L. 2005. Signaling in B cells via Toll-like receptors. Curr Opin Immunol, 17(3): 230-236.

Pizzolla A, Wang Z, Groom J R, et al. 2017. Nasal-associated lymphoid tissues (NALTs) support the recall but not priming of influenza virus-specific cytotoxic T cells. Proc Natl Acad Sci USA, 114(20): 5225-5230.

Randall T D, Mebius R E. 2014. The development and function of mucosal lymphoid tissues: a balancing act with micro-organisms. Mucosal Immunology, 7(3): 455-466.

Rothkotter H J. 2009. Anatomical particularities of the porcine immune system: a physician's view. Dev Comp Immunol, 33(3): 267-272.

Schenk M, Mueller C. 2008. The mucosal immune system at the gastrointestinal barrier. Best Pract Res Clin Gastroenterol, 22(3): 391-409.

Sepahi A, Salinas I. 2015. The evolution of nasal immune systems in vertebrates. Mol Immunol, 69: 131-138.

Shouval D S, Biswas A, Goettel J A, et al. 2014. Interleukin-10 receptor signaling in innate immune cells regulates mucosal immune tolerance and anti-inflammatory macrophage function. Immunity, 40(5): 706-719.

Steven P, Gebert A. 2009. Conjunctiva-associated lymphoid tissue-current knowledge, animal models and experimental prospects. Ophthalmic Res, 42(1): 2-8.

Vlasova A N, Takanashi S, Miyazaki A, et al. 2019. How the gut microbiome regulates host immune responses to viral vaccines. Curr Opin Virol, 37: 16-25.

Wang M, Gao Z, Zhang Z, et al. 2014. Roles of M cells in infection and mucosal vaccines. Hum Vaccin Immunother, 10(12): 3544-3551.

Wilson H L, Obradovic M R. 2015. Evidence for a common mucosal immune system in the pig. Mol Immunol, 66(1): 22-34.

Wu R Q, Zhang D F, Tu E, et al. 2014. The mucosal immune system in the oral cavity-an orchestra of T cell diversity. Int J Oral Sci, 6(3): 125-132.

Wu R Q, Zhang D F, Tu E, et al. 2014. The mucosal immune system in the oral cavity: an orchestra of T cell diversity. International Journal of Oral Science, 6(3): 125-132. doi:10.1038/ijos.2014.48.

第八章　免疫系统疾病的比较医学研究

机体的免疫系统有免疫防御、免疫监视、免疫稳定等功能。但当免疫系统出现偏差时，尤其是免疫识别出现误差，机体可能表现为自身免疫疾病。而免疫应答的水平出现偏差，机体可能表现得过于敏感，出现超敏反应，或是称为变态反应性疾病。在临床上这些疾病由不同的临床科室负责诊治，本书尝试将之整理在一起，进行比较学习。

第一节　自身免疫疾病的比较免疫学

一、风湿免疫病概述

风湿免疫病（rheumatic disease）是一组与免疫相关、以非器官特异性炎症为特征的疾病，其特征是"非感染、非肿瘤性炎症"，多数都可归类于系统性自身免疫病。自身免疫（autoimmunity）是机体免疫系统对自身成分发生免疫应答的现象，该现象存在于所有个体。自身免疫疾病（autoimmune disease）是机体免疫系统对自身成分发生免疫应答而导致的疾病状态。短时的自身免疫应答在机体内普遍存在，通常不会引起病理性损伤。人体对外来抗原免疫应答的结局通常是清除外来抗原，而对自身细胞或组织抗原发生免疫应答时，自身的细胞或细胞间的成分不易被机体免疫系统的效应细胞完全清除，从而不断地受到攻击，结果引起自身免疫疾病。

自身免疫疾病主要有如下特征：患者血液中可测到高效价的自身抗体（autoantibody）和/或自身反应性免疫细胞如自身反应性 T 细胞或 B 细胞等；自身抗体和/或自身反应性 T 细胞作用于表达相应抗原的组织细胞，造成其损伤或功能障碍；病情的转归与自身免疫反应的强度密切相关；反复发作，慢性迁延，有遗传倾向；患者易并发多种自身免疫疾病。自身免疫疾病的临床表现多样，可累及全身多个系统，如不及时治疗，存在很高的致残和死亡风险。

风湿免疫病属于多因素导致的复杂疾病，其发病机制并不完全清楚，以下因素是风湿免疫病的发病诱因或易感性来源（图 8-1）。

（一）免疫耐受被打破

（1）机体自身免疫耐受被打破是自身免疫病发生的直接诱因。在环境、外伤、药物或炎症等情况下，机体内部自身抗原的数量、分布或免疫原性可能发生改变，激活针对自身抗原的固有免疫和适应性免疫，造成自身抗原被抗原提呈细胞提呈给 T 细胞，这些自身反应性 T 细胞进一步激活自身反应性 B 细胞，产生大量不同类型的自身抗体，引起组织损伤。同时，激活的免疫细胞表达多种细胞因子和趋化因子，导致自身免疫病的持续炎症。

（2）机体对体内低水平的自身抗原往往不发生自身免疫应答，该现象称为免疫忽视。免疫忽视的打破，也是导致自身免疫病的原因之一。

（3）体内免疫负调节细胞的数量或功能缺陷可导致对自身免疫反应的抑制减弱，最终导致自身免疫病。例如，$CD4^+CD25^{hi}Foxp3^+$调节性 T 细胞可抑制自身免疫疾病，该细胞亚群的缺陷往往导致自身免疫病的易感性增加。

（二）微生物和环境因素

微生物可造成感染，或与宿主免疫系统成分发生其他形式的相互作用，可以引发自身免疫反应。微生物可通过分子模拟、释放免疫特许部位的抗原和多克隆激活等机制引起自身免疫疾病。分子模拟指某

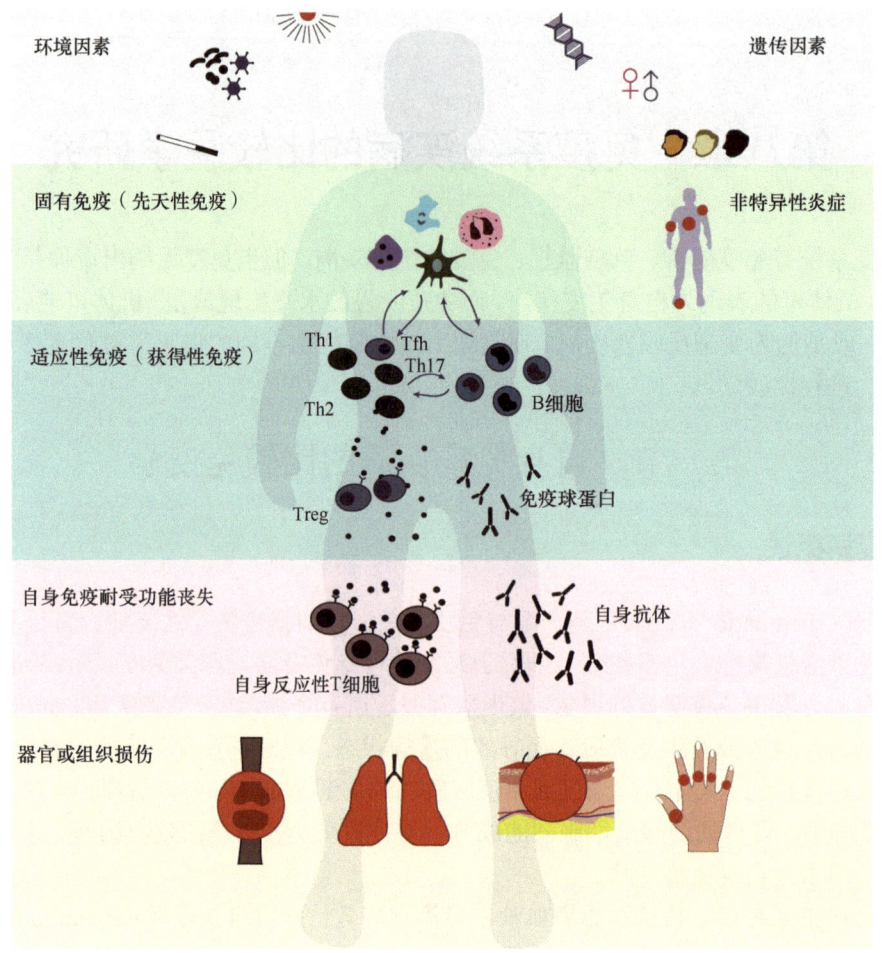

环境因素

遗传因素

固有免疫（先天性免疫）

非特异性炎症

适应性免疫（获得性免疫）

Th1
Tfh
Th17
Th2
B细胞

Treg

免疫球蛋白

自身免疫耐受功能丧失

自身抗体

自身反应性T细胞

器官或组织损伤

图 8-1　风湿免疫病可能的发病诱因

些微生物与正常宿主细胞或细胞外成分有相类似的抗原表位,这些物质感染人体后激发的免疫应答也能攻击人体的细胞或细胞外成分引起自身免疫疾病。一些微生物感染造成的炎症损伤可使免疫特许部位的抗原释放从而引发自身免疫疾病。需特别注意的是,在某些情况下,病原体感染也是自身免疫疾病发生的保护因素。典型的案例如系统性红斑狼疮在非洲女性的发病率是美国女性的 1/500,其原因之一就是美国女性的微生物感染特别是寄生虫的感染率远低于非洲女性。

微生物相关的表位扩展也与自身免疫疾病的发生发展相关。表位扩展是指机体的免疫系统在对病原体进行持续性免疫应答的过程中,某一病原体刺激免疫应答表位不断增加,这种现象即表位扩展。在自身免疫疾病的进程中,机体的免疫系统不断扩大所识别的自身抗原表位的范围,因而使自身抗原不断受到新的免疫攻击,使疾病迁延不愈并不断加重。

（三）遗传因素

多种自身免疫疾病都属于多基因遗传的复杂性疾病,具有遗传易感性。不同自身免疫疾病致病因素中遗传因素所发挥作用不一,根据流行病学和家系研究,系统性红斑狼疮和强直性脊柱炎患者一级亲属的患病风险分别为普通家庭的 8 倍和 10.8 倍。*HLA-DRB1* 基因共同表位（shared epitope，SE）及 *HLA-DQA1:160D* 是类风湿关节炎（rheumatoid arthritis，RA）发病的重要遗传因素,其对 RA 易感性的影响力占整体遗传因素的 20%～30%。

（四）性别因素

性别与某些自身免疫疾病的发生相关。一般情况下,女性比男性更易患自身免疫疾病。但是患强直性脊柱炎的男性多于女性。目前的研究认为,性激素的水平差异、不同性别在免疫反应或炎症激活强度方面的差异可能是一些自身免疫疾病发病存在性别差异的原因。

风湿免疫病目前包括 200 多个病种，如 RA、强直性脊柱炎、系统性红斑狼疮、干燥综合征等，且新的病种也在逐年增加，如抗磷脂综合征、免疫重建炎症综合征、IgG4 相关疾病等。对多数风湿免疫病的基础研究还较欠缺，也缺少适合的实验动物模型。本章以风湿免疫病中基础和转化医学研究最多的 RA 和系统性红斑狼疮为代表，对这两种代表性风湿免疫病的实验动物模型进行介绍。

二、系统性红斑狼疮实验动物模型

（一）系统性红斑狼疮简介

系统性红斑狼疮（systemic lupus erythematosus，SLE）是一种累及多系统的系统性自身免疫病，多发于女性，男女比例约为 1：9。其主要特征是免疫耐受缺失、体内产生多种高水平自身免疫抗体。其临床表现的突出特征是严重的多脏器受累和患者个体之间的临床表现异质性。SLE 的脏器受累主要包括皮肤病变、肾炎、关节炎、血液系统受累、神经系统病变等。不同的 SLE 患者个体一般不会同时发生所有类型的脏器受累，而是具有其中代表性的若干类型。

（二）SLE 发病机制概述

SLE 的发病原因和自身免疫反应产生的机制仍不完全清楚。目前的研究显示，遗传因素、激素水平和环境因素均是该病的致病因素。全基因组关联研究（GWAS）已鉴定超过 100 个与 SLE 相关的遗传易感基因位点，对这些易感基因位点的进一步分析揭示出与 SLE 最密切相关的细胞类型为 T、B 细胞。人类白细胞抗原（HLA）是目前与自身免疫疾病遗传性关联最强的易感基因位点，对 HLA 区域以外的易感位点进行富集分析提示，参与 SLE 最主要的通路为细胞因子信号通路、IFN-α/β 信号通路、TLR 信号通路以及 T、B 细胞受体信号通路。易感位点主要涉及的转录因子包括 NFAT-1、NF-κB、STAT5A、IRF4 及 EBNA2 等。

与遗传易感基因分析的结果一致，B 细胞和 T 细胞反应在 SLE 患者自身免疫中发挥重要作用。SLE 患者血液中存在高滴度的多种自身抗体，如广泛在患者中存在的抗核抗体（ANA），以及阳性率较低但特异性超过 90% 的抗 Sm 抗体（anti-Sm antibody）和抗双链 DNA 抗体（anti-dsDNA）。其他常见的 SLE 相关自身抗体还包括抗 Ro 抗体和抗 La（Box 1）抗体等多个种类。大量不同种类自身抗体的存在说明 SLE 患者自身反应性 B 细胞活化强烈。目前的研究显示，凋亡的细胞碎片、浆细胞样树突状细胞上激活的 TLR 以及产生过多的 I型 IFN 是促进 SLE 自身免疫反应的重要原因。免疫耐受的缺失可能是由于凋亡细胞的不断积累，正常情况下凋亡的细胞很快会被清除掉，如果凋亡的细胞不能很快被清除，不断累积之后会造成大量自身抗原和促炎分子释放，被巨噬细胞、树突状细胞等抗原提呈细胞过度活化，进而摄取并提呈自身抗原给 T 细胞，引起进一步的自身反应性固有免疫炎症和适应性免疫反应。在抗原提呈细胞提呈的自身抗原和共刺激分子作用下，SLE 患者的自身反应性 T 细胞持续活化，并向促炎性 T 细胞亚群分化，形成大量的自身反应性 Tfh、Th17、CD4⁻CD8⁻双阴性 T 细胞等。这一方面表达大量促炎因子，造成组织破坏；另一方面促进生发中心形成，促进产生自身免疫抗体的 B 细胞不断地激活、分化和成熟（图 8-2）。

（三）SLE 常用实验动物模型

常见 SLE 动物模型主要有自发型和诱导型两种。自发型 SLE 模型主要包括 NZB/W 小鼠、MRL/lpr 鼠、BXSB 小鼠等；诱导型 SLE 模型有降植烷（pristane）诱导型小鼠、染色质成分免疫诱导的 SLE 小鼠模型等，部分慢性移植物抗宿主病（GVHD）小鼠模型也主要表现为 SLE 样症状，也被用作 SLE 实验动物模型。

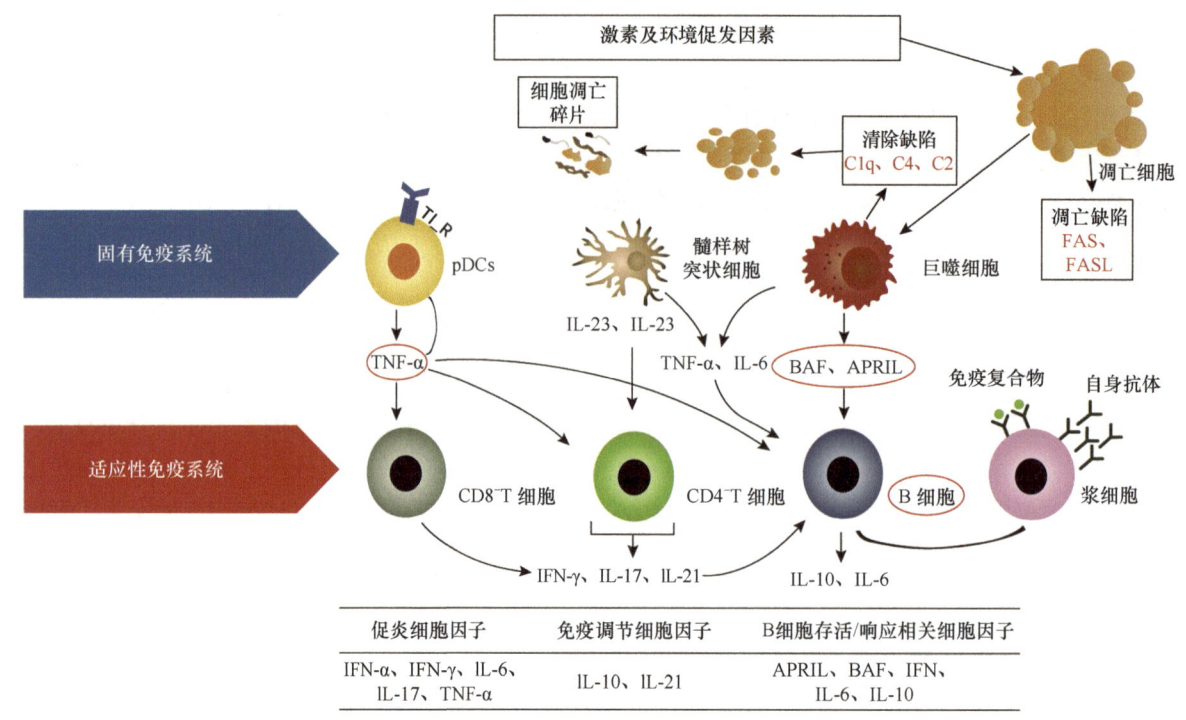

图 8-2　SLE 发病的免疫机制

1. 自发的狼疮样病变小鼠模型

1）NZB/W 小鼠

NZB/BlNJ 雌鼠和 NZW/LacJ 雄鼠杂交所得 F₁ 代仔鼠即 NZBWF1/J 小鼠，一般也称为 NZB/W 小鼠或 NZB/W F1 小鼠。NZB/BlNJ 和 NZW/LacJ 品系小鼠都只有有限的自身免疫表型，而 NZB/W F1 却有严重的狼疮样疾病，包括抗核抗体升高、免疫复合物介导的肾小球肾炎等。NZB/W 小鼠在 1 月龄时即出现胸腺组织退化、胸腺上皮萎缩及免疫缺陷、淋巴结病和脾肿大；4～5 月龄时出现 ANA 和以 IgG2a、IgG3 为主的 anti-dsDNA IgG 等自身抗体水平的升高，尿蛋白水平显著升高并伴有全身水肿；5～6 月龄时出现免疫复合物沉积引起的系膜增生性肾小球肾炎，并常伴有新月体形成；10～12 月龄出现肾衰竭等。与人类 SLE 类似的是，NZB/W 雌性鼠病理表现更严重，约 50%雌性鼠会于 8 月龄时死亡，而 50%雄性鼠通常于 15 月龄死亡。NZB/W 小鼠有很典型的心脏表型，从 4 月龄起心内膜、心外膜和心肌层出现斑块，且斑块内富含 Anichkov 细胞，目前被认为是 SLE 临床前心脏受累研究的金标准（图 8-3，表 8-1）。

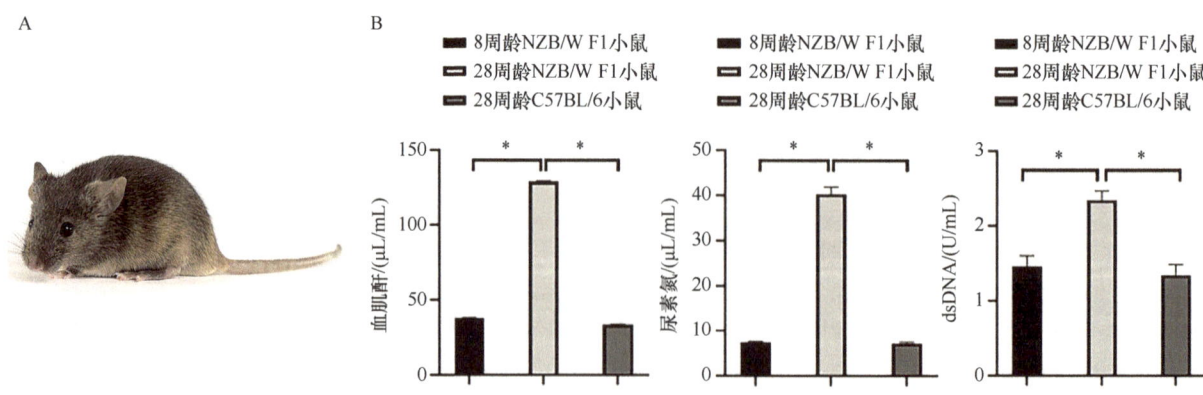

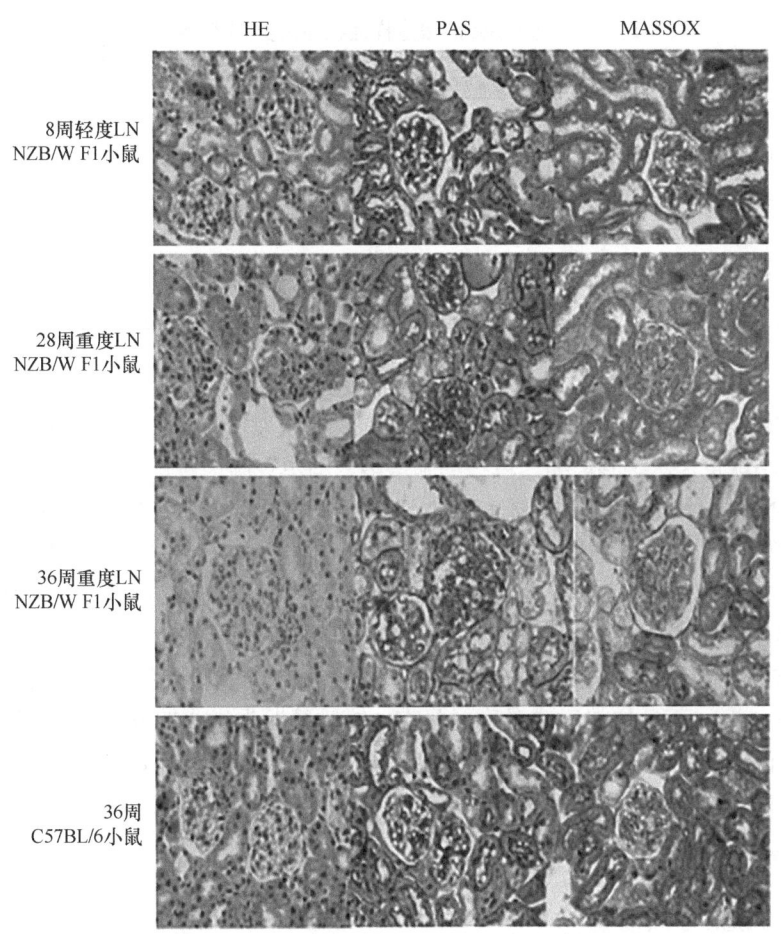

图 8-3 NZB/W 小鼠指标变化和肾脏病理表现

A. NZB/W 小鼠（引自 https://www.jax.org/strain/100008）；B.NZB/W 小鼠血肌酐、尿素氮和抗 dsDNA 抗体水平；C. NZB/W 小鼠肾脏病理表现（李艳秋教授供图）

表 8-1 NZB/W 小鼠的狼疮样症状与人类 SLE 的异同

	NZB/W 小鼠	人类 SLE
临床表现	患淋巴结病	淋巴结病并不常见
	可用于评估 SLE 相关免疫异常、肾病、心血管疾病	—
	雌性发病率高	女性高发，女：男=9：1
发病机制	I 型干扰素通路发挥重要作用	I 型干扰素通路发挥重要作用
	具有与人类 SLE 相似的免疫细胞亚群和自身抗体	—
	1 号染色体靠近端粒区段与疾病相关：编码 FcgR、SLAM 和 IFN-inducible（Ifi）receptor 家族蛋白	同样区域与疾病相关

2）MRL/lpr 小鼠

MRL/MpJ-Fas^{lpr}/J 小鼠，一般称为 MRL/lpr 小鼠，因 Fas 基因突变失活，导致细胞凋亡减少，活化的淋巴细胞和自体反应性 T 细胞、B 细胞的存活时间明显延长，最终使机体自身免疫过度上调，表现出淋巴结病（lymphadenopathy）（淋巴结增大，3 月龄）以及狼疮样病理特征（表 8-2）。25%～75% 的 MRL/lpr 小鼠会患关节炎；2～3 月龄时，小鼠会发生高球蛋白血症并产生多种 SLE 自身抗体，如抗核抗体（ANA）、抗双链 DNA 抗体、抗 sn-RNP 抗体和抗 Sm 抗体等。该品系小鼠也具有与人类 SLE 相似的免疫细胞异常，如过度激活和扩增的 Th17、Tfh 等 T 细胞亚群，增多的生发中心和相应的生发中心 B 细胞、浆细胞等，以及 $CD4^-CD8^-CD3^+$ 双阴性 T 细胞。3～6 月龄，MRL/lpr 小鼠开始出现尿蛋白升高及肾炎症状，雌性鼠大约于 17 周龄死亡，而雄性鼠多于 22 周龄死亡（Morel，2010）。

表 8-2　MRL/lpr 小鼠的狼疮样症状与人类 SLE 的异同

	MRL/lpr 小鼠	人类 SLE
临床表现	患淋巴结病	淋巴结病并不常见
	可用于评估免疫异常、肾病、皮肤受累、神经精神症状、关节受累	—
	性别对病情影响不大	女性高发，女：男=9：1
发病机制	I 型干扰素通路发挥作用不大	I 型干扰素通路发挥重要作用
	具有与人类 SLE 相似的免疫细胞亚群和自身抗体	—
	fas 基因突变失活	*fas* 基因上有易感 SNP 位点

3）BXSB 小鼠

BXSB 鼠由 C57BL/6J 雌鼠和 SB/Le F1 雄鼠杂交所得，其自发产生类似 SLE 的症状，如淋巴结增生、免疫复合物介导的肾小球肾炎，胸腺萎缩，单核细胞增多，与单克隆丙种球蛋白病相关的免疫球蛋白浓度升高，ANAs、抗 ssDNA 抗体和抗 dsDNA 抗体升高（Morel，2010）。由于突变的 Y 染色体连接的自身免疫位点（Yaa），雄鼠的发病率更高。经解剖发现，由于急性心肌梗死，15%～30% 的 BXSB 鼠死亡。

BXSB×NZW 鼠由 BXSB 雄鼠和 NZW 雌鼠杂交所得，可表现出 SLE 的症状，包括产生自身免疫性抗体、循环免疫球蛋白结合糖蛋白 gp70 免疫复合物，以及免疫球蛋白和 gp70 在肾小球沉积。F₁ 代雌鼠表现出较重的 SLE 症状。大多数 BXSB×NZW 鼠显示出退化的冠状动脉疾病减轻，大部分雄鼠心肌存在斑块。雌鼠发病延迟，而且依赖于雌激素，只有 1/3 雌鼠发生过心肌梗死。然而，BXSB×NZW 鼠的心血管疾病似乎不是由免疫复合物介导的，也不与血栓相关，因为血管损伤并没有炎症反应。BXSB.Yaa 小鼠 IL-21 mRNA 水平和血清 IL-21 水平均升高，会产生 SLE。

2. 诱导型狼疮样小鼠模型

1）降植烷诱导的 SLE 小鼠模型

对 10 周龄的 Balb/c 或 C57 品系小鼠腹腔一次性注射 0.5mL 降植烷（pristane），可诱导 SLE 样疾病发生（表 8-3）。注射入腹腔的降植烷难以吸收代谢，会促进腹腔内巨噬细胞表达 IL-6 等细胞因子，并产生活性氧自由基等活性中间体，形成持续的慢性炎症，造成体内细胞死亡，释放自身抗原并引发狼疮样自身免疫反应。这一发病机制提示，与自发性小鼠模型相比，该模型适用于研究环境因素打破机体免疫耐受的过程（Crispín et al.，2008）。在造模后 2～4 周起，该模型小鼠外周血可逐渐检出大量的自身抗体，如 ANA 抗体、抗双链 DNA 抗体、抗 Sm 抗体等，并可检测到 IFN-α 表达上调。该模型在造模 10～12 个月时可检出较明显的肾小球肾炎和蛋白尿症状，具有与人类 SLE 相似的肾脏免疫复合物沉积。

表 8-3　降植烷诱导的小鼠狼疮样症状与人类 SLE 的异同

	降植烷诱导的 SLE 小鼠模型	人类 SLE
临床表现	可用于研究 SLE 相关免疫异常、肾病、肺泡出血	
	雌性发病严重（SJL 品系）	女性高发，女：男=9：1
发病机制	I 型干扰素通路发挥重要作用	I 型干扰素通路发挥重要作用
	具有与人类 SLE 相似的免疫细胞亚群和自身抗体	
	适合用于基因改造小鼠的 SLE 模型构建	

绝大多数 C57 品系小鼠在诱导降植烷模型后 7～15 天产生急性弥漫性肺泡出血症状，但 15 天后多数可自愈，死亡率不超过 20%。该肺泡出血表现与人类 SLE 患者肺泡出血有相似之处，可用于相应研究，但小鼠中表现为一过性症状，死亡率也远不及人类 SLE 肺泡出血，提示两者在病理上存在差异。

2）慢性移植物抗宿主病模型

将某些品系小鼠的免疫细胞移植入某些特定遗传背景的小鼠体内，会诱导慢性移植物抗宿主病（cGVHD）模型，部分模型的症状表现和自身免疫反应与人类 SLE 相似，因此被用作狼疮样小鼠模型，如 DBA2 亲本→BDF1 模型和 bm12 移植模型。

在 DBA2 亲本→BDF1 模型中，DBA/2 小鼠脾细胞经静脉注射到 DBA/2 小鼠与 C57BL/6 小鼠繁殖出的 F_1 子代体内（C57BL/6×DBA/2 F1 子代，简称 BDF1）。DBA2 亲本→BDF1 模型的诱导机制是细胞供体和受体的 MHC II 类基因不同导致的 cGVHD。BDF1 的母鼠为 H-2^d、父鼠为 H-2^b，BDF1 小鼠则为 H-2$^{d/b}$。由于 MHC II 类基因不同，T-B 细胞间发生 GVHD 反应，最终诱导自身抗体产生。造模后第 2 周抗核抗体（ANA）、抗双链 DNA 抗体开始上升，4 周后出现蛋白尿，SLE 样病变基本形成。造模 4 个月后约 50% 的模型鼠死亡（Morel，2010）。

另一种 bm12 移植模型则是将 bm12 小鼠脾脏细胞腹腔注射或静脉注射转移至 B6 小鼠中以诱导 cGVHD（表 8-4）。反向行之，将 B6 小鼠脾脏细胞注射至 bm12 小鼠体内，也可建立相似模型。该模型的发病机制与 DBA2 亲本→BDF1 模型类似，也是供体细胞与受体 MHC 分子的部分差异导致的 cGVHD 反应。B6 与 bm12 小鼠的 MHC I-A 分子 β 链存在 3 个氨基酸的差异，因此导致了 cGVHD 的发生。在致病过程中，bm12 供体的 CD4$^+$T 细胞在 cGVHD 发生中起着决定性的作用。

在这两种模型中，供体 CD4$^+$T 细胞对宿主 B 细胞发生反应，触发自身反应性 B 细胞的多克隆激活，最终导致狼疮样综合征。与其他狼疮样疾病模型相比，上述 cGVHD 狼疮样模型易于控制，可根据研究者的需要进行调整，并且个体间差异较小。此外，该类模型的自身免疫反应和临床症状发展相对迅速，往往在几周内出现 SLE 样症状，而不是其他狼疮模型所需的 5～10 个月。最后，由于供体 T 细胞的激活和扩增在 cGVHD 反应中起着重要作用，因此通过流式细胞术很容易将它们与宿主细胞区分，并追踪它们在这一过程中的变化（Crispín et al.，2008）。这些模型适用于开展治疗效果研究，或研究受体的基因改变对 cGVHD 反应的影响。例如，可利用 bm12 模型研究某些基因改造对 B6 背景小鼠系统性自身免疫发展的影响。

表 8-4　bm12 移植模型狼疮样症状与人类 SLE 的异同

	bm12 移植模型	人类 SLE
临床表现	适用于研究 SLE 相关体液免疫反应（抗体、B 细胞反应）	
	雌性发病较严重	女性高发，女：男=9：1
发病机制	I 型干扰素通路发挥重要作用	I 型干扰素通路发挥重要作用
	供体 CD4$^+$T 细胞分化为 Tfh 细胞，促进受体 GCB 和浆细胞分化	
	适合用于基因改造小鼠的 SLE 模型构建	

3）染色质诱导的 SLE 小鼠模型

在体外用 ConA 刺激活化 BALB/c 或 C57 小鼠的脾脏细胞，然后提取活化脾脏细胞的染色质或基因组 DNA，将染色质或 DNA 与完全弗氏佐剂混合并乳化，通过尾根部及背部皮内注射免疫 BALB/c 或 C57 小鼠，每隔 7 天免疫一次，共免疫 4 次。造模后 60 天可检测到较轻的肾脏病变，90 天后肾脏病变明显，血清中自身抗体水平升高。已发表的数个研究表明，该模型尿蛋白水平、肾脏病理变化以及血清抗体水平与人 SLE 相似，且具有造模时间短、造模成功率高等优点（Maibaum et al.，2000）。

3. SLE 实验动物模型的临床特点及与人类 SLE 的异同

人类 SLE 致病因素复杂，临床异质性显著。SLE 实验动物模型的实质是通过单一或少数遗传或外源因子诱导产生狼疮样病变，并不能完全复制人类 SLE 的病理和表型。SLE 研究要根据所研究的 SLE 临床表现类型选择可产生类似症状和病理的实验动物模型。

MRL/lpr 小鼠的狼疮样病变是由于 *Fas* 基因突变失活引起的细胞凋亡缺陷所致，人类 SLE 在 *Fas* 基因上也具有遗传易感位点，但具体在 SLE 发生中的机制还不完全清楚。因为细胞凋亡减少，MRL/lpr 小鼠活化的淋巴细胞存活时间明显延长，因此表现出淋巴结病，而人类 SLE 中淋巴结病并不常见（Morel，2010）。MRL/lpr 小鼠随年龄增长普遍发生狼疮样病变，不存在明显的性别差异，而人类 SLE 患者中男女比例达 1：9。I 型干扰素通路的过度活化是促进人类 SLE 的重要因素，但在 MRL/lpr 小鼠的狼疮样病变中发挥的作用不大。与部分 SLE 患者相似，部分 MRL/lpr 小鼠会患关节炎。与人类 SLE 最相似的是，MRL/lpr 小鼠也发生高球蛋白血症并产生多种 SLE 自身抗体，如抗核抗体（ANA）、抗双链 DNA 抗体、抗 sn-RNP 抗体和抗 Sm 抗体等。该小鼠也具有与人类 SLE 相似的免疫细胞异常，如过度激活和扩增的 Th17、Tfh 等 T 细胞亚群，增多的生发中心和相应的生发中心 B 细胞、浆细胞等，以及 $CD4^-CD8^-CD3^+$ 双阴性 T 细胞。在 3～6 月龄，MRL/lpr 小鼠开始发生尿蛋白升高和肾炎，可用于开展狼疮肾炎研究。此外，MRL/lpr 小鼠也会发生明显的皮肤受累和神经精神症状，适合用于开展 SLE 皮肤受累和神经精神性狼疮（NPSLE）的研究（Maibaum et al.，2000）。

NZB×NZW F1 小鼠的狼疮样症状在多个方面也类似人 SLE，如产生高水平的 ANA、anti-dsDNA IgG 等自身抗体，与人类 SLE 相似的免疫细胞亚群，免疫复合物沉积引起的系膜增生性肾小球肾炎，以及相似的心血管病变表现等。与 SLE 患者类似的是，NZB×NZW F1 雌性鼠发病率更高，而 I 型干扰素通路在狼疮样疾病中发挥重要作用。研究发现，NZB×NZW F1 小鼠 1 号染色体靠近端粒区段与疾病相关，编码 FcgR、SLAM 和 IFN-inducible（Ifi）receptor 家族蛋白等，而该基因编码区域与人类 SLE 也密切相关。与 MRL/lpr 小鼠类似，NZB×NZW F1 小鼠也具有淋巴结病特征，这一点与 SLE 患者不同。

降植烷诱导的 SLE 小鼠模型可在 B6 和 Balb/c 小鼠中建立，诱导方式简单，便于利用 B6 遗传背景下构建的大量基因改造小鼠，因此在 SLE 机制研究中被广泛应用。降植烷诱导的 SLE 小鼠模型具有与人类 SLE 相似的免疫细胞异常、I 型干扰素通路活化、自身抗体谱和肾炎表现，也会产生神经精神症状，因此可用于研究 SLE 的上述方面。值得注意的是，降植烷在 B6 小鼠中诱导的 SLE 小鼠模型会发生一过性的弥漫肺泡出血，可用于模拟这种 SLE 中罕见的肺部受累（Maibaum et al.，2000）。

以 B6 遗传背景小鼠为受体的 bm12 细胞转移模型，也适用于利用基因改造小鼠研究 SLE 机制。该模型 bm12 供体 $CD4^+T$ 细胞分化为 Tfh 细胞，促进受体小鼠生发中心 B 细胞和浆细胞分化，进而产生与人类 SLE 相似的自身抗体和 B 细胞反应，雌性小鼠发病较严重。I 型干扰素通路激活在致病中也发挥重要作用。

三、实验动物在类风湿关节炎研究中的应用

（一）类风湿关节炎简介

类风湿关节炎（rheumatoid arthritis，RA）是一种以慢性、进行性、侵袭性关节炎为主要表现的系统性自身免疫病，可伴有全身多种组织器官受累。它主要的病理变化是关节发生侵袭性滑膜炎、软骨破坏和骨质侵蚀，同时可伴有发热、贫血、皮下结节及血管炎等非特异性全身表现。RA 患者男女比例约为 1∶3，40～65 岁女性多发。多种免疫细胞和分子以及自身抗体介导了 RA 的免疫病理损伤，如果不经过正规治疗，病情会很快发展至关节畸形、功能丧失，3 年内致残率可达 75%。RA 在不同国家患病率为 0.18%～1.07%，我国 RA 患病率约为 0.28%，患者数量近 500 万人，是最常见、危害最严重的风湿免疫病之一（Reeves et al.，2009；Li et al.，2012）。

（二）RA 的发病机制

目前 RA 的发病机制尚不完全清楚，研究证明，RA 是多种因素共同作用引起的自身免疫疾病，患者一般需经历多年从无症状的临床前状态发展到疾病发生。在 RA 发展的不同阶段，免疫反应及炎症也在发展变化。现有的证据提示，RA 发病及病情演变受到遗传、微生物、环境、内分泌等因素的共同影响。其中，微生物对患者的作用如感染等可能是激发 RA 自身免疫反应产生的事件，其他因素则不同程度影响患者对 RA 的易感性（Reeves et al.，2009）。总体而言，激发最初致病性免疫反应的抗原通过抗原提呈细胞激活 T 细胞及其他炎性细胞，介导促炎细胞因子、趋化因子、抗体等炎症介质生成，进而导致滑膜增生、软骨及骨破坏、血管炎等病理改变。最初的致病抗原与其他自身抗原的结构具有相似性，其驱动的免疫反应会与自身抗原产生交叉反应，形成持续的自身免疫反应，导致 RA 发病后病变持续发展。

1. RA 始动阶段的抗原产生与识别

RA 的发病主要由易感基因和环境因素共同参与导致。微生物、饮食、空气等环境因素可能提供了诱发 RA 免疫反应的抗原，易感基因则可能使患者更容易针对这些抗原发生免疫反应。研究显示，吸烟可能引起呼吸系统黏膜中的多种蛋白质发生瓜氨酸化，如组蛋白、II 型胶原、纤维蛋白原等。造成牙龈炎的口腔牙龈卟啉单胞菌表达肽酰基精氨酸脱亚胺酶（PAD 酶），也可能引起细菌蛋白或患者自身蛋白质瓜氨酸化。这些自身蛋白质的瓜氨酸化改变了其部分抗原表位的结构和电荷，使其更容易与 RA 易感的 HLA-DR 结合，激活下游免疫反应（Li et al.，2016）。此外，对 RA 患者感染和共生微生物的研究发现了多种与 RA 自身抗原相似的抗原表位结构，提示 RA 易感个体暴露于这些微生物后，针对这些微生物产生的免疫应答会对含有自身抗原成分的细胞或组织形成交叉反应，导致自身免疫反应的启动和组织损伤。这一过程被称为自身免疫反应形成的"分子模拟"假说。同时，作为 RA 的易感基因，提呈抗原分子的部分 HLA 分子亚型可以结合和提呈上述多种结构相似的抗原表位，从而使结构相似的自身抗原与外来致病抗原之间容易发生交叉反应。这一现象称为 HLA 分子的"模糊识别"。在"分子模拟"和"模糊识别"机制下发生自身免疫反应后，患者对最初个别抗原表位的免疫应答会扩展到对更多表位的应答，使自身抗原种类和自身免疫反应的范围扩大。研究显示，随着 RA 病程的延长，RA 患者体内自身抗体识别的抗原种类不断增加，这种"抗原表位扩展"放大了自身免疫反应，最终引发复杂的免疫异常（栗占国等，2009）。

2. RA 中免疫细胞的激活

非特异性炎症的启动是 RA 的早期阶段，此时临床症状尚不明显。在 RA 发病后，关节滑膜中的 T 细胞以记忆性 T 细胞为主，说明关节炎部位的 T 细胞受到抗原驱动。巨噬细胞、B 细胞、树突状细胞等抗原提呈细胞可把自身抗原提呈给 T 细胞，促进其活化和分化（Gravallese and Firestein，2023）。RA 致病性的 T 细胞亚群主要包括 Th1、Th17、Tfh 和 Tph 等。这些自身反应性 T 细胞亚群通过释放 TNF-α、IL-17、IL-21、IFN-γ 等细胞因子进一步激活巨噬细胞等其他免疫细胞，从而引起慢性炎症。此外，Tfh 和 Tph 亚群还可以激活自身抗原特异性 B 细胞，并促进生发中心或异位生发中心样结构的形成，促进 B 细胞分化为浆细胞并表达自身抗体，当抗体参与发病机制后，病情会进一步加重。此外，RA 患者的调节性 T 细胞（Treg）免疫抑制功能减弱，对自身免疫反应和炎症的控制下降。

3. 滑膜炎症和骨破坏

自身反应性 T 细胞产生的细胞因子会激活单核/巨噬细胞，并将其募集至关节部位。这些单核/巨噬细胞表达 TNF-α 等细胞因子，可进一步促进 T 细胞活化和关节炎症。此外，滑膜组织的构成细胞也是参与关节炎症和破坏的重要效应细胞（Inglis et al.，2008）。滑膜衬底下层的 PDPN$^+$FAPa$^+$CD90$^+$成纤维细胞通过表达 IL-6 等促炎因子促进关节炎症的发生，而 PDPN$^+$FAPa$^+$CD90$^-$滑膜衬底层细胞则参与骨和软骨的破坏（图 8-4）。

（三）常见 RA 动物模型

1. 胶原诱发关节炎

胶原诱发关节炎（collagen-induced arthritis，CIA）是在特定品系的实验动物中，使用来自异源物种的 II 型胶原（collagen II，CII），辅以致炎性佐剂（如完全和不完全弗氏佐剂）免疫实验动物，通过分子模拟原理，引发针对被免疫实验动物自身 CII 的自身免疫反应，导致与 RA 相似的自身免疫性关节炎的发生。CIA 是目前应用最广泛的 RA 建模方法。CIA 最早于 1977 年报道于大鼠，继而于 1980 年报道于小鼠，此外，还有豚鼠、小型猪、兔、犬、绵羊、非人灵长类的 CIA 报道。不同物种的 CIA 在临床表现、病理变化、免疫病理等方面存在差异（Brand et al.，2007）。例如，以异源性II型胶原为诱导剂时，

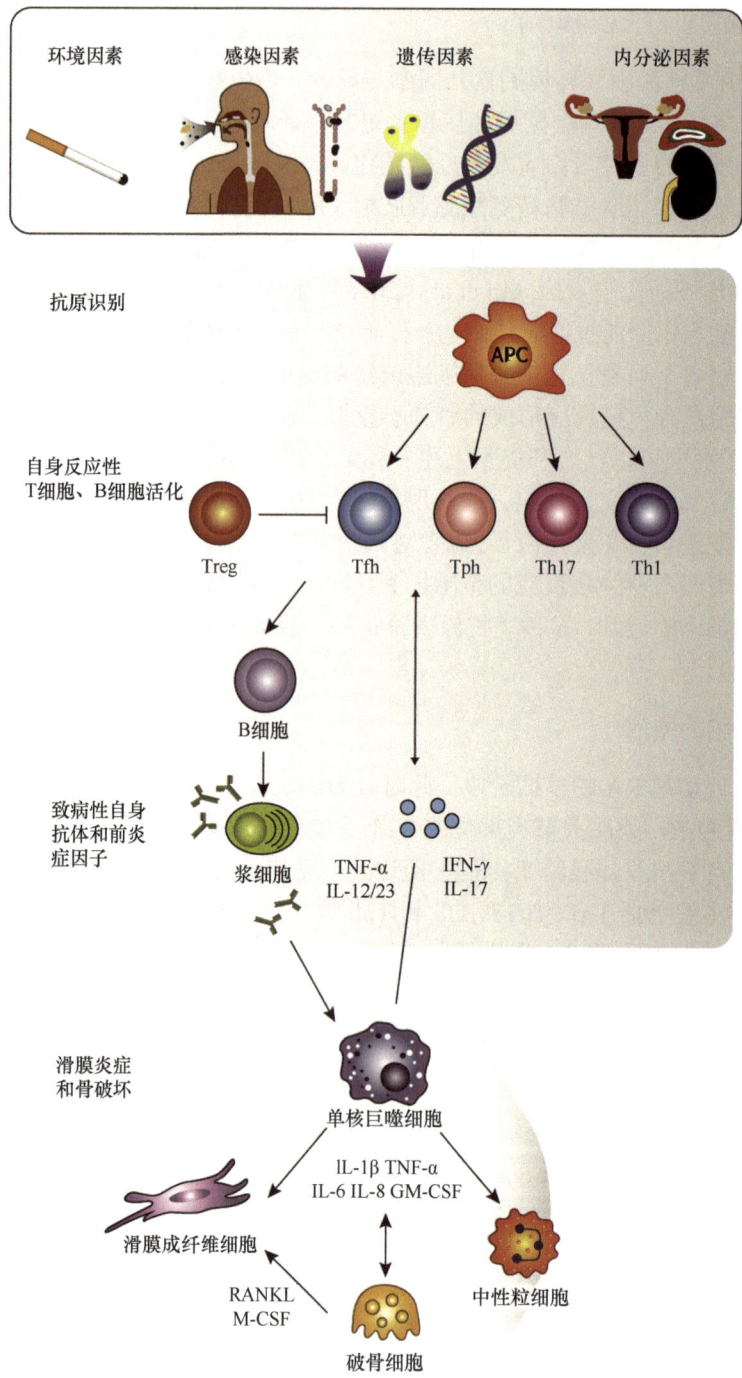

图 8-4 RA 的病因与发病机制

DBA/1 小鼠的发病症状较重，且为急性关节炎，发病达到平台期之后症状开始逐渐减轻直至消失；而B10.Q 小鼠则关节炎的症状较轻，且表现为慢性、反复发作的病程。

　　啮齿动物是 CIA 最常用的造模动物（表 8-5）。它们具有体积小、繁殖速率快、成本较低等优点，并且其基因与人类的同源性较高。以小鼠为例，它们有 99%的基因与人类的基因相对应，并且方便在基因水平进行改造，如基因转入和基因敲除。与啮齿动物相比，非啮齿动物成本较高，但是具有体积较大这一优点，这样在做影像学检查、超声引导下滑膜活检，以及进行某些治疗实验时更为方便，如针灸。此外，提取单个个体样本的量也可以更大，如血液、滑液、滑膜组织等。

　　CIA 常选择的小鼠品系包括 DBA/1、B10.Q、B10.RIII DBA/1、DBA-TCR Tg，也可以在 C57BL/6

这样的不敏感品系中诱导（但是发病率一般不超过 60%），其中 DBA/1（H-2^q）小鼠品系（发病率可达 80%～100%）被广泛认同为"金标准"。常选择的大鼠品系有 Wistar 大鼠、Lewis 大鼠、DA 大鼠、SD 大鼠（Inglis et al., 2008）。此外，近年来有较多将 CIA 与基因编辑结合起来建立 RA 动物模型的例子。例如，诱导转入 RA 的易感基因 HLA-DR1 或 HLA-DR4 的小鼠发生 CIA。

表 8-5 常用于胶原诱导性关节炎模型和胶原抗体诱导性关节炎模型的小鼠品系

小鼠品系	H-2 类型	CIA 易感性	CAIA 易感性	备注
DBA/1	q	高	高	IFN-γ 高
B10.Q	q	高	（高）	
B10.G	q	高	（高）	
NFR/N	q	高	（高）	
SWR	q	抵抗	抵抗	C5 缺乏
B10.RIII	r	高	高	低反应：鸡和人 II 型
B10	b	低	（高）	*需要替代免疫
C57BL/6	b	低	中等-高	LPS 低反应——*需要替代免疫
C57BL/6 beige	b	抵抗	抵抗	PMN 突变
C57BL/6 x 129/Sv	b	低	中等-高	*需要替代免疫
129/Sv	b	抵抗	高	
B10.D2/nSn	d	抵抗	高	
B10.D2/oSn	d	抵抗	抵抗	C5 缺乏
Balb/c	d	抵抗	高	
Balb/c nu/nu	d	抵抗	抵抗	B 细胞和 T 细胞缺乏
C3H/HE	k	低	（低）	
B10.S	s	抵抗	?	
SJL/1	s	中等	（高）	
C.B-17 scid/scid		抵抗	高	B 细胞和 T 细胞缺乏

注：括号表示假定，但未证实。CAIA，胶原抗体诱导的关节炎。
*通过接种含有高浓度结核分枝杆菌的 CFA 而患上关节炎

1）CIA 的发病机制

CII 是 RA 关节受累组织软骨中的主要蛋白质成分之一，在部分 RA 患者中可以检测到针对 CII 的特异性自身抗体以及自身免疫性 T 细胞和 B 细胞。有研究显示，CIA 中的抗体与 RA 中的抗体针对的抗原表位位于 CII 的同一区域。

CIA 的易感性由 MHC 类分子与非 MHC 类分子共同决定。此外，在疾病的不同阶段，主要致病的细胞及细胞因子存在差异（Suzuki et al., 1997）。

CIA 的免疫病理过程涉及以下几个环节。

（1）MHC II类分子通过与 TCR 相互作用来影响 T 细胞的免疫应答，因此 MHC II 的限制性参与决定了品系的 CIA 易感性。

（2）自身反应性 T 细胞的活化。

（3）T 细胞被认为在诱导阶段起主要作用，活化的 T 细胞辅助活化自身反应性 B 细胞，浆细胞分泌自身抗体。

（4）B 细胞被认为在疾病的慢性期起主要作用，但是慢性炎症的维持也离不开 T 细胞的活化。抗原-抗体复合物激活补体系统，触发局部炎症反应，从而趋化单核细胞、中性粒细胞和 T 细胞进入关节组织。中性粒细胞通过形成中性粒细胞胞外染色质陷阱（neutrophil extracellular chromatin trap，NET）来促进自身免疫反应，而 NET 可能与抗瓜氨酸蛋白抗体（anti-citrullinated protein antibody，ACPA）的形成有关。

（5）T 细胞分泌细胞因子趋化巨噬细胞。

（6）巨噬细胞分泌 TNF-α、IL-1β 等细胞因子，这些细胞因子可通过促进滑膜成纤维细胞活化、增殖和破骨细胞分化，促进关节炎进展。

（7）滑膜细胞增殖形成的血管翳结构可直接导致骨与软骨的损伤。

（8）在发病前期的启动环节，在引流淋巴结中存在发挥活性的 Th1 细胞，此时 Th2 细胞及其细胞因子，如 IL-4 和 IL-10 的分泌受到明显抑制；出现临床症状时，在炎症关节内可检测到 IL-1、IL-10、TNF-α、TGF-β 和 IL-6。IL-17、IL-21、IL-23、IL-32、IL-33 等细胞因子均会使 CIA 加重。但是，尚不确定 IFN-γ 是否促进 CIA 的发展。

与 RA 相似，在分子水平上，CIA 可产生针对自身抗原的自身抗体，其中，针对 CII 的自身抗体是 CIA 研究中常规检测的自身抗体类型；在易感性上，CIA 的易感性也与特定 MHC II 类基因的表达有关。有研究报道，CIA 大鼠的发病机制与 RA 的差异较大，相比之下，DBA/1 小鼠的发病机制与 RA 更为相近。但是，CIA 大鼠的模型用于评估 RA 的部分药物治疗效果也有效。

2）CIA 模型的诱导

CIA 的临床表现及病理变化因多项因素而异，包括造模物种、品系、诱导抗原、佐剂、饲养环境等，因此难以一概而论。

在 DBA/1 小鼠中诱导 CIA，通常采用初次免疫—加强免疫的诱导方式（图 8-5）。初次免疫一般选择 6～8 周龄 DBA/1 小鼠，于距尾根部 1.5cm 处皮内注射乳化于完全弗氏佐剂的牛 II 型胶原 200μg；加强免疫一般于初次免疫后第 21 天在初次免疫位置附近皮内注射不完全弗氏佐剂乳化的牛 II 型胶原 100μg。小鼠一般在加强免疫后 7 天左右出现关节红肿等症状，一般在初次免疫后 6 周达到高峰期，前、后爪都可以发生，高峰期可累及爪、踝和四肢，发病率最终可达 90% 以上。表现为反复发作的关节炎，加重和缓解相互交替；随着病程进展，累及的关节数目增加，缓解的频率减少。DBA/1 小鼠 MHC II 分型为 H-2^q，属于 CIA 易感品系，是目前 CIA 实验研究使用最广泛的实验动物，在实验操作正确的前提下，其造模发病率和 CIA 严重程度主要与小鼠的遗传背景、饲养环境和造模所用试剂的质量有关。小鼠品系稳定、严格的 SPF 饲养环境、质量可靠的试剂品牌选择对于实现稳定的 CIA 造模是重要的影响因素（Tak et al., 1997）。

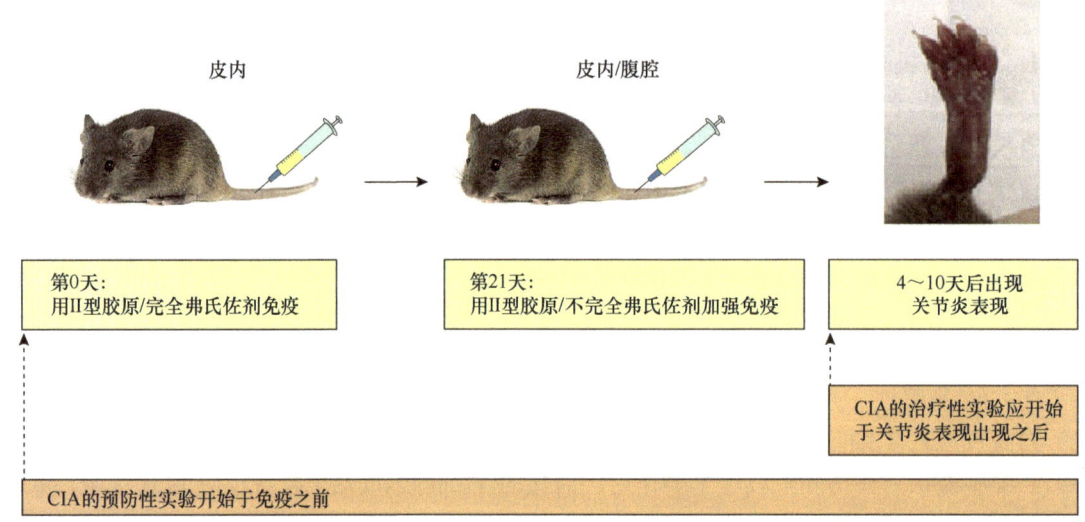

皮内	皮内/腹腔	
第0天： 用II型胶原/完全弗氏佐剂免疫	第21天： 用II型胶原/不完全弗氏佐剂加强免疫	4～10天后出现 关节炎表现
		CIA的治疗性实验应开始 于关节炎表现出现之后
CIA的预防性实验开始于免疫之前		

图 8-5　DBA/1 小鼠胶原诱导性关节炎模型的诱导

C57 小鼠 MHC II 分型为 H-2^b，属于 CIA 抵抗品系，诱导 CIA 难度大，与 DBA/1 小鼠相比，诱导成功后发病率较低、关节炎症状较轻。但由于目前多数基因改造小鼠的遗传背景为 C57（B6）品系，因此在 C57 小鼠中诱导 CIA 对 RA 发病机制的研究十分重要。在 C57 小鼠中诱导 CIA，也采用初次免疫—加强免疫的诱导方式。初次免疫一般选择 10～14 周龄及以上的 C57 小鼠，于距尾根部 1.5cm 处皮下注射乳化于完全弗氏佐剂的鸡 II 型胶原 100μg；加强免疫一般于初次免疫后第 21 天在初次免疫位置附近皮内注射完全弗氏佐剂乳化的鸡Ⅱ型胶原 100μg。小鼠一般在加强免疫后 7～10 天出现关节红肿等症状，初次免疫后的 55 天左右达到高峰期，发病率一般不超过 60%。C57 小鼠 CIA 严重程度较 DBA/1 品系小鼠 CIA 显著低下。

DA 大鼠 CIA 造模，环绕尾根部皮下注射乳化于不完全弗氏佐剂的牛Ⅱ型胶原，于免疫后 13～15 天出现症状，先从小足趾发病，逐渐上升到整个踝关节，表现为慢性、持续性的关节炎。Wistar 大鼠的表现与 DA 大鼠相似，并且有研究报道关节炎症状至少持续 6 个月（该实验观察了 6 个月）（Tak et al.，1997）。该大鼠 CIA 模型可用于治疗晚期、慢性关节炎的药物试验。

Lewis 大鼠 CIA 造模，环绕尾根部皮下注射乳化于不完全弗氏佐剂的牛Ⅱ型胶原，关节炎进展迅速。先出现踝关节以下肿胀，再出现小足趾肿胀，有研究报道 Lewis 大鼠无慢性 CIA 的表现，但可以观察到明显的关节强直。也有文献称，Lewis 大鼠致炎 2 周左右即进入慢性期，表现为对侧足和前肢出现多发性关节肿胀和活动受限，慢性造模成功率为 85%。

3）CIA 的临床特点及与 RA 的异同

CIA 与 RA 相比，RA 的关节炎症状表现为对称性多关节受累（早期受累关节：掌指关节、近端指间关节、腕关节、跖趾关节；中轴骨不受累），有滑膜炎、关节肿胀、侵蚀性骨破坏，这些均可在 CIA 中体现出来。但是，RA 表现为女性患病率是男性的 2 倍，而对于 DBA/1 小鼠，雄性更易发生 CIA，但也有研究认为其 CIA 的易感性无明显性别差异；对于 DA 大鼠，则雌性对 CIA 的易感性更高。RA 的起病方式多为慢性（慢性，55%～65%；急性，8%～15%；间歇性，15%～20%），病程为慢性反复性，但是 CIA 的关节炎的起病方式为急性还是慢性、病程为慢性反复性还是急性自限性与造模物种、品系、诱导抗原有关。此外，RA 是一种系统性免疫反应的疾病，有关节外受累表现，RA 患者胸膜腔、肌肉、心包甚至脑膜等处可有不同水平的 RF，临床表现包括类风湿结节（最常见于关节伸面或受压部位的皮下）、肌病、血管炎、周围神经病，以及皮肤（如紫癜）、眼（如干燥性角结膜炎、巩膜炎）、血液系统（如贫血、血小板增多）、肾脏、胸膜、肺部、心包、心肌等多组织脏器受累的表现，这些关节外的脏器受累在 CIA 中缺少系统研究，报道不多。有研究报道 CIA 小鼠会发生骨膜炎，RA 患者通常无此病变（Nandakumar and Holmdahl，2007）。

CIA 与 RA 在病理上均表现为耐受性破坏以及胶原自身抗体的生成、滑膜单个核细胞浸润、滑膜增生、软骨降解和骨侵蚀，不同之处包括，CIA 小鼠关节腔中的主要吞噬细胞是大量的中性粒细胞，而 RA 中的是巨噬细胞。人类 RA 的血管翳自关节周围软组织形成，对关节软骨表面形成破坏，侵入软骨下骨。而小鼠 CIA 血管翳与人不同，可自骨髓腔形成并侵入软骨下骨，破坏关节。

CIA 模型与人类 RA 均存在活跃的自身抗原-抗体反应，但两者之间也存在具体的差别。CIA 模型由主动免疫异源 CII 蛋白引起针对自身 CII 的交叉免疫反应，自身抗原主要为 CII 蛋白。人类 RA 的自身抗原谱则更为复杂多样，最显著的自身抗原为瓜氨酸化的多种蛋白质（Monach et al.，2007）。与自身抗原谱的差异相对应，CIA 的自身抗体主要是抗 CII 抗体，但是很大一部分 RA 患者检测不到这种抗体；绝大部分 RA 患者均存在高水平的 RA 特异性 ACPA，如 anti-CCP IgG 等。尽管个别研究报道 CIA 小鼠中可检出 ACPA，但多项研究无法在 CIA 小鼠中检测出这类自身抗体。

CIA 小鼠的自身反应抗体主要为 IgG 2 亚类，IgG2a 和 IgG2b 均出现于 CIA 的高峰期。与 RA 发病有关的典型细胞因子轴，如有促炎作用的 Th1 细胞轴、有抗炎作用的细胞因子 IL-10 轴、Th17 细胞轴、Treg 细胞等，都可以用 CIA 模型进行研究（Christensen et al.，2016）。

4）干预措施对 CIA 与 RA 的异同

CIA 小鼠表现出对非甾体抗炎药和甲氨蝶呤治疗不够敏感，而 RA 患者一般无此表现。因此在使用 CIA 模型评估药物疗效时要注意研究药物是否适合在 CIA 所用实验动物中进行评价（表 8-6）。

表 8-6 小鼠 CIA 模型与人类 RA 的异同

	小鼠 CIA	人类 RA
自身抗原	Ⅱ型胶原	瓜氨酸化蛋白质、多种抗原

	小鼠 CIA	人类 RA
自身抗体	CII 抗体、RF（?）、ACPA（?）	ACPA、多种自身抗体
侵蚀性滑膜炎	+	+
性别差异	无明显差异	女性高发
起病方式	个体差异大，小关节早发，对称关节炎症	个体差异大，小关节早发，对称关节炎症
免疫细胞和炎症因子	Th1、Th17、Tfh、Treg 异常；B 细胞过度活化；T 细胞清除敏感	Th1、Th17、Tfh、Treg 异常；B 细胞过度活化；T 细胞清除疗法失败
	滑膜单个核细胞浸润、滑膜增生、软骨降解和骨侵蚀（中性粒细胞）	滑膜单个核细胞浸润、滑膜增生、软骨降解和骨侵蚀（巨噬细胞）
关节外受累	研究还不清楚；骨膜炎	多系统、多器官；一般无骨膜炎

2. 胶原抗体诱发关节炎

RA 的发病与几种自身抗体密切相关，包括抗自身 II 型胶原抗体、ACPA、抗葡萄糖-6-磷酸异构酶（glucose-6-phophoisomerase，G6PI）抗体、类风湿因子等。纯化的人抗 II 型胶原免疫球蛋白、关节炎小鼠或人 RA 患者的血清转移均可诱导炎性关节炎的发生。

胶原抗体诱发关节炎（collagen-antibody-induced arthritis，CAIA）是指由胶原抗体诱导的关节炎，是一种快速起病的关节炎模型，于 8 天内达到高峰期，之后症状逐渐减轻，常于 1 个月之内消失。CAIA 的其余临床表现与病理特征与 CIA 相似，可表现出滑膜炎、血管翳、软骨破坏、骨侵蚀、骨重塑。CAIA 适用于对 CIA 易感性较低的品系或基因型，如 C57 品系小鼠。

CAIA 与 RA 的不同之处：①CAIA 为急性起病；②病变滑膜处主要为巨噬细胞和多形核炎症细胞浸润；③CAIA 的发病需要免疫复合物的形成和补体的激活，但是无须经过 T 细胞和 B 细胞的免疫应答，因此不能完全反映人 RA 自身免疫反应过程中完整的固有免疫和适应性免疫激活过程，以及免疫和组织重塑反应的复杂性（Nandakumar and Holmdahl，2007）。

3. K/BxN 血清转移性关节炎

与 CAIA 相似，K/BxN 血清转移性关节炎是另一种利用自身抗体诱导的模型，致病抗体来源于自发性关节炎的 K/BxN 小鼠。K/BxN 小鼠是携带 TCR 基因 *C57BL/6* 背景的 KRN 小鼠与具有发生自身免疫倾向的非肥胖型糖尿病的 NOD 小鼠的杂交后代，在 MHC-II（I-A^k）的基因背景下，该 TCR 可识别牛核糖核酸酶肽。但是在 MHC-II（I-A^{g7}）的背景下，K/BxN TCR 识别的抗原是在小鼠普遍表达的 G6PI。K/BxN 小鼠在 4～5 周龄时会出现迅速发展的严重关节炎（Suzuki et al.，1997）。活化的 T 细胞可以持续辅助 B 细胞产生大量的抗 G6PI 的自身抗体。在血液中，抗 G6PI 抗体与 G6PI 结合并形成抗原抗体复合物，抗原抗体复合物可以激活补体系统，激活的补体系统可以活化中性粒细胞、巨噬细胞、肥大细胞等一系列固有免疫细胞。抗原抗体复合物与中性粒细胞上的 Fcγ 受体结合，引发血管活性介质的释放和血管通透性的局部增加，从而使抗原抗体复合物和抗 G6PI 抗体进入关节的血管周围组织。在血管周围组织中，抗原抗体复合物与肥大细胞上的 Fcγ 受体结合，引起肥大细胞脱颗粒，导致血管通透性增强。抗原抗体复合物、抗 G6PI 抗体、非特异性抗体还可以进入关节腔，之后抗 G6PI 抗体可以与软骨表面表达的 G6PI 结合。该模型的发病机制还涉及一系列免疫介质，包括细胞因子、趋化因子、补体因子、TLR、Fc 受体和整合素。此外，抗 GPI 抗体、TNF-α、IL-1 也在这一病理过程中发挥重要作用。

K/BxN 血清转移性关节于注射血清 2 天之后急性起病，在 7～14 天内达到高峰（具体时间与注射血清中抗体的剂量有关），第 21 天开始消退。

同为抗体诱导的关节炎，K/BxN 血清转移性关节炎与 RA 的不同之处与 CAIA 相似，中性粒细胞在其发病过程中起着重要作用，因此可以较好地模拟 RA 的急性过程。此外，由于许多基因改造小鼠是建立在 C57BL/6 品系的遗传背景之上，但是这一小鼠对 CIA 的易感性较低（CIA 患病率一般不超过 60%），因此，K/BxN 血清转移性关节炎对于解决这一问题有着较好的效果（Monach et al.，2007）。

4. 降植烷诱导的佐剂型关节炎

降植烷是一种饱和烷烃，它可以在慢性全身炎症的情况下诱发关节炎。降植烷诱导的关节炎（pristane-induced arthritis，PIA）最初被认为是腹腔注射降植烷所致小鼠浆细胞瘤模型的并发损害。相对于大鼠而言，其他物种不易诱导出佐剂型关节炎。PIA 常见的造模物种为 DA 大鼠（发病率可达 100%）、Lewis 大鼠（发病率为 60%～82%）。E3 大鼠（发病率为 9%）、Wistar 大鼠（有文献报道发病率为 0）不易发生 PIA。此外，也有用小鼠造模的例子，须对小鼠反复进行腹腔注射降植烷，但是这样小鼠会发生类似于 SLE 的症状（Christensen et al.，2016）。

DA 大鼠，尾根部背侧皮内注射降植烷 100～150μL，于免疫后第 7～14 天急性起病，2 周左右达到高峰期，之后转为慢性期，表现为关节炎发作与缓解反复交替，至少可以持续 110 天。踝关节或掌指关节最先受累；后爪先受累占 44%，前爪先受累占 48%。可检测到 RA33 抗体和 RF，但是检测不到针对软骨成分的特异性抗体。

5. 基因改造小鼠关节炎模型

使用转基因和基因敲除小鼠品系以及生物抑制剂已经揭示了多种细胞因子的重要病理作用。

1）K/BxN 小鼠

K/BxN 小鼠在 4～5 周龄时出现对称性、慢性、渐进性的关节炎，病理表现为滑膜炎、血管翳、软骨和骨破坏。发病机制见前文 "3. K/BxN 血清转移性关节炎"。在发病起始的非特异性炎症阶段，中性粒细胞起着重要作用。在诱导阶段，自身反应的 T 细胞识别 MHC 分子提呈 G6PI 抗原肽，活化之后激活 B 细胞产生 G6PI 特异性自身抗体（Butler et al.，1997）。T 细胞在发病的起始环节发挥关键作用，因为有研究发现，只有在起病前 5 天给予注射抗 CD4 抗体才能阻断关节炎的发生，之后注射抗 CD4 抗体对关节炎的发展无明显影响。在 K/BxN 小鼠关节炎的发病过程中，IL-1 是必需的细胞因子，IL-6 不是必需的细胞因子，TNF-α 的作用尚不明确。活化的 B 细胞是 K/BxN 小鼠发生关节炎所必需的，其分泌的抗体是关节炎发病的活性成分，注射发病的 K/BxN 小鼠血清可引起其他小鼠的关节炎，发病率可达 100%，且无 MHC 限制性（详见 "3. K/BxN 血清转移性关节炎"）（Christensen et al.，2016）。

2）人类 TNF-α 转基因小鼠

人类 TNF-α 转基因小鼠在 3～4 周龄时出现滑膜增生和炎性细胞浸润，在 10 周龄时表现出慢性、对称性的关节炎症。病理表现为滑膜炎、血管翳、软骨和骨破坏。

MHC 易感性较低的基因型小鼠通过转入人类 *TNF-α* 基因，可发展出明显的关节炎症状；但是，当这些小鼠与 MHC 易感性高的 DBA/1 小鼠回交时，子代的关节炎症状较亲代人类 TNF-α 转基因小鼠更重。RAG-1 敲除的人类 TNF-α 转基因小鼠，无 T 细胞、B 细胞，也可以发生关节侵蚀，因此，人类 TNF-α 转基因小鼠关节炎的发生是不依赖于 T 细胞、B 细胞的（Li and Schwarz，2003）。

此外，移植入正常小鼠关节腔的人类 TNF-α 转基因小鼠病变滑膜处的成纤维细胞可诱发正常小鼠的关节炎症。

四、存在的问题与展望

每一种动物模型都只能模拟 RA 的部分特点，因此，在研究中，应结合要研究疾病的阶段和要解决的问题来进行动物模型的选择。此外，有的药物在动物模型上取得了较好效果，但在临床试验阶段未获得成功，其中，药物的毒副作用在动物实验中不如临床试验明显是一个重要原因；而有的药物在动物实验中的效果不佳，但是临床上表现出较好的疗效——这可能是 RA、SLE 等疾病与动物模型的发病机制以及实验动物与人类的生理差异所致。因此，需要进一步探究不同动物模型的发病机制与人类疾病的异同，从而根据实验目的选择更合适的模型，更准确地解析实验现象。

第二节 过敏性疾病哮喘的比较医学研究

一、过敏性哮喘简述

过敏性哮喘是一种严重的炎症性疾病，主要症状为呼吸道的炎症反应、呼吸道重塑及呼吸道的高反应性。人类过敏性哮喘引起的炎症主要由呼吸道上皮以及固有免疫和适应性免疫系统参与。严重的炎症反应可能造成呼吸道的重塑（airway remodeling）。流行病学上最常见的哮喘是变态反应性哮喘。

此类疾病的患者，其遗传背景倾向于形成针对一些常见抗原物质的特异高反应性 IgE，呼吸道上皮的树突状细胞等可识别家庭中的尘螨、花粉、真菌的孢子、蟑螂等抗原物质，结合此类抗原的 IgE 抗体被树突状细胞表面的高亲和力受体识别，携带此类抗原通过 MHC II 类分子提呈给 T 细胞和 B 细胞，进一步产生 IgE 抗体，结合效应细胞如嗜碱性粒细胞和肥大细胞等，引起其脱颗粒，释放组胺、前列腺素、白三烯以及各类细胞因子，引起呼吸上皮的组织水肿和黏液反应（图 8-6）。

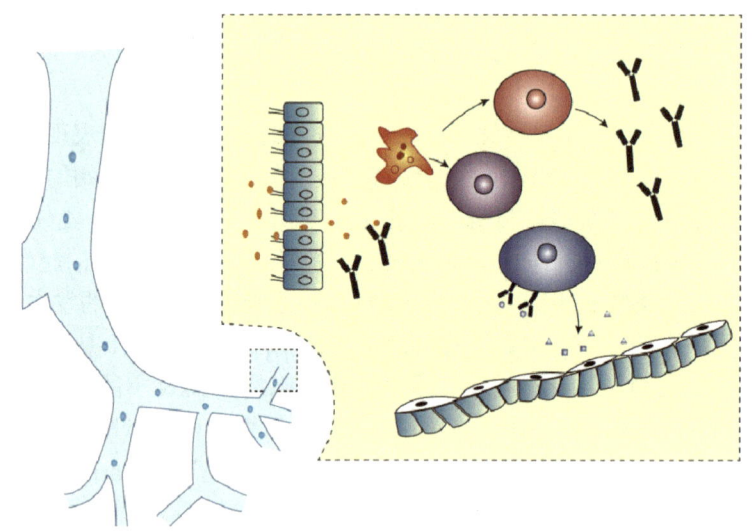

图 8-6 过敏性哮喘激发模式图

各类趋化因子也招募来嗜酸性粒细胞、巨噬细胞等，进一步造成呼吸道狭窄，引起呼吸道损伤，以及细胞外基质的沉积。Th2 细胞的扩增、活化，引起 IL-5、IL-4、IL-13 等的升高，进一步引起呼吸道上皮中杯状细胞的活化，造成胶原沉积，引起呼吸道重塑，最终引起不可逆的病变。

过敏性哮喘的免疫机制研究，不仅依靠临床患者的样本数据，更多的研究是基于实验动物进行的比较医学研究。

二、哮喘疾病研究的动物模型

大部分动物并没有自发的哮喘症状。猫有一种类似于人类重度哮喘的呼吸道支气管病变，而马由呼吸道的中性粒细胞主导的疾病也与人类哮喘相似，但其他动物还没有发现自发的哮喘症状。因此，大部分动物模型的制备都需要用致敏原对动物进行致敏操作，以诱导其类似哮喘的免疫反应。

但是人类哮喘疾病的致病机制、疾病表型等非常复杂，目前没有一种动物模型可以完全复制人类哮喘疾病过程，因此在进行特定临床或基础医学研究时，需要根据研究内容选择合适的动物模型。

在制备过敏性哮喘动物模型时，科学家多选用小鼠、大鼠和豚鼠等动物，用这些动物了解哮喘疾病在发生过程中的呼吸道病理改变等非常有效。这些动物使用成本比较低，操作简便，而且研究历史比较久，有很好的物种特异的试剂和设备。各个物种在哮喘疾病研究中的特点总结如表 8-7 所示。

表 8-7　不同物种过敏性哮喘动物模型与人类疾病的差异

动物物种	相似性	不同性
大鼠	致敏主要产生 IgE 类抗体	过度致敏产生免疫耐受
	可产生 EPR 和 LPR 表型	气管狭窄现象不明显
	可产生 AHR	
	有杯状细胞增生现象	
豚鼠	肺解剖机构与人类接近	主要产生 IgG1 类抗体
	可产生 EPR 和 LPR 表型	无 AHR
	有呼吸道重塑现象	无嗜酸性粒细胞增生
小鼠	致敏主要产生 IgE 类抗体	非自发 AHR
	可产生 AHR	肺解剖机构与人类差别较大
	有呼吸道重塑现象	无 LPR
	有杯状细胞增生现象	
兔	致敏主要产生 IgE 类抗体	LPR 需致敏新生动物
	肺解剖机构与人类接近	无嗜酸性粒细胞增生
	可产生 EPR 和 LPR 表型	无 AHR

注：AHR. 呼吸道高反应性（airway hyper-responsiveness）；EPR. 早发相反应（early phase response）；LPR. 迟发相反应（late phase response）

　　体型较大的动物如犬、羊、马和非人类灵长类动物等也被用来研究呼吸道炎症以及过敏性呼吸道重塑，因为这些动物在解剖学上与人类更相似。但人们对于这些动物致病机制的研究还很少，而且研究成本和上述小型动物相比费用高昂，因此使用较少。

三、过敏性哮喘的小鼠模型

　　小鼠由于研究历史较长，具有成熟的免疫学研究体系，特别是转基因和敲除小鼠的发展，可以提供更多的动物类型用于哮喘研究。因此小鼠在哮喘模型的研究中应用较广。

　　小鼠不会自发形成哮喘，需要进行人工诱导才能产生过敏性哮喘样呼吸道反应。科学家使用不同品系的小鼠，以及各种各样不同的致敏策略。表 8-8 中列出了不同品系动物的各种致敏方法。其中最常用的小鼠品系为 BALB/c 小鼠，因为研究发现 BALB/c 小鼠对许多过敏原都会产生高水平的 IgE 抗体应答。而雌性老鼠更受青睐，因为它们更多会产生嗜酸性粒细胞，召集更多的免疫细胞，其 Th2 类免疫反应相比雄性小鼠更明显。

表 8-8　不同品系小鼠诱导哮喘模型的方法和效果

品系和性别	致敏方法	指标变化
BALB/c 雌性	急性模型： 在第 1 天、第 14 天用 OVA/alum 免疫（腹腔注射）； 28～30 天用 1% OVA，32 天，44 天用 5% OVA 雾化致敏 慢性模型： 在第 1 天、第 14 天用 OVA/alum 免疫（腹腔注射）； 28～30 天用 1% OVA，32 天，44 天用 5% OVA 雾化致敏； 52～77 天用 1% OVA，69 天用 5% OVA 雾化致敏	高 IgE 水平 AHR 支气管痉挛 杯状细胞增生 呼吸上皮增生 呼吸道胶原蛋白沉积 呼吸道重塑
BALB/c 雄性	急性模型： 在第 1 天、第 5 天用 OVA/alum 免疫（腹腔注射）； 17 天 OVA 雾化致敏	高 IgE 水平 嗜酸性粒细胞增多 AHR
A/J 雄性	急性模型： 在第 0 天、第 7 天用 Der f 1 和 Bla g 2 免疫；14 天 Der f 1 和 Bla g 2 雾化吸入致敏	嗜酸性粒细胞增多 AHR（只有 Bla g 2 有此现象）
A/J 雌性	慢性模型： 在第 1 天、第 10 天用 OVA/alum 免疫（腹腔注射）； 20～21 天用 OVA 雾化致敏； 连续 12 周的 OVA 雾化致敏	嗜酸性粒细胞增多 肺纤维化
C57BL/6 雄性	急性模型： 在第 1 天、第 14 天用 Der f 2 免疫； 28～30 天 0.1% Der f 2 滴鼻吸入致敏	嗜酸性粒细胞增多现象较少； 产生特异性 IgE AHR

注：Der f（Dermatophagoides farinae）. 家庭尘螨抗原；Bla g（Blatella germanica）. 蟑螂抗原；OVA（ovalbumin）. 卵清蛋白

小鼠急性哮喘模型通常需要6～8周。用外来的过敏原如OVA、Der f和Bla g等混合免疫佐剂先对动物进行1～2周的免疫。在形成免疫反应后，对这些动物再进行数次致敏，然后进行侵入性或非侵入性的肺功能评估。

小鼠慢性哮喘模型，可以通过对致敏小鼠进行数周至数月的过敏原刺激来实现，使用反复低水平的抗原刺激，或是使用细胞因子过表达的转基因小鼠。这些动物模型中有一些已经成功的诱导出了慢性哮喘的表型，包括气道重塑、上皮细胞增生，上皮下的纤维化等。使用此类模型，人们了解到了不同细胞和细胞因子在呼吸道重塑过程中的作用。

四、过敏性哮喘免疫机制的比较医学研究

人类过敏性哮喘发生的原因复杂，有外界的环境因素，更与个人的遗传因素和个人的免疫系统发育等相关。根据过敏性哮喘患者发病情况，将此类疾病分成2种病程：患者偶尔接触过敏原快速形成的过敏症状，被称为早期相或是速发相哮喘；而慢性过敏性哮喘患者的病程被称为迟发相过敏性哮喘。

（一）哮喘速发相反应

使用动物模型进行的研究大大提高了我们对过敏性哮喘病理改变过程中有关细胞和各类介质作用的理解。用小鼠做的研究工作表明了哮喘的发生涉及固有免疫系统和适应性免疫系统的相互作用，导致产生各类细胞因子、趋化因子、白三烯（LT）和其他一些炎症介质，引起炎症反应。

哮喘急性期或速发相反应的主要特点是支气管痉挛，它是由上皮细胞中的正常细胞如肥大细胞等介导的。肥大细胞受到刺激后释放组胺、前列腺素（PG）D2、白三烯D4和E4等，这些介质导致平滑肌血管系统的变化，促使细胞浸润，细胞进一步释放一些细胞因子，诱导慢性炎症反应，导致呼吸道重塑。

1. 参与急性期炎症反应的细胞

1）肥大细胞

肥大细胞在急性过敏反应中起着关键作用，它释放的效应介质，包括组胺、前列腺素、趋化因子、细胞因子和白三烯等作用于呼吸道平滑肌细胞和炎症细胞（图8-7）。肥大细胞表面表达FcεRI受体，它们能够结合未与抗原结合的IgE抗体，当再次遇到致敏原时，致敏原可引起FcεRI受体的交联，导致细胞活化和脱颗粒，肥大细胞释放出预先形成的介质，如组胺和胰蛋白酶，并重新合成产生如LT C4、PG D2、血小板活化因子（PAF）和细胞因子等炎症介质。

用缺乏FcεRI受体α链的基因敲除小鼠进行研究，发现此类动物肺灌洗液中嗜酸性粒细胞水平较低，炎症因子IL-4的水平也较低，这提示肥大细胞在慢性病变中也发挥了相应功能。对人类哮喘患者的研究中发现肥大细胞存在于肺黏膜下层、平滑肌和呼吸道上皮，表明肥大细胞在哮喘病理生理学改变中的作用。研究同时发现分离的肥大细胞可以诱导呼吸道平滑肌细胞分泌CXCL-10，这将进一步诱导肥大细胞迁移到呼吸道中。

2）嗜碱性粒细胞

嗜碱性粒细胞有许多与肥大细胞相似的特征。它们结合可被多价抗原激活的IgE，细胞表面的受体交联引起细胞脱颗粒。嗜碱性粒细胞主要释放存储的组胺，激活后可快速合成LTC4、LTD4和LTE4等。嗜碱性粒细胞促进过敏性呼吸道炎症反应。嗜碱性粒细胞产生IL-4，可促使T细胞向Th2细胞增殖、分化。小鼠动物模型研究表明，嗜碱性粒细胞可以刺激单纯CD4⁺T细胞的Th2反应，而*IL-4*基因缺陷动物的嗜碱性粒细胞未能诱导这种反应。研究

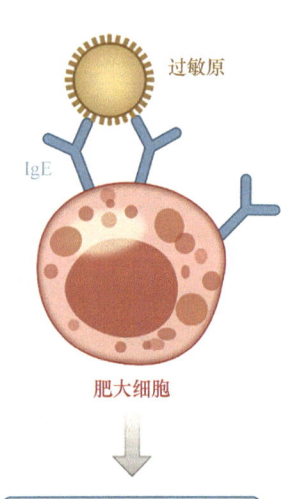

图8-7 过敏反应示意图

发现嗜碱性粒细胞也具有抗原提呈细胞的功能。嗜碱性粒细胞可能具有迁移至引流淋巴结的能力，可将抗原提呈给 T 细胞进一步促进 Th2 分化。

　　3）II 类固有淋巴样细胞

　　固有淋巴样细胞（ILC）是哮喘发病机制中新出现的介导细胞（图 8-8）。它们参与促进快速细胞因子依赖性先天免疫、炎症反应、呼吸道重塑以及组织修复。固有淋巴样细胞与 CD4$^+$ T 细胞相似，如从淋巴祖细胞发育而来，可以表达一些转录因子，分泌一些细胞因子。固有淋巴样细胞可分为三类：ILC1，表达 T-bet，分泌 IFN-γ 和 IL-12（功能类似于如 Th1 细胞）；ILC2，表达转录因子 GATA-3，产生 IL-5、IL-9、IL-13（功能类似于 Th2 细胞）；ILC-3，表达 RORγt，分泌 IL-17 和 IL-22（功能类似于 Th17 细胞）。

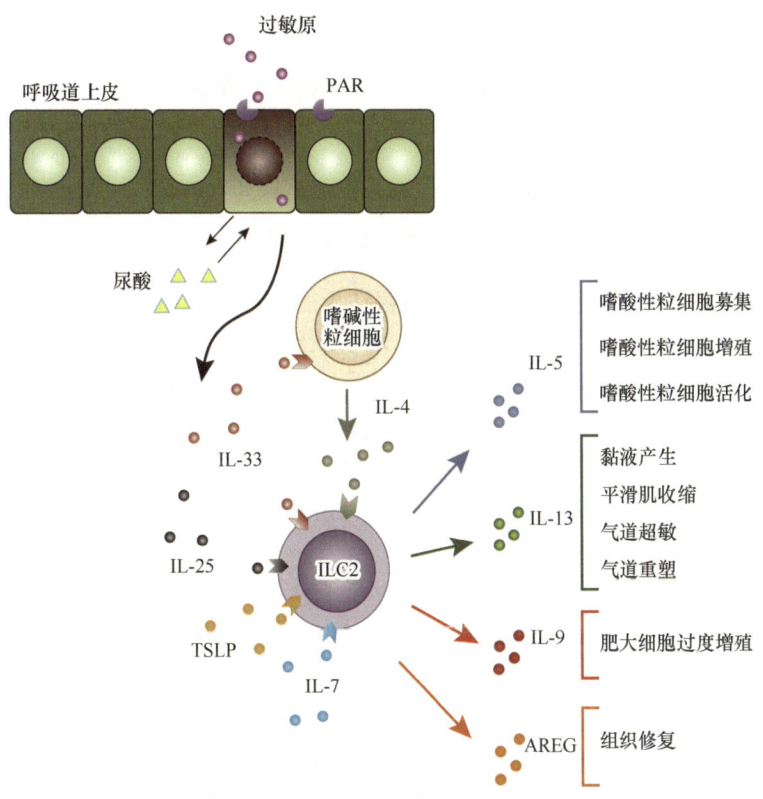

图 8-8　ILC2 参与哮喘发病示意图

　　ILC2 细胞最早在小鼠中被发现，它参与早期阶段抗蠕虫感染以及过敏反应。虽然这些 ILC2 细胞不表达抗原特异性受体，但是却能被 IL-33 和/或 IL-25 激活时释放 Th2 细胞类细胞因子。在早期的过敏反应中，ILC2 细胞肺部浸润，可以产生 IL-13，是早期 IL-13 的主要来源。当将 IL-33 滴鼻给小鼠时，小鼠分泌 IL-13 的 ILC2 细胞增多；将这些分泌 IL-13 的 ILC2 细胞过继转移到 *IL-13* 基因敲除小鼠中，原来在 *IL-13* 基因敲除小鼠不能引发的呼吸道高反应性以及肺部炎症，在过继这些细胞后又可以诱发。ILC2 细胞也表达 CysLT1R，当其与配体 LTD4 结合时，这些细胞可产生 IL-4、IL-5 和 IL-13，参与哮喘的发生。

　　人类 ILC2 细胞在哮喘发病机制中的作用知之甚少。迄今为止的大多数 ILC2 细胞的研究都是在小鼠身上进行的。然而在人类也有证据表明 IL-25 和 IL-33 可以招募和扩增 ILC2 细胞，并促进它分泌 IL-13。对这种新型细胞的进一步研究可以更好地了解它们在过敏性哮喘中的作用机制。

2. 急性炎症的介质

1）IgE

　　免疫球蛋白 E（immunoglobulin E，IgE）与过敏反应相关的观点已被广泛认可。IgE 是五类免疫球蛋白中血清浓度最低的一类，可能的原因是 B 细胞分化成分泌 IgE 类的浆细胞较少，而且分泌的 IgE 在组织中快速被吸收，并与其受体紧密结合，导致游离的 IgE 水平较低。当发育分化的 B 细胞接受被致敏原激活的 T 细胞辅助时（CD40：CD40L 相互作用），B 细胞的 BCR 在分子水平上发生重组，经类别转换，产生 IgE。在这一过程中 B 细胞附近的 Th2 细胞因子（IL-4 和 IL-13）通过旁分泌效应导致类别转换 IgE（图 8-9）。

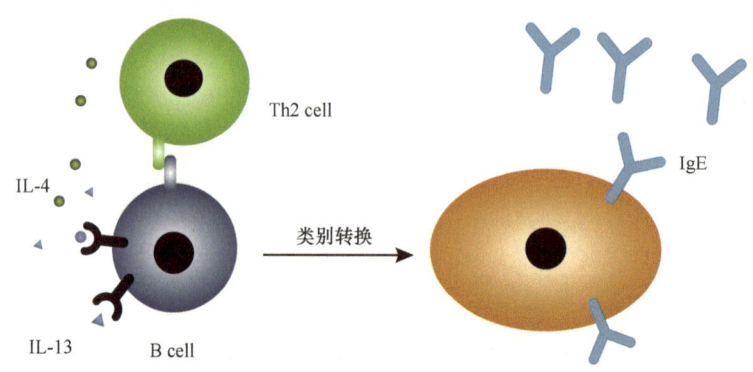

图 8-9　致敏抗体的类别转换

　　IgE 有两类受体：高亲和力受体 FcεRI 主要存在于肥大细胞和嗜碱粒细胞表面；而低亲和力受体 FcεRII 存在于多种细胞表面，如 B 细胞、T 细胞、树突状细胞和其他造血细胞。IgE 的主要功能发生在 I 型超敏反应中。一些环境抗原物质可以成为过敏原，与变态反应性疾病密切相关。致敏个体体内过敏原特异性血清 IgE 水平升高，当其与过敏原接触，就会引起 FcεRI 受体的交联，导致肥大细胞脱颗粒，释放效应介质。IgE 也可以在过敏性哮喘慢性病变过程中刺激肥大细胞产生一系列趋化因子，促进免疫细胞迁移。应用 IgE 缺陷小鼠以及抗 IgE 单克隆抗体（omalizumab）进行研究，结果均表明，IgE 在肥大细胞存活、增殖、迁移和激活中发挥作用。

　　人类哮喘与 IgE 水平之间的关系已被认可，研究显示过敏性哮喘患者的 IgE 水平比非过敏性哮喘个体更高。因此，IgE 升高的水平已成为过敏性哮喘诊断指标之一。

　　2）组胺

　　组胺（histamine）由肥大细胞和嗜碱性粒细胞分泌。组胺能诱导平滑肌收缩，杯状细胞分泌黏液，产生一氧化氮等。组胺有 4 种受体（H1R、H2R、H3R 和 H4R），它们存在于各种不同的细胞表面，参与适应性和固有免疫反应。H1Rs 存在于平滑肌细胞、上皮细胞和白细胞。在 H1R 敲除小鼠的研究中，过敏原刺激引起的哮喘反应减弱，且未出现呼吸道炎症。H4R 的细胞分布与 H1R 相似，也具有促炎效应。利用 H4R 敲除的 BALB/c 小鼠，研究发现 H4R 拮抗剂可降低嗜酸性粒细胞和 Th2 类细胞反应，降低呼吸道反应性和炎症反应，转录因子 FOXP3 上调，提示 H4R 靶点具有临床治疗的价值。

　　3）前列腺素 D2

　　前列腺素 D2（prostaglandin D2）是花生四烯酸的主要环氧合酶代谢物，可由肥大细胞在过敏原刺激下产生。PGD2 引起支气管收缩，血管扩张，血管通透性增加，嗜酸性粒细胞浸润。其 DP 受体表达于 Th2 细胞、嗜酸性粒细胞和嗜碱性粒细胞。DP 受体缺陷小鼠用 OVA 致敏建立过敏哮喘模型，与野生型相比，DP 受体缺陷小鼠 Th2 类细胞因子表达下降，淋巴细胞浸润减少。对 BALB/c 雌性小鼠过敏性哮喘动物模型的研究表明，DP 受体激活可引起动物炎症反应，嗜酸性粒细胞增多。直接给予动物 PGD2 刺激，小鼠显示嗜酸性粒细胞、淋巴细胞、巨噬细胞增多，以及 IL-4 和 IL-5 的表达上调。在人类过敏性哮喘患者受过敏原刺激后支气管肺泡灌洗液中有高水平的 PGD2，然而健康人对于 PGD2 的直接刺激却没有反应。

　　4）白三烯

　　白三烯（leukotriene）（LTC4、LTD4 和 LTE4）作为炎症介质，其受体表达在肥大细胞、嗜酸性粒细胞、白细胞和巨噬细胞表面。它们调节支气管收缩，增加血管渗透性，引起嗜酸性粒细胞活化，引起黏液分泌。在人类和小鼠的肺组织细胞中都发现了白三烯的受体。LTD4 对肥大细胞增殖和其细胞因子产生具有重要意义。小鼠 CysLT1 受体敲除后，其肥大细胞和病理生理反应均降低。CysLT1 受体敲除小鼠在室内尘螨（HDM）刺激后，其 Th2 反应减少，嗜酸性粒细胞浸润减弱。

白三烯也可招募免疫细胞，介导呼吸道重塑。小鼠给予 LTE4，其呼吸道嗜酸性粒细胞增多，杯状细胞也被活化。在人类受试者中 LTE4 也可诱发呼吸道高反应性和嗜酸性粒细胞增多。人类 LTB4 的受体 BLT1 表达在白细胞和呼吸道平滑肌细胞。BLT1 参与了急性期阶段反应，并向呼吸道招募粒细胞。类似的，BLT1 缺陷小鼠 AHR 显著降低。

5）上皮细胞表达胸腺基质淋巴生成素

上皮细胞表达胸腺基质淋巴生成素（thymic stromal lymphopoietin，TSLP）在呼吸道和皮肤上皮细胞中表达水平较高，其效应细胞包括树突状细胞、嗜酸性粒细胞、肥大细胞和 ASM 细胞。人类和小鼠模型的研究表明 TSLP 与过敏性疾病的发生发展有关。在小鼠中，TSLP 可以激活前体巨噬细胞的分化，导致过敏性炎症。在 HDM 过敏原刺激时 TSLP 受体敲除小鼠与野生型小鼠相比炎症反应降低。在对人类的研究中，肺组织来源的树突状细胞在 TSLP 刺激下可促使初始 T 细胞向 Th2 细胞转化。同时 TSLP 也可以抑制产生 IL-10 的调节性 T 细胞（Treg）的活性。TSLP 可促进 Th2 炎性反应，并抑制对过敏原的免疫耐受性。

6）表面蛋白 A 和 D

表面蛋白 SP-A 和 SP-D 是亲水性蛋白，覆盖呼吸道表面，在病原体接触和吞噬中起作用。它们具有清除过敏原能力，可阻止肥大细胞表面受体交联，阻碍炎性介质释放。使用 OVA 致敏小鼠的研究表明，SP-A 能抑制肥大细胞分泌 TNF-α，以维持呼吸道的免疫稳定性。SP-A 敲除小鼠与野生型动物相比，炎症细胞、黏液反应及肺损伤均有所增加。在人类过敏性哮喘患者中 SP-A 也具有类似效应。

SP-D 敲除小鼠与野生型小鼠相比，其肺部的 IL-13 水平升高，过敏原刺激后过敏反应水平也升高。而在另一项研究中，SP-D 敲除小鼠 Th2 类炎症反应减少，受过敏原刺激后的免疫反应也较低。在人类过敏性哮喘患者中，SP-D 可抑制嗜酸性粒细胞的趋化作用，提示其在肺部的抗炎作用。儿童支气管肺泡灌洗中 SP-D 减少或缺失，呼吸系统疾病发生概率更高。人类和小鼠的 SP-A/D 似乎都在控制过敏和呼吸道炎症方面发挥作用。

7）Activin A

Activin A 属于 TGF-β 超家族，在发育和组织修复中发挥作用。这种细胞因子在不同的微环境下发挥着不同的免疫调节效应。在小鼠哮喘动物模型的支气管肺泡灌洗液中 Th2 类细胞因子升高的同时，Activin A 水平也升高。人类重症哮喘患者中 Activin A 水平也升高，这与小鼠模型中的现象一致。内源产生的 Activin A 通过诱导 T 调节细胞，抑制抗原特异性 Th2 应答，保护小鼠不发生呼吸道过敏反应。正常人类支气管上皮细胞产生的 Activin A，抑制免疫过程中 TNF-α 和 IL-13 持续产生。这表明该 Activin A 可能有助于缓解人类过敏性哮喘的炎症反应。

（二）哮喘迟发相反应

慢性的或是迟发相的过敏性哮喘患者，其发病速度较缓慢，但过敏症状持续时间长，难以消退，呼吸道出现了以嗜酸性粒细胞和中性粒细胞浸润为主的炎症反应，长期的病程造成肺脏组织的胶原蛋白沉积，呼吸道重塑，严重的将发展为肺脏阻塞等病症。参与迟发相过敏性哮喘发病的免疫细胞和免疫分子，不仅包括了上述在速发相哮喘中起作用的细胞和因子，还包括了其他一些类型的细胞和因子。

在迟发相过敏性哮喘的发生发展中，固有免疫细胞和适应性免疫细胞之间存在相互作用。树突状细胞是一种专业的抗原提呈细胞，处理抗原，并通过 MHC II 向 T 细胞提呈抗原。树突状细胞的成熟需要上皮细胞来源的 GM-CSF 刺激，同时受免疫细胞来源的 IL-4 影响。T 细胞与树突状细胞的交互作用，在各类细胞因子作用下，导致 T 细胞向 Th2 极化。肥大细胞分泌趋化因子招募这些 T 细胞、嗜酸性粒细胞和中性粒细胞进入呼吸道。Th2 细胞促使 B 细胞分化，产生 IgE，进一步介导哮喘发生。

1. 参与迟发相过敏性哮喘的细胞

1）嗜酸性粒细胞

嗜酸性粒细胞与包括哮喘在内的许多过敏反应有关，它们在肺部的积累是人类和动物模型哮喘的典型特征。它们受 IL-5 的影响而发育和分化，经过循环系统迁徙至感染或炎症部位。嗜酸性粒细胞激活会释放促炎介质，如 MBP 蛋白、阳离子蛋白（cationic protein）、LTC4、PGE2、血栓烷（thromboxane）和 PAF。它们能合成并释放大量白细胞介素，包括 IL-3、IL-4、IL-5、IL-8、IL-10、1L-12、IL-13，以及趋化因子 CCL5/RANTES 和 CCL11/eotaxin-1，还有 TNF-α、TGF-β。

过敏原刺激后 IL-5 可引起嗜酸性粒细胞在肺部聚集。IL-5 缺陷小鼠或小鼠抗 IL-5 抗体处理后，嗜酸性粒细胞也明显减少。嗜酸性粒细胞还具有抗原提呈能力，可促进 B 细胞活化。BALB/c 小鼠在抗原致敏 6 天后在脾脏中发现的主要细胞类型是嗜酸性粒细胞，它可诱导 B 细胞活化并产生抗原特异性 IgM。嗜酸性粒细胞缺乏的小鼠（Delta dblGATA）没有 IgM 抗体产生。人类哮喘临床研究也发现哮喘患者呼吸道重塑，其中有嗜酸性粒细胞在肺组织中沉积。

2）中性粒细胞

中性粒细胞（neutrophils）是最早被招募到受伤或接触过敏原部位的炎症细胞之一。中性粒细胞可被 IL-8、CXCL5、CCL3、LTB4 和 GM-CSF 等细胞因子招募。它们释放 TNF-α、TGF-β，有助于招募更多中性粒细胞。中性粒细胞也产生金属蛋白酶、弹性蛋白酶，引起血管通透性增加、黏液分泌和支气管收缩。

在致敏的小鼠呼吸道中中性粒细胞增加。人类严重哮喘患者的肺灌洗液中也发现中性粒细胞增加。IL-17 的产生被认为参与了 IL-8 的上调，以及随后中性粒细胞向呼吸道的迁移。人类严重病患呼吸道炎症以中性粒细胞为主时，通常预后效果较差，当给予患者糖皮质激素吸入治疗时，疾病病症没有明显改善，因为研究发现这些药物存在抑制中性粒细胞凋亡的效应。另一项研究发现，过敏性哮喘与非过敏性哮喘患者的中性粒细胞水平没有明显差异，这可能是由于气道重塑为中性粒细胞的存活和招募提供了一个合适的环境，但它们对哮喘的发病机制影响仍不明。

3）树突状细胞

树突状细胞位于呼吸道上皮，不断的捕获呼吸道入侵的各类抗原。作为专业的抗原提呈细胞，树突状细胞可以迁移到淋巴结，在那里向生发中心的 T 细胞提呈经过处理的抗原。一般情况下，呼吸道的树突状细胞提呈抗原引发 T 细胞向 Th1 类细胞分化，起到具有保护性的抗感染免疫效应。但在过敏个体中，T 细胞向 Th2 类细胞分化，引起变态反应性病变。

小鼠 OVA 哮喘模型中树突状细胞数量增加。过继注射树突状细胞给非致敏小鼠可导致呼吸道白细胞的聚集和活化。对 IL-4 和 CD28 敲除小鼠的研究表明，宿主细胞产生 IL-4 和树突状细胞共同刺激 T 细胞是介导这些反应的关键。利用免疫调节剂 fms 样酪氨酸激酶 3（Flt3）配体，干预肺脏中树突状细胞的功能，与干预的对照组相比，树突状细胞的抗原吸收能力降低，Th2 类细胞因子减少，Th1 细胞因子和 IL-10 增加。

采集人类哮喘患者外周血树突状细胞，使用城市环境的微粒抗原刺激，可导致 T 细胞活化，并产生 IL-6 和 TNF-α。在哮喘患者外周血、痰液中均见到骨髓样树突状细胞增加。这些结果说明了树突状细胞在过敏性哮喘发生过程中的抗原提呈能力，介导了 Th2 细胞极化及随后的呼吸道炎症反应。

4）Th2 细胞

与过敏原接触后，树突状细胞辅助初始 T 细胞向 Th2 类细胞分化，并导致大量 Th2 细胞因子产生。这些细胞因子促进呼吸道中 B 细胞分泌 IgE、嗜酸性粒细胞浸润和呼吸道反应性增高（AHR）。对小鼠哮喘动物模型的研究表明，Th2 细胞因子（IL-4、IL-5 和 IL-13）的表达与哮喘的重要指征相关。人类哮喘患者中也发现这些细胞因子水平升高，表示 Th2 类细胞在哮喘发生中的作用。

Th2 类细胞在接受 IL-4 刺激后，IL-4R 受体亚基形成二聚体，导致 Janus 激酶（JAK）酪氨酸残基磷酸化。进一步磷酸化的 JAK 催化细胞质 STAT6 SH2 域磷酸化，使磷酸化的 STAT6 转移到细胞核，进入细胞核 STAT6 与 DNA 结合，调控靶基因转录。STAT6 调控 GATA3 的表达，GATA3 一方面促进 Th2 细胞因子表达，另一方面抑制 Th1 类细胞的 IL-12 的受体，阻碍 T 细胞向 Th1 类细胞分化（图 8-10）。

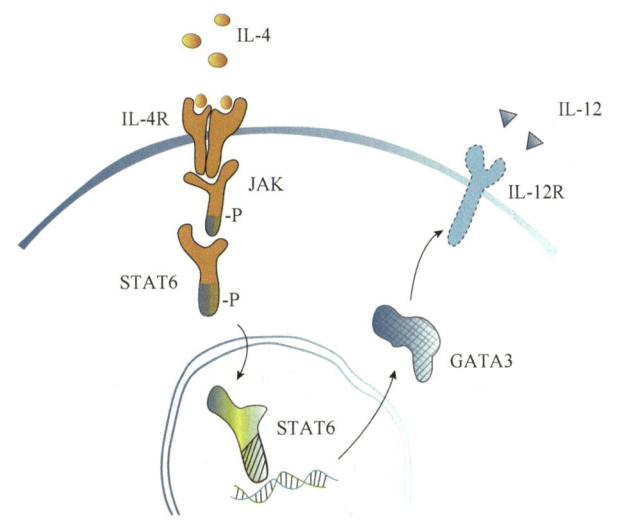

图 8-10　Th2 类细胞接受 IL-4 刺激后的反应

过敏性哮喘 T 细胞免疫失衡的病因假说

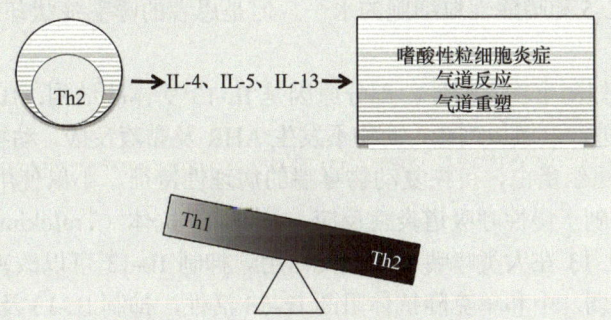

　　在个体成长发育过程中，免疫系统需要经受外界抗原刺激才能正确执行功能。在婴幼年，免疫系统还没有建立完善，需要外界抗原的刺激。如果此时期接触了外界抗原，免疫系统会识别这些常见的抗原，如果是致病病原，会引发抗感染免疫，而不致病的抗原可能会产生免疫忽视。此状态下机体的 Th1 类为主要类型。

　　有些状态下，个体在婴幼年没有接触过一些抗原物种，这些抗原可能成为过敏原，引起免疫应答，同时这些个体的辅助性 T 细胞的发育出现偏态，而导致过敏性体质。有文献报道，出生于农场的个体其过敏概率低于城市出生个体，这可能与个体幼年外界抗原环境对个体免疫系统发育的诱导有关。

　　5）Th17 细胞

　　在 IL-6 和 TGF-β 的刺激下，幼稚 T 细胞向 Th17 细胞方向分化，诱导合成维甲酸相关受体 γt（retinoic acid-related orphan receptor γt，RORγt），并抑制 FoxP3。抗原提呈细胞产生的 IL-23 对 Th17 细胞的维持十分重要。在 hdm 致敏的小鼠哮喘动物模型中，这些细胞增强了 AHR 和呼吸道炎症反应。小鼠动物模型的研究表明，Th17 细胞分泌 IL-17（其中 IL-17A 和 IL-17B 是哮喘中最重要的病理因素）和 IL-22，并在招募中性粒细胞过程中发挥作用。

　　6）NKT 细胞和 γδT 细胞

　　这两种类型的细胞在哮喘发病机制的研究仍有争议。NKT 细胞接受 CD1d 提呈的非肽类抗原，可导致产生如 IFN-γ 的 Th1 类细胞因子，也可产生如 IL-4 的 Th2 类细胞因子。在小鼠哮喘模型中，肺中 NKT 细胞可以促进 AHR 的发展，其机制仍然不明。γδT 细胞在哮喘中的作用尚不清楚，然而，它们似乎在维持肺脏免疫稳定方面起一定作用。

2. 参与迟发相哮喘的细胞因子

1）IL-4

IL-4 是过敏性哮喘发生中的主要细胞因子。其功能包括刺激呼吸道表面黏液细胞和成纤维细胞引起呼吸道重塑；诱导 B 细胞发生同种型转化，产生 IgE 类抗体；上调黏附分子促使白细胞向呼吸道迁移。在小鼠哮喘模型中，IL-4 敲除小鼠不会引发持续气道高反应性和呼吸道重塑，IL-4 沉默小鼠在 OVA 致敏后，与 IL-4 未沉默小鼠相比，嗜酸性粒细胞增多、AHR 和炎症反应等症状明显降低。

2）IL-5

IL-5 是驱动嗜酸性粒细胞前体细胞向嗜酸性粒细胞分化和活化的主要细胞因子。嗜酸性粒细胞增多症与 IL-5 的相关性已利用 IL-5 转基因小鼠、IL-5 敲除小鼠和 IL-5 的中和抗体等方法进行了证实。对野生型 C57BL/6J 小鼠的哮喘模型进行研究，发现小鼠肺组织中 IL-5 和嗜酸性粒细胞浸润均增加，但在 IL-5 敲除小鼠中未观察到此现象。在人类哮喘患者中，IL-5 与嗜酸性粒细胞增多与维持及延长嗜酸性粒细胞的存活直接相关。因此将针对 IL-5 的治疗策略从小鼠转化到人类临床，但是结果却不理想。

IL-5 一直被视为是与哮喘有关的细胞因子。哮喘症血清和组织中 IL-5 的水平与嗜酸性粒细胞的数量相关，并与症状严重水平相关。在小鼠，IL-5 缺失可降低哮喘模型中的气道反应、炎症细胞浸润和肺损伤。因此，针对 IL-5 的抗体治疗在小鼠哮喘模型中被证明是有效的。推论至人类的临床试验，抗 IL-5 的抗体治疗确实降低了 IL-5 和嗜酸性粒细胞的水平，但是患者的哮喘症状却毫无改变。

3）IL-13

IL-13 与 IL-4 具有相似的生物学特性。部分原因是 IL-13 受体的结构：IL-13 可与 IL-4 受体的 a 链结合。对 IL-13 敲除小鼠进行过敏原刺激，动物不发生 AHR 及黏液反应，动物的 IL-4 和 IL-5 表达水平正常。而给予动物 IL-13 重组蛋白，可恢复动物哮喘的病理性特征。小鼠使用 IL-13 单克隆抗体治疗，结果单克隆抗体组明显抑制了慢性呼吸道炎症反应。抗 IL-13 抗体（Tralokinumab 和 Lebrikizumab）的人类临床试验也揭示了 IL-13 在人类哮喘中的重要作用。抑制 IL-13 可以改善肺功能，IL-13 对呼吸道平滑肌细胞的抑制作用减弱。中和单克隆抗体阻断 IL-13 活性，抑制 IL-13 及其受体两者相互作用。这些单克隆抗体能显著减轻过敏性支气管痉挛。

4）IL-17

IL-17 作用于上皮细胞、内皮细胞和造血细胞，可诱导其表达促炎性细胞因子。在动物模型和人体活检中都发现了 IL-17 具有在炎症反应中招募中性粒细胞的作用。用 IL-17 中和抗体治疗，减少了肺嗜中性粒细胞增多现象。在 Balb/c 小鼠的慢性哮喘模型中 IL-17 受体缺失对动物的呼吸道炎症没有影响，但杯状细胞增生现象减少。哮喘患者的血清和痰中也有类似的发现，Th17 细胞和 IL-17 在迟发相超敏反应中发挥作用。

5）IL-9

IL-9 的主要作用是促进肥大细胞发育，以及保证肥大细胞的正常功能。在小鼠慢性哮喘模型中，IL-9 促进肺组织中肥大细胞数量增加，而肺肥大细胞数量的增加是呼吸道慢性炎症的主要原因。用抗 IL-9 抗体治疗小鼠可受到保护。IL-9 也在 B 细胞发育和分化中发挥作用。它增强了 IL-4 介导的 B 细胞 IgE 及 IgG 的产生。气道上皮细胞和平滑肌细胞也受 IL-9 的影响。人类哮喘患者支气管肺泡灌洗液中 IL-9 水平升高。

6）IL-33

IL-33 在促炎性刺激后可被许多类型细胞表达。它与它的异二聚体受体（ST2 和 IL-IR 辅助蛋白）结合，激活包括 NFκB 和 p38 在内的多种信号蛋白质。研究发现 IL-33 可以促进 Th2 细胞发育，促使其产生 IL-5，在体外培养的人 CD4$^+$细胞中也观察到与哮喘小鼠类似的结果。IL-33 的阻断可以降低 OVA

致敏小鼠呼吸道炎症水平，降低 Th2 细胞因子水平。肥大细胞分泌 IL-33，其自身功能也被 IL-33 所调节。BABL/c 小鼠慢性哮喘模型中肺泡巨噬细胞 IL-33 mRNA 水平升高，在过敏原后小鼠气道中的表达及免疫反应。这些结果提示，IL-33 可以激活肺泡巨噬细胞，在呼吸道炎症发病机制中起重要作用。IL-33 可刺激杯状细胞释放 IL-8，促进呼吸道炎症和杯状细胞增生。用抗 ST2 抗体中和可以减弱这些反应。人类支气管活检样品研究提示，IL-33 与重症哮喘的炎症水平相关。

五、小鼠过敏性哮喘动物模型研究的局限性

动物模型对过敏性哮喘的发病机制的研究有巨大贡献。大、小鼠的基因工程技术使得研究人员操纵基因变得容易。新近的研究表明，哮喘不仅是 Th2 细胞反应，还有一系列具有促炎和抗炎特性的辅助性 T 细胞亚群参与。固有淋巴样细胞和 NKT 细胞等介导因子参与过敏性炎症，Treg 和 γδ T 细胞可能成为哮喘治疗的适宜靶点。相关细胞和炎症介质与哮喘相关性的动物模型研究提示许多介质可作为治疗干预的潜在靶点。基于免疫疗法的哮喘治疗给人们带来了很大的希望，但遗憾的是，目前仍没有将动物模型的研究成果直接转化至临床，成为更好的哮喘治疗策略的例子。

小鼠的哮喘模型是基于抗原刺激诱导的。在此类模型中人类哮喘的几个主要症状得到复制，即"呼吸上皮损伤，毛细血管渗漏、水肿，嗜酸性粒细胞活化"。但是这些研究首先应明确实验小鼠与人类存在的巨大差异。实验小鼠是遗传背景单一的近交系物种，而人类的遗传背景复杂得多，因此有更多的遗传因素在小鼠模型中得不到体现。实验小鼠生活在洁净的环境中，其自身的微生物背景与人类相比也有巨大差异。

具体的讲，小鼠的哮喘模型可以看到嗜酸性粒细胞在肺组织中的浸润，但是在小鼠模型中嗜酸性粒细胞并未侵入呼吸上皮。在人类，嗜酸性粒细胞的脱颗粒是造成炎症损伤的主要原因，但是小鼠模型中浸润的嗜酸性粒细胞没有发生脱颗粒现象，即使将这些浸润细胞分离出来，在体外也不能像人类哮喘中的嗜酸性粒细胞一样，被诱导而发生脱颗粒现象。

在人类，肥大细胞与致敏的 IgE 交联后，引起炎症因子释放，造成组织水肿。但是小鼠哮喘模型中无论肥大细胞缺失还是 IgE 的缺陷，都对哮喘的发生没有影响。在小鼠的哮喘模型中 IgE 并不是一个关键因素，因此有学者认为小鼠的哮喘模型并不是模拟人类的过敏性哮喘，而是与人类的内源性哮喘相似。内源性哮喘被认为是一种通常发生在老年人身上并且与抗原敏感性和暴露无关也不会升高 IgE 水平的疾病。

人们对于免疫细胞导致慢性炎症的知识仍在增加。然而，人类病患与动物模型两者之间的差距在形态和功能方面都是一个障碍。目前仍没有模拟哮喘的急性加重动物模型，而哮喘急性加重却是急诊科的主要哮喘病例。因此，需要开发更好的动物模型，可以更全面地阐明人类哮喘的疾病过程。

（孙晓麟，栗占国，牛海涛，向志光）

参 考 文 献

李明华, 唐华平. 2015. 过敏性鼻炎——哮喘综合征. 北京: 人民卫生出版社.

李艳秋, 田淑艳, 刘雪, 等. 2019. 狼疮性肾炎小鼠模型的建立及其鉴定. 中国医科大学学报, 48 (7): 657-660.

栗占国. 2022. 风湿免疫病学. 北京: 北京大学医学出版社.

栗占国, 张奉春, 鲍春德. 2009. 类风湿关节炎. 北京: 人民卫生出版社.

邱晨. 2012. 现代分子生物学技术与哮喘. 北京: 人民卫生出版社.

Brand D D, Latham K A, Rosloniec E F. 2007. Collagen-induced arthritis. Nature Protocols, 2(5): 1269-1275.

Butler D M, Malfait A M, Mason L J, et al. 1997. DBA/1 mice expressing the human TNF-alpha transgene develop a severe, erosive arthritis: characterization of the cytokine cascade and cellular composition. Journal of Immunology(Baltimore, Md: 1950), 159(6): 2867-2876.

Christensen A D, Haase C, Cook A D, et al. 2016. K/BxN Serum-transfer arthritis as a model for human inflammatory arthritis.

Frontiers in Immunology, 7: 213.

Crispín J C, Oukka M, Bayliss G, et al. 2008. Expanded double negative T cells in patients with systemic lupus erythematosus produce IL-17 and infiltrate the kidneys. J Immunol, 181: 8761-8766.

Evans H, Mitre E. 2015. Worms as therapeutic agents for allergy and asthma: Understanding why benefits in animal studies have not translated into clinical success. J Allergy Clin Immunol, 135(2): 343-353.

Galli S J, Tsai M. 2012. IgE and mast cells in allergic disease. Nature Medicine. 18(5): 693-704.

Graham M T, Nadeau K C. 2014. Nadeau Lessons learned from mice and man: Mimicking human allergy through mouse models. Clinical Immunology, 155: 1-16.

Gravallese E M, Firestein G S. 2023. Rheumatoid arthritis-common origins, divergent mechanisms. N Engl J Med, 388(6): 529-542.

Inglis J J, Simelyte E, Mccann F E, et al. 2008. Protocol for the induction of arthritis in C57BL/6 mice. Nature Protocols, 3(4): 612-618.

Kumar R K, Herbert C, Foster P S. 2016. models of acute exacerbations of allergic asthma. Respirology, 21: 842-849.

Li P, Schwarz E M. 2003. The TNF-alpha transgenic mouse model of inflammatory arthritis. Springer Seminars in Immunopathology, 25(1): 19-33.

Li R, Sun J, Ren L M, et al.2012. Epidemiology of eight common rheumatic diseases in China: a large-scale cross-sectional survey in Beijing. Rheumatology (Oxford), 51(4): 721-729

Li W, Li H, Zhang M, et al. 2016. Quercitrin ameliorates the development of systemic lupus erythematosus-like disease in a chronic graft-versus-host murine model. Am J Physiol Renal Physiol, 311: F217-226.

Li W, Titov A A, Morel L. 2017. An update on lupus animal models. Curr Opin Rheumatol, 29(5): 434-441.

Maibaum M A, Haywood M E, Walport M J, et al. 2000. Lupus susceptibility loci map within regions of BXSB derived from the SB/Le parental strain. Immunogenetics, 51: 370-372.

Monach P, Hattori K, Huang H, et al. 2007. The K/BxN mouse model of inflammatory arthritis: theory and practice. Methods in Molecular Medicine, 136: 269-282.

Morel L. 2010. Genetics of SLE: evidence from mouse models. Nat Rev Rheumatol, 6: 348-357.

Nandakumar K S, Holmdahl R. 2007. Collagen antibody induced arthritis. Methods in Molecular Medicine, 136: 215-223.

Reeves W H, Lee P Y, Weinstein J S, et al. 2009. Induction of autoimmunity by pristane and other naturally occurring hydrocarbons. Trends Immunol, 30: 455-464.

Suzuki M, Uetsuka K, Suzuki M, et al. 1997. Immunohistochemical study on type II collagen-induced arthritis in DBA/1J mice. Experimental Animals, 46(4): 259-267.

Tak P P, Smeets T J, Daha M R, et al. 1997. Analysis of the synovial cell infiltrate in early rheumatoid synovial tissue in relation to local disease activity. Arthritis and Rheumatism, 40(2): 217-225.

第九章 肿瘤比较免疫

第一节 肿瘤疾病及肿瘤免疫治疗简述

一、肿瘤疾病

肿瘤（tumour）是以细胞异常增殖为特点的一类疾病，是指机体在各种致瘤因子作用下，局部组织细胞增生所形成的新生物（neogrowth），由于这种新生物多呈占位性块状突起，也称赘生物（neoplasm）（Ju et al.，2023）。几乎任何类型的细胞或组织发生恶性增殖后都能发展成肿瘤。根据其生物学行为及临床表现，肿瘤可分为多种类型并冠以不同名称。通常肿瘤被分成三类：良性肿瘤（benign tumor）、癌前肿瘤（premalignant tumor）、恶性肿瘤（malignant tumor）（Alberts et al.，2002）。良性肿瘤不是癌症，是非恶性的，通常是局部的，不会扩散到身体其他部位，大多数良性肿瘤治疗效果良好，被切除后通常不会复发，但是如果压迫到血管或者神经等重要组织，可能会造成严重后果。癌前肿瘤指尚未发生癌变，但已初具癌变倾向的肿瘤。恶性肿瘤指已发生恶性增殖，并具有转移和侵袭特性，能够扩散到其他部位的肿瘤。大家经常提及的癌症（cancer）即指恶性肿瘤。

国际癌症研究总局（IARC）公布的数据显示，患癌病例中亚洲占 48.8%，欧洲 23.4%，美洲 21.0%，非洲 5.8%，大洋洲 1.4%（Bray et al.，2018）。根据世界卫生组织（WHO）2022 年的数据，估算有 2000 万新增癌症病例和 970 万死亡病例。预计 2050 年将有超过 3500 万新增癌症病例。大约 1/5 的人在一生中罹患癌症，大约 1/9 的男性和 1/12 的女性死于癌症。最新数据显示，癌症确诊后 5 年内存活的估计人数为 5350 万。肺癌是全球最常见的癌症，2022 年新增病例 250 万例，占新增病例总数的 12.4%；女性乳腺癌位列第二（230 万例，11.6%）。但肺癌在女性中的发病率正在上升，如在 28 个国家已经超过了乳腺癌的发病率，成为危害人类健康最严重的疾病之一。

针对肿瘤疾病防控，首先，降低发病率，基于大数据研究所显示的高危因素锁定高危人群，并对其进行干预和精细化管理可显著降低发病率；其次，提高早诊率，利用高精度影像、液体活检、二代测序、癌前病变早期治疗、筛查技术方案等实现；最后，提高生存率，如精准放疗、个体化综合治疗、中西医结合治疗、靶向治疗、免疫治疗等。

二、肿瘤免疫治疗

目前肿瘤免疫治疗作为一种创新治疗方式已成为肿瘤治疗研究领域的一大热点，为患者带来了新的治疗选择。肿瘤免疫治疗是通过重新启动并维持宿主的免疫防御机制，恢复机体正常的抗肿瘤免疫反应，从而控制与清除肿瘤的一种治疗方法，但对于晚期的实体肿瘤疗效有限。故常将其作为一种辅助疗法与手术、化疗、放疗等常规方法联合应用。

根据机体抗肿瘤免疫效应机制，肿瘤免疫治疗主要有主动特异性免疫治疗和被动免疫治疗。肿瘤主动特异性免疫治疗是指调动宿主自身的抗肿瘤免疫应答，达到治疗肿瘤、预防肿瘤转移和复发的目的，疫苗治疗是肿瘤主动特异性免疫治疗的主要手段。肿瘤疫苗主要包括肿瘤细胞型疫苗、肿瘤亚细胞疫苗、分子瘤苗和基因疫苗 4 种类型。肿瘤细胞型疫苗是指将自身或异体同种肿瘤细胞，经过灭活处理，改变或消除其致瘤性，保留其免疫原性制备成的疫苗，其优越性在于自体肿瘤细胞包含所有肿瘤抗原。肿瘤细胞型疫苗通常与辅助免疫刺激剂联合使用，可引起细胞毒性 T 细胞对细胞表面表达的肿瘤相关抗原（tumor-associated antigen，TAA）的免疫应答，导致肿瘤细胞死亡。当疫苗注射到患者血液中时，会吸引树突状细胞处理修饰后的肿瘤细胞表面抗原，并刺激 T 细胞产生抗体以消灭外来入侵者或受损细胞。T 细胞受到外来刺激后会导致自身活化和增殖，这些 T 细胞以杀灭活癌细胞为目的，靶向于疫苗细胞系提供的抗原。肿瘤亚细胞疫苗使用时必须经过严格的灭活，否则存在肿瘤种植的隐患。例如，小鼠黑色素瘤被转染 *IL-2* 基因重组痘苗病毒后发生裂解，将所得沉淀物免疫荷瘤鼠后明显延长了其生存期。分子瘤苗主要包括肿瘤多肽疫苗、病毒相关肿瘤疫苗、独特型疫苗、树突状细胞提呈的肿瘤抗原多肽疫苗、热休克蛋白-肽复合物肿瘤疫苗等，目前分子瘤苗发展迅速。基因疫苗指的是 DNA 疫苗，即将编码外源性抗原的基因插入到含真核表达系统的质粒上，然后将质粒直接导入人或动物体内，让其在宿主细胞中表达抗原蛋白，诱导机体产生免疫应答。抗原基因在一定时限内的持续表达，不断刺激机体免疫系统，使之达到防病的目的。

肿瘤被动免疫治疗是指给机体输注外源的免疫效应物质，由这些外源的效应物质在机体发挥治疗肿瘤的作用。肿瘤的被动免疫治疗方法多种多样，在肿瘤免疫治疗中占有重要地位。例如，以抗体为基础的导向治疗，将抗体作为生物导弹发挥导向作用，利用高度特异性的抗体作为载体，将细胞毒性物质靶向性地携至肿瘤病灶局部，使药物集中于瘤内，既增强特异性杀伤肿瘤的疗效又可以降低毒副作用。还有异质交联抗体，将肿瘤抗原特异性抗体与抗 NK 细胞或 CTL 表面蛋白的抗体共价偶联，形成异质交联抗体，促进 NK 细胞或 CTL 与肿瘤细胞结合并杀伤肿瘤细胞。基因工程抗体通常又被称为重组抗体，在抗肿瘤方面也有广泛应用。其利用了重组 DNA 及蛋白质工程技术，对编码抗体的基因按不同需要进行加工改造和重新装配，然后转染到适当的受体细胞内，进而可以表达特异的蛋白质分子，即目的抗体。

细胞因子疗法也是肿瘤被动免疫治疗的重要手段，也同样取得了显著的治疗效果。细胞因子这一免疫反应的天然介质，为继传统疗法后新的抗肿瘤产品。随着一些细胞因子基因的成功克隆，细胞因子已成为另一种良好的肿瘤治疗手段。细胞因子治疗已被证明是一种治疗晚期恶性肿瘤的新方法。体内注射细胞因子后数种免疫细胞将被激活，大大增强了其抗肿瘤活性。这种疗法是通过调节和激活免疫应答来根除实体瘤细胞的。细胞因子通常是在常规治疗如放疗、化疗及手术治疗后才进行的。在黑色素瘤和肾细胞癌中，细胞因子具有很好的治疗效果。目前，临床常用的细胞因子有 IL-2、TNF、IFN 及 CSF 等。与其他抗肿瘤方法一样，细胞因子治疗也有其局限性。例如，TNF-α 对肿瘤细胞有很强的杀伤作用，但较大的毒副作用限制了其临床应用。

过继性细胞免疫治疗是肿瘤被动免疫中最具创新性的治疗方法。其是通过提取患者自身的免疫细胞并将其扩增处理后再回输入患者体内。其中最具代表性的要数嵌合抗原受体 T 细胞（chimeric antigen receptor T-cell，CAR-T）免疫治疗，其在急性白血病和非霍奇金淋巴瘤上有着显著的疗效。CAR-T 免疫治疗首先需要基因修饰 T 细胞来识别癌细胞，进而使其更有效地靶向攻击和消灭癌细胞。嵌合抗原受体（CAR）是 CAR-T 的核心部件，赋予 T 细胞 HLA 非依赖的方式识别肿瘤抗原的能力，这使得经过 CAR 改造的 T 细胞相较于天然 T 细胞表面受体 TCR 能够识别更广泛的目标。CAR 的基础设计中包括 4 个部分：一个肿瘤相关抗原结合区（通常来源于单克隆抗体抗原结合区域的 scFV 段）、一个胞外铰链区、一个跨膜区和一个胞内信号区。目标抗原的选择对 CAR 的特异性、有效性及基因改造 T 细胞自身的安全性都是关键性因素。随着医学研究的深入，CAR-T 在肿瘤免疫治疗中将会带来新的突破。

靶向于免疫细胞检查点的治疗方法是目前研究的另一热点。免疫系统的一个重要功能是它能够区分体内正常细胞和"非己"细胞，这使得免疫系统只攻击外来细胞，而不去攻击正常细胞。为此，它使用"检查点"——特定免疫细胞上需要激活（或灭活）才能启动免疫反应的分子来达到此功效。癌细胞有时会利用这些检查点来避免被免疫系统攻击。免疫检查点是免疫激活的调节器。在维持免疫稳态和预防自身免疫方面起着关键作用。例如，共刺激检查点分子如 CD27、CD40、OX40、GITR、CD137、CD28、ICOS 等，抑制性检查点分子如 PD-1、IDO、B7-H4、CTLA4、LAG3、TIM-3 等。目前对抗 CTLA4、PD-1 和 PD-L1 等单克隆抗体在治疗一些恶性肿瘤中备受关注。

目前免疫治疗还处于初步阶段，随着医学研究的不断发展和进步，在提高肿瘤综合治疗效果中其将具有良好的应用前景。

第二节　肿瘤动物模型

　　肿瘤的动物模型是研究人类癌症生物学、癌症预防及临床前研究的重要工具。通过肿瘤动物模型的研究，我们可以深入了解肿瘤进展全过程的机制。随着新技术的应用和患者临床信息的整合，肿瘤动物模型的生成已经取得了巨大的进展，并变得越来越多样。其目标是模拟再现临床上恶性肿瘤的发生发展过程，为后期的临床治疗、应用奠定坚实的基础。大鼠和小鼠一直是癌症基础和临床前研究的传统动物。早在 19 世纪，建立动物肿瘤模型的想法就已萌生，人们试图将人类肿瘤移植于动物来进行实验研究。

　　1962 年免疫缺陷的裸小鼠在英国被首先成功诱导并构建。1969 年丹麦 Rygaard 首次成功将人结肠癌移植于裸鼠，开创了免疫缺陷动物应用于肿瘤实验研究的先河。

　　肿瘤动物模型具有很多优势。例如，可以模拟肿瘤全过程或某一阶段，观察肿瘤进展程度、发病机制，并且可以复制罕见的肿瘤疾病；可以人为严格控制影响因素，结果具有可比性，取材方便；可以避免人体实验的伤害。同时肿瘤动物模型也是临床前研究所必需的，所有体外研究的抑制肿瘤的因素和药物，最终一定要在动物体内经过实验治疗验证后，方可进入临床研究。肿瘤动物模型的建立可应用于：①评价抗肿瘤免疫治疗的疗效；②作为抗肿瘤药物筛选模型；③为肿瘤转移研究提供更好的研究平台；④为研发抗肿瘤转移性药物提供良好的实验工具；⑤为肿瘤病因学提供有力工具。

　　小鼠模型作为一种重要而有力的研究工具已被广泛采用，从传统同源小鼠到构建复杂的基因工程小鼠（GEM）模型，这一转变极大地改善了当前对癌症生物学的理解。小鼠基因组与人类基因组相似，99%的小鼠基因在人类中都有同源基因，有一个良好的遗传/分子工具箱可用；且小鼠的体积小，易维持与操作，繁殖周期短，便于进行大规模/高通量的研究，再加上相应成熟的基因修饰技术方法等因素，使其成为一个高效哺乳动物模式生物系统，对揭示病理条件下的分子机制、肿瘤发生、分子遗传学、微环境、治疗有重要意义。常用的小鼠肿瘤模型有自发性肿瘤动物模型、诱发性肿瘤动物模型、移植性肿瘤动物模型及基因修饰型肿瘤模型等。不同小鼠肿瘤模型的特点见表 9-1。

表 9-1　不同小鼠肿瘤模型的优缺点

模型	优点	缺点
自发性	基本上不需要人为操作，整个生物体系统都用来研究疾病的发生机制	结论可能不准确，不能够完全复制人类疾病的条件
诱发性	更类似于人肿瘤细胞动力学特征，可以根据实验者的需求有目的地进行诱导	肿瘤出现的时间、部位、病灶数等在个体间表型不均一；诱导时间长；成瘤率不高；动物的死亡率高；耗资大；诱导剂有毒性
同种移植	宿主的免疫系统是正常的，这可以最大化模拟肿瘤微环境的真实生活情况；小鼠模型免疫系统健全，可用于研究肿瘤的免疫治疗，常用于目标靶点在免疫系统上的研究中	移植的小鼠肿瘤组织可能无法完全代表临床情况下人类肿瘤的复杂性
异种移植（细胞系来源）	相对简单；高产；可快速得到结果；相对廉价；对于免疫功能不全的品系可避免免疫排斥；有助于初步研究以及体外研究结果的确证	缺乏器官/系统的微环境（除原位外）；缺乏免疫系统与肿瘤细胞的相互作用；检测复杂的基因组相对困难；肿瘤的亲本来源细胞系可能会显著不同
异种移植（患者来源）	保存了患者肿瘤组织的基因型和表型的多样性，比较真实地反映原始肿瘤的特性，更准确地反映患者肿瘤的发生发展机制；保存了肿瘤的基质细胞，保存了肿瘤的微环境，能更好地反映肿瘤患者的药物敏感性和耐受性	原始肿瘤的主要来源是手术切除，建模难度高且不能反复获取；构建时间长且成功率不稳定
人源化小鼠	所具有的免疫系统完全可以模拟肿瘤-免疫相互作用；可以移植细胞系、人类肿瘤组织或者转基因细胞；在类似于人类的系统中更真实展现肿瘤细胞的生物学特点；适用了肿瘤病理生物学的研究	耗资大；耗时长；一般需要建立繁殖群体
生殖细胞系转基因	改变目的基因；免疫活性小鼠；用于检测肿瘤的发展；用于测试治疗方法	转基因普遍表达在所有组织；转基因的表达贯穿整个胚胎的发展；基因上没有人类肿瘤复杂
特定条件转基因	改变目的基因；免疫活性小鼠；靶向组织特异性表达；用于检测肿瘤的发展；用于测试治疗方法	具有挑战性；耗资大；许多小鼠不会携带预期的基因型；基因上没有人类肿瘤复杂

模型	优点	缺点
多等位转基因	可以同时操控多个基因来更接近地模拟疾病的复杂性；可以检测协同突变	具有挑战性；耗资大；潜在脱靶突变

一、自发性肿瘤动物模型

自发瘤（spontaneous tumor）即在未加任何人工因素处理情况下，在动物体内自然发生的肿瘤。自发性肿瘤发生的类型和发病率可随实验动物的种属、品系及类型的不同而各有差异，肿瘤实验研究中，应当选用高发病率的实验动物肿瘤模型作为研究对象。哺乳动物自发瘤是实验肿瘤学中研究最透彻、应用最多的自发瘤模型，以小鼠自发瘤为主，其次为大鼠和兔的自发瘤模型。小鼠自发瘤的研究应用最广，动物品系最多。据初步统计各国公布的品系小鼠有 500 多种，不同器官的自发瘤分布于 140 种以上的品系小鼠中，最常见的肿瘤为乳腺癌、肺瘤、肝瘤和白血病。依动物品系不同发病率也不一样，近交系小鼠的自发性肿瘤具有相对稳定性，有利于实验研究的选择。

C3H 繁殖雌鼠近 95%发生乳腺肿瘤，裸鼠 88%，14 月龄的雄鼠乳腺癌自发率为 80%～90%。A 系经产雌鼠为 60%～80%，但处女鼠只有 5%发生乳腺肿瘤；C57BL6 则未见自发乳腺肿瘤；CBA 雌鼠乳腺癌自发率为 60%～65%；615 为 5.5%发生乳腺肿瘤；SHN 小鼠 12 月龄乳腺癌发病率可达 100%；BALB/c 小鼠的乳腺癌发病率则很低。小鼠自发性乳腺癌肿瘤的发生时间为 6～18 个月，由于其肿瘤发生率高低不同，有人把其分为高癌系和低癌系。自发乳腺癌小鼠模型的使用在国外已有人报道，国内也利用该自发瘤模型建立了不少可移植性瘤株，如 MA737、MC615 等。小鼠乳腺癌组织学类型研究的也比较细致，如 A、B、C 型等。小鼠肺部自发瘤多为肺腺瘤，在 A 系小鼠 18 月龄以上者自发瘤高达 90%，其良性瘤约占 70%以上；SWR 系小鼠自发瘤发生率为 80%；615 小鼠自发肺腺癌为 11%；C3H/He 小鼠 14 月龄雌鼠自发瘤发生率为 80%～90%。小鼠的肝瘤多为良性结构，故不称肝癌而称为肝瘤，不同品系动物发生率不一，雄性为多。C3H/He/Ola 小鼠肝瘤自发率为 80%～90%。小鼠白血病高发品系有 C58、AKR、Afb。AKR 小鼠在鼠龄 8 个月以上有 80%～90%发生自发性白血病，多为胸腺来源的淋巴细胞白血病；Afb 小鼠 8～9 月龄时雌鼠白血病自发率为 90%，雄鼠自发率为 65%。小鼠自发白血病多用于建立可移植性瘤株。当然还有其他一些自发瘤，如近交系 SJL/J 小鼠淋巴瘤（霍奇金病）自发率可高达 91%。BALB/c 小鼠卵巢癌的自发率为 70%～80%。

大鼠自发肿瘤应用范围少于小鼠，其发生率也与品系有关，常用的有 Wistar、Sprague-Dawley（SD）和 Fischer 344（F344）等。国内最常用的为前两种。大鼠少见乳腺癌多见纤维腺瘤，ACI 大鼠乳腺肿瘤的自发率仅为 11%；Long-Evans、SD、Wistar 三种大鼠甲状腺肿瘤自发率为 16%～40%，且主要为甲状腺髓样癌。2 岁龄 Fischer-344 大鼠间质细胞瘤的发生率可高达 90%；用大鼠自发癌建立的瘤株也有，如 Walker256 癌肉瘤，由大鼠自发乳腺癌移植后建立。

自发性肿瘤模型具有一定优点，首先，它与人类所患肿瘤更为相似，有利于将动物实验结果推用到人；其次，此类肿瘤发生条件比较自然，有可能通过细致观察和统计分析而发现原来没有发现的环境或其他的致癌因素，可以着重观察遗传因素在肿瘤发生上的作用。但应用自发性肿瘤模型也存在一些缺点。例如，肿瘤的发生情况可能参差不齐，不可能在短时间内获得大量肿瘤学材料，观察时间可能较长，实验耗费较大等使其应用受到限制。

二、诱发性肿瘤动物模型

诱发性肿瘤动物模型指用人工的方法使用致癌因素在实验条件下诱发动物发生肿瘤的动物模型，它是进行实验肿瘤学研究的常用方法，常用于验证可疑致癌因素的作用，也越来越多地应用于肿瘤发生机制的研究及防治效果的观察上，在肿瘤病因学、遗传学、生物学等方面的研究中有重要地位。由于诱发因素和条件可人为控制，诱发率远高于自然发病率，故在肿瘤实验研究中优于自发瘤。动物使用最多的是哺乳类的小鼠、大鼠、仓鼠、兔等。使用诱发瘤模型诱发出肿瘤应与人类肿瘤相似，应简便易行，有重复性，易推广；并且要选择敏感动物，如皮肤癌诱发应用小鼠；对于致癌物量也有要求，致癌物量要求保持致癌性，毒性少，如甲基苄基亚硝胺从 5mg/kg 开始经多次实验，最后以 1mg/kg（大鼠）、0.25～0.5mg/kg（小鼠）为适宜剂量。诱发瘤可用于可疑病因因素的验证。例如，云南调查发现肺癌与当地煤烟有关；太行山区调查发现白地霉、杂色曲霉及其毒素与肿瘤的关系等均用动物诱发方法验证有无致癌和致癌性。同时诱发瘤也可以作为实验研究模型用于肿瘤发病学和生物学特性的研究。由于该类型肿瘤生长较慢，瘤细胞增殖比率低，倍增时间长，更类似于人肿瘤细胞动力学等特征，常用于综合化疗或肿瘤预防和癌变过程的研究。

诱发瘤诱导与实验的目的性以及使用的动物品种和致癌物有关，有以下诱导方法：①涂抹法：如皮肤癌、宫颈癌[多用 3,4-苯并芘和甲基胆蒽，包括使用的溶剂苯、丙酮等（因其不溶于水）]。②口服法：水溶性如亚硝胺；非水溶性如芳香烃类，可用油作为溶剂或制成悬浮液。也可加入饲料内给动物食用[如二甲基氨基偶氮苯（DAB）加入饲料中使动物食用而诱发肝癌]。③气管内直接注入法：将 3,4-苯并芘加惰性物质细颗粒（Fe$_2$O$_3$）直接注射到气管内诱发肺癌，也可用碘油溶解致癌物诱发肺癌。④注射法：如激素用油溶解后可皮下或肌内注射，水溶性致癌物也可直接进行皮下或肌内注射。⑤穿线法：适于芳香烃类致癌物。例如，将附有 0.1mg 二甲基胆蒽（DMC）的棉纱线结穿入雌性小鼠的宫颈部，并固定缝线，观察宫颈癌的发生。

诱发肿瘤的因素很多，常用于实验性诱发研究的因素有：化学、物理和生物因素。

1. 化学致癌因素

（1）芳香类及偶氮染料类致癌物：该类致癌物通常需要长期、大量给药才能致癌；肿瘤多发生于远隔作用部位的器官如膀胱、肝等；有明显的种属差异；绝大多数化学致癌物并不是直接致癌物，而是经过体内细胞微粒体酶系的催化活化，形成某种代谢产物而发挥致癌作用，如联苯胺、乙萘胺、2-乙酰氨基芴（2-AAF）等。二甲基苯蒽（DMBA）或甲基苯蒽经胃管灌注或皮下注射 Wistar 雌性大鼠可建立诱发乳腺癌模型；1.4%的 2-AAF 溶液 0.05mL 喂养小鼠，肝癌的诱发率为 60%。

（2）亚硝胺类致癌物是一种强致癌物，小剂量一次给药即可致癌，目前为使用最广的致癌物，致癌谱甚广，可引起多部位的肿瘤。例如，二乙基亚硝胺（diethylnitrosamine，DEN）皮下注射可诱发小鼠肺癌；给受孕大鼠以 DEN 可较快地引起仔鼠的神经胶质细胞瘤；二丁基亚硝胺能诱发大鼠膀胱癌，二戊基亚硝胺能诱发大鼠肺癌等。

（3）其他类致癌因素，如烷化剂类、二甲基亚硝基脲和二乙基亚硝基脲可诱发 BALB/c 和 SENCAR 品系小鼠皮肤肿瘤；有研究使用甲基亚硝基脲（MNU）诱发 SENCARB/Pt 品系小鼠胸腺淋巴瘤。乌拉坦（氨基甲酸乙酯，C$_2$H$_5$O-CONH$_2$）、氨乙胺可引起小鼠的肺癌，一些卤代烃如四氯化碳、氯仿等可引起大鼠或小鼠的肝癌，乙硫氨酸可诱发大鼠肝癌，还有氯乙烯、碱基类似物、某些金属等均可诱发肿瘤。

2. 物理致癌因素

物理致癌因素主要是使用放射线物质致瘤。例如，电离辐射，^{60}Coγ 线 3Gy 照射 Wistar 大鼠，肿瘤诱发率达 90%，以乳腺肿瘤为主；^{60}Coγ 线照射 LACA 雄小鼠后可诱发粒细胞白血病；小鼠给予单次急性辐射剂量全身 X 线照射 3Gy，可诱发胸腺淋巴瘤；还有紫外线等因素可致癌。

3. 生物致癌因素

生物致癌因素主要包括病毒、细菌、真菌、转基因等诱发的肿瘤。例如，将健康成人外周血淋巴细胞移植到 SCID 小鼠腹腔并感染 EB 病毒，可诱发人源 B 细胞淋巴瘤；小鼠肉瘤病毒（Mo-MuSV）可诱发小鼠横纹肌肉瘤和多型性纤维肉瘤；用小鼠乳腺肿瘤病毒（MMTV）注射小鼠可诱发小鼠乳腺癌；

乳球蛋白启动子的 SV40T 抗原的转基因小鼠，可诱发乳腺癌或胰腺癌，MMTV-Wnt-1 转基因小鼠高发乳腺癌；将黄曲霉毒素 AFB1 以 2μg/g 体重的剂量注射小鼠，1 年后肝癌的诱发率为 70%；有研究用幽门螺杆菌感染 SPF 级 BALB/c 小鼠，可诱发 B 细胞淋巴瘤等。

诱发瘤具有近似人类肿瘤发病的特定过程，可以根据实验者的需求有目的地进行诱导。但是使用诱发瘤动物模型时，肿瘤出现的时间、部位、病灶数等在个体间表型不均一，诱导时间长，成瘤率不高，动物的死亡率也高，耗资大，并且诱导剂也有毒性，需要实验者谨慎操作。因此，诱发瘤动物模型常用于验证可疑致癌因素的作用以及肿瘤病因学及肿瘤预防的研究。

三、移植瘤的小鼠实验动物模型

移植瘤是把动物或人体肿瘤移植于同种或免疫缺陷动物体内连续传代而形成移植性肿瘤。常用的动物有小鼠、大鼠和地鼠。移植瘤主要分为同种移植瘤、异种移植瘤和腹水瘤。同种移植瘤是指在近交系动物中进行；异种移植瘤是指在免疫缺陷动物中进行；而腹水瘤是一种特殊的移植瘤类型，通过筛选而得。移植瘤有多种来源：①来源于小鼠自发瘤建立的瘤株。例如，国内常用的移植瘤模型，如 LII、MA737 等，以小鼠自发乳腺癌建立的瘤株就有 10 个以上。②来源于小鼠诱发瘤建立的模型，如 FC、U14、U27 等。③利用人类肿瘤建立的免疫缺陷动物体内移植瘤（属于异种移植瘤），国内已建立近百个，移植瘤来源于手术标本及人类肿瘤细胞系。④利用基因转染技术获得恶性瘤细胞也可移植成功移植瘤，目前尚未形成体系。⑤白血病移植瘤：可来源于自发、诱发瘤和人类白血病细胞及来源于白血病的无细胞滤液接种而成的移植性白血病。

移植瘤是当前实验研究使用最广和最为方便的体内肿瘤模型，多用于肿瘤发病机制、肿瘤生物学特性的研究；利用移植瘤建立细胞系比原位肿瘤容易成功；实验性治疗为最佳模型；往往在体外验证某种物质有抑癌作用后，最终需要用体内移植瘤模型验证；永生细胞系和基因转染细胞系，需进行体内验证其能否成瘤。

免疫缺陷型小鼠的肿瘤移植瘤模型是指将人体肿瘤移植于免疫缺陷动物。免疫缺陷动物（immune-deficient animal，IDA）是指由于先天性遗传突变或用人工方法造成一种或多种免疫系统组成成分缺陷的动物。先天性遗传突变的免疫缺陷动物有裸小鼠、裸大鼠、SCID 小鼠、Beige 小鼠、NSG 小鼠及 NOG 小鼠等，以裸鼠和 SCID 小鼠最为常用，其稳定性强且具有重复性；人工方法造成的免疫缺陷动物，主要是采用外科手术切除淋巴器官，以切除胸腺为主或用放射线照射等手段造成动物免疫系统缺陷，这种动物不稳定，很少用于肿瘤研究中。免疫缺陷型小鼠的肿瘤移植瘤模型因能保持其生物学性，对研究人体肿瘤对药物的敏感性有较大的帮助。目前已成功将结肠癌、乳腺癌、肺癌、卵巢癌、黑色素癌、胃癌、淋巴瘤、白血病、肾病、宫颈癌、软组织肉瘤和骨肉瘤等移植于裸鼠。

1. PDX 模型

人源肿瘤异种移植（patient-derived tumor xenograft，PDX）模型指将患者的肿瘤组织直接移植到免疫缺陷鼠而建立的人源异种移植模型。在组织病理学、分子生物学和基因水平上最大程度的保留肿瘤自身的特征，具有较好的临床疗效预测性，为癌症药物开发的疗效筛选提供了最具转译性的临床前模型。与使用现有的癌细胞系建立异种移植小鼠模型不同，PDX 模型直接来源于患者肿瘤，未经过体外生长，从而反映了人类患者群体的异质性和多样性。几种免疫缺陷小鼠可用于建立 PDX 模型，如胸腺裸鼠、严重免疫缺陷（SCID）小鼠、NOD-SCID 小鼠、重组激活基因 2（Rag2）敲除小鼠。使用的小鼠必须免疫力低下以防止移植排斥反应，NOD-SCID 小鼠被认为比裸鼠免疫缺陷更严重，所以 PDX 模型更常用，因为 NOD-SCID 小鼠不产生 NK 细胞。许多 PDX 模型已经成功地应用于乳腺癌、前列腺癌、结肠直肠癌、肺癌和许多其他癌症，因为与细胞系相比，使用 PDX 进行药物安全性和有效性研究以及预测患者对某些抗癌药物的肿瘤反应具有明显优势。

PDX 模型有以下几个特点：①保留了亲代肿瘤生长的微环境，如肿瘤细胞周围浸润的淋巴细胞、细胞外基质、微血管等，利于更好的表现亲代肿瘤性状，并且维持了肿瘤的异质性。PDX 模型的肿瘤与患者的肿瘤相似性高，达到 90%以上；能够反映不同肿瘤来源的样本差异。②移植后的肿瘤受新的肿瘤微环境影响，比原始肿瘤细胞分化程度更低，有一定的差异。正是这些肿瘤组织与原始肿瘤的区别，可以反映肿瘤在自然选择后将产生的异质性和适应性，因此可以提供重要的、可靠的肿瘤体内生长指标，创造了可供实验的与患者身体情况高度一致的"体内实验室"。③原代肿瘤可保存，为后续应用研究提供便利；随着肿瘤增大，可以移植到更多小鼠的体内，将这些小鼠作为检测药物反应的平台，模拟出不同药物在体内对该肿瘤的治疗效果。④利用 PDX 模型筛选药物，可以将结果作为治疗适应性的评估，得出更加适宜的用药方案，针对患者有更强的特异性，也可以提高治疗的成功率。同时，也减少了患者使用多种药物对身体造成的伤害。

2. 人源化 PDX 模型

PDX 模型的一个显著缺点是应用免疫缺陷小鼠，防止对异种移植瘤的免疫攻击。随着免疫系统丧失功能，已知的肿瘤微环境相互作用的一个关键组成部分被放弃，从而阻止了针对免疫系统组成部分的免疫疗法和抗癌药物在 PDX 模型中进行研究，由此产生了人源化 PDX 模型。它是通过将患者肿瘤组织块/细胞和外周血或骨髓细胞共同移植到免疫缺陷小鼠中，构建了人源化异种移植模型。该模型重建了小鼠免疫系统，用于研究肿瘤环境和异种肿瘤基质之间的相互作用对肿瘤的发展和转移的影响。此模型常用到的小鼠有 NOD-SCID、NSGTM、NCGTM 等。

四、血液肿瘤的小鼠实验动物模型

常见的血液肿瘤主要包括各类白血病、多发性骨髓瘤及恶性淋巴瘤。急性白血病占常见恶性肿瘤的第八位，淋巴瘤也是在前十位，并且发病率逐年升高，多发性骨髓瘤的整个发病率在血液恶性肿瘤中占 10%。环境中一些化学物质，如汽油、油漆、苯，以及病毒（EB 病毒）、X 线辐射等都可以诱发白血病。当然 些遗传因素对白血病的发生也会具有一定的影响，如 21 三体综合征患者白血病发生率高达 3%～15%。

利用小鼠构建模型具有很多优势，它们与人类的基因有高度相似性，包括蛋白质编码基因数量相近，将两种物种之间 40%的基因直接比对，发现 99%的人类基因在小鼠体内具有同源基因。基因组技术的进步使小鼠血液恶性肿瘤模型得以发展。但是小鼠与人也存在不同之处。关于造血，在小鼠中，淋巴细胞是主要的循环白细胞，而在人类中，中性粒细胞占主导地位。重要的是，成年小鼠脾脏红髓髓外造血是一种生理现象，可表现为生长旺盛，不应解释为瘤变；此外，小鼠骨髓在整个生命过程中保留了丰富的造血成分，这与成人的多孔细胞骨髓形成了鲜明对比；而且小鼠异位胸腺组织常见于宫颈各部位，不应与浸润性瘤变混淆。

小鼠血液学瘤变模型的分类包括白发模型、诱发模型、异种移植模型和基因工程模型。

白血病和淋巴瘤是一组高度异质性的血液恶性肿瘤，在不同年龄和种族的人中都有发病报道。白血病和淋巴瘤是由造血和免疫细胞恶化所引起的，通常在全身广泛传播。其中许多恶性肿瘤的液体性质，它们产生的复杂微环境及其多面遗传基础，给复制该疾病模型以及研究此类疾病带来极大困难。小鼠白血病和淋巴瘤模型为我们理解人类这些疾病的病理生物学做出了重大贡献。

（一）小鼠白血病模型

白血病的种类繁多，占白血病总数 85%的 4 种主要类型分别为急性髓系白血病（AML）、慢性髓细胞白血病（CML）、急性淋巴细胞白血病（ALL）和慢性淋巴细胞白血病（CLL）。发病率和生存率一直在稳步上升，后者在很大程度上归因于靶向治疗的进步。在自发性白血病中，AML 是研究最深入的疾病，因为它占白血病相关死亡的大多数。许多与 AML 肿瘤发生有关的基因畸变已被鉴定为周期性的基因异常，包括 *CEBPA* 突变、*RUNX1* 突变和 *BCR-ABL1* 基因易位等。在骨髓性白血病中也发现了许多基因的遗传突变。小鼠模型在阐明免疫相互作用、造血干细胞生态位和微环境、癌症干细胞、新疗法和AML 化疗耐药性方面发挥了重要作用，在了解白血病发生和发展新的靶向治疗方面具有重要意义。用于建立白血病小鼠模型的小鼠可分为近交系和突变系，可以根据不同类型和目的选择不同的小鼠品系，具体见表 9-2。

表 9-2　不同品系小鼠特征及适用范围

	小鼠品系	特征及适用范围
近交系	C57BL/6	适于构建淋巴细胞白血病模型
	L615	抗白血病药物的筛选和白血病免疫机制研究
	Balb/C	对射线照射很敏感，常用于诱发性模型
突变系	Balb/C-nude	无毛及缺乏正常胸腺，T 细胞缺陷
	SCID	重度联合免疫缺陷小鼠（T 细胞和 B 细胞联合缺陷）是建立 ALL 的有效模型
	NOD-SCID	非肥胖糖尿病型重症联合免疫缺陷鼠（T 细胞、B 细胞及 NK 细胞联合缺陷）更易于异种移植成功
	NSG	NOD-SCID 小鼠模型上导入 IL-2 受体 γ 链缺失突变，在人类淋巴造血系统移植和功能方面的研究优于NOD-SCID

常用的小鼠白血病模型主要有以下几种。

1. 自发性小鼠白血病模型

小鼠白血病高发品系有 C58、AKR、Afb。AKR 小鼠在鼠龄 8 个月以上时有 80%～90%发生自发性白血病，多为胸腺来源的淋巴细胞白血病；Afb 小鼠 8～9 月龄时雌鼠自发率为 90%，雄鼠自发率为 65%。小鼠自发白血病多用于建立可移植性瘤株以供使用。

2. 诱发性小鼠白血病模型

通过使用理化和生物因素作用于小鼠而人为造成的白血病疾病模型，小鼠长期接触致癌化学物质（如 3-甲基胆蒽）或者接受电离辐射（X 射线等）、EB 病毒感染等。

3. 异种移植模型

根据实验目的选择相应的小鼠品系，通常将患者样本或白血病细胞系通过皮下注射、腹腔注射或尾静脉注射等方式在接种部位形成多发性肿瘤。尾静脉注射接种模型可形成全身性扩散的白血病模型，符合白血病临床过程规律，此模型以动物生存期作为评价药效的主要指标。

4. 基因工程型白血病模型

基因工程型白血病模型主要是利用基因编辑技术进行敲除或插入特定基因，从而诱发动物产生白血病。主要的基因修饰型白血病模型见表 9-3。

表 9-3　小鼠基因工程型白血病模型

疾病	靶基因	模型
急性髓系白血病（AML）	*PU.1* + *p53*	造血细胞的条件性敲除；
	Nras：Bcl-2	条件性转基因；
	TERC	条件性敲除；
	AML-ETO	诱导性转基因；
	RAR α fusion	转基因的、可变的
慢性髓细胞白血病（CML）	*BCR-ABL1*	在人源化小鼠中植入逆转录病毒载体；
		造血细胞条件性转基因；
		基于转座子的插入突变形成
急性淋巴细胞白血病（ALL）	*ETV6–RUNX1*	使用 lg 重链增强子进行转基因；
	E2A–PBX1	使用 Lck 增强子、TCR Vβ 启动子进行转基因；
	NOTCH1	肿瘤来源的 NOD-SCID 移植；
	PRDM14	诱导性转基因

续表

疾病	靶基因	模型
慢性淋巴细胞白血病（CLL）	miR-16 T-cell leukemia 1 BCR	新西兰黑色品系小鼠自发； 序列转移转基因； NSG™原位脾移植

（二）小鼠淋巴瘤模型

淋巴瘤是起源于淋巴造血系统的恶性肿瘤，恶性淋巴瘤是具有相当异质性的一大类肿瘤，虽然好发于淋巴结，但是由于淋巴系统的分布特点，使得淋巴瘤属于全身性疾病，几乎可以侵犯到全身任何组织和器官，此外根据瘤细胞分子特征分为非霍奇金淋巴瘤（NHL）和霍奇金淋巴瘤（HL）两类。B 细胞淋巴瘤是人类常见的血液恶性肿瘤，也是最常见的非霍奇金淋巴瘤。常见的 B 细胞淋巴瘤是弥漫性大 B 细胞淋巴瘤（DLBCL）、滤泡性淋巴瘤（FL）、边缘区淋巴瘤和伯基特（Burkitt）淋巴瘤（BL）。小鼠淋巴瘤模型可以研究肿瘤生物学、微环境和治疗应答机制。通常异种移植模型是常用的淋巴瘤动物模型，当然还有一些常见的小鼠基因工程型淋巴瘤模型，见表 9-4。

表 9-4　小鼠基因工程型淋巴瘤模型

疾病	靶基因	模型
B 细胞淋巴瘤	MYC MYC + RAS SYK	使用 Ig 重链进行条件转基因； 逆转录病毒转染的条件性转基因； MYC/BCR/sHEL 转基因
滤泡性淋巴瘤（FL）	BCL-2	转基因连接 Vav 调节序列
EB 病毒诱导		人源化小鼠感染 EB 病毒
外周 T 细胞淋巴瘤（PTCL）	ITK-SYK	使用 CD4⁻Cre 诱导转基因
间变性大细胞淋巴瘤（ALCL）	NPM-ALK	使用 CD4⁻Cre 诱导转基因
原发性皮肤 T 细胞淋巴瘤（CTCL）	IL-15	转基因

五、肿瘤免疫治疗模型

小鼠模型将癌症免疫疗法的发展推进了一大步。用于免疫治疗的小鼠模型主要有同源肿瘤细胞系移植、PDX 模型、基因工程小鼠模型等。同源肿瘤模型是评估抗癌疗法的最古老和最常用的临床前模型，常使用近交系品系如 C57BL/6、BALB/c 和 FVB 小鼠等。基因工程技术的进步为小鼠模型的发明提供了帮助，通过特定的基因组改变来驱动肿瘤的发展，PDX 模型更是极好地复制了人类肿瘤。几种肿瘤免疫治疗的小鼠模型比较见表 9-5。

表 9-5　几种作为肿瘤免疫治疗的小鼠模型比较

模型	优点	缺点
同源肿瘤细胞移植	可重复并能快速生长； 易操作； 无宿主繁殖要求	缺乏原生肿瘤微环境； 表型的变异与移植位点有关； 可移植细胞系相对较少； 宿主品系相对较少； 缺乏异质性
基因工程小鼠	原生增长，提供原生的微环境 肿瘤发展受相关基因改变来驱动； 可以体现基因组的不稳定性	繁殖要求较高； 外显率和潜伏期具有变异性； 由于特定干扰而造成的免疫原性低下
患者来源的异种移植	可以复制人类肿瘤的复杂性（基因组异质性、细胞类型）； 不需要免疫重构	在免疫缺陷宿主中进行（依赖于在异种移植中被转移过去的人体免疫细胞）； 小鼠基质； 移植率低
人源化异种移植模型	可以复制人类肿瘤和免疫系统的复杂性； 可以利用工程化宿主增加免疫重构	需要自体免疫系统重建； 免疫重建的成功率低、时间长

癌症是世界范围内的一个重大公共卫生问题，通过建立模型可以模拟人体肿瘤生物学，已广泛应用于癌症研究。但动物模型并不能完全复制人类肿瘤，仍需不断优化和改进，并进行深入研究。

第三节　肿瘤发生发展免疫机制的比较医学研究

一、人和小鼠免疫学差异简述

动物模型在阐明癌症在活体中发生和传播的关键生化和生理学过程中发挥了重要作用。最重要的是，它们在评估包括放射药物在内的新型诊断和治疗抗癌药物时，为患者提供了一个替代品。啮齿动物实验肿瘤是临床前筛选新药的主要手段。目前，这类肿瘤应用模型包括在具有完全免疫功能的同源宿主中培养的实体肿瘤和在免疫缺陷小鼠株中进行的人类异种移植，以及在基因工程小鼠中自发生长的肿瘤，它们代表了最新的前沿实验模式。

小鼠是大多数免疫学家选择的实验工具，对其免疫反应的研究对人类免疫系统的工作机制产生了巨大的洞见。经过 6.5 亿年的进化，小鼠和人类免疫系统的整体结构比较相似，但免疫系统的具体组成以及所发挥的作用却产生了显著的不同。因此使用小鼠模型能否准确预测临床疗效仍是一个有争议的问题。小鼠与人类大小和生理上的差异，以及小鼠和人类之间靶点同源性的差异，都可能会导致转化上的限制。另外，实验过程中的其他因素如动物处理以及临床前数据的次优编译和解释也会影响临床前模型预测能力。

小鼠和人类在基因组水平上至少有 95% 是相同的，但这种相似性显然不能阻止它们各自的表型有很大的不同。例如，人的血液中中性粒细胞含量较多，占 50%～70%，而淋巴细胞只占 30%～50%；小鼠血液中正好相反，淋巴细胞占 75%～90%，而中性粒细胞只占 10%～25%。

从免疫系统发挥的作用来看，小鼠与人类固有免疫及适应性免疫具有明显的差别。

（一）固有免疫方面

作为抵抗病原体的第一道防线，抗菌肽家族发挥着重要的作用，尤其是防御素。其在肠道的黏膜防御和皮肤及其他地方的上皮防御中都扮演着重要角色。中性粒细胞是人类白细胞防御素的丰富来源库，但小鼠的中性粒细胞不表达防御素。相比之下，存在于小肠隐窝中的帕内特细胞，在小鼠体内表达 20 种防御素，而在人类体内仅表达 2 种。

功能性诱导型一氧化氮合酶（iNOS）可由小鼠巨噬细胞合成，IFN-γ 和 LPS 可诱导 iNOS mRNA 表达。然而，这些相同的炎症介质未能对人类巨噬细胞显示一致的影响。最近的研究表明，其他介质，如 IFN-α/β、IL-4、anti-CD23，以及其他趋化因子，实际上在诱导人巨噬细胞中的 iNOS 方面更有效。

对病原体和损伤相关模式分子的识别能显著减少病原物对宿主的威胁，TLR 是一类重要的模式识别受体，通过结合病原微生物和受损宿主组织的特定成分来激活先天性免疫系统。革兰氏阴性菌表达 LPS，通过 TLR4 信号激活免疫细胞。TLR 配体的其他例子有细菌脂肽和脂蛋白、脂壁酸、热休克蛋白、酶原、鞭毛蛋白和病毒的双链 RNA。到目前为止，已知人类有 10 种 TLR，小鼠有 12 种。TLR1～TLR9 较为保守，在人和小鼠体内均有表达，TLR10 仅存在于人类中，而 TLR11～TLR13 则只发现存在于小鼠体内。TLR 受体的信号转导通路在小鼠和人中也存在差异。例如，TLR3 信号转导在人体中没有 NF-κB 及 MAPK 的激活，不产生 TNF-α 和 IL-6，而在小鼠中存在其激活，并且产生 TNF-α 和 IL-6。

（二）适应性免疫方面

Fc 受体（fragment C receptor，FcR）是一类能够和抗体 Fc 片段特异结合的细胞表面蛋白，不同类型的细胞可以表达不同类型的 FcR，对应的不同结构类型的抗体也和不同类型的 FcR 结合，从而诱导后续不同类型的免疫反应，先天性免疫系统可以通过捕获表达在巨噬细胞、中性粒细胞、嗜酸性粒细胞、肥大细胞和树突状细胞上的 FcR 对抗原-抗体复合物做出反应。在小鼠和人类之间，FcR 的表达存在一些差异。在人类中，FcRI（CD89）是一种重要的 IgA 受体，由中性粒细胞、嗜酸性粒细胞、单核/巨噬细胞、树突状细胞和库普弗细胞表达。小鼠缺乏 FcRI，但有其他受体起作用，如 Fc/R、转铁蛋白受体（CD71）等。人类也表达了两种在小鼠中没有发现的 IgG 受体：FcRIIA 和 FcRIIC 是密切相关的单链 FcR，它们在细胞内都有单一免疫受体酪氨酸激活模体（ITAM）基序。

除了 FcR 的差异，Ig 亚型在小鼠和人类之间的表达也存在着显著的差异。小鼠产生 IgA、IgD、IgE、IgM，以及 IgG 的 4 种亚型（IgG1、IgG2a、IgG2b 和 IgG3）。有趣的是，在 C57BL/6、C57BL/10、SJL 和 NOD 小鼠中没有表达 IgG2a，相反，这些小鼠表达了新的 IgG2c。相比之下，人类表达 IgA 两种亚型 IgA1 和 IgA2，以及单一形式的 IgD、IgE 和 IgM。在人类中，IgG 也有 4 种亚型，即 IgG1、IgG2、IgG3 和 IgG4。然而，这些并不是小鼠中蛋白质的直接同源物。虽然不同的亚型具有不同结合 FcR 或固定补体的能力，但小鼠和人类之间的差异并不显著。与此相反，在类别转换上存在差异：在小鼠中，IL-4 诱导 IgG1 和 IgE；而在人类中，IL-4 诱导 IgG4 和 IgE 的转换。相比之下，IL-13 对小鼠 B 细胞没有影响，但可诱导人体内 IgE 的转化。

小鼠和人类 T 细胞的发育和调控也不同。Thy-1 是一糖基磷脂酰肌醇（GPI）连接的功能未知的 Ig 超家族分子。它在小鼠胸腺细胞和周围 T 细胞上表达，已被广泛用作胸腺 T 细胞标志物。然而，在人类中，它只在神经元上表达。这种组织特异性的基础被认为是在该基因的内含子 3 中存在或不存在 Ets-1 结合位点。小鼠 IL-7R 缺乏症会阻碍 T 细胞和 B 细胞的发育，但其缺乏只会阻碍人类 T 细胞的发育，很可能人类 B 细胞的发育独立于 IL-7。

激活 T 细胞的一个关键步骤是产生持续的钙通量。在人类 T 细胞中，钙离子向内流动是通过钾离子向外流动来平衡的，钾离子向外流动在很大程度上是由 Kv1.3 K 通道介导的。该通道的抑制剂非常明确地阻断了体外 T 细胞的活化，目前正作为新的免疫抑制剂进行研究。然而，小鼠 T 细胞不表达这种通道，缺乏支持这种功能的体内证据。

一旦激活，人类 T 细胞表达 MHC II 类分子，而小鼠 T 细胞不表达此类分子。已有研究表明，人类 T 细胞能够捕获、处理和表达抗原，并表达 B7，其有助于增强免疫反应。目前尚不清楚该分子为什么在小鼠体内是不必要的，这可能与 T 细胞可维持体内平衡和需求有关。caspase-8 和 caspase-10 位于人类死亡受体的下游，它们的某些功能是重叠的。小鼠体内缺乏 caspase-10，并且 caspase-8 的缺失对胚胎是致命的，而人类缺乏 caspase-8 只会导致免疫缺陷。

适应性免疫的一个重要组成部分是 T 细胞向 Th1 或 Th2 表型分化，这一过程代表了先天性免疫和适应性免疫之间相互作用的另一个领域。在人类中，I 型 IFN（IFN-α）是由多种细胞分泌的，包括巨噬细胞等，以应对病毒感染，并与 T 细胞起作用，诱导 Th1 细胞的发展，这个过程依赖于 STAT4 的激活。然而，在小鼠中，IFN-α 不能诱导 Th1 细胞，也不能激活 STAT4。另外，虽然极化在小鼠中相对容易观察到，但在人类系统中，这种模式更加清晰。在小鼠中，IL-10 被认为是一种 Th2 细胞因子，而在人类中，Th1 和 Th2 细胞都能产生 IL-10。

免疫细胞进入组织及在组织中的运动是由大量趋化因子和趋化因子受体协调的，小鼠和人类系统之间有明显差异。趋化因子 CXCL8、中性粒细胞活化肽-2（CXCL2）、IFN 诱导的 T 细胞趋化因子（CXCL11）、单核细胞趋化蛋白（MCP）-4（CCL4）、滤过血的 CC 趋化因子-2（CCL2）、肺和活化调节趋化因子-1（CCL1）和 eotaxin-2/3 均已在人类中发现，但未在小鼠中发现。相反，CCL6、CCL9、lungkine（CXCL15）和 MCP-5（CCL12）已在小鼠中发现，而在人类中没有。

从免疫防御组织的全身性作用来看，在人类中以抵抗机制为主，而在小鼠中以耐受机制为主。

我们所注意到的小鼠和人类免疫系统之间的大部分差异都是自然选择的结果，小鼠与人类在完全不同的环境中进化，并暴露于不同的抗原环境中，因此它们的免疫系统可能以微妙的不同方式进化。老鼠不仅生活在不同的生态环境中，而且体型更小，寿命也明显更短。

尽管动物与人类之间的免疫系统存在很大差异，但免疫效应在正常机体生理状况下可防止肿瘤形成，这也是某些肿瘤免疫治疗药能够成功的条件，即通过识别表达肿瘤相关性抗原或肿瘤特异抗原的癌细胞进而消除这些癌细胞。而免疫系统的这种生理特性从小鼠到人类都是保守的，这意味着在小鼠身上获得的结果可能在很大程度上能够转化到人类机体中。因此，在小鼠身上进行的认知研究——无论是移植的、致癌的还是基因工程的——在比较医学理论指导下是有可能转化到临床的。动物模型成为我们人类获取自身信息的重要来源，了解其与人类的差异有助于我们更好地解决向临床转化的困难，为更广泛的临床应用奠定坚实基础。

二、人和小鼠抗肿瘤免疫细胞比较

（一）肿瘤抗原比较

肿瘤抗原（tumor antigen）泛指在肿瘤发生、发展过程中新出现或过度表达的抗原物质。机体产生肿瘤抗原的可能机制为：①基因突变；②细胞癌变过程中使原本不表达的基因被激活；③抗原合成过程的某些环节发生异常（如糖基化异常导致蛋白质特殊降解产物的产生）；④胚胎时期抗原或分化抗原的异常、异位表达；⑤某些基因产物尤其是信号转导分子的过度表达；⑥外源性基因（如病毒基因）的表达。

根据肿瘤抗原特异性进行分类，可将肿瘤抗原分为以下两类。

1. 肿瘤特异性抗原

肿瘤特异性抗原（tumor specific antigen，TSA）是肿瘤细胞特有的或只存在于某种肿瘤细胞而不存在于正常细胞的新抗原。此类抗原通过肿瘤在同种系动物间的移植而被证实，故也称为肿瘤特异性移植抗原（tumor specific transplantation antigen，TSTA）或肿瘤排斥抗原（tumor rejection antigen，TRA）。化学或物理因素诱生的肿瘤抗原、自发肿瘤抗原和病毒诱导的肿瘤抗原等多属此类。

2. 肿瘤相关性抗原

肿瘤相关性抗原（TAA）是指非肿瘤细胞所特有的、正常细胞和其他组织上也存在的抗原，只是其含量在细胞癌变时明显增高。此类抗原只表现出量的变化，而无严格肿瘤特异性，胚胎性抗原是其中的典型代表。人类的癌胚抗原在正常小鼠中并没有发现。

Lu 等（2006）利用重组 cDNA 表达文库的血清学分析来表征 neu 转基因（neui-tg）小鼠的抗原库，鉴定出了 15 个肿瘤抗原，发现半数以上的小鼠肿瘤抗原具有免疫原性的人类同源抗原，见表 9-6。

表 9-6　具有免疫原性的人类同源抗原的小鼠肿瘤相关性抗原

小鼠 TAA	人类同源抗原	肿瘤类型
Krt2-8	KRT2-8	卵巢癌、结直肠癌、肾癌
Eprs	EPRS	卵巢癌、结直肠癌、胃癌
C3	C3	头颈癌
Lgals8	LGALS8	前列腺癌
Srpk1	SRPK1	乳腺癌、白血病
Rock1	ROCK1	乳腺癌、肾癌、纤维肉瘤、骨髓瘤
Swap70	SWAP70	乳腺癌、黑色素瘤、肾癌、淋巴瘤
Nsep1	NSEP1（YB1）	乳腺癌、卵巢癌

同时他们的研究结果也表明，在自发形成肿瘤的动物体内发生的免疫反应，与接受过肿瘤植入的动物相比存在显著差异。体液免疫反应只在发生自发性肿瘤的转基因小鼠中增强。此外，浸润细胞的大小和表型在自发性肿瘤和植入性肿瘤之间存在显著差异，自发性肿瘤小鼠的肿瘤特异性抗体和过高的免疫细胞浸润在移植瘤小鼠中并未见。导致此差异的有几个原因：第一，植入肿瘤的生长速率加快，这可能会阻碍免疫的发展。第二，肿瘤植入物位于异物解剖位置，这可能会影响免疫反应的启动能力。此外，

植入肿瘤通常没有相关肿瘤微环境中的细胞外基质，而胞外基质对免疫的产生至关重要。

（二）CD4$^+$、CD8$^+$T 细胞

T 细胞是淋巴细胞的重要组分，它具有多种生物学功能，如直接杀伤靶细胞、辅助或抑制 B 细胞产生抗体、对特异性抗原和促有丝分裂原的应答反应以及产生细胞因子等，是身体中为抵御疾病感染、肿瘤形成的英勇斗士。T 细胞产生的免疫应答属细胞免疫，细胞免疫的效应形式主要有两种：一种是与靶细胞特异性结合，破坏靶细胞膜，直接杀伤靶细胞；另一种是释放淋巴因子，最终使免疫效应扩大和增强。T 细胞是在胸腺中由淋巴样祖细胞发育而来的，典型的 T 细胞分为毒性 T 细胞（CD8$^+$、CTL）和辅助性 T 细胞（CD4$^+$、Th）。

CD8$^+$T 细胞是肿瘤免疫应答中最主要的效应细胞，在抗病毒和癌症方面发挥着重要的作用，有直接杀伤作用，主要负责对靶细胞的清除。CD8$^+$T 细胞上的抗原受体或 TCR 可以识别专职抗原提呈细胞（如树突状细胞）表面的 MHC I 与肿瘤抗原肽形成的复合物，以此作为一个激活信号。然而，通过 TCR 单独刺激是无法维持最佳激活状态的，共刺激信号（位于 T 细胞表面的 CD28）通常被认为是其充分激活的必要条件。激活后，CTL 产生细胞因子，如 IFN-γ 和其他效应分子（穿孔蛋白和颗粒酶- b），介导靶细胞的直接溶细胞活性。因此，这些细胞在癌症免疫监测中发挥着重要作用。具体机制为：CTL 与靶细胞接触产生脱颗粒作用，释放穿孔素，其可结合到靶细胞膜上，形成膜通道，使颗粒酶、TNF、分泌性 ATP 等效应分子进入靶细胞，导致靶细胞死亡，其中穿孔素造成靶细胞膜损伤，颗粒酶使 DNA 断裂，导致细胞凋亡；CTL 激活后也会表达 Fas 配体（FasL），它被释放到胞外与靶细胞表面的 Fas 分子结合，转导凋亡信号进入胞内，活化靶细胞内的 DNA 降解酶，引起靶细胞凋亡。另外，CD8$^+$CTL 也可以通过分泌细胞因子如 TNF 间接杀伤肿瘤细胞。在实验动物中，肿瘤特异性 CD8 T 细胞具有肿瘤杀伤作用。在人类，肿瘤特异性 CD8 T 细胞会高水平表达 PD-1，其会部分抑制 T 细胞活化，从而阻碍了它的肿瘤杀伤功能。

CD4$^+$Th 细胞在肿瘤免疫中具有重要的辅助作用，是产生和维持有效 CD8$^+$细胞毒性和记忆性 T 细胞所必需的。CD4$^+$T 细胞是高度异质性的群体，它们沿着不同的功能谱系发展，依赖于抗原激活过程中细胞因子信号而活化。CD4$^+$T 细胞在细胞因子 IL-12 和 IL-4 的作用下分别分化为 Th1 和 Th2 表型。激活后，Th1 细胞分泌大量 IFN-γ、TNF-a 和 IL-2，Th2 细胞分泌 IL-4、IL-5 和 IL-13。这些细胞因子与 CD8$^+$T 细胞的细胞杀伤功能协同作用能促进抗原的处理，以及抗原提呈细胞表面的 MHC I 类和 II 类分子的抗原提呈，从而调控 CD8$^+$CTL 反应的持续时间和效力强度。

此外，Th1 细胞通过释放 IFN-γ、TNF-a 和溶细胞颗粒直接发挥抗肿瘤作用，通过激活和扩张 CTL 间接发挥抗肿瘤作用，Th1 活化可以直接和间接调节抑制癌症发展的抗肿瘤程序。与 Th1 CD4$^+$T 细胞相比，Th2 CD4$^+$T 细胞表达高水平的 IL-4、IL-5、IL-6、IL-10 和 IL-13，可诱导 T 细胞失能，抑制 T 细胞介导的细胞毒性，并促进 B 细胞介导的体液免疫反应。因此，Th1 反应被认为有利于抗肿瘤免疫，而 Th2 活化会抑制细胞介导的抗肿瘤免疫。

在癌症患者中，已经在循环系统和肿瘤部位检测到 MHC II 级限制性 CD4 T 细胞对自身抗原的反应。人类 CD4 T 细胞可以通过分泌 IFN-g 抑制肿瘤生长，也可以直接杀死表面表达足够 MHC II 类和自身抗原的肿瘤细胞。活化的 CD4 T 细胞也可以通过分泌 IFN-g 或阻断抑制性受体 CTLA-4 而导致 MHC II 类分子的表达，这在小鼠身上得到了证实。

近年来，过继性 T 细胞治疗引来了越来越多的关注。其主要是通过从患者的外周血中分离 T 细胞，并通过基因工程手段导入靶向于肿瘤细胞的嵌合抗体，进而在体外扩增，然后将其回输入患者体内实现的。最新研究显示，其在 B 细胞淋巴瘤治疗方面有很好的效果，很有望在其他类型肿瘤中取得可喜进展。

CD4$^+$T 细胞的抗肿瘤效应依赖于细胞因子信号，特别是 IFN-γ 和 TNF-α。CD4$^+$T 细胞产生的这两种细胞因子对肿瘤细胞具有细胞毒作用。IFN-γ 可以调控的 MHC 分子增加抗原肽-MHC 复合物的数量以及改变抗原提呈加工，从而增强了免疫细胞对肿瘤的识别能力，显著增强肿瘤杀伤功能。此外，CD4$^+$T

细胞会诱导肿瘤休眠，阻止肿瘤逃逸，这种效应严格要求 IFN-γ 和 TNF-α 信号，没有 IFN-γ 或 TNF-α 可能导致肿瘤恶化和转换。此外，CD4$^+$T 细胞抑制肿瘤血管生成，通过 IFN-γ 及 TNF-α 联合作用，诱导树突状细胞产生强有力的抗血管新生趋化因子如 CXCL10 和 CXCL9。总之，这些研究显示了 CD4$^+$T 细胞通过不同机制发挥了抗肿瘤功能。

（三）NK 细胞

NK 细胞是异于 T、B 细胞的另一种淋巴细胞，占外周血淋巴细胞的 5%～10%，可直接杀伤某些肿瘤细胞，且不受 MHC 限制。它具有细胞毒性并能产生细胞因子，能够破坏肿瘤细胞及受损的宿主细胞，如病毒感染细胞，从而限制它们的扩散和随后的组织损伤。虽然信号通路在人类和小鼠的杀伤细胞中大多是保守且相似的，但在细胞生物学和受体组成上存在一些差异。小鼠在 4～10 周龄时，脾脏和血液中的 NK 细胞活性较高。在人的一生中，它们的活动相对稳定。在肺中，小鼠的 NK 细胞活性较高，而在人体内则较低。人类的 Fc 受体在 NK 细胞上的表达比小鼠高得多。在小鼠中，NK 细胞使用 Ly49 蛋白作为 MHC I 分子的抑制受体。这种蛋白质家族在人类中是不存在的。在这里，NK 细胞抑制受体家族的蛋白质与 Ly49 蛋白高度分化，被用作 NK 细胞表面的抑制受体。

NK 细胞作为一种细胞毒性淋巴细胞，它能识别靶细胞上的 MHC I 分子，无须预先致敏即可直接起作用。除了直接杀死肿瘤细胞，NK 细胞还产生 IFN-γ，激活 Th 细胞，从而导致肿瘤清除。在小鼠黑色素瘤模型中，C3$^{-/-}$小鼠的肿瘤比野生型小鼠小，而在敲除 NK 细胞后，这一效应被消除，表明在没有 C3 的情况下 NK 细胞活性增加。杀伤细胞抑制性受体（KIR）和活化性天然细胞毒性受体（NCR）、NKG2D 分子（NK group2，member D）是参与 NK 细胞识别肿瘤细胞的主要受体。NK 细胞活化后通过释放穿孔蛋白/颗粒酶破坏肿瘤细胞，可诱导多种肿瘤细胞凋亡。此外，NK 细胞还通过 IFN-c 的释放促进树突状细胞与 T 细胞相互作用，驱动肿瘤相关抗原的免疫反应。NK 细胞在癌症免疫监测中发挥作用，在 NK 细胞缺陷小鼠模型中，自发性癌症、转移性疾病的发生率增加。

（四）NKT 细胞

NKT 细胞是最早从 C57BL/6 小鼠胸腺中检测出的一种特殊类型的 T 细胞，除表达 TCR 和 CD3 等 T 细胞特有的标记外，还表达 NK 细胞所特有的抗原受体 NK1.1（小鼠）、CD56（人）和抑制性受体 Ly49 等。NKT 细胞通过表达穿孔素和颗粒酶介导的光谱细胞毒性，发挥肿瘤杀伤作用。

（五）LAK 细胞

LAK 细胞即淋巴因子激活的杀伤细胞。严格来说，LAK 细胞并非一个独立的淋巴群或亚群，而是 NK 细胞或 T 细胞体外培养时，在高剂量 IL-2 因子诱导下成为肿瘤杀伤能力的细胞，称为淋巴因子激活的杀伤细胞（lymphokine activated killer cell，LAK cell）。

将外周血淋巴细胞在体外经淋巴因子 IL-2 激活 3～5 天而扩增为具有广谱抗瘤作用的杀伤细胞。把 LAK 输给带瘤小鼠，不但能使原瘤消退，还可以使已确立的转移瘤消失。LAK 有广谱抗瘤作用，LAK 与 IL-2 合用比单用 IL-2 效果好，因为经 IL-2 激活的 LAK 在输入人体后仍需 IL-2 才能维持其杀伤活性。结合 LAK 细胞和重组 IL 2（RIL 2）的过继免疫疗法可以显著减少 C57BL/6 小鼠在静脉注射同基因肿瘤细胞 3 天后形成的多个肉瘤的肺微转移。目前应用 LAK 细胞过继免疫疗法（adoptive immunotherapy）与直接注射 IL-2 等细胞因子联合治疗某些肿瘤，已获得一定的疗效。

（六）树突状细胞

树突状细胞被认为是最有效的抗原提呈细胞，存在于周围组织和免疫器官，如胸腺、骨髓、脾脏、淋巴结等，它们的主要功能是识别和提呈不同类型的抗原。在整个过程中，树突状细胞将先天性免疫和适应性免疫联系了起来，并在肿瘤特异性效应免疫反应的产生中发挥着至关重要的作用。

（七）巨噬细胞

巨噬细胞是广泛分布的天然免疫细胞，几乎存在于所有从循环外周血单核细胞分化而来的组织中，具有抗原提呈功能，参与调节特异性 T 细胞免疫。在机体对病原体的先天和适应性免疫应答、正常组织的稳态、炎症的消退和伤口愈合等方面发挥着重要作用。巨噬细胞通过肿瘤衍生的趋化因子等被招募到肿瘤部位，与肿瘤细胞相互作用位于肿瘤区域的巨噬细胞通常被称为肿瘤相关巨噬细胞（TAM）。过多巨噬细胞在肿瘤区域的浸润通常预示着不良的预后。

巨噬细胞在肿瘤免疫中的作用是复杂的。它们在肿瘤区域构成了一个异质群体，分为经典活化的 M1 型和替代活化的 M2 型。M1 型巨噬细胞高表达促炎细胞因子（如 TNF-α、IL-1、IL-6、IL-12、IL-23），对肿瘤细胞发挥细胞毒性作用，引起肿瘤破坏反应。M2 巨噬细胞表达多种抗炎细胞因子，如 IL-10、TGF-β、精氨酸酶-1 等，这些因子在肿瘤微环境中抑制了免疫细胞的肿瘤杀伤功能，会帮助肿瘤细胞逃离免疫监视，使其进一步增殖恶化。

（八）中性粒细胞

中性粒细胞会在人类和小鼠肿瘤中过度积累，成为肿瘤浸润髓细胞的重要组成部分。证据表明中性粒细胞是一把"双刃剑"，其既有肿瘤杀伤功能又会帮助肿瘤细胞恶性增殖。小鼠和人类肿瘤在肿瘤的进化、遗传多样性、免疫反应以及中性粒细胞的内在生物学方面存在着根本性的差异，这些差异可能对肿瘤的发展和这些细胞的功能产生深远的影响。

实验显示，在乳腺癌细胞转移到小鼠肺部前中性粒细胞数量就已经开始增加。研究者证明这些中性粒细胞会产生大量促炎细胞因子如基质金属蛋白酶 9（MMP9），其会促进血管重构。相反，MMP9 的缺失使得血管正常化，进而降低了肿瘤细胞的转移扩散。然而，多项研究表明，敲除中性粒细胞会抑制肿瘤生长，提示其促肿瘤作用。中性粒细胞通过基质降解、促肿瘤因子分泌、直接刺激肿瘤细胞增殖、增加转移、增强血管生成等促进肿瘤进展。

小鼠与人类在肿瘤进化和免疫方面存在差异，这也体现在中性粒细胞的特性上。

（1）中性粒细胞占人类白细胞的大多数（50%～70%），但在小鼠中较少（10%～30%）。

（2）在小鼠中，Gr-1 和 Ly-6G 是公认的识别粒细胞的标物。在人类中，粒细胞不表达 Gr-1 和 Ly-6G 抗原。

（3）选择素、PI3 激酶和丝氨酸蛋白酶等一些关键分子的结构和理化性质在小鼠与人类中不同，这可能会影响中性粒细胞向肿瘤部位的迁移、胞内细胞信号转导和中性粒细胞应答。

（4）小鼠不表达 FcαRI，这是最强大的 Fc 受体之一，可以触发多种效应功能，如细胞因子释放、中性粒细胞胞外诱捕网（NETs）的形成、中性粒细胞的吞噬作用以及依赖抗体的细胞毒性（antibody-dependent cellular cytotoxicity，ADCC）作用。

（5）小鼠的中性粒细胞不产生防御素，而人类的中性粒细胞产生防御素。此外，人类中髓过氧化物酶（MPO）、β-葡糖醛酸糖苷酶、溶菌酶、碱性磷酸酶、精氨酸酶-1 比小鼠中含量更高。

（6）免疫调节细胞因子的产生也不同。例如，IL-10 的分泌在小鼠中性粒细胞中已经很好地确立，而人类中性粒细胞似乎没有分泌可检测到的 IL-10。

（7）人和小鼠中性粒细胞迁移途径不同。小鼠体内缺乏许多趋化因子及其受体，包括那些影响中性粒细胞转运的受体，如趋化因子 CXCL8、CXCL7、CXCL11、MCP 4 等。

（8）与人类相比，尽管小鼠的外周血中性粒细胞相对较少，但小鼠在接受抗原刺激后的迟发型超敏反应（DTH）往往更为丰富。在人类中，DTH 的特征是快速的中性粒细胞反应，随后是大量的单核细胞、T 细胞和巨噬细胞的涌入。

（9）与小鼠中性粒细胞相比，精氨酸酶-1 在人粒细胞中组成型表达，在体外不受多种促炎和抗炎刺激的调节。人精氨酸酶-1 定位于偶氮粒细胞颗粒中，保存良好，可见人中性粒细胞在环境中对细胞外精氨酸代谢不明显。因此，在小鼠肿瘤模型中观察到的精氨酸依赖抑制 T 细胞反应可能不会发生在人类身上。

中性粒细胞是人类外周血中主要的细胞类型。在小鼠中，它们的数量较少，但在外周血循环和次级淋巴器官中仍然是一个主要的白细胞亚群。中性粒细胞对抵抗感染至关重要。为了实现这一功能，中性粒细胞在许多情况下都配备了大量的抗菌介质，这些介质预先形成并储存在专门的颗粒中。这使得中性粒细胞能够对微生物威胁做出快速反应，识别、吸收和杀死病原体。同时，中性粒细胞也可能代表着强效的抗肿瘤效应细胞。其抗菌及细胞毒颗粒含量可用于清除周围恶性细胞。中性粒细胞分泌的细胞因子和趋化因子可直接活化其他抗肿瘤效应细胞，这也使中性粒细胞成为间接的抗肿瘤效应细胞。

尽管成熟的中性粒细胞数量不多，但未成熟的中性粒细胞在肿瘤区域却增加明显，这在人类和小鼠中均得到了证实。这说明肿瘤可导致中性粒细胞生成，这一现象在感染、炎症、创伤和生长因子诱导的条件下也非常常见。然而，人类癌症患者和小鼠肿瘤模型在嗜中性粒细胞和粒细胞过早释放进入循环方面存在着差异。这可能是由于二者中性粒细胞占比不同。

在肿瘤微环境中，肿瘤细胞和基质细胞均可产生趋化因子，并可释放到外周血中。有研究显示，CXCL5 在肿瘤组织中高表达，其高表达会招募更多的中性粒细胞向肿瘤组织浸润，这可能是导致患者生存期较短的重要原因。

（九）补体介导

补体是一组存在于人和动物体液中及细胞表面，经活化后具有生物活性，可介导免疫和炎症反应的蛋白质，也称补体系统。在肿瘤发生发展过程中，补体同样扮演双重角色。

一方面，补体依赖的细胞毒性（CDCC）发挥了重要的抗肿瘤作用。补体活化也可激活并募集巨噬细胞和中性粒细胞，进而发挥其抗肿瘤功效。补体依赖的细胞毒性被认为是抗肿瘤单克隆抗体有效性的主要机制。补体细胞毒性抗体 lgM 和某些 lgG 亚类（lgG1 和 lgG3）与肿瘤细胞结合后，可激活补体系统，溶解肿瘤细胞，该作用在一定程度上可防止癌细胞转移。

另一方面，促肿瘤炎症在肿瘤的发生和发展中起着重要作用。一系列实验证实，补体系统的激活是促肿瘤炎症的重要组成部分。Afshar-kharghan 研究表明，c3 缺乏的小鼠在间充质和上皮组织中可以免受化学致癌作用，主要是因为炎症反应的减少。并且有实验证明，长五环素 PTX3，一种先天免疫的体液成分，是炎症和补体激活的重要负调控因子。ptx3 缺陷小鼠易发生化学致癌，肿瘤内 M2 表型肿瘤相关巨噬细胞增多，CCL2 趋化因子浓度升高。PTX3 缺乏症引起的促肿瘤炎症是互补依赖的，在 C3 去除后完全逆转，表现为 Ptx3$^{-/-}$C3$^{-/-}$ 小鼠对化学致癌的易感性降低。同样，使用 C5aR 拮抗剂 PMX-53 治疗逆转了 Ptx3$^{-/-}$ 小鼠的易感表型，而不影响 Ptx3$^{+/+}$ 小鼠的肿瘤发生率。

Markiewski 等（2008）的实验表明，在小鼠植入的原位肿瘤内经典补体通路的激活促进了肿瘤生长。补体对肿瘤的促生长作用依赖于 C5a，在 C5aR 缺陷小鼠和 C5aR 拮抗剂处理的野生型小鼠中其作用被消除。C5a 通过发挥趋化作用调节肿瘤的免疫反应因子，增加骨髓来源抑制细胞（MDSC）的浸润，减少肿瘤内 CD8$^+$细胞毒性 T 细胞的数量。MDSCs 是未成熟的髓细胞，在荷瘤小鼠和癌症患者的血液、骨髓和脾脏中增加，并协助肿瘤细胞逃避抗肿瘤免疫反应。MDSC 通过产生活性氧和活性氮，减少 CD8$^+$T 细胞的增殖，增加细胞凋亡。小鼠 CD8$^+$T 细胞的缺失消除了补体缺乏对肿瘤生长的保护作用。因此，研究表明肿瘤内激活的经典补体通路具有增强肿瘤生长的免疫调节作用。在另外一项研究中，Nunez-Cruz 等（2012）在自发性卵巢癌小鼠模型中研究了补体在肿瘤发生中的作用。在这些小鼠中，C3 或 C5aR 缺乏症阻止了卵巢肿瘤的发展，不允许肿瘤或只允许小而血管化不良的肿瘤形成。在另一个黑色素瘤小鼠模型中，体现了补体激活可以促肿瘤生长的另一个机制，研究表明，CD8$^+$肿瘤浸润淋巴细胞（TIL）产生 IL-10，CD8$^+$肿瘤浸润淋巴细胞（TIL）自身产生的 C3 通过 C5aR 和 C3aR 作用于这些淋巴细胞表面，通过自分泌方式抑制 IL-10 的生成。C3aR 和 C5aR 拮抗剂可以增加 IL-10 的产生，并且激活 CD8$^+$TIL，进而抑制了肿瘤的生长。

三、人和小鼠在免疫检查点上的差别

免疫疗法显著提高了癌症治疗效果，这主要归功于免疫检查点（checkpoint）阻断的成功。T 细胞表达的抑制性表面受体是癌症免疫疗法中常用的靶标，如免疫检查点 CTLA-4 和 PD-1 等抗体得到广泛应用。PD-1、PDL-1 抑制剂作用于参与适应性免疫抑制的通路，导致免疫检查点被阻断，在过去的几年中，有两种 PD-1 和三种 PD-L1 抑制剂被用于临床治疗各种恶性肿瘤，最初的研究重点是免疫原性癌症，如黑色素瘤、肾癌和肺癌，但随后的应用范围扩大到霍奇金淋巴瘤、尿路上皮癌以及头颈部癌症。目前关于这些免疫检查点的大量研究都集中在小鼠模型上，但小鼠和人免疫学之间的差异以及肿瘤微环境中人类恶性肿瘤和免疫环境的复杂性使小鼠模型的可靠性成为该领域进展的主要障碍，临床上有很多免疫检查点药物在小鼠和人身上得到了相反的结果。下面选取部分进行简述。

程序性死亡受体 1（PD-1）最早发现于 1992 年（Ishida et al., 1992），是一种表达于 T 细胞表面的 288 个氨基酸蛋白，与细胞凋亡有关，它可以限制 T 细胞的激活和增殖，同时促进自我耐受，是免疫应答的负调控因子。PD-1 及其配体 PD-L1 和 PD-L2 是 CD28 和 B7 家族的成员，在 T 细胞共抑制和耗竭中发挥重要作用。PD-L1 和 PD-1 在肿瘤细胞和肿瘤浸润淋巴细胞上的过表达分别与某些人类癌症的不良预后有关。通过增强 T 细胞功能，阻断 PD-1/PD-L1 通路的单克隆抗体（mAb）已被开发用于癌症免疫治疗。靶向于 PD-1 和 PD-L1 的单克隆抗体临床试验结果显示，患者有很高的应答率，尤其是黑色素瘤、非小细胞肺癌（NSCLC）、肾细胞癌（RCC）和膀胱癌（Ohaegbulam et al., 2015）。后续报道显示 PD-1 缺陷小鼠表现出自身免疫性（狼疮样关节炎、肾小球肾炎、脾肿大，主要为 IgG3 沉积）（Zamani et al., 2016）。此外，Balb/c 小鼠 PD-1 缺失可导致扩张型心肌病、胃炎和高血清肌钙蛋白反应 IgG1（Nishimura et al., 2001, 2013; Okazaki et al., 2003）。

PD-1 在结构上是 I 型跨膜受体，属于 Ig 超家族（IgSF），是一种单聚糖蛋白。人和小鼠 PD-1 具有 60% 的同源性。与人相比，小鼠 PD-1 细胞外区域的晶体结构显示了一个典型的 Ig 可变域（IgV）的存在，这个 IgV 结构域通过一个 20 个氨基酸的柄区与跨膜和细胞质结构域连接。人和小鼠 PD-1 的一个显著区别是，人类 PD-1 中 GFCC 前片边缘缺少 C 链。

T 细胞的完全激活，既需要一个原发的、依赖于抗原的信号，也需要一个不依赖于抗原的共刺激信号。其中最具特色的共刺激受体之一是 CD28。小鼠体内近 100% 的 CD4 和 CD8 T 细胞表达 CD28，相比之下，人类只有 80% 的 CD4 和 50% 的 CD8 T 细胞表达 CD28，这或许可以解释 CTLA-4Ig 在阻断小鼠 T 细胞活化方面的显著疗效。另外，关于鉴定人类诱导性共刺激分子（ICOS）缺陷的报告指出了小鼠和人类共刺激的进一步差异（Yong et al., 2009）。在小鼠中，ICOS 的丢失既不影响成熟 B 细胞的数量、成熟状态，也不影响 IgM 的分泌，而在人类中 ICOS 的丢失导致 B 细胞数量、成熟状态和 IgM 分泌的严重减少。最近，B7-h3 和 DC-SIGN 这两个共刺激分子家族的新成员也被认为在小鼠和人类中具有不同的作用（Mestas and Hughes, 2004）。

第四节　小鼠肿瘤模型的局限性

尽管小鼠肿瘤模型研究已经取得了大量成果，对于揭示肿瘤生物学奥秘起到了不可替代的作用，但是小鼠模型仍然存在局限性。

（1）小鼠肿瘤微环境与人类患者不同。由于肿瘤微环境在肿瘤细胞的生长和扩散过程中起着重要作用，这种差异可能会对小鼠模型的研究结果产生重大影响。另外，人类肿瘤不断进化，人类肿瘤在小鼠体内的生长和进化方式可能会与在人类患者体内不同，而用于生成小鼠模型的肿瘤细胞，在治疗时可能最终与人类患者的肿瘤不同，这意味着，在小鼠的模型中看起来很有希望的治疗不一定对人类患者有效。且免疫缺陷小鼠不适用于测试免疫疗法。2015 年，美国国家科学院数据表明，只有 11% 在小鼠模型中显示有效的抗肿瘤疗法被批准用于人类。

（2）小鼠为啮齿动物，人类为灵长类，二者遗传关系较远，从小鼠模型得到的结果可能并不适用于

人类。并且种差异性的存在，使一些生物学特性可能不存在种间的交叉性，因此需要使用与人类亲缘关系比较接近的动物（如非人灵长类）模型或者其他系统。

（3）异体移植肿瘤的免疫性，使得普通小鼠模型在免疫治疗和肿瘤疫苗研究方面应用价值不大。

（4）小鼠和人类在免疫系统和药物代谢，以及生物学等方面也存在显著差异。许多人致病因子和药物具有种系特异性，某些病原体引起的免疫反应特性与致病过程只针对人细胞，而往往不是小鼠的感染病原体。另外，与已知的人类癌症信号通路（如 Ras）相比，小鼠下游信号通路也有些许不同；DNA 损伤因子代谢、敏感性、免疫能力等都发生了改变。小鼠骨髓对化疗诱导毒性的敏感性通常不如人类骨髓，这就排除了在生成新型化疗药物的安全性数据时使用小鼠。而且一些药物在小鼠的耐受量要高于人类，因此必须在患者体内试验才能确保临床疗效。且人类体内化学物质的生物半衰期更长，这意味着，与小鼠相比，给定的剂量会导致人体组织中化学物质的浓度更高。此外，小鼠肿瘤模型的微环境往往在许多方面与人类癌症不同，导致对化疗、放疗和免疫治疗的预测反应过于有利。并且小鼠异种移植模型失败的一些主要原因包括物种之间的生物学差异（如端粒酶在几乎所有小鼠细胞中都是活跃的，而在人类细胞中则相反）。

（5）肿瘤质量是临床前研究的关键因素，当肿瘤大小不同时，启动药物剂量可能会导致截然不同的结果。人类肿瘤通常比小鼠肿瘤大得多，这可能会影响临床前数据转化为临床数据的方式。

（6）光学成像所需要的可追溯标记蛋白对于哺乳动物来说是异种的，可以在免疫能力强的小鼠中诱导免疫反应，从而导致不一致的活性、移植物排斥和/或转移抑制，混淆数据解释。

（7）药物研发。许多药物在小鼠的临床前试验中效果良好，但是在人体临床试验中却没有效果。Marsoni 和 Wittes（1984）总结发现用小鼠移植肿瘤模型开发的抗肿瘤药物最后只有 30% 在临床上有活性。另外，一些潜在药物到了可以在人体上测试的阶段需要花费很长时间而且非常昂贵，在这个过程中人体临床试验失败会给制药业造成很大的损失。

（8）遗传变异。小鼠之间的遗传变异会影响结果，遗传背景对肿瘤行为的影响可能是显著的，且遗传背景可以为修饰基因提供非常丰富的信息。植入小鼠体内的人类肿瘤可能不会真实地反映原发肿瘤的基因组特征。有研究表明，移植到小鼠体内的肿瘤在基因组上是不稳定的，在"治疗意义上"与原始肿瘤不同，小鼠模型通常是专门用来测试有效抗癌药物的。如果该模型不能准确地代表原发肿瘤，那么它就不能准确地预测对人有效的治疗方法。

人类对肿瘤发生机制的研究不断深入，但是目前并没有能够完全复制人类肿瘤的完美模型，因此需要不断改善优化已有的模型，开发新模型，这将对研究人类肿瘤具有重大意义。

（张　森，高　莘）

参 考 文 献

Afshar-Kharghan V. 2017. The role of the comple ment system in cancer. J Clin Invest, 127(3): 780-789.

Alberts B, Johnson A, Lewis J, et al. 2002. Cancer as a Microevolutionary Process. Molecular Biology of the Cell. 4th edition. New York: Garland Science.

Bray F, Ferlay J, Soerjomataram I, et al. 2018. Global cancer statistics 2018: GLOBOCAN estimates of incidence and mortality worldwide for 36 cancers in 185 countries. CA Cancer J Clin, 68(6): 394-424.

Ishida Y, Agata Y, Shibahara K, et al. 1992. Induced expression of PD-1, a novel member of the immunoglobulin gene superfamily, upon programmed cell death. Embo J, 11(11): 3887-3895.

Ju H, Yu C, Liu W, et al. 2023. Polysaccharides from marine resources exhibit great potential in the treatment of tumor: A review. Carbohydrate Polymer Technologies and Applications, 5: 100308.

Lu H L, Knutson K L, Gad E, et al. 2006. The tumor antigen repertoire identified in tumor-bearing neu transgenic mice predicts human tumor antigens. Cancer Res, 66(19): 9754-9761.

Markiewski M M, DeAngelis R A, Benencia F, et al. 2008. Modulation of the antitumor immune response by complement. Nat Immunol, 9(11): 1225-1235.

Marsoni S, Wittes R. 1984. Clinical development of anticancer agents: a National Cancer Institute perspective. Cancer Treat Rep,

68(1): 77-85.

Mestas J, Hughes C C. 2004. Of mice and not men: differences between mouse and human immunology. J Immunol, 172(5): 2731-2738.

Nishimura H, Okazaki T, Tanaka Y, et al. 2001. Autoimmune dilated cardiomyopathy in PD-1 receptor-deficient mice. Science, 291(5502): 319-322.

Nishiura H, Iwamoto S, Kido M, et al. 2013. Interleukin-21 and tumor necrosis factor-α are critical for the development of autoimmune gastritis in mice. J Gastroenterol Hepatol, 28(6): 982-991.

Nunez-Cruz S, Gimotty P A, Guerra M W, et al. 2012. Genetic and pharmacologic inhibition of complement impairs endothelial cell function and ablates ovarian cancer neovascularization. Neoplasia, 14(11): 994-1004.

Ohaegbulam K C, Assal A, Lazar-Molnar E, et al. 2015. Human cancer immunotherapy with antibodies to the PD-1 and PD-L1 pathway. Trends Mol Med, 21(1): 24-33.

Okazaki T, Tanaka Y, Nishio R, et al. 2003. Autoantibodies against cardiac troponin I are responsible for dilated cardiomyopathy in PD-1-deficient mice. Nat Med, 9(12): 1477-1483.

Yong P F, Salzer U, Grimbacher B. 2009. The role of costimulation in antibody deficiencies: ICOS and common variable immunodeficiency. Immunol Rev, 229(1): 101-113.

Zamani M R, Aslani S, Salmaninejad A, et al. 2016. PD-1/PD-L and autoimmunity: A growing relationship. Cell Immunol, 310: 27-41.

第十章 非感染炎症性疾病的比较免疫学
——神经退行性疾病

第一节 概　　述

　　神经退行性疾病是一组起病隐匿、病程缓慢进行性发展的神经系统疾病。临床上常见的神经变性疾病有阿尔茨海默病（Alzheimer's disease，AD）、帕金森病（Parkinson's disease，PD）和肌萎缩侧索硬化（amyotrophic lateral sclerosis，ALS）等，目前并无有效的治疗措施。随着近年来人口老龄化和环境污染等因素的加剧，其发病率呈逐渐上升的趋势，严重影响人类健康和生活质量。研究表明，该类疾病的发生可能与多种因素相关，但具体的发病机制尚未完全阐明，免疫学因素可能参与了该类疾病的发生发展。为研究神经退行性疾病的机制与治疗措施，一系列的动物模型被建立。但是这些动物模型与临床患者的表型并不完全相同，近些年基于动物模型开发的药物也未获得成功。本章就常用的动物模型与疾病患者间在免疫因素方面的异同进行比较，希望能为此类疾病发病的免疫机制及其免疫药物筛选提供帮助。

第二节　常见神经退行性疾病的比较免疫学

一、AD

（一）AD 简介

　　AD 是最常见的神经退行性疾病，起病隐匿，呈进行性发展。临床上以记忆障碍、失语、失用、失认、视空间技能损害、执行功能障碍以及人格和行为改变等全面性痴呆表现为特征，病因迄今未明。从目前研究来看，该病的可能因素和假说多达 30 余种，如家族史、女性、头部外伤、低教育水平、甲状腺病、母育龄过高或过低、病毒感染等。来自基础和临床的研究数据显示，AD 动物模型及患者的体液免疫和细胞免疫反应出现明显异常，血清和脑脊液中 T 细胞、B 细胞及细胞因子等均出现明显差异，提示免疫异常是 AD 发病的重要机制。

　　AD 的主要病理改变为脑组织萎缩、神经纤维缠结、老年斑形成和大量淀粉样蛋白沉积。所有 AD 患者脑内均有广泛的 β-淀粉样蛋白（Aβ）纤维沉积，目前普遍认为 Aβ 是各种原因诱发 AD 发病的共同通路。各种原因导致 AD 患者 Aβ 产生和清除平衡受损，致使 Aβ 沉积形成免疫原，可激活脑内的免疫反应。淀粉样蛋白被吞噬细胞吞噬加工后，抗原通过 MHC 分子的互相识别，激活 Th0 细胞，Th0 细胞一方面协助 B 细胞产生特异性抗体，抗体与可溶性 Aβ 结合后，促进其降解；另一方面其激活特异性 Tc 细胞，Tc 细胞通过血脑屏障进入脑组织，杀灭形成淀粉样蛋白过多的细胞。与正常人相比，AD 患者由 Aβ 激活的获得性免疫反应受损，用 Aβ 刺激后，外周血细胞出现免疫耐受，因此不能避免淀粉样蛋白的聚集和由此产生的毒性作用（王延辉，2009）。研究发现，缺失 3 种关键免疫细胞（T 细胞、B 细胞和 NK 细胞）的转基因 AD 小鼠，脑内 Aβ 沉积明显增加（Marsh et al.，2016）。另外，Aβ 和细胞外神经元纤维缠结还可构成免疫原激活胶质细胞，释放炎性介质，引起局部炎性反应。AD 患者脑中，成熟的斑块周围可发现大量的小胶质细胞。在动物模型中，斑块和激活的小胶质细胞之间存在明显的量效关系。有研究显示，在老年斑形成之前即可出现小胶质细胞的激活，并且在 AD 全基因组关联研究中发现了与小胶质细胞相关的基因变异，提示小胶质细胞和先天免疫系统异常可能是 AD 发病的直接原因

（Sims et al.，2017）。此外，补体系统也与 AD 相关。在大脑正常发育期间，补体 C3 分子能够帮助修剪脑细胞突触之间的连接，而在 AD 早期往往会出现突触缺失的情况，并伴随 C3 水平的升高。C3 缺失的 AD 模型小鼠可保护老化相关的突触和脑细胞缺失，并改善认知功能（Jevtic et al.，2017）。总的来说，AD 的免疫异常可概括为特异性免疫功能低下和脑内非特性炎性反应失控。

（二）AD 研究常用的动物模型

1. 实验动物

常用以研究 AD 的实验动物有非人灵长类动物和啮齿动物。非人灵长类动物与人类的脑部解剖结构、神经病变特点以及生物行为模式相似，尤其是恒河猴，无论是自发模型还是诱发模型，都能够较好的复制 AD 相关的病理及生理特征，在其脑中可观察到含有 Aβ 沉积的老年斑和神经元纤维缠结现象，但是昂贵的费用和稀少的资源限制了非人灵长类动物的大量应用。啮齿动物虽然在病变模拟方面不如灵长类动物的大量应用，但其具有价格低廉、资源广泛、生存率高等特点，与人类的脑部解剖结构和生理特征也较为相近，是目前研究 AD 的最常用动物模型。另外，猫和犬脑部的发达程度与人类接近，缺点是其脑部的血供特点与人类相差较大；兔脑部的血供特点与人脑相近，兔的载脂蛋白 E（ApoE）也与人类的 ApoE3 相似，缺点是其发达程度较人脑逊色，解剖结构也不够完全。这几种哺乳动物也可在 AD 研究中发挥一定作用（赵波等，2012；Geula et al.，1998）。

2. 动物模型

1）老化型动物模型

（1）自然老化型。在非人灵长类动物中，除树鼩外，几乎所有的老年非人灵长类动物脑中均可出现自发性的脑实质淀粉样蛋白沉积，包括恒河猴、食蟹猴、狒狒、松鼠猴、猩猩、黑猩猩和狐猴等，在恒河猴、狒狒、黑猩猩等脑中还可观察到神经纤维缠结的存在。淀粉样蛋白沉积在不同非人灵长类动物之间具有较大差异，恒河猴、食蟹猴和大猩猩等主要以脑实质形成老年斑为主，而松鼠猴主要形成脑血管淀粉样变。老年斑的类型也有差异，恒河猴主要是神经突斑，而黑猩猩主要是弥散斑。在 AD 患者中，淀粉样蛋白沉积可分为 4 种类型，弥散斑、初级斑、神经突斑和终末斑，其中神经突斑和终末斑只占少数，同时在脑实质和血管均有明显淀粉样蛋白沉积。在分布部位上，AD 患者脑海马回、颞叶皮质、基底节和丘脑中老年斑密度较高，而小脑和脑干少见。在非人灵长类动物，淀粉样蛋白沉积主要发生在额叶和顶叶的躯体感觉皮层，其次是扣带回和颞外侧皮质，枕叶、内侧颞叶和海马旁回很少见；杏仁核有中等量老年斑，而海马中老年斑非常少。另外，在 AD 患者中，淀粉样斑块主要为 Aβ42，而老年恒河猴脑中主要是 Aβ40。在 tau 病理方面，非人灵长类动物可出现神经纤维缠结。在老年狒狒中，海马神经元、齿状回颗粒细胞、星形胶质细胞和少突胶质细胞内均可发现大量异常 tau 蛋白，并且异常磷酸化 tau 蛋白的出现率具有年龄相关性。对狐猴的观察也表明神经纤维缠结与人类相似，并且首先出现于新皮质，8 岁后才在海马下脚和内皮层出现（程树军等，2002）。

在啮齿动物中，18 个月以上的老年鼠可表现出学习和记忆能力减退，其脑内隔区、基底核及斜角带核的神经元明显萎缩，但不能自发形成老年斑或神经纤维缠结。

（2）快速老化型。日本学者通过对 AKR/J 自然变异小鼠进行近交延代培养得到一种自然快速老化小鼠，该家族诸多品系中的 SAMP/8 和 SAMP/10 表现出明显的学习记忆功能减退，处于一种低紧张、低恐怖的痴呆状态。与正常小鼠相比，SAMP/8 小鼠寿命更短，脑内沉积灶发生早，发生率高，在 5 个月左右时便可出现学习和记忆能力的减退，并产生神经元减少、神经元萎缩、神经递质代谢异常等病理改变。

（3）D-半乳糖（D-gal）致老化型。向模型动物腹腔内注射 D-gal 使细胞内半乳糖过度堆积影响正常细胞代谢，并通过一系列氧化损伤机制造成神经元功能和结构改变。该模型表现出接近自然老化的生理特点和细胞学特性，出现学习与记忆能力减退、行动迟缓、毛发稀疏等老化征象，海马锥体细胞减少、皮质神经元中细胞器减少，线粒体膨胀呈空泡样变性，粗面内质网脱颗粒，蛋白质合成减少，神经元丢失。D-gal致老模型在老化型研究中较为常用，但其对氧化机制的阐释与经典病理特征的呈现仍有不足，一般不出现AD的老年斑与神经纤维缠结等特征，不易饲养和生存。

2）损伤型动物模型

（1）胆碱能系统损伤型。AD患者乙酰胆碱递质水平下降，通过物理或化学方法造成动物脑内胆碱系统的损伤，可以对AD进行模拟。目前常用的物理方法包括电击与手术。电击大鼠Meynert基底核，损坏该处胆碱能神经元，阻滞向皮质的纤维投射，可导致动物出现学习与记忆缺陷。手术切除大鼠海马穹隆伞，可使大鼠在术后出现学习记忆障碍。常用的化学方法是向动物体内注射不同类型的化学制剂，包括：东莨菪碱等胆碱能拮抗药物，抑制乙酰胆碱与受体结合；鹅膏蕈氨酸等毒性制剂损害神经通路，模拟AD患者行为异常表现；亚硝酸钠或乙醇等作用于胆碱能系统模拟记忆巩固障碍和再现障碍；等等。但这些模型缺乏典型病理学方面的表现，且有些药效可逆，无法模拟AD不可逆的神经损害。

（2）Aβ损伤型。向动物的海马或脑室等部位注射不同片段的Aβ，可以使神经元发生坏死，产生血管淀粉样变性与纤维蛋白沉积，模拟老年斑的病理现象，并导致学习与记忆能力减退。无论是单点注射还是多点注射，都能够迅速建立认知障碍模型并可随注射剂量调节病变程度，但是无法完全模拟AD脑部的弥漫性脑部病变，且注射过程不可避免的对脑组织产生损伤。另外，该模型也缺乏对其他典型AD病理改变的模拟作用。

（3）tau蛋白损伤型。纤维缠结的神经元含有一种过磷酸化的微管蛋白，即tau蛋白。通过向动物的侧脑室微泵注入磷酸化酶抑制剂，如冈田酸等，特异性的抑制丝氨酸或苏氨酸的蛋白磷酸化酶（使tau发生磷酸化而不是去磷酯化），使磷酸化的tau蛋白呈现双螺旋细丝状的病理改变，也可产生类似Aβ沉积的老年斑改变，制造出神经纤维缠结与老年斑并存的AD动物模型。

（4）铝中毒损伤型。铝中毒能够使神经元退化变性甚至死亡，AD患者的脑含量最高可为正常人的30倍，且在铝中毒的患者脑组织中可发现神经纤维缠结现象。口服氯化铝的大鼠于3个月后可出现认知与记忆障碍，脑组织重量减少，皮质出现萎缩。进一步研究证实铝可诱发tau蛋白的过度磷酸化与Aβ沉积，但是缠结的神经纤维并不表现出双螺旋细丝状，也不足以影响胆碱能系统（Rodella et al.，2008）。

3）转基因动物模型

（1）APP转基因。转APP基因小鼠通过转入人源突变APP基因，在脑特异性强启动子包括PDGFβ、PrP、Thy-1等的控制下高表达，导致Aβ42累积、斑块沉积，引起认知损伤。此类模型小鼠包括PDAPP小鼠、Tg2576小鼠、APP23小鼠、J20小鼠、APP22小鼠、TgCRND8小鼠、Tg-SwDI小鼠等。此类小鼠能够在时间上模拟AD的表现，随着小鼠年龄增长而病变进行性加重，且Aβ脑内沉积也与人类Aβ脑内沉积位置相近。

（2）PS转基因。转基因小鼠单独表达突变的人PS1或PS2基因可提高Aβ的水平，出现神经炎、突触丢失及血管病变，但行为损害轻微。PS1突变还可激活神经元中GSK-3β信号通路从而促进神经纤维缠结形成。条件性基因敲除PS1和（或）PS2可导致类似AD的神经退行性变化，包括认知能力衰退和前脑退化，但这些症状不依赖于脑内Aβ水平，其确切分子机制未明。

（3）tau转基因。AD两大病理改变除了淀粉样斑块外，另一个是神经纤维缠结，其由高度磷酸化的tau蛋白构成。到目前为止，在AD患者中并未发现tau基因存在的异常改变，而在17号染色体相联PD额颞叶痴呆（frototemporal dementia with Parkinsonism linked to chromosome 17，FTDP-17）中却发现了具有致病的tau基因突变，包括3个突变位点P301L、V337M和G272V。APP转基因小鼠和PS转基因小鼠无典型的神经纤维缠结产生。人类野生型tau转基因小鼠未发现神经纤维缠结产生并缺乏明显的神经病学症状。转入FTDP-17相关的突变型P301Ltau基因的JNPL3小鼠可产生神经纤维缠结，10月龄出现运动缺陷及脊髓运动神经元丢失，这是首个tau蛋白单独引发行为缺陷和神经元损伤的转基因模型（Lewis et al.，2000）。除以鼠PrP为启动子的JNPL3小鼠外，类似的转基因小鼠还有以钙调蛋白激酶II为启动子的rTg4510小鼠和以鼠Thy1.2为启动子的pR5小鼠等。

（4）ApoE转基因。ApoE4是与AD相关联的危险因素。现在认为，迟发型AD（发生于65岁以后）

的发病与 ApoE 的表型显著相关。流行病学调查显示，ApoE4 携带人群 AD 发病率明显增加，发病年龄也明显降低。缺乏 ApoE 的小鼠与 PDAPP 小鼠杂交的后代表现出 Aβ 沉积显著减少。表达 ApoE4（δ272-299）的转基因小鼠可在脑皮质及海马发现高度磷酸化的 tau 蛋白和神经纤维缠结样的胞质细丝，并在 6～7 月龄时出现学习与记忆障碍。通过 ApoE 转基因小鼠和 APP 转基因小鼠杂交发现，ApoE 可以亚型依赖性（ε4＞ε3＞ε2）的方式促进 Aβ 沉积（Bales et al.，2009）。

（5）多重转基因。APP 和 PS 双转基因的 APP/PS1 小鼠，其脑中 Aβ42 表达明显增加，更早出现淀粉样斑块沉积和年龄相关性认知能力下降，但未发现神经元丢失和神经纤维缠结等其他 AD 病理变化。5×FAD 小鼠携带 3 个 APP 突变及 2 个 PS1 突变，1.5 月龄即可在神经元内出现 Aβ 累积，2 月龄出现淀粉样斑块及胶质细胞增生和高度磷酸化的 tau 蛋白，4 月龄出现突触丢失、神经元丢失及行为学损伤。Tg2576 和 JNPL3 小鼠杂交获得的 APP 和 tau 双转基因的 TAPP 小鼠是首个同时出现 AD 两大病理特征的转基因模型。此外，研究人员通过 PSM146V 转基因鼠显微注射包含 APPswe 和 tauP301L 的共基因序列建立了三转基因的 Tau/APP/PS1 小鼠。Tau/APP/PS1 小鼠其 Aβ 的沉积具有年龄相关性和区域依赖性，且 Aβ 沉积出现在神经纤维缠结之前；6 月龄出现神经元内 Aβ 沉积，12 月龄时可见细胞外 Aβ 沉积，首先沉积在皮质，然后在海马；12 月龄出现神经纤维缠结，出现的顺序是先海马后皮质；突出缺陷、LTP 损伤以及认知损伤在 6 月龄时出现，12～15 月龄海马区同时出现淀粉样斑块和神经纤维缠结的病理改变（罕园园和马开利，2013）。

（三）AD 免疫学发病机制的比较医学研究

免疫细胞和免疫因子在患者、不同动物模型间的比较如下所述。

1. AD 免疫学发病机制

免疫和神经炎症在 AD 的发生发展中发挥重要作用，小胶质细胞、星形胶质细胞、外周免疫细胞、补体系统及免疫相关炎性介质等共同介导了 AD 免疫学发病机制。

1）小胶质细胞

小胶质细胞激活是 AD 神经炎症的最主要表现。小胶质细胞是脑内主要的免疫效应细胞，是神经系统中的专职巨噬细胞，约占神经胶质细胞总量的 20%。在正常情况下，小胶质细胞胞体小，呈高度分支状，分支上有许多棘状突，被称为静息态小胶质细胞。静息态小胶质细胞并不完全静止，依靠胞突的收缩和伸展不断对周围环境进行探测，并对其轻微变化做出快速反应，为大脑提供了一个高度动态和高效的监测系统。Aβ 等引起的神经损伤可迅速激活小胶质细胞，由分支状转变为阿米巴样巨噬细胞状态，获得吞噬功能，可分泌大量细胞因子和炎症因子并清除受损或死亡细胞。寡聚体 Aβ 和纤维状 Aβ 均能刺激小胶质细胞产生炎性反应，但二者诱导炎性反应的机制可能存在差异。有研究显示，寡聚体 Aβ 可引起小胶质细胞的急性炎性反应，而纤维状 Aβ 引起慢性炎性反应。同时体内和体外试验均证实小胶质细胞具有吞噬和清除 Aβ 的能力。利用不同月龄的 APP/PS1 转基因小鼠发现，与年轻鼠相比，老龄 APP/PS1 小鼠的小胶质细胞清除 Aβ 的受体表达及降解 Aβ 的酶降低，相反，促炎性因子受体表达升高 2～5 倍，提示小胶质细胞的促炎效应可能与清除 Aβ 的能力负相关（Hickman et al.，2008）。与外周巨噬细胞相似，小胶质细胞根据所处的微环境，其特性也存在明显差异，不同区域的小胶质细胞即使具有相同的分子标记和形态特征，它们的功能也可能有很大差别。例如，海马中的小胶质细胞比间脑、被盖、小脑及皮层中的小胶质细胞表达更多的 TNF-α、CD4 以及 FcγRII 的 mRNA；神经营养因子 Neurotrophin-3 仅在脑皮层、苍白球及延髓的小胶质细胞中表达（李莹等，2013）。

小胶质细胞发挥不同的效应主要与其表达和激活的受体有关。这些受体激活一方面可激活小胶质细胞，促进小胶质细胞对 Aβ 的吞噬清除；另一方面在 Aβ 持续表达和过量存在时，小胶质细胞不能完全清除 Aβ，导致细胞内各种信号转导通路激活，产生大量炎性因子进而加剧中枢神经系统损伤。

（1）Toll 样受体。Toll 样受体（TLR）是小胶质细胞表达的最主要受体，其中与 AD 相关的主要是 TLR2、TLR4 和 TLR9 以及 TLR 辅助受体 CD14。在 AD 小鼠模型和 AD 患者脑内均可检测到 CD14、

TLR2 和 TLR4 的表达增加（颜红等，2011）。海马内注射 Aβ 可刺激 *TLR2* 基因的表达（Richard et al.，2008）。在体外试验中，利用抗体或 siRNA 技术抑制 TLR4 或 TLR2 可阻止纤维状 Aβ 对小胶质细胞的激活以及 IL6、TNF-α 等炎性因子的产生。经 Aβ 预处理的小胶质细胞释放的炎性介质具有神经毒性，而经 Aβ 预处理的 TLR4 或 CD14 缺失的小胶质细胞的神经毒性明显被抑制。在动物模型中，*TLR4* 基因缺陷小鼠可抑制 Aβ 对小胶质细胞的激活以及 IL-6、TNF-α 和 NO 的释放（Mandrekar-Colucci and Landreth，2010）。而在 *TLR4* 基因缺陷的 APP/PS1 小鼠中，14 月龄时大脑皮层和海马内 Aβ 沉积明显增加，认知损伤加重并伴随 IL1-β、CCL3 和 CCL4 表达减少，提示 TLR4 通过介导小胶质细胞对 Aβ 的清除发挥保护作用（Jin et al.，2008）。在 APP 转基因小鼠中，海马内单次注射 TLR4 激动剂，LPS 也可明显促进 Aβ 的清除并伴随着小胶质细胞的激活（Quinn et al.，2003）。然而也有研究发现外周慢慢给予 LPS 刺激可激活大脑皮层小胶质细胞却增加 APP 转基因小鼠 Aβ 的沉积（Sheng et al.，2003）。同时，*TLR2* 基因缺陷的 APP/PS1 小鼠在 6 月龄时显示 Aβ 沉积延迟，而在 9 月龄时 Aβ 沉积无明显差异（Richard et al.，2008）。*CD14* 基因缺陷的 APP/PS1 小鼠可明显抑制小胶质细胞的激活并伴随 Aβ 沉积减少（Reed-Geaghan et al.，2010）。这些研究提示小胶质细胞 TLR 激活在介导神经炎症毒性和 Aβ 清除上可能存在一个平衡，在 AD 发病的不同阶段可能发挥不同作用。此外，还有研究提示，在 3×TgAD 小鼠和 rTg4510 小鼠中激活 TLR4 可抑制 Aβ 病理改变却促进 tau 病理改变，提示 TLR4 在 Aβ 病理和 tau 病理机制中的不同作用（Lee et al.，2010；Kitazawa et al.，2005）。TLR9 也与 AD 相关。给予 TLR9 激动剂 CpG-ODNs 可减少 3×TgAD 小鼠和 Tg2576 小鼠的 Aβ 病理改变和 tau 病理改变以及 Tg-SwDI 小鼠的淀粉样血管病变（Scholtzova et al.，2014）。此外，在研究汉族人群 TLR9 与 AD 的发病关系时发现，存在 TLR9 rs187084 突变纯合子 GG 的人群迟发型 AD 的患病风险明显降低（Wang et al.，2013）。

（2）NOD 样受体。NOD 样受体的信号转导通路可调控 caspase-1 和 NF-κB 的激活，并参与炎性小体的形成。有研究发现，小胶质细胞对 Aβ 的识别可导致 NLRP3 炎性小体激活，诱导 caspase-1 激活并促进小胶质细胞分泌 IL-1β，并进一步促进小胶质细胞募集到 Aβ 周围，分泌促炎因子和神经毒性因子，加剧 AD 的发生（Halle et al.，2008）。

（3）晚期糖基化终末产物受体（RAGE）。RAGE 是一种多配体受体，可以识别 Aβ、糖化蛋白和其他 β 纤维化蛋白。研究发现，AD 患者脑中 RAGE 表达上调。小胶质细胞膜上的 RAGE 可与 Aβ 结合，通过氧化应激信号转导通路，导致 NF-κB 的激活，促进炎性因子 IL-6、IL-1 和 TNF-α 的释放，引起神经毒性和炎症反应。利用抗体阻断 RAGE 可抑制 Aβ 介导的小胶质细胞氧化应激增加和炎性因子释放。小胶质细胞过表达 RAGE 的 APP 转基因小鼠也证实 RAGE 可促进 IL-1β 和 TNF-α 的释放，增加小胶质细胞浸润，促进 Aβ 沉积，降低乙酰胆碱酯酶活性并降低小鼠的学习记忆能力（Cai et al.，2016）。

（4）清道夫受体。清道夫受体是吞噬细胞表面的模式识别受体，能够识别微生物表面脂蛋白和阴离子多糖类物质，可调节小胶质细胞对微生物和纤维化 Aβ 的识别和吞噬，清除氧化的 LDL 及长链脂肪酸等，在机体的天然免疫防御系统中起重要作用。清道夫受体分为 A-F6 种亚型，其中清道夫受体 A 在 Aβ 斑块周围聚集的小胶质细胞上高表达，促进小胶质细胞对 Aβ 的吞噬和清除（Cornejo and von Bernhardi，2013）。CD36 是一种 B 型清道夫受体，存在包括小胶质细胞在内的多种类型细胞。在 AD 中，CD36 可以影响 Aβ 刺激诱导的小胶质细胞募集和激活。在 CD36 受体缺陷小鼠中，Aβ 刺激诱导的小胶质细胞细胞因子和趋化因子表达显著降低（El Khoury et al.，2003）。

（5）N-甲酰肽受体（FPR）。N-甲酰肽受体位于小胶质细胞膜，包括 FPRL1 和 FPRL2 两个亚型，属于 G 蛋白偶联受体，可由趋化性的肽类激活，引起下游磷脂酶 C 及磷脂酶 A2、磷脂酶 D、ERK1/2 和 p38 激酶的激活，诱导细胞的趋化并增强吞噬细胞的吞噬作用。有研究表明，抗 AD 特异性神经肽可与 Aβ 竞争性结合 FPRL1 受体，保护神经元免受 Aβ 的损害，提示 N-甲酰肽受体参与 AD 的发病过程（Yazawa et al.，2001）。

（6）补体受体。在 AD 患者脑中神经纤维缠结处可发现大量的补体复合物。AD 患者老年斑中小胶质细胞膜上可表达补体受体 CR3 和 CR5。Aβ 能够直接独立地激活补体的经典活化途径，补体激活后产生的补体片段可与小胶质细胞膜上的受体结合，产生大量过氧化物自由基，造成神经元损伤。活化 C3

产生的补体片段可激活小胶质细胞，介导炎性反应；活化 C5 产生的补体片段可活化并募集小胶质细胞。对 *C3* 基因缺失的 APP 转基因小鼠的研究发现，海马和皮层内淀粉样斑块明显增加，提示补体的激活有助于 Aβ 的清除（Shi et al.，2017）。

（7）2 型髓系细胞触发受体（TREM2）和 CD33。TREM2 是中枢神经系统中主要表达于小胶质细胞表面参与机体固有免疫的一种受体蛋白，可调节小胶质细胞的炎性反应和吞噬功能。全基因组关联分析发现，TREM2 编码区的突变可显著增加 AD 患病风险，其中 R47H 突变的风险系数与 ApoE4 相当（Jonsson et al.，2013）。在 APP/PS1 小鼠和 5×FAD 小鼠模型中，TREM2 的表达随小鼠月龄进行性增加。沉默小胶质细胞 *TREM2* 基因的表达，可加重 P301S tau 转基因小鼠的 tau 病理改变和认知损伤（Jiang et al.，2015）；而过表达 TREM2 可改善 P301S tau 转基因小鼠认知功能，并促使小胶质细胞向抗炎表型转变（Jiang et al.，2016）。而在另一项研究中，*TREM2* 基因敲除的 APP/PS1 小鼠 Aβ 病理明显减轻，并提示主要与抑制巨噬细胞炎性反应有关。此外也有研究报道，*TREM2* 基因缺陷的 APP/PS1 小鼠在早期减轻 Aβ 病理而在晚期增强 Aβ 沉积（Raha et al.，2017）。*CD33* 是另一个与 AD 发病风险相关的小胶质细胞受体基因。保护性 *CD33* 等位基因可降低大脑 CD33 的表达和可溶性 Aβ 的水平（Griciuc et al.，2013），而风险性 CD33 等位基因增加 CD33 的表达并减少 Aβ 的内吞（Bradshaw et al.，2013）。

2）星形胶质细胞

星形胶质细胞是中枢神经系统表达最丰富的胶质细胞。近年来研究资料显示，除为神经元提供营养支持和调控周围微环境外，星形胶质细胞还可合成和分泌炎性因子和趋化因子，参与 AD 的免疫炎症反应。Aβ 沉积是 AD 免疫炎症反应的关键环节。星形胶质细胞在 Aβ 沉积中发挥重要作用。一方面，星形胶质细胞也可以摄取和内化细胞外环境中的 Aβ 进行清除。另一方面，有研究显示，除神经元外，星形胶质细胞可在 TNF-α 和 INF-γ 等炎性因子刺激下分泌 Aβ，同时 Aβ 自身也可激活星形胶质细胞分泌炎性因子并诱导 β 分泌酶表达升高，增加 Aβ 的合成，从而加速脑内 Aβ 的累积。当星形胶质细胞对 Aβ 的调节作用失去平衡后，就会引起 Aβ 的累积并进一步促进各种细胞释放炎性因子，加剧脑内炎性反应，从而促进 AD 的发生发展。星形胶质可释放 IL-1β、IL-6、TNF-α、NO 等各种炎性因子，直接对神经元产生毒性作用，使神经元凋亡和坏死。此外，星形胶质细胞还可分泌 CXCL10、MCP1、CCL5 等趋化因子，这些趋化因子和炎性因子可调节脑内的免疫炎性反应，影响 AD 的发病和进展（程雪娇等，2016）。

3）外周免疫细胞

由于血脑屏障的存在，中枢神经系统长期以来被认为是一个免疫豁免器官。然而，近年的研究表明，中枢神经系统在生理和病理状态下同样可有外周免疫细胞透过血脑屏障进入大脑。

在 AD 小鼠模型中，淀粉样斑块周围可发现外周单核细胞的浸润。在 AD 患者中，外周血单核细胞 CXCL1 的表达明显增加。去除 CD11b+ 单核细胞的 APP/PS1 小鼠脑内 Aβ 的沉积明显增加，提示外周单核细胞对 Aβ 的吞噬清除作用（Simard et al.，2006）。而敲除趋化因子 CCR2 的 Tg2576 小鼠限制外周单核细胞进入脑内并增加 Aβ 沉积（El Khoury et al.，2007）。但是，这些实验多数采用了全身放射和骨髓移植的方法，可能对血脑屏障本身造成损伤。在另一项研究中，采取屏蔽头部的放射方法没有发现脑内外周单核细胞浸润（Mildner et al.，2011）。双光子显微镜动态观察显示，外周单核细胞可特异性的募集和黏附于 APP/PS1 小鼠脑内 Aβ 阳性静脉，提示外周单核细胞可能参与血管 Aβ 的清除（Michaud et al.，2013）。除外周单核细胞外，也有研究提示中性粒细胞可通过 LFA1 整合素黏附进入脑内影响 Aβ 的沉积，利用抗体阻断 LFA-1 可抑制 AD 模型小鼠的 Aβ 病理（Zenaro et al.，2015）。此外，还有一系列证据显示外周 T 细胞参与 AD 的发病过程。与正常老牛人相比，AD 患者外周血调节性 T 细胞水平明显增加。在轻度认知障碍的 AD 高风险患者中，外周血中程序性死亡受体 1 阴性的调节性 T 细胞亚群（PD1^Neg T_reg）显著升高（Saresella et al.，2010）。PD1^Neg T_reg 细胞是调节性 T 细胞中免疫抑制效应最强的一类细胞，提示调节性 T 细胞介导的过度免疫抑制在 AD 发病机制中的作用。给予 PD1 抗体可减少 5×FAD 小鼠脑内 Aβ 的沉积并改善认知功能（Baruch et al.，2016）。在 APP/PS1 小鼠中，给予 CD25 抗体去除调节性 T 细胞可减少小胶质细胞向 Aβ 斑块的募集并加重认知损伤，但不影响 Aβ 的沉积，相反给予 IL-2 增加调节性 T 细胞可促进小胶质细胞的募集，但认知功能无明显变化（Dansokho et al.，2016；Hirakawa et al.，

2016）。此外，在缺乏 T 细胞、B 细胞、NK 细胞的免疫缺陷 5×FAD 小鼠模型中，脑内小胶质细胞激活明显减少并伴随淀粉样斑块沉积明显增加，而注射非特异性免疫球蛋白或骨髓细胞移植可增加小胶质细胞的激活并减轻斑块沉积（Marsh et al.，2016）。

4）补体系统

脑内补体主要有三种来源：①胶质细胞。近年研究表明，人类星形胶质细胞和小胶质细胞可产生经典途径及其旁路途径中的绝大多数补体蛋白及补体调节蛋白。②神经元。脑组织原位杂交方法检测证实 AD 脑组织神经元有 C1q、C2、C3、C4、C5、C6、C7、C8、C9 的 mRNA 表达。③病理情况下，血脑屏障被破坏，从外周进入脑实质的中性粒细胞等能分泌补体，释放炎性因子，进一步反馈促进脑内细胞补体自分泌。

补体激活主要有三条途径：有抗原抗体复合物结合 C1q 启动激活的经典途径；由病原微生物等提供接触表面而从 C3 开始激活的旁路途径；有甘露醇结合凝集素结合细菌启动的凝集素途径；三条途径可通过 C3 的激活进入共同的终末途径形成攻膜复合物（MAC）。MAC 具有很强的神经毒性。在 AD 患者凋亡的神经元周围存在 C1q 和 C5b-9 等补体蛋白成分，提示 AD 患者神经元的凋亡可能与经典补体途径有关。在 Aβ42 处理大鼠海马组织切片中也可发现 C1q 及其 mRNA 表达上调，提示补体经典途径激活。此外，在 AD 尸检中，有研究发现大脑额叶皮质中补体 B 及激活产物 Ba、Bb 和 FHL-1 显著高于对照组，而补体抑制物 I 因子和 H 因子无明显差异，提示脑内可能还存在补体旁路途径激活（Strohmeyer et al.，2000）。

在生理状态下，胶质细胞和神经元产生的补体蛋白对突触的修剪和神经环路的维持起着重要作用。在 AD 中，利用抗体或基因敲除的方法抑制 C1q 通路可抑制 Aβ 损伤小鼠模型突触的丢失（Hong et al.，2016）。有研究显示 C1q 作为补体经典途径活化的起始物，还可通过与 Aβ 结合，参与形成老年斑。在体外试验中，C1q 可增强小胶质细胞对 Aβ 的吞噬作用，进而保护神经元免受损伤。C3 是另一种与 AD 相关的重要补体蛋白。在 APP 转基因小鼠和 AD 患者中均可发现 C3 表达的增加。基因敲除 C3 可抑制 APP/PS1 小鼠突触的丢失，但增加 Aβ 的沉积，提示 C3 在突触修剪和 Aβ 沉积中的作用（Shi et al.，2017）。除参与突触修剪和 Aβ 沉积外，补体裂解产物 C3a、C4a、C5a 及 MAC 具有炎症毒性作用。C3 受体拮抗剂和 C1q 抑制剂可通过抑制炎症反应改善 AD 模型小鼠的认知功能（Michaud et al.，2013）。C5a 受体抑制剂 PMX-205 可减轻 AD 模型小鼠神经炎症反应，减少 Aβ 斑块沉积和 tau 蛋白过度磷酸化（Fonseca et al.，2009）。在 Tg2576 小鼠中，利用 C5aC 末端模拟肽诱导抗体反应可改善疾病早期学习记忆障碍和 Aβ 沉积，对晚期没有影响（Landlinger et al.，2015）。相反，也有研究报道通过表达可溶性补体调节蛋白 Crry 抑制 AD 模型小鼠补体经典途径和旁路途径可显著增加 Aβ 斑块的沉积和神经元退行性病变（Wyss-Coray et al.，2002）。这些研究结果提示补体系统在 AD 发病机制中可能是一把双刃剑，在疾病的不同阶段和环节发挥不同的作用。

5）免疫相关炎性介质

（1）细胞因子。与 AD 相关的细胞因子主要有 TNF-α、IL-6、IL-1β、GM-CSF、M-CSF、MIP-1α、IL-12、IL-23、IFN-γ 等。在 APP 转基因小鼠和 APP/PS1 转基因小鼠中发现促炎细胞因子 TNF-α、IL-6、IL-1β、GM-CSF 等的表达与 Aβ 沉积正相关（Patel et al.，2005）。在 AD 患者中，与正常老人或轻度认知障碍老人相比，血浆和脑脊液中 M-CSF 显著升高（Laske et al.，2010）。在 AD 患者斑块周围小胶质细胞和脑脊液中 IL-1β 的水平明显增加。在体外试验中，Aβ42 可刺激小胶质细胞 pro-IL-1β、IL-6、TNF-α、MIP-1α 和 MCSF 等促炎细胞因子的表达。在 APP/PS1 小鼠模型中还可发现小胶质细胞 IL-12 和 IL-23 表达的增加，抑制 IL-12/23 可改善小鼠 AD 表型，但在 AD 患者中发现脑脊液中 IL-12 的水平明显减少（Vom Berg et al.，2012；Rentzos et al.，2006）。另外也有研究发现，在轻度认知障碍患者中，血浆 IL-33 诱饵受体可溶性 ST2 水平增加，补充 IL-33 可改善 APP/PS1 小鼠突触可塑性和学习记忆障碍（Fu et al.，2016）。多数研究表明，促炎因子产生慢性炎症反应加速 AD 的进展。但也有研究表明促炎信号是机体对 AD 发病的一种保护机制。IL-1β 过表达的 APP/PS1 小鼠虽然导致严重的神经炎症反应，却减轻了 Aβ 病理改变（Ghosh et al.，2013；Shaftel et al.，2007）。在另一项研究中，病毒转染 IFN-γ 的 TgCRND8

小鼠模型提示促炎细胞因子可诱导星形胶质细胞和小胶质细胞增生并增加 Aβ 的清除，而且在转染 IL-6 或 TNF-α 的小鼠中也得到类似的结果（Chakrabarty et al.，2011，2010a，2010b）。相反，表达抗炎细胞因子 IL4 则得到相反的结果，加速 Aβ 的沉积（Chakrabarty et al.，2012）。

（2）趋化因子。在 AD 中，趋化因子主要调节小胶质细胞的募集和迁移，从而增强局部炎症反应。在 AD 中，活化的小胶质细胞可上调 CCL2、CCR3 和 CCR5 的表达，而斑块周围星形胶质细胞可检测到 CCL4 的表达（Xia et al.，1998）。在体外，Aβ 可诱导巨噬细胞和星形胶质细胞 CXCL8、CCL2、CCL3 和 CCL4 的表达，以及诱导小胶质细胞 CXCL8、CCL2 和 CCL3 的表达。*CX3CR1* 基因敲除可影响小胶质细胞的活化，并减少 AD 模型小鼠神经元丢失和斑块沉积（Fuhrmann et al.，2010）。*CCR2* 基因缺陷可抑制小胶质细胞的募集并加速 AD 模型小鼠疾病的进展（El Khoury et al.，2007）。CCR5 基因缺陷可诱导星形胶质细胞的活化，并加速 Aβ 沉积和认知损伤（Lee et al.，2009）。

（3）其他炎性介质。COX 是前列腺素合成的限速酶，在 AD 小鼠模型中，抑制 COX1 可抑制胶质细胞的激活、减少炎症因子的表达，并减少 Aβ 的沉积（Choi et al.，2013）。在体外，PGE2 的受体 EP2 可抑制小胶质细胞对 Aβ 的吞噬并增强神经毒性活性。敲除 PGE2 受体 EP2 或 EP3 可减少 AD 小鼠模型氧化应激损伤、神经炎症和 Aβ 沉积（Liang et al.，2005）。EP4 受体激动剂可抑制小胶质细胞的炎性反应并增强其对 Aβ 的吞噬作用，敲除 EP4 受体可增加 APP/PS1 小鼠促炎因子 IL-1β 和 CCL3 的表达，并加速淀粉样斑块的沉积（Woodling et al.，2014）。在 AD 患者中，有研究发现皮质 EP4 的表达显著减少。炎性小体能够调节 caspase-1 的活化，在天然免疫防御的过程中发挥重要作用。在小胶质细胞中，纤维状 Aβ 可诱导 NRLP3 炎性小体的激活。在 AD 患者和 APP/PS1 小鼠脑中可发现 caspase-1 活化水平增加。缺失 NLRP3 或 caspase-1 的 APP/PS1 小鼠可促进小胶质细胞从 M1 型向 M2 型转化，增加海马突触可塑性并改善认知功能（Heneka et al.，2013）。此外，AD 患者脑中可发现 iNOS 表达的增加，敲除 iNOS 可减轻 APP/PS1 小鼠的 AD 表型（Nathan et al.，2005）。

2. 比较医学相关数据

1）脑萎缩

在 AD 患者中，颞叶内侧部分的萎缩，包括内嗅皮层、海马和杏仁核，是已经证实的 AD 病理特征之一。在 APP 转基因小鼠中可观察到脑萎缩的现象，但不具有年龄相关性。在 PDAPP 小鼠中，主要表现为海马体积减小，纤维束（穹隆和胼胝体）严重萎缩或发育不全，并且在 3 月龄即可观察到这种变化，不随年龄增加而加重，提示可能是一种发育缺陷而非 Aβ 累积的结果（Valla et al.，2006）。而在 APP/PS1 小鼠中，有研究表明海马体积不受 APP 表达的影响，但是随年龄增加可发生年龄相关的萎缩，主要是后脑区域，包括中脑和内囊、胼胝体和穹隆（Delatour et al.，2006）。APP/PS1 小鼠的脑萎缩模式与 AD 患者存在明显差异。

2）神经元丢失

在 APP 单转基因小鼠中，多数研究没有发现明显的海马和新皮层神经元丢失。而在多转基因小鼠包括 APP/PS1 小鼠和 5×FAD 小鼠中，可发现较明显的神经元丢失（Oakley et al.，2006；Schmitz et al.，2004）。在多数研究中发现神经元丢失主要发生在海马。

3）Aβ 斑块性质

APP 转基因小鼠淀粉样斑块的性质与 AD 患者存在一定差异。APP23 小鼠和 Tg2576 小鼠 Aβ 片段可被十二烷基硫酸钠（SDS）完全溶解而 AD 患者 Aβ 片段则难以被溶解（Kalback et al.，2002）。另外，匹兹堡化合物 B（PIB）与 AD 患者淀粉样斑块具有高结合力而与转基因小鼠淀粉样斑块则结合力很弱（Klunk et al.，2005）。

4）炎症和胶质细胞增生

与 AD 患者一致，在转基因小鼠模型中可发现 Aβ 斑块周围小胶质细胞和星形胶质细胞激活，并且在可见 Aβ 斑块形成之前即可发现炎症反应的变化。但是具体细胞因子变化不同的研究有一些差异。在 Tg2576 小鼠中，有研究发现与 AD 患者中的发现一致，Aβ 斑块周围小胶质细胞 IL-1β 和 TNF-α 高表达而星形胶质细胞 IL-6 高表达。而在另一份 Tg2576 小鼠研究中，则只发现星形胶质细胞 IL-1β 的高表达，提示转基因小鼠与 AD 患者之间存在差异（Mehlhorn et al., 2000）。同时，尽管在 AD 患者和转基因小鼠模型中都能观察到星形胶质细胞和小胶质细胞的激活，但在转基因小鼠中小胶质细胞只有轻度激活，并且只表达较低水平的补体受体 CD11b，炎症反应要相对较弱，而在 AD 患者中，小胶质细胞高度激活并表达高水平的 CD11b 及补体蛋白（Duyckaerts et al., 2008；Schwab et al., 2004）。另外，Aβ 可以与补体 C1qA 链结合。有研究显示，小鼠 C1qA 链序列和人存在差异，基于小鼠 C1qA 链序列设计的多肽不能阻断 Aβ 对补体的激活，同时与人血清相比，Aβ 对小鼠血清补体激活的反应较弱（Webster et al., 1999）。

5）神经再生

在 AD 患者中，可发现海马区存在神经再生增强。而在转基因小鼠中则有一些不一致的发现。在 PDGF-APPSw, Ind 转基因小鼠中，有研究发现在小鼠 3 月龄神经元丢失和斑块沉积之前即可发现齿状回和室下区神经再生增强（Webster et al., 1999）。而在 PDAPP 小鼠和 Tg2576 小鼠中，则有研究报道发现小鼠脑神经元再生水平降低（Donovan et al., 2006；Dong et al., 2004）。另一份研究发现 9 月龄 APP/PS1 双转基因小鼠齿状回 MCM2 阳性神经干细胞和祖细胞降低 50%，双氯化铁阳性的成神经细胞降低 50%，而在 PS1 或 APP 单转基因小鼠中则无明显改变（Zhang et al., 2007）。还有研究则提示转基因小鼠神经再生增加，但再生的神经元 4 周存活率明显降低（Verret et al., 2007）。

二、PD

（一）PD 简介

PD 是一种常见的运动障碍，其特征是黑质致密部（SNc）含神经黑色素多巴胺能神经元的进行性丢失。这些神经元死亡会产生包括运动迟缓、僵硬和震颤在内的多种运动症状，以及焦虑、抑郁、睡眠障碍、便秘和唾液过多等非运动症状。除了 SN 多巴胺能神经元的丢失，PD 还表现有蓝斑（LC）的去甲肾上腺素神经元受损。经典 PD 的神经病理特征是在神经元内含物中有高浓度 α 突触核蛋白（α-syn），即路易体。

一直以来，人们认为神经炎症在 PD 期间多巴胺能神经元的大量丢失中起着重要作用。1925 年 Charles Foix 首次在 PD 患者的 SNc 中发现有广泛的小胶质细胞增生。McGeer 等通过在尸检人类样本的 SN 中显示激活的小胶质细胞验证了 Foix 的结果。人们的后期研究中，通过分析血清和脑脊液中的促炎性细胞因子发现，PD 的风险因素与细胞因子与 MHC II 多态性相关，使用非甾体抗炎药的流行病学研究也证明了神经炎症和 PD 之间的联系。目前神经炎症已经发展成为 PD 研究一个主要的焦点，然而神经炎症是 PD 的发病原因还是继发性应激反应尚不清楚。

（二）PD 研究常用的动物模型

目前，PD 研究中主要使用神经毒性模型和转基因模型（表 10-1）。神经毒素可用于啮齿动物或灵长类动物，通过整体动物给药或者立体定位注射至黑质纹状体建立 PD 动物模型。而根据神经毒素和给药方式的不同，研究者可以诱导不同类型 PD 病理和表型特征。

表 10-1 常见神经毒素 PD 动物模型

神经毒素	给药方式	表型	神经变性	蛋白质病/聚集物
6-OHDA	局部 黑质、内侧前脑束、纹状体立体定位注射	阿朴吗啡/安非他明诱导旋转；注射后约 4 周，纹状体局部退化；黑质/MFB 的注射导致完全的、快速的病变	仅多巴胺能神经元缺失，注射位点末端瞬时损伤，迟发性黑质神经元胞体损伤	无
MPTP	全身 小鼠：i.p.或者 s.c. 猴子：i.p.或 i.m.或颈静脉注射	小鼠表型较少；猴子表现出多动性、运动不能和僵硬；绿猴静息性颤动；可与其他神经递质系统的损伤方法相结合	多巴胺能神经元缺失，在猴子模型中有神经炎症，而啮齿动物模型中没有	无

神经毒素	给药方式	表型	神经变性	蛋白质病/聚集物
鱼藤酮	全身 大鼠：i.p.或 s.c.或 i.v.	严重的表型包括运动障碍、胃肠道功能障碍、步态和平衡障碍，但非多巴胺能神经元特异	广泛病变，多巴胺能和非多巴胺能神经元缺失	α-突触蛋白和 tau 蛋白病理变化
百草枯	全身 小鼠：i.p.	无明显运动缺陷	SNc 脑区细胞缺失 纹状体 TH 免疫反应性下降	SNc 脑区突触蛋白表达上调并发生聚集
番荔枝辛	全身 小鼠：i.v.	严重的表型，包括运动障碍、步态和平衡障碍，但非多巴胺能神经元特异	多巴胺能和非多巴胺能神经元缺失	tau 蛋白病理变化
谷氨酸转运体抑制剂	局部 黑质	单侧病变后旋转	多巴胺能神经元缺失	α-突触蛋白病理变化
LPS 与 6-OHDA 联用	局部/全身 黑质/i.p.	—	多巴胺能神经元缺失 神经炎症	无

另外，随着 1997 年鉴定出的第一个 PD 相关的 α 突触核蛋白基因突变，转基因模型已经迅速发展。单基因 PD 的发现为疾病的发病机制提供了深刻见解，而最近大量的全基因组关联研究，则为家族和散发性的 PD 具有共同的遗传背景提供了有力证据。这些研究促进了新的 PD 动物模型建立，特别是啮齿动物模型的发展。

1. 神经毒素模型

1）6-羟多巴胺

6-羟多巴胺（6-hydroxydopamine，6-OHDA）是一种广泛使用的儿茶酚胺能神经毒素，自 20 世纪 60 年代末以来，它一直被用于啮齿动物进行 PD 研究。由于 6-OHDA 分子的亲水性，它不能穿过血-脑屏障（BBB），因此需要通过立体定位注射直接注入目标大脑结构中，常用的注射位点有黑质 SNc、前脑内侧束（MFB）和纹状体（STR）。6-OHDA 的神经毒性是通过一个两步机制来实现的。首先通过多巴胺（DA）和去甲肾上腺素膜转运蛋白聚集到儿茶酚胺能神经元；然后因为 6-OHDA 在细胞质中容易氧化产生活性氧，包括过氧化氢及其对应的对醌，产生氧化应激和线粒体呼吸功能障碍，对线粒体复合物 I 产生抑制作用。

6-OHDA 引起的神经炎症反应主要包括星形胶质细胞增生和小胶质细胞激活。用二甲胺四环素或 COX-2 抑制剂塞来昔布可以阻断小胶质细胞激活，从而延缓 DA 细胞的丢失。而在 6-OHDA 模型动物中所观察到的炎症情况则取决于注射的时间和位置。例如，当 6-OHDA 注入纹状体时，纹状体的小胶质细胞活化比 SN 更强。此外，6-OHDA 激活的炎症特征包括 NF-κB 介导的反应，Nrf2 和 TNF-α 参与调控抗氧化系统的抑制等。

在 SNc 或 MFB 脑区中注射 6-OHDA，超过 90% 的多巴胺能神经元会在几天内迅速发生退化变性。通常研究者会在单侧诱导这样的病变，以减少动物死亡，并使动物产生有效、容易检测的单侧运动损伤，如观察同侧性运动不能和旋转行为等。通过在背侧纹状体脑区注射 6-OHDA 可以观察到 PD 早期模型的局部病变，我们也可以诱导双侧病变以研究更复杂的行为变化，如反应时间等。此外，双侧 6-OHDA 病变为非运动性症状提供了证据，它能引起焦虑、抑郁和嗅觉缺陷等病症表型。尽管 6-OHDA 模型动物中没有 LB 产生，模型发展也没有渐进性，但是它在细胞和分子水平上为我们研究 PD 提供了大量的信息。例如，在 6-OHDA 诱导损伤大鼠的基底神经节（BG）中，谷氨酸能突触传递有显著的增加，而皮质纹状体的突触可塑性则由于大量或部分纹状体神经变性而改变。6-OHDA 模型也被成功地用于研究经典 PD 的治疗作用机制，如左旋多巴、脑深部电刺激以及如针对代谢性谷氨酸受体的新方法。这些方法可能通过正常化纹状体和 BG 突触传递，改善运动行为。此外，在 MFB 注射 6-OHDA 导致多巴胺能神经元的消耗，并伴有去甲肾上腺素和血清素的消耗，会显著诱发焦虑、快感缺乏和抑郁行为。

2）MPTP

1-甲基-4-苯基-1,2,3,6-四氢吡啶（1-Methyl-4-phenyl-1,2,3,6-tetrahydropy ridine，MPTP）的神经毒性是在 20 世纪 80 年代早期被人们所发现，当时一位药物成瘾的加利福尼亚人意外地注射了被 MPTP 污染的合成海洛因（1-甲基-4-苯基-4-丙酸氧啶），随后突然出现 PD 状。后续研究发现，在 MPTP 药物暴露多年后，仍然存在活化的小胶质细胞。MPTP 是一种高度亲脂性的线粒体复合物 I 抑制剂，很容易穿过血-脑屏障，可以全身给药诱导实验 PD 模型，因此 MPTP 常应用于啮齿动物和灵长类动物 PD 模型。研究表明，MPTP 化合物本身无毒，但作为一种亲脂原蛋白，它能够通过血-脑屏障，在神经胶质细胞和五羟色胺能神经细胞中通过单胺氧化酶 b 转化为 1-甲基-4-苯基-2,3-二氢吡啶（MPDP+），并随后自发氧化为 1-甲基-4-苯基吡啶（MPP+），产生毒性。DA 转运体（DAT）随后将 MPP+转入多巴胺能神经元，在细胞质中积累，然后通过囊泡单胺转运体（VMAT）进入突触小泡。MPP+随后以线粒体膜电位为驱动动力进入细胞器，通过阻断电子传递链酶复合物 I、III 和 IV，在 PD 动物模型中产生神经炎症。其他调节 MPTP 毒性的因素还包括铁浓度、囊泡单胺转运体的表达、活性氧和细胞凋亡等。除了直接抑制线粒体复合物 I，MPTP 药物毒性还包括线粒体损伤及其下游引起的神经退行性过程，其中涉及了细胞凋亡调节蛋白 Bax 和 JNK 激酶表达上调、细胞色素 c 的释放和 caspase-3 和 caspase-9 的激活，以及 NMDA 受体介导的兴奋性毒性和神经炎症过程。

给予小鼠单次高剂量或者重复注射低剂量（i.p.）MPTP，能够导致 SNc 脑区的多巴胺能神经元缺失，而这种毒性对大鼠无效。一般来说，MPTP 处理后的小鼠会出现运动障碍，并通过行为测试能够检测出来。在小鼠中，MPTP 会诱导小胶质细胞的快速激活，在 DA 神经元丢失之前达到峰值，这种反应在被用作衰老模型的 SAMP8 小鼠系中尤为严重。MPTP 激活适应性免疫系统表现为淋巴细胞浸润增加，其中主要是 T 细胞浸润。同时研究表明 T 细胞免疫缺陷减弱了 MPTP 诱导的小鼠神经退行性病变。小鼠缺乏炎症基因，包括凋亡信号调节激酶 1（apoptosis signal regulating kinase-1，ASR1）和强啡肽（dynorphin），表现出小胶质细胞和星形胶质细胞活化减弱，降低了 MPTP 毒性。这提示 CD4$^+$ T 细胞 D3 DA 受体参与调控其对 MPTP 的应答。

而猴子的 MPTP 给药方式主要为多次低剂量注射，通常会产生持续的多巴胺能神经元缺失、运动障碍、肌肉僵硬、不正常姿势、刻板行为，有时会有颤抖行为。然而，有一些研究发现，小鼠长期慢性 MPTP 中毒可以产生含有泛素蛋白和 α-突触蛋白的 LB 样的神经元包裹体。特别是在灵长类动物 MPTP 模型中，有大量 BG 中多巴胺耗竭导致发生功能变化的研究，这为 PD 的病理生理学提供了深入的见解。

缺乏 IFN-γ 或 TNF-α 受体的小鼠注射 MPTP 表现出神经变性减弱。注射 MPTP 后，小鼠纹状体和 SN 的细胞因子 IL-1β、IL-6、IL-7、IL-10，细胞因子受体 IL-1R、IL-3R、IL-4R、IL-10R，炎症相关的转录因子 NF-κB，趋化因子受体 CXCR4 和趋化因子配体 CXCL12 的表达上调。在猴子中，注射 MPTP 药物可激活 SN 小胶质细胞和星形胶质细胞的 IFN-γ 和 TNF-α，而且在 SN 神经胶质中 IFN-γ 受体信号增加。经 MPTP 处理后猴子的微阵列分析证实炎症相关基因的表达增加，包括 IL-11、趋化因子和补体系统基因。

3）鱼藤酮和百草枯

在流行病学研究中，人们暴露于除草剂百草枯和杀虫剂鱼藤酮与 PD 风险增加有关，两者都已被用于 PD 模型。鱼藤酮是鱼藤酮生物碱神经毒素家族中的一种除草剂、杀虫剂和杀鱼剂。它天然存在于热带植物，如豆薯及其他鱼藤属的豆科植物。鱼藤酮嗜脂性强，通过血脑屏障向神经元扩散，抑制线粒体呼吸链复合体 I，引起 SN 神经元神经变性；这种毒素可以多种方式对大小鼠每天给药，包括腹腔注射、静脉注射、皮下注射、灌胃，以及脑立体定位注射等。鱼藤酮模型几乎复制了所有的 PD 特征，包括 SNc 多巴胺能神经元丢失、黑质纹状体神经变性、行为改变、炎症、含有 α 突触蛋白和泛素蛋白的 LB 样内容物、氧化应激和消化系统问题。

百草枯是 1,1-二甲基-4,4-二氯吡啶的商品名，与 MPP+的结构相似，也是世界上使用最广泛的杀虫剂和除草剂之一。百草枯是一种不能穿过血脑屏障的带电分子，需要中性氨基酸转运体来进行神经元积累。在高剂量的情况下，百草枯通过多巴胺转运体聚集到多巴胺能神经元，可与氧气反应生成活性氧（特别是 O_2^-），干扰谷胱甘肽（GSH）循环，引起氧化应激，从而导致神经元损伤和死亡。此外，这种毒素的作用还涉及 JNK 和 c-Jun 的相继磷酸化，以及 caspase-3 的激活，从而导致细胞凋亡。

4）脂多糖

脂多糖（lipopolysaccharide，LPS）是革兰氏阴性菌外膜的内毒素，广泛用于动物免疫应答。它激活 TLR4，该受体在小胶质细胞中高度表达。虽然没有报道表明高 LPS 的感染性个体发展为 PD，但它已被用于诱导 DA 神经元死亡，并在动物模型中检测神经炎症。在神经元培养中，DA 神经元对 LPS 的敏感性是非 DA 神经元的 2 倍，LPS 的毒性是通过小胶质细胞活化产生的；在体内，LPS 炎症也会对缺乏 TLR4 受体的 DA 神经元产生选择性毒性。大鼠慢性低剂量 LPS 摄入可导致 SNc DA 神经元延迟、慢性、进行性的丢失。

黑质内 LPS 激活星形胶质细胞和小胶质细胞；损害 SN DA 神经元，释放包括 IL-1α、TNF-α、IL-1β 在内的促炎性细胞因子，诱导 iNDS，并增加 COX-2、活性氧和基质金属蛋白酶-3（MMP-3）含量。多项体内研究证实了 TNF 在 LPS 神经毒性中的作用。小鼠亚急性 LPS 注射 SN 会诱发 PD 样症状，包括 α-syn 的聚合等；野生型（WT）和 TNF-α 基因敲除小鼠（KO）中均观察到了行为缺陷，但 IL-1 KO 小鼠表现正常。在小鼠中，当 LPS 双侧纹状体注射后再给药甲基苯丙胺时，神经炎症和运动损伤均加重，这又表明 DA 在 LPS 损伤中也发挥作用。

其他常见的神经毒素 PD 模型还包括番荔枝辛、谷氨酸转运体抑制剂等。有明确的证据表明，注射包括 MPTP、6-OHDA、鱼藤酮、百草枯在内每一种常用的神经毒素建立 PD 模型后，都会引起明显的神经炎症。虽然这些化合物可能导致 PD，但它们都以不同于 PD 的方式破坏 DA 神经元，并引发应激反应，包括细胞因子释放和胶质细胞类型的激活等，但与真正的 PD 有所差异。而且在没有神经炎症细胞类型的情况下，每种毒素还是能够非常有效地杀死培养的 DA 神经元。这表明这些化合物的急性毒性作用炎症反应可能是由于普遍的应激反应，而没有揭示参与 PD 神经元丢失的过程。

2. 基因模型

研究表明只有大约 20% 的少数 PD 病例是由常染色体显性或隐性遗传突变所致。由于这些 PD 病例的病因在一定程度上是明确的，这为建立同样遗传突变的动物模型提供了理论依据。到目前为止，已经确定了 15 个 PD 致病基因和超过 25 个遗传风险因子，它们被归类为"PARK"和"Non-PARK"基因位点。其中的一些基因已被用于大、小鼠 PD 模型的建立，最常见的包括 SNCA（α-syn、PARK1、PARK4）、PRKN（parkin RBR E3 泛素蛋白连接酶、PARK2）、PINK1（PTEN 诱导激酶 1，PARK6）、DJ-1（PARK7）和 LRRK2（富亮氨酸重复激酶 2、PARK8）等。虽然这些 PD 遗传模型与病理学最为相关，但在这些模型中较少出现黑质纹状体退化、纹状体 DA 衰竭和运动相关症状。即使是在 3×敲除模型中，同时敲除了 PRKN、DJ-1 和 PINK1，依旧没有表现出上述 PD 症状。但是这些模型仍然可以用于研究 PD 的病理和发病机制，便于我们更好地了解相关蛋白质在生理和病理条件下的功能。

1）α-syn

α-syn 是一个天然非折叠可溶性蛋白，可以形成低聚物或原纤维，并最终生成不溶性聚合物。不同 α-syn 形式对于该蛋白质毒性的贡献是人们一个主要的研究方向。结果表明，无论是非折叠的还是聚集的 α-syn，都会通过包括伴随自噬和膜渗透作用抑制蛋白质降解在内的多种途径表现出神经毒性。寡聚 α-syn 可能通过干扰突触囊泡介导神经退行作用。

SNCA 基因的点突变（A30P、A53T 和 E46K）或 2×、3×重复被认为是常染色体显性遗传造成家族性 PD 的主要原因。这一现象最早发现于意大利和希腊患者中。虽然已有的研究结果表明 α-syn 与微管蛋白 tubulin 和 SNARE 复合体发生相互作用，但其生理功能尚不明确；同时，α-syn 突变引起的细胞毒性和细胞凋亡的机制也不明确。由于 SNCA 的基因重复与 PD 相关，研究人员推测 α-syn 毒性取决于其在体内的水平。因此，一些 PD 模型主要是通过过表达鼠源或人源野生型 α-syn 建立的。在其他另一些 PD 模型中，研究者们主要表达一个或多个 SNCA 基因突变体，或同时突变 α-syn 并过表达其他 PD 相关基因。

SNCA 基因伴随 Thy1 启动子的转基因小鼠研究显示，星形胶质细胞和小胶质细胞被激活，纹状体内 TNF-α 浓度升高，并提高 SN 的 TNF-α、TLR1、TLR4、TLR8 表达水平。小鼠 TH 启动子表达人类 α-syn 基因的转基因小鼠中也发现 SN 区域小胶质细胞激活和高水平的 TNF-α。截断的表达人类 α-syn 蛋白的转基因小鼠 SN 区域 CD11b 阳性小胶质细胞增加。表达 A53T 突变 α-syn 转基因小鼠脊髓显示出星形胶质细胞增生。

2）parkin

parkin（由 *PRKN* 基因编码，PARK2）是一种泛素 E3 连接酶，parkin 酶的失活在家族性和散发性 PD 中起重要作用。*PRKN* 基因的突变最早发现于日本 PD 患者中，为常染色体隐性遗传的早发性 PD 病例。*PRKN* 突变主要包括外显子 2、3 和 8 的缺失、外显子 2~4 和 9 的重复，以及 P437L 的替代。小鼠 PRKN 突变模型通常是完全敲除基因外显子 2、3 或 7，或者 parkin 敲除结合 α-突触蛋白突变。体外研究表明，parkin 在神经胶质细胞中可能具有神经炎症的作用。Casarejos 等发现，从 parkin KO 小鼠中培养的中脑神经元对鱼藤酮更敏感，而在 WT 神经元中加入 parkin KO 小胶质细胞可以增加其对鱼藤酮的敏感性。parkin 表达水平受炎症信号调节，LPS 和 TNF-α 下调 WT 小鼠巨噬细胞、小胶质细胞和神经元中 parkin 的表达水平，且能够被 NF-κB 抑制剂阻断；而 parkin KO 小鼠中的巨噬细胞表现出 TNF-α、IL-1α 和 iNOS 的 mRNA 水平上升。此外，老年 parkin KO 小鼠星形胶质细胞减少，小胶质细胞增多，胶质细胞增殖减少，促凋亡蛋白表达增加。但是 PRKN 外显子 2 和 3 突变的小鼠没有明显的多巴胺能神经元损失，也没有显著的行为缺陷。外显子 3 缺失模型小鼠纹状体谷氨酸水平上升，并表现出轻度的线粒体功能障碍，抗氧化能力损伤，氧化应激增强。而外显子 7 缺失的小鼠 SNc 脑区多巴胺能神经元的数量显著减少，小鼠脑儿茶酚胺能系统异常，但没有显著行为缺陷。因此，以上几种小鼠模型并不能很好的用于 PD 研究。最近有研究开发了一种携带细菌人工染色体（BAC）的新型转基因小鼠模型，该模型表达有 C 端截断的人源突变体 parkin（Parkin-q311x），具有迟发性和渐进性运动缺陷、SNc 区多巴胺能神经元变性，以及纹状体多巴胺能末梢神经元减少等表型。

3）PINK1

PINK1 蛋白（PTEN-induced putative kinase 1，PARK6）与 parkin 蛋白的相互作用能够诱导去极化的线粒体自噬，进而避免线粒体功能紊乱、保护细胞功能。PINK1 的错义突变和无义突变最早发现于意大利家族性 PD 患者，为常染色体隐性遗传的早发性 PD 病例。PINK1 能够通过增强 TRAF6 和 TAK1 及调节 Tollip 和 IRAK1，刺激 IL-1β 介导的炎症信号。PINK1 敲除小鼠显示轻度线粒体缺陷、氧化应激和超氧化物损伤增强。老年期小鼠的体重随年龄逐渐降低，并伴有运动能力的下降，同时伴随着轻微的脑内多巴胺水平降低。总体来说，PINK1 敲除小鼠没有表现出显著的纹状体多巴胺能神经元的减少和 LB 聚集。在 PINK1 模型中，黑质纹状体中多巴胺能神经元的功能没有显著影响，也没有表现出其他 PD 相关的缺陷。因此，PINK1 模型的应用还有待进一步考证。

4）DJ-1

DJ-1（PARK7）基因编码的蛋白质具有多种功能，包括转录调控、氧化应激感受器、蛋白酶和线粒体调控等。它似乎是一个重要的氧化还原反应信号调控着缺血氧化应激、神经炎症、与年龄相关的神经变性等。DJ-1 错义突变与常染色体隐性遗传的早发 PD 有关，最早见于荷兰和意大利家族性 PD 患者。DJ-1 敲除的小鼠 SNc 脑区多巴胺能的神经元数量没有发生变化，但其表现出纹状体多巴胺释放和对 D2 自受体刺激响应的减少、运动能力降低、皮层纹状体突触可塑性的改变，以及对 MPTP 敏感度的增强。在另一种 DJ-1 小鼠模型中，通过"基因陷阱"技术降低 DJ-1 的表达，小鼠表现出增强的线粒体呼吸活性和 VTA 区多巴胺能神经元的减少，而纹状体多巴胺能神经末梢没有增强，同时伴随认知能力的改变，这表明 DJ-1 蛋白参与早期阶段 PD 非运动表型。此外，将 DJ-1-null 小鼠与 C57BL/6J 小鼠回交，结果发现子代小鼠有早发性单侧黑质纹状体退行性病变，并伴随年龄的递增，可发展为双侧退行性病变，且导致轻度的运动缺陷，这些表明 DJ-1 模型可以作为 PD 疾病发展的研究工具。

5）LRRK2

富亮氨酸重复激酶 2（leucine-rich repeat kinase 2，LRRK2；又称 dardarin、PARK8）是具有多个结构域和功能域的大蛋白质，包括激酶域、RAS 域和 GTPase 域，LRRK2 可以与 parkin 蛋白相互作用。体内 LRRK2 错义和点突变为常染色体显性遗传，主要在德系犹太人和柏柏尔人迟发性 PD 病例中发现。LRRK2 最常见的突变基因主要在激酶域（G2019S）或 GTPase 域（R1441C/G）域。在小鼠模型中重复这两种突变时，可以观察到轻微的多巴胺能神经元的退化，以及多巴胺释放和再摄取的改变。然而在 LRRK2 敲除小鼠中没有观察到显著的多巴胺能神经元缺陷或其他神经病变特点。与 α-突触蛋白模型一样，目前用不同方法建立了多种 LRRK2 小鼠模型。表达 LRRK2 突变的 BAC 转基因小鼠模型，表现出年龄依赖的进行性运动障碍，以及轻微的纹状体多巴胺释放水平的降低，但没有表现出黑质纹状体的病变。总的来说，LRRK2 小鼠模型只产生轻度的多巴胺能神经元缺陷或与 PD 相关的其他病理过程，因此，在 PD 药物筛选或 PD 病理学研究上，LRRK2 模型并不适用。此外，由神经元特异性的（黑质纹状体）、腺病毒介导的 LRRK2^{G2019S} 建立的大鼠模型，也表现出黑质纹状体多巴胺能神经元的进行性病变。

其他常见的 PD 基因模型还包括 Mitopark 模型等。虽然大多数 PD 仍然是散发性的，但在罕见的家族病例中，特定的遗传缺陷为 PD 的发病机制提供了独特的见解。使用 PD 致病突变的基因动物模型更有可能揭示与发病有关的免疫反应。然而，这些模型目前大多令人失望，因为它们不能复制类似神经元死亡的退化性 PD 的特征。

（三）PD 免疫学发病机制的比较医学研究

1. PD 中的促炎细胞因子

炎症细胞因子主要通过激活 NF-κB、c-Jun 氨基端蛋白激酶[c-Jun N-terminal protein kinase（JNK）]、Janus 激酶（Janus kinase，JAK）三条信号通路发挥作用。事实上，临床研究显示 PD 患者的大脑解剖以及血液和脑脊髓液中表现出增强的促炎细胞因子水平（TNF-α、IL-6、IL-1β、IFN-γ）。近期有进一步研究发现，PD 患者血液基底水平和 LPS 诱导产生大量的促炎细胞因子，包括 MCP-1、RANTES、MIP-1α、IL-8、IFN-γ、IL-1β 和 TNF-α，并且细胞因子水平与 PD 的严重程度呈显著相关。而这些发现均在动物模型中得到了再现，但仍不确定这些细胞因子主要发挥神经保护作用还是神经破坏作用。可能的情况是相对较低的内源性细胞因子水平发挥保护作用，缓冲与死亡过程相关的损害，而这些相对较高的水平会加重神经损伤。例如，研究发现，小鼠基因缺乏 TNF-α 受体的影响是更容易发生缺血性损伤，而摄入外源性 TNF-α 则会在缺血时加剧神经元死亡。

1）PD 中的 IFN

IFN 利用的主要信号通路是细胞内 JAK 蛋白激酶对 STAT 的序列磷酸化。IFN-γ 主要由 Th1 细胞和 NK 细胞分泌，最近的报道表明它也能通过活化的小胶质细胞在大脑内重新合成。接受 IFN-α 免疫治疗癌症和丙型肝炎患者曾被观察到许多 PD 样综合征，包括震颤、肌肉僵硬等；对 PD 患者脑的尸检显示，SNc 路易体和神经元肿胀中存在 MxA，即 I 型 IFN 诱导的 GTPase。而且数据表明注射 MPTP 药物和百草枯的 PD 动物模型中 IFN-γ 也扮演了一个重要角色。这些结果证实，在 PD 患者的血液和 SNc 脑组织中 IFN-γ 水平升高。事实上，PD 患者更少的感染传染性发作疾病和出现恶性肿瘤，可能源于增强的促炎症因子 IFN 信号。而且重要的是，许多同样免疫相关因素定位在暴露于 DA 神经元靶向的神经毒素 PD 患者大脑或动物的小胶质细胞中，表明 IFN-γ 可能是一个潜在 PD 的适应性免疫反应的关键因素。尽管 PD 中适应性免疫激活的致病相关性长期以来一直存在争议，但最近的一项研究发现，缺乏成熟 CD4$^+$ T 细胞（但不包括 CD8$^+$ T 细胞）的小鼠在 MPTP 诱导的神经退行变性中受到保护。此外，IFN-γ 抑制小胶质抗炎细胞因子 IL-10，以及胰岛素样生长因子 IGF-1 的表达，而这两个因子已经被证明在神经毒素 PD 动物模型中起着神经保护作用。

2）PD 中的 ILs 和 TNF-α

与 IFN-γ 的情况相似，越来越多的证据表明 ILs 和 TNF-α 在 PD 中扮演着重要角色。具体来说，尸检分析 PD 脑组织发现 TNF-α 及其相关 Fas 受体表达增加，细胞因子 IFN-γ、IL-1β 和 IL-6 表达也上调。同样，在注射 MPTP 药物诱导 PD 动物模型中促炎性细胞因子基因表达发生相似的变化，包括编码 IL-1β 和 TNF-α 上调；DA 神经毒素 6-OHDA 也提高了这些细胞因子在 SNc 和纹状体中的含量。目前越来越多的研究开始评估细胞因子对 PD 样病理的影响。事实上，药物抑制 IL-1β 减弱了 6-OHDA 和 LPS 共同引发的 DA 神经元的损失，直接增强 IL-1β 提高了 6-OHDA 在培养中脑神经元的神经破坏作用。细胞因子 IL-1β 和 TNF-α 通常通过 NF-κB 对重要进程产生影响，包括动员炎症趋化因子、感染或创伤性损伤后淋巴细胞增殖反应等。NF-κB 是一个在先天和适应性免疫反应的调控中起关键作用的转录因子。

2. PD 中的环氧合酶 2

环氧化酶（COX）在中枢神经系统中以 COX-1、COX-2 和 COX-3 亚型存在，是一种重要参与花生四烯酸生产 PGs 的膜糖蛋白。COX-2 受多种炎症刺激的诱导，许多炎症刺激（如细胞因子、活性氧）都与小胶质细胞的广泛活化有关，这是感染、脑损伤及神经退行性变相关的急性炎症反应的必然结果。例如，摄入细菌内毒素、LPS 或 DA 神经毒素 MPTP 可显著增加小胶质细胞 COX-2 的表达。而且 COX-2 同样也存在于神经元中，并在炎症发作时有着类似的诱导表达。与促炎性细胞因子一样，大量证据表明 COX-2 可能在 PD 及其动物模型的神经退行性过程中发挥重要作用。COX-2 在 PD 患者脑内 SNc 的小胶质细胞和 DA 神经元中表达升高。同样，MPTP 中毒小鼠模型在 SNc 神经元和小胶质细胞中均表现出增强的 COX-2 免疫反应活性，而药理学抑制或基因抑制 COX-2 可防止暴露于 MPTP 或 6-OHDA 后小鼠 DA 神经元丢失。相似的，最近在体外的研究证明了 COX-2 在百草枯诱导的神经毒性中发挥的关键作用，基因缺失 *COX-2* 的小鼠对这种杀虫剂的 PD 样神经效应具有抗药性。虽然神经疾病中大脑 COX-2 表达的细胞和分子决定因素仍存在争议，但相对确定的是炎症和诱导 COX-2 活性介导的氧化反应有助于 PD 及其动物模型的神经退行性过程。

三、ALS

（一）ALS 简介

ALS 又称卢·格里克病（Lou Gehrig's disease），是一组上、下运动神经元均累及的运动神经元病。著名物理学家史蒂芬·霍金、美国传奇棒球运动员卢·格里克都曾患此病。此病临床起病多样，以进行性的运动皮质、皮质-脊髓束、脑干束和脊髓前角运动神经元变性为特征，也狭义的称为"运动神经元病"（MND），俗称"渐冻人"。此病大多在 40～60 岁起病，呈渐进式，预后不佳，通常在诊断后 2～5 年导致患者瘫痪及死亡。此病男性多于女性，年发病率为（1.5～2.0）/10 万，患病率为（4～8）/10 万。

ALS 可伴有痴呆和/或 PD，故称为 ALS-痴呆综合征（ALS-dementia complex）或肌萎缩侧索硬化症-帕金森-痴呆综合征（ALS-Parkinson-dementia complex）。ALS 目前有众多假说，主要包括 3 型：家族型、散发型、关岛型。5%～10% 的 ALS 病例有突出的遗传学因素，为常染色体显性遗传，称为家族性肌萎缩性脊髓侧索硬化（familial amyotrophic lateral sclerosis, fALS），其表现出明显的表型和遗传异质性。其中 15%～20% 的家族性患者为铜-锌超氧化物歧化酶-1（SOD-1）基因突变，累及该基因 5 个外显子，有 100 多种突变类型。参与 RNA 处理的肉瘤融合/脂肪肉瘤翻译（FUS/TLS）基因和反式激活反应区 DNA 结合蛋白-43（TARDBP 或 TDP-43）基因突变占 fALS 的 20%～30%。研究还发现部分散发性 ALS 患者也存在 FUS/TLS 和 TARDBP 的基因突变。散发性 ALS 有神经元外谷氨酸聚集对运动神经元的毒性、氧化应激、自身免疫、环境毒素、病毒感染等假说。关岛地区高发的肌萎缩侧索硬化-痴呆-帕金森综合征（关岛综合征）与当地的一种寄生于苏铁根部的植物蓝绿藻所产生的神经毒素甲氨基丙氨酸（beta-methylamino-L-alanine, BMAA）有关。

（二）ALS 研究常用的动物模型

研究常用的 ALS 动物模型主要有神经毒素模型和遗传学动物模型两大类（表 10-2）。

神经毒素模型不针对基因层面的表达调控，直接通过毒素作用模拟 ALS 的发病机制。常用方法是系统性给予神经毒性氨基酸 β-甲胺基-L-丙氨酸（beta-methylamino-L-alanine, BMAA）。BMAA 是一种寄生于苏铁植物里的蓝绿藻产生的神经毒素，从关岛地区高发的关岛综合征研究过程中鉴定出该成分，并将此神经毒素作为建立 ALS 疾病模型的一种工具药。此模型可表现出疾病的部分行为表型，但目前其神经变性、蛋白质聚集和免疫特征尚不明确。

表 10-2 常用的 ALS 遗传学动物模型及表型和免疫学特征

目的基因	遗传学方法	动物表型	细胞和免疫改变	蛋白聚集
SOD1	SOD1 基因的不同突变 G93A、G87R、G85R、G93A	动物出现瘫痪和过早死亡	出现运动神经元变性,肌肉去神经支配,非细胞性自发机制,星形胶质细胞和小胶质细胞炎性激活,肌肉萎缩	使用特定抗体可检测 SOD1 聚集
TDP-43	野生型和突变型基因过表达	动物出现运动障碍,未出现瘫痪	不同品系表现出不同的运动神经元丢失	部分品系出现 TDP43 细胞核和胞质聚集
TDP-43	条件性敲除	动物出现体重减轻、年龄依赖的运动障碍	出现运动神经元变性	无
TDP-43	腺相关病毒(AAV)载体模型	尚不明确	尚不明确	尚不明确
FUS	野生型 PrP-hFUS 过表达	动物出现运动障碍、瘫痪和死亡	出现运动神经元丢失	有
突变 FUS 转基因大鼠	运动轴突变性,肌肉去神经支配	动物出现运动轴突变性、肌肉去神经支配	出现运动神经元变性	无

基于目前对家族性 ALS 研究的深入,已建立多种遗传学动物模型,主要是转基因小鼠模型。遗传学模型的目的基因集中在超氧化物歧化酶-1(SOD-1)、反式激活反应区 DNA 结合蛋白-43(TARDBP或 TDP-43)和肉瘤融合 DNA/RNA 结合蛋白(DNA/RNA binding protein fused in sarcoma,FUS)等的基因。

(三)ALS 免疫学发病机制的比较医学研究

ALS 病因不明,可能具有多源性或异质性,目前影响其致病的因素有:兴奋性氨基酸毒性、氧化应激损伤、自身免疫机制失调、遗传因素、环境因素[如病毒感染、外伤、中毒(铝、铅、汞、有机农药等)]、神经节苷脂或神经营养因子缺乏等(表 10-3)。

表 10-3 ALS 疾病病因及免疫学发病机制

诊断分类	可选用的辅助检查
结构病变	头颅 MRI(包括枕骨大孔和颈椎)
矢状窦旁或枕骨大孔肿瘤	
颈椎关节强直	
脊髓空洞的 Chiari 畸形	
脊髓动静脉畸形	
感染	脑脊液检查、培养
细菌——破伤风、莱姆病	莱姆病抗体滴定
病毒——脊髓灰质炎、带状疱疹	抗病毒抗体
逆转录病毒——脊髓病	HTLV-1 滴定
中毒、物理因素	24h 尿重金属含量
毒素——铅、铝,其他	血铅水平
药物——士的宁、苯妥英	
电流短路、X 线照射	
免疫机制	全血计数
浆细胞恶液病	沉降率
自身免疫性多发性神经根病	总蛋白
运动神经病伴传导阻滞	抗 GM1 抗体
副肿瘤	抗 Hu 抗体
癌旁组织	MRI 扫描,骨髓活检
代谢	空腹血糖
低血糖	常规化学检查,包括钙
甲状旁腺功能亢进	甲状旁腺激素(parathyroid hormone,PTH)
甲状腺功能亢进	甲状腺功能
缺乏叶酸,维生素 B_{12}、维生素 E 吸收不良	维生素 B_{12}、维生素 E、叶酸
铜、锌缺乏	血清铜、锌
线粒体功能障碍	24h 粪便脂肪含量
	凝血酶原时间
	空腹乳酸、丙酮酸、氨检测
	考虑 mtDNA

续表

诊断分类	可选用的辅助检查
高脂血症	脂质电泳
高甘氨酸尿症	尿、血清及脑脊液氨基酸
遗传性疾病	用于突变分析的白细胞 DNA
超氧化物歧化酶	
TDP43	
FUS/TLS	
雄激素受体缺陷（Kennedy 病）	
己糖胺酶缺乏症	
婴儿 α-葡糖苷酶缺乏症（Pompe 病）	

注：FUS/TLS，肉瘤融合/脂肪肉瘤中易位；HTLV-1 病毒，人嗜 T 淋巴细胞病毒；MRI，磁共振成像；PTH，甲状旁腺激素

1. 散发型 ALS 的自身免疫机制假说

应用分离的脊髓前角细胞免疫实验动物，可产生脊肌萎缩症样动物模型。少数 ALS 患者的脑脊液中可检测到 GM1-IgM 抗体和 M 蛋白。ALS 也可合并有单克隆丙种球蛋白病。在临床 ALS 的治疗方法中，除对症治疗（被动运动、物理疗法）和支持治疗（改善呼吸功能、机械通气）外，可选用免疫治疗，使用静脉大剂量免疫球蛋白（IVIg）按体重给药连用 5 天、每月重复使用 2 次，并同时按患者体重加用环磷酰胺，治疗 4～13 个月，可减缓 ALS 进展。

2. 散发型 ALS 的病毒感染假说

脊髓灰质炎患病十几年后，患者可出现类似运动神经元病表现的脊髓灰质炎后综合征（post-poliosyndrome），由此提示病毒可寄生于神经元中，在某些特定条件下，如有严重外伤、重体力劳动或运动过度等情况下，诱发休眠病毒的激活而发病。逆转录病毒 HTLV-1 是潜在的寄生病毒之一，可引起痉挛性截瘫。

3. 炎症和小胶质细胞激活对 ALS 的治疗研究

实验研究发现，一项美国食品和药物管理局核准治疗多发性硬化的多肽混合物格拉默（Glatiramer acetate）在肌萎缩侧索硬化的转基因小鼠模型中表现为中等益处，提示炎症和小胶质细胞在 ALS 病因中的参与作用，可能作为疾病治疗的潜在靶点。

（张　钰，张　玲，秦　川）

参 考 文 献

陈宜张. 2014. 突触. 上海：上海科学技术出版社.

陈宜张. 2014. 医学神经生物学. 上海：第二军医大学出版社.

程树军，黄韧，徐杰. 2002. 阿尔兹海默病非人灵长类模型的研究进展. 解剖学研究, 24: 301-303.

程雪娇，王茜，李学敏，等. 2016. 星形胶质细胞在阿尔兹海默病炎症中作用. 中国公共卫生, 32: 877-880.

韩济生. 2009. 神经科学. 北京：北京大学医学出版社.

罕园园，马开利. 2013. 阿尔兹海默症转基因小鼠模型研究进展及评价. 中国实验动物学报, 21: 97-101.

蒋雨平，王坚，蒋雯巍. 2014. 新编神经疾病学. 上海：上海科学普及出版社.

李莹，杜旭飞，杜久林. 2013. 小胶质细胞的生理特性和功能. 生理学报, 65: 471-482.

吕传真. 2015. 神经病学. 上海：上海科学技术出版社.

秦川. 2010. 小鼠基因工程与医学应用. 北京：中国协和医科大学出版社.

王延辉. 2009. 阿尔兹海默病的免疫异常机制及免疫指标. 吉林医学, 30: 870-871.

王耀山，王德生. 2004. 神经系统疾病鉴别诊断学. 北京：军事医学科学出版社.

王拥军. 2016. 哈里森内科学 神经系统疾病分册. 19 版. 北京：北京大学医学出版社.

颜红，路海，朱启贞. 2011. 阿尔兹海默病中 Toll 样受体与小胶质细胞的关系. 生命的化学, 31: 362-364.

赵波, 张新宇, 付学锋. 2012. 阿尔兹海默病动物模型的研究进展. 神经解剖学杂志, 28: 102-104.

Goldman L, Ausiello D, 谢毅. 2015. 世界经典医学名著 西氏内科学(下). 23 版. 西安: 世界图书出版西安有限公司.

Bales K R, Liu F, Wu S, et al. 2009. Human APOE isoform-dependent effects on brain beta-amyloid levels in PDAPP transgenic mice. J Neurosci, 29: 6771-6779.

Baruch K, Deczkowska A, Rosenzweig N, et al. 2016. PD-1 immune checkpoint blockade reduces pathology and improves memory in mouse models of Alzheimer's disease. Nat Med, 22: 135-137.

Benkler M, Agmon-levin N, Hassin-baer S, et al. 2012. Immunology, autoimmunity, and autoantibodies in Parkinson's disease. Clin Rev Allergy Immunol, 42(2): 164-171.

Bradshaw E M, Chibnik L B, Keenan B T, et al. 2013. CD33 Alzheimer's disease locus: altered monocyte function and amyloid biology. Nat Neurosci, 16: 848-850.

Brosseron F, Krauthausen M, Kummer M, et al. 2014. Body fluid cytokine levels in mild cognitive impairment and Alzheimer's disease: a comparative overview. Mol Neurobiol, 50: 534-544.

Cai Z, Liu N, Wang C, et al. 2016. Role of RAGE in Alzheimer's disease. Cell Mol Neurobiol, 36: 483-495.

Cebri C, Loike J D, Sulzer D. 2015. Neuroin flammation in Parkinson's disease animal models : a cell stress response or a step in neurodegeneration? Curr Top Behav Nevrosci, 22: 237-270.

Chakrabarty P, Ceballos-Diaz C, Beccard A, et al. 2010a. IFN-gamma promotes complement expression and attenuates amyloid plaque deposition in amyloid beta precursor protein transgenic mice. J Immunol, 184: 5333-5343.

Chakrabarty P, Herring A, Ceballos-Diaz C, et al. 2011. Hippocampal expression of murine TNFalpha results in attenuation of amyloid deposition *in vivo*. Mol Neurodegener, 6: 16.

Chakrabarty P, Jansen-West K, Beccard A, et al. 2010b. Massive gliosis induced by interleukin-6 suppresses Abeta deposition *in vivo*: evidence against inflammation as a driving force for amyloid deposition. FASEB J, 24: 548-559.

Chakrabarty P, Tianbai L, Herring A, et al. 2012. Hippocampal expression of murine IL-4 results in exacerbation of amyloid deposition. Mol Neurodegener, 7: 36.

Choi S H, Aid S, Caracciolo L, et al. 2013. Cyclooxygenase-1 inhibition reduces amyloid pathology and improves memory deficits in a mouse model of Alzheimer's disease. J Neurochem, 124: 59-68.

Cornejo F, von Bernhardi, R. 2013. Role of scavenger receptors in glia-mediated neuroinflammatory response associated with Alzheimer's disease. Mediators Inflamm, 2013: 895651.

Cox P A, Kostrzewa R M, Guillemin GJ. 2018. BMAA and neurodegenerative illness. Neurotox Res, 33(1): 178-183.

Dansokho C, Ait Ahmed D, Aid S, et al. 2016. Regulatory T cells delay disease progression in Alzheimer-like pathology. Brain, 139: 1237-1251.

Delatour B, Guegan M, Volk A, et al. 2006. *In vivo* MRI and histological evaluation of brain atrophy in APP/PS1 transgenic mice. Neurobiol Aging, 27: 835-847.

Deleidi M, Gasser T. 2013. The role of inflammation in sporadic and familial Parkinson's disease. Cell Mol lif Sci, 70(22): 4529-4573.

Deng B, Lv W, Duan W, et al. 2018. Progressive degeneration and inhibition of peripheral nerve regeneration in the SOD1-G93A mouse model of amyotrophic lateral sclerosis. Cell Physiol Biochem, 46(6): 2358-2372.

Dong H, Goico B, Martin M, et al. 2004. Modulation of hippocampal cell proliferation, memory, and amyloid plaque deposition in APPsw(Tg2576)mutant mice by isolation stress. Neuroscience, 127: 601-609.

Donovan M H, Yazdani U, Norris R D, et al. 2006. Decreased adult hippocampal neurogenesis in the PDAPP mouse model of Alzheimer's disease. J Comp Neurol, 495: 70-83.

Drummond E, Wisniewski T. 2017. Alzheimer's disease: experimental models and reality. Acta Neuropathol, 133: 155-175.

Duyckaerts C, Potier M C, Delatour B. 2008. Alzheimer disease models and human neuropathology: similarities and differences. Acta Neuropathol, 115: 5-38.

El Khoury J, Toft M, Hickman S E, et al. 2007. Ccr2 deficiency impairs microglial accumulation and accelerates progression of Alzheimer-like disease. Nat Med, 13: 432-438.

El Khoury J B, Moore K J, Means T K, et al. 2003. CD36 mediates the innate host response to beta-amyloid. J Exp Med, 197: 1657-1666.

Fonseca M I, Ager R R, Chu S H, et al. 2009. Treatment with a C5aR antagonist decreases pathology and enhances behavioral performance in murine models of Alzheimer's disease. J Immunol, 183: 1375-1383.

Fu A K, Hung K W, Yuen M Y, et al. 2016. IL-33 ameliorates Alzheimer's disease-like pathology and cognitive decline. Proc Natl Acad Sci USA, 113: E2705-E2713.

Fuhrmann M, Bittner T, Jung C K, et al. 2010. Microglial Cx3cr1 knockout prevents neuron loss in a mouse model of Alzheimer's disease. Nat Neurosci, 13: 411-413.

Geula C, Wu C K, Saroff D, et al. 1998. Aging renders the brain vulnerable to amyloid beta-protein neurotoxicity. Nat Med, 4: 827-831.

Ghosh S, Wu M D, Shaftel S S, et al. 2013. Sustained interleukin-1beta overexpression exacerbates tau pathology despite reduced amyloid burden in an Alzheimer's mouse model. J Neurosci, 33: 5053-5064.

Gibbs K L, Kalmar B, Rhymes E R. 2018. Inhibiting p38 MAPK alpha rescues axonal retrograde transport defects in a mouse model of ALS. Cell Death Dis, 9(6): 596.

Glass C K, Saijo K, Winner B, et al. 2010. Review mechanisms underlying inflammation in neurodegeneration. Cell, 140(6): 918-934.

Griciuc A, Serrano-Pozo A, Parrado A R, et al. 2013. Alzheimer's disease risk gene CD33 inhibits microglial uptake of amyloid beta. Neuron, 78: 631-643.

Halle A, Hornung V, Petzold G C, et al. 2008. The NALP3 inflammasome is involved in the innate immune response to amyloid-beta. Nat Immunol, 9: 857-865.

Heneka M T, Kummer M P, Stutz A, et al. 2013. NLRP3 is activated in Alzheimer's disease and contributes to pathology in APP/PS1 mice. Nature, 493: 674-678.

Hickman S E, Allison E K, El Khoury J. 2008. Microglial dysfunction and defective beta-amyloid clearance pathways in aging Alzheimer's disease mice. J Neurosci, 28: 8354-8360.

Hirakawa M, Matos T R, Liu H, et al. 2016. Low-dose IL-2 selectively activates subsets of CD4(+)Tregs and NK cells. JCI Insight, 1: e89278.

Hong S, Beja-Glasser V F, Nfonoyim B M, et al. 2016. Complement and microglia mediate early synapse loss in Alzheimer mouse models. Science, 352: 712-716.

Huang Z, Liu Q, Peng Y, et al. 2018. Circadian rhythm dysfunction accelerates disease progression in a mouse model with amyotrophic lateral sclerosis. Front Neurol, 9: 218.

Jevtic S, Sengar A S, Salter M W, et al. 2017. The role of the immune system in Alzheimer disease: Etiology and treatment. Ageing Res Rev, 40: 84-94.

Jiang T, Tan L, Zhu X C, et al. 2015. Silencing of TREM2 exacerbates tau pathology, neurodegenerative changes, and spatial learning deficits in P301S tau transgenic mice. Neurobiol Aging, 36: 3176-3186.

Jiang T, Zhang Y D, Chen Q, et al. 2016. TREM2 modifies microglial phenotype and provides neuroprotection in P301S tau transgenic mice. Neuropharmacology, 105: 196-206.

Jin J J, Kim H D, Maxwell J A, et al. 2008. Toll-like receptor 4-dependent upregulation of cytokines in a transgenic mouse model of Alzheimer's disease. J Neuroinflammation, 5: 23.

Jonsson T, Stefansson H, Steinberg S, et al. 2013. Variant of TREM2 associated with the risk of Alzheimer's disease. N Engl J Med, 368: 107-116.

Kalback W, Watson M D, Kokjohn T A, et al. 2002. APP transgenic mice Tg2576 accumulate Abeta peptides that are distinct from the chemically modified and insoluble peptides deposited in Alzheimer's disease senile plaques. Biochemistry, 41: 922-928.

Kitazawa M, Oddo S, Yamasaki T R, et al. 2005. Lipopolysaccharide-induced inflammation exacerbates tau pathology by a cyclin-dependent kinase 5-mediated pathway in a transgenic model of Alzheimer's disease. J Neurosci, 25: 8843-8853.

Klunk W E, Lopresti B J, Ikonomovic M D, et al. 2005. Binding of the positron emission tomography tracer Pittsburgh compound-B reflects the amount of amyloid-beta in Alzheimer's disease brain but not in transgenic mouse brain. J Neurosci, 25: 10598-10606.

Landlinger C, Oberleitner L, Gruber P, et al. 2015. Active immunization against complement factor C5a: a new therapeutic approach for Alzheimer's disease. J Neuroinflammation, 12: 150.

Laske C, Stransky E, Hoffmann N, et al. 2010. Macrophage colony-stimulating factor(M-CSF)in plasma and CSF of patients with mild cognitive impairment and Alzheimer's disease. Curr Alzheimer Res, 7: 409-414.

Lee D C, Rizer J, Selenica M L, et al. 2010. LPS- induced inflammation exacerbates phospho-tau pathology in rTg4510 mice. J Neuroinflammation, 7: 56.

Lee Y K, Kwak D H, Oh K W, et al. 2009. CCR5 deficiency induces astrocyte activation, Abeta deposit and impaired memory function. Neurobiol Learn Mem, 92: 356-363.

Lewis J, McGowan E, Rockwood J, et al. 2000. Neurofibrillary tangles, amyotrophy and progressive motor disturbance in mice expressing mutant(P301L)tau protein. Nat Genet, 25: 402-405.

Liang X, Wang Q, Hand T, et al. 2005. Deletion of the prostaglandin E2 EP2 receptor reduces oxidative damage and amyloid burden in a model of Alzheimer's disease. J Neurosci, 25: 10180-10187.

Litteljohn D, Mangano E, Clarke M, et al. 2010. Inflammatory mechanisms of neurodegeneration in toxin-based models of Parkinson's disease. Parkinson Dis, 2010: 713517.

Liu C, Cui G, Zhu M, et al. 2014. Neuroinflammation in Alzheimer's disease: chemokines produced by astrocytes and chemokine receptors. Int J Clin Exp Pathol, 7: 8342-8355.

Mandrekar-Colucci S, Landreth G E. 2010. Microglia and inflammation in Alzheimer's disease. CNS Neurol Disord Drug Targets, 9: 156-167.

Marsh S E, Abud E M, Lakatos A, et al. 2016. The adaptive immune system restrains Alzheimer's disease pathogenesis by modulating microglial function. Proc Natl Acad Sci USA, 113: E1316-E1325.

Mehlhorn G, Hollborn M, Schliebs R. 2000. Induction of cytokines in glial cells surrounding cortical beta-amyloid plaques in transgenic Tg2576 mice with Alzheimer pathology. Int J Dev Neurosci, 18: 423-431.

Michaud J P, Bellavance MA, Prefontaine P, et al. 2013. Real-time *in vivo* imaging reveals the ability of monocytes to clear vascular amyloid beta. Cell Rep, 5: 646-653.

Mildner A, Schlevogt B, Kierdorf K, et al. 2011. Distinct and non-redundant roles of microglia and myeloid subsets in mouse models of Alzheimer's disease. J Neurosci, 31: 11159-11171.

Nathan C, Calingasan N, Nezezon J, et al. 2005. Protection from Alzheimer's-like disease in the mouse by genetic ablation of inducible nitric oxide synthase. J Exp Med, 202: 1163-1169.

Nunn P B. 2017. 50 years of research on α-amino-β-methylaminopropionic acid(β-methylaminoalanine). Phytochemistry, 144: 271-281.

Oakley H, Cole S L, Logan S, et al. 2006. Intraneuronal beta-amyloid aggregates, neurodegeneration, and neuron loss in transgenic mice with five familial Alzheimer's disease mutations: potential factors in amyloid plaque formation. J Neurosci, 26: 10129-10140.

Patel N S, Paris D, Mathura V, et al. 2005. Inflammatory cytokine levels correlate with amyloid load in transgenic mouse models of Alzheimer's disease. J Neuroinflammation, 2: 9.

Pozzi S, Thammisetty S S, Julien J P. 2018. Chronic administration of pimozide fails to attenuate motor and pathological deficits in two mouse models of amyotrophic lateral sclerosis. Neurotherapeutics, 15(3): 715-727.

Quinn J, Montine T, Morrow J, et al. 2003. Inflammation and cerebral amyloidosis are disconnected in an animal model of Alzheimer's disease. J Neuroimmunol, 137: 32-41.

Raha A A, Henderson J W, Stott S R, et al. 2017. Neuroprotective Effect of TREM-2 in Aging and Alzheimer's Disease Model. J Alzheimers Dis, 55: 199-217.

Reed-Geaghan E G, Reed Q W, Cramer P E, et al. 2010. Deletion of CD14 attenuates Alzheimer's disease pathology by influencing the brain's inflammatory milieu. J Neurosci, 30: 15369-15373.

Rentzos M, Paraskevas G P, Kapaki E, et al. 2006. Interleukin-12 is reduced in cerebrospinal fluid of patients with Alzheimer's disease and frontotemporal dementia. J Neurol Sci, 249: 110-114.

Richard K L, Filali M, Prefontaine P, et al. 2008. Toll-like receptor 2 acts as a natural innate immune receptor to clear amyloid beta 1-42 and delay the cognitive decline in a mouse model of Alzheimer's disease. J Neurosci, 28: 5784-5793.

Rodella L F, Ricci F, Borsani E, et al. 2008. Aluminium exposure induces Alzheimer's disease-like histopathological alterations in mouse brain. Histol Histopathol, 23: 433-439.

Saresella M, Calabrese E, Marventano I, et al. 2010. PD1 negative and PD1 positive CD4$^+$ T regulatory cells in mild cognitive impairment and Alzheimer's disease. J Alzheimers Dis, 21: 927-938.

Schmitz C, Rutten B P, Pielen A, et al. 2004. Hippocampal neuron loss exceeds amyloid plaque load in a transgenic mouse model of Alzheimer's disease. Am J Pathol, 164: 1495-1502.

Scholtzova H, Chianchiano P, Pan J, et al. 2014. Amyloid beta and Tau Alzheimer's disease related pathology is reduced by Toll-like receptor 9 stimulation. Acta Neuropathol Commun, 2: 101.

Schwab C, Hosokawa M, McGeer P L. 2004. Transgenic mice overexpressing amyloid beta protein are an incomplete model of Alzheimer disease. Exp Neurol, 188: 52-64.

Shaftel S S, Carlson T J, Olschowka JA, et al. 2007. Chronic interleukin-1beta expression in mouse brain leads to leukocyte infiltration and neutrophil-independent blood brain barrier permeability without overt neurodegeneration. J Neurosci, 27: 9301-9309.

Sheng J G, Bora S H, Xu G, et al. 2003. Lipopolysaccharide-induced-neuroinflammation increases intracellular accumulation of amyloid precursor protein and amyloid beta peptide in APPswe transgenic mice. Neurobiol Dis, 14: 133-145.

Shi Q, Chowdhury S, Ma R, et al. 2017. Complement C3 deficiency protects against neurodegeneration in aged plaque-rich APP/PS1 mice. Sci Transl Med, 9(392): eaaf6295.

Simard A R, Soulet D, Gowing G, et al. 2006. Bone marrow-derived microglia play a critical role in restricting senile plaque formation in Alzheimer's disease. Neuron, 49: 489-502.

Sims R, van der Lee S J, Naj A C, et al. 2017. Rare coding variants in PLCG2, ABI3, and TREM2 implicate microglial-mediated innate immunity in Alzheimer's disease. Nat Genet, 49: 1373-1384.

St-Amour I, Bosoi C R, Pare I, et al. 2019. Peripheral adaptive immunity of the triple transgenic mouse model of Alzheimer's disease. J Neuroinflammation, 16: 3.

Stojkovska I, Wagner B M, Morrison BE. 2015. Parkinson's disease and enhanced inflammatory response. Exp Bio Med(Maywood), 240(11): 1387-1395.

Strohmeyer R, Shen Y, Rogers J. 2000. Detection of complement alternative pathway mRNA and proteins in the Alzheimer's disease brain. Brain Res Mol Brain Res, 81: 7-18.

Tansey M G, Frank-cannon T C, Mccoy M K, et al. 2008. Neuroinflammation in Parkinson's disease: is there sufficient evidence for mechanism-based interventional therapy? Front Biosci, 13: 709-717.

Turner M D, Nedjai B, Hurst T, 2014. Biochimica et biophysica acta cytokines and chemokines : At the crossroads of cell signalling and in fl ammatory disease. BBA-Mol. Cell Res, 1843(11): 2563-2582.

Valla J, Schneider L E, Gonzalez-Lima F, et al. 2006. Nonprogressive transgene-related callosal and hippocampal changes in PDAPP mice. Neuroreport, 17: 829-832.

Verret L, Jankowsky J L, Xu G M, et al. 2007. Alzheimer's-type amyloidosis in transgenic mice impairs survival of newborn neurons derived from adult hippocampal neurogenesis. J Neurosci, 27: 6771-6780.

Vom Berg J, Prokop S, Miller K R, et al. 2012. Inhibition of IL-12/IL-23 signaling reduces Alzheimer's disease-like pathology and cognitive decline. Nat Med, 18: 1812-1819.

Wang Y L, Tan M S, Yu J T, et al. 2013. Toll-like receptor 9 promoter polymorphism is associated with decreased risk of Alzheimer's disease in Han Chinese. J Neuroinflammation, 10: 101.

Webster S D, Tenner A J, Poulos T L, et al. 1999. The mouse C1q A-chain sequence alters beta-amyloid-induced complement activation. Neurobiol Aging, 20: 297-304.

Whitton P S. 2007. Inflammation as a causative factor in the aetiology of Parkinson's disease, 1: 963-976.

Woodling N S, Wang Q, Priyam P G, et al. 2014. Suppression of Alzheimer-associated inflammation by microglial prostaglandin-E2 EP4 receptor signaling. J Neurosci, 34: 5882-5894.

Wyss-Coray T, Yan F, Lin A H, et al. 2002. Prominent neurodegeneration and increased plaque formation in complement-inhibited Alzheimer's mice. Proc Natl Acad Sci USA, 99: 10837-10842.

Xia M Q, Qin S X, Wu L J, et al. 1998. Immunohistochemical study of the beta-chemokine receptors CCR3 and CCR5 and their ligands in normal and Alzheimer's disease brains. Am J Pathol, 153: 31-37.

Yazawa H, Yu Z X, Takeda Le Y, et al. 2001. Beta amyloid peptide(Abeta42)is internalized via the G-protein-coupled receptor FPRL1 and forms fibrillar aggregates in macrophages. FASEB J, 15: 2454-2462.

Zenaro E, Pietronigro E, Della Bianca V, et al. 2015. Neutrophils promote Alzheimer's disease-like pathology and cognitive decline via LFA-1 integrin. Nat Med, 21: 880-886.

Zhang C, McNeil E, Dressler L, et al. 2007. Long-lasting impairment in hippocampal neurogenesis associated with amyloid deposition in a knock-in mouse model of familial Alzheimer's disease. Exp Neurol, 204: 77-87.

第十一章 免疫系统人源化小鼠

第一节 人类疾病动物模型概述

一、人类疾病动物模型

人类疾病动物模型是指各种医学科学研究中建立的具有人类疾病模拟表现的动物。顾名思义，就是在动物身上建立类似人类疾病的模型。可以用于实验生理学、实验病理学和实验治疗学研究。其意义在于以下几点。①替代作用。临床上对外伤、中毒、肿瘤等研究不可能在人体重复进行。动物实验，避免了人体实验造成的风险、危害和伦理问题。②按需要进行取样。动物模型作为人类疾病的"复制品"，可按研究者的需要随时采集各种样品或分批处死动物收集标本，以了解疾病全过程。③可比较性。一般疾病多为零散发生，在同时期内，很难获得一定数量的个性材料，而模型动物能在群体数量上容易得到满足，提高实验结果的可比性和重复性。④疾病动物模型还有助于全面认识疾病的本质，可以充分认识同一病原体给机体带来的各种危害，使研究工作上升到立体的水平来揭示某种疾病本质。

二、人源化动物模型

人源化动物模型是指具有人类基因、细胞或组织的动物模型。人源化动物分为两类，即基因人源化和细胞或组织人源化。基因人源化动物就是通过转基因手段，把动物的某些基因替换为人的基因，或者直接插入人的基因，所产生的动物是可以遗传的。细胞或组织人源化动物，是将人细胞或组织移植至免疫缺陷动物体内，使动物体内具有人的细胞和组织，这种动物模型不具有遗传性。目前常用的人源化模型基本都是基于小鼠，下面的介绍也主要以小鼠模型为主。

三、基因人源化动物模型

所谓基因人源化，即将人类基因插入或者替代原有动物基因中，从而产生人类基因嵌合动物，从而可在此种人源化动物体内表达部分人类蛋白，在体内的环境模拟蛋白反应或者信号转导，特别是在以CRISPR/Cas9 为代表的基因编辑技术兴起之后，插入大片段人类基因变得十分简单。因此，基因人源化模型逐步变得热门起来。

（一）免疫检查点人源化小鼠

在有效的抗肿瘤免疫过程中，T 细胞作为核心的执行者，首先被 T 细胞受体（T cell receptor，TCR）介导的抗原识别信号激活，同时众多的共刺激信号和共抑制信号精细调节 T 细胞反应的强度和质量，这些抑制信号即为免疫检查点。

在生理情况下，共刺激分子与免疫检查点保持平衡，从而最大程度减少对于周围正常组织的损伤，维持自身组织的耐受、避免自身免疫反应。而肿瘤细胞可以通过此机制，异常上调共抑分子及其相关配体，抑制 T 细胞激活，从而逃避免疫杀伤。针对检查点的阻断是增强 T 细胞激活的有效策略之一，也是近些年抗肿瘤药物开发的最热门靶点（图 11-1）。

（二）传递人细胞因子的人源化小鼠

当前备受瞩目的 NRG、NSG 等免疫缺陷小鼠应用广泛，极大地推进了人源化小鼠的研究进程。但

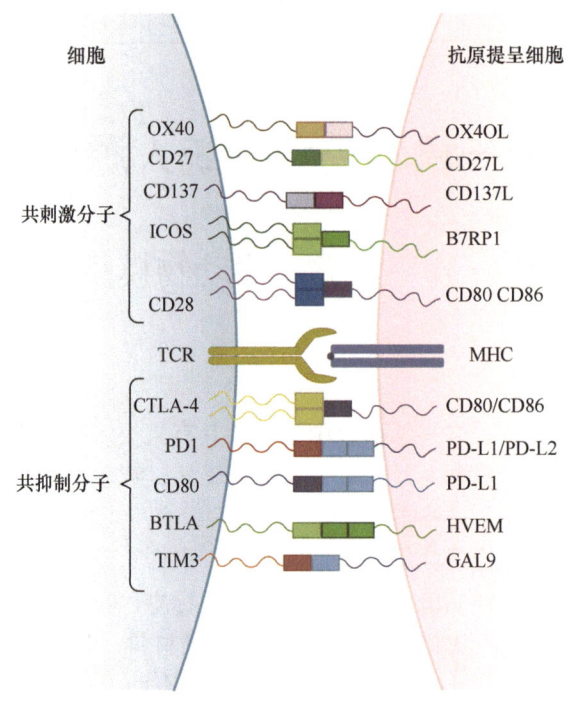

图 11-1　T 细胞常见免疫检查点

仍存在较多问题，一个主要原因是宿主小鼠缺乏某些人类细胞发育存活所必需的细胞因子，会影响某些血系细胞的发育和功能，导致重建效果不佳。例如，移植人的 CD34$^+$造血干细胞到 NRG 或者 NSG 小鼠中，虽然能够发育成多种类型的细胞谱系，包括 T 细胞、B 细胞、NK 细胞、单核细胞和血小板，但是，其中一些细胞系的发育及功能并不理想。

因此，外源性提供人细胞因子到 NRG 或 NSG 宿主鼠上，使其为移植的人细胞提供一个更加接近于人的免疫系统环境，将会促使 NRG 或 NSG 小鼠成为更为理想的临床前动物模型。

四、细胞（免疫系统）人源化动物模型

（一）免疫系统人源化小鼠的发展历史

免疫系统人源化小鼠的发展得益于免疫缺陷小鼠的发展，主要有三个重要的时间节点。

第一次，在 1988 年，Mccune 等在重症联合免疫缺陷（Scid）小鼠中植入人胎肝来源的造血干细胞（HSCs）和胎儿胸腺，人源的 T 细胞和 B 细胞可以在小鼠体内重建，即"SCID-hu"模型。但是由于 SCID 小鼠的 NK 细胞对外源细胞的排斥作用，同时，随年龄增长出现小鼠 T、B 细胞发生"免疫渗漏现象"等因素，极大程度的限制了 T、B 细胞重建（Shultz et al.，2007）。

第二次，1995 年，通过用 SCID 缺陷小鼠与 NOD 背景小鼠回交，产生了 NOD/Scid 小鼠，该小鼠 NK 细胞活性及天然免疫细胞的功能缺失，可以更好地支持重建，是比较理想的人源化重建的小鼠模型。然而，NOD/Scid 小鼠中 NK 细胞和天然免疫细胞活性未完全缺失，仍然影响人源的髓系细胞、T 细胞和 NK 细胞的重建（Shultz et al.，2012，2007）。

第三次，IL-2 受体 gamma 链（IL-2 receptor γ chain）敲除小鼠的出现，使人源化小鼠模型的构建进入了高速发展的阶段。IL-2Rγ 是细胞因子 IL-2、IL-4、IL-7、IL-9、IL-15、IL-21 等共同需要的受体成分，它的缺失直接导致 T、B 细胞发育受损，NK 细胞完全缺失。在 NOD/Scid 或者 Rag2$^{-/-}$小鼠的基础上缺失 IL-2Rγ，大大促进了人源化免疫系统的重建水平，如 NOD/Shi-scid IL2rg^{tm1Sug}（NOG）、NOD/LtSz-scid IL2rg^{tm1wjl}（NSG）、BALB/c-Rag2^{null}IL2rg^{null}（BRG）等，这些小鼠已经广泛应用于人源化小鼠的构建（图 11-2）（Shultz et al.，2012，2007）。

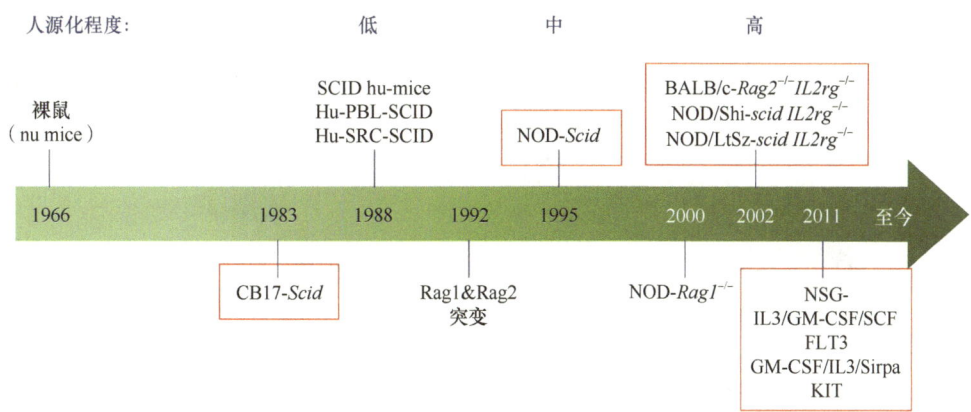

图 11-2　免疫缺陷小鼠和人源化小鼠的发展历程

另外，在免疫缺陷小鼠的基础上，通过基因工程方法导入人源细胞因子，目前也取得了很大进展。Flavell 团队在 $Rag2^{-/-}\gamma c^{-/-}$ 小鼠基础上构建了人 *TPO* 基因敲入小鼠，促进了该小鼠的人源化重建水平，多谱系免疫细胞发育分化、血小板的数目都有所提高。最近其团队将人 M-CSF、IL-3/GM-CSF、TPO 和 Sirpα 同时转入 $Rag2^{-/-}\gamma c^{-/-}$ 小鼠上，即 MISTRG 小鼠，这种小鼠最大程度地支持人源化造血生成和髓系细胞的生成，还促进了 NK 细胞的重建。Billerbeck 等通过转基因的技术在 NSG 小鼠中表达人 SCF、GM-CSF 和 IL-3（NSG-SGM3）。髓系细胞的重建水平显著提高，尤其是树突状细胞的重建优势尤为明显，具有抑制性功能的调节性 T 细胞（Treg）的重建也显著被提高（图 11-2）（Walsh et al., 2017; Rongvaux et al., 2013）。

（二）免疫系统人源化小鼠的构建方式

1. Hu-PBMC

将人的 PBMC 直接注射到重度免疫缺陷小鼠进行免疫重建。其优势在于 PBMC 是已经发育成熟的免疫细胞，细胞功能完善，而且模型制备时间短，该方法可以很快（1～2 周时间）获得人 $CD3^+$T 细胞，是体内研究人 T 细胞功能的极好模型。但由于 PBMC 的 T 细胞受体非特异识别小鼠的 MHC，会导致人 T 细胞（尤其是 $CD8^+$T 细胞）在小鼠体内大量增殖，分泌大量的细胞因子，最终引起移植物抗宿主病（GVHD），5～6 周内导致小鼠体重显著下降或者死亡。

现在也可以通过一些方式来降低 GVHD 效应。例如，使用 MHC 缺失的免疫缺陷小鼠会更好。如果将 PBMC 注射到 MHC 缺失的小鼠，PBMC 中的 T 细胞就不会疯狂地增殖，从而将 GVHD 的发生时间很大程度的延迟。如果将 PBMC 和人的肿瘤接种到 MHC 缺失的重度免疫缺陷小鼠，将会给研究者更长的实验窗口期，更好地模拟人体内的抗肿瘤免疫反应并进行药效研究。

2. Hu-CD34

将人脐带血、骨髓或外周血中细胞集落刺激因子动员的造血干细胞注射到经过辐照或新生的重度免疫缺陷小鼠中。经过 3～4 个月的体内细胞发育分化，会得到人的免疫细胞。Hu-CD34 模型能建立人的固有免疫系统和淋巴细胞，通常不会发生 GVHD，可用于长期研究。

但因为这种小鼠没有人 T 细胞发育所必需的人的胸腺，所以得到的免疫细胞免疫功能是有缺陷的，其体液免疫（B 细胞免疫）也是有缺陷的。而且此模型构建时间久，构建过程复杂，对小鼠饲养环境要求高。

3. Hu-BLT

将人的胚胎肝脏和胸腺共同移植到免疫缺陷鼠的肾被膜下，同时将同一来源的肝脏造血干细胞注射到小鼠体内建立动物模型。此模型具有完整的人类免疫系统，人胸腺细胞也能受到自体胸腺上皮的"教育"，在胸腺内可以看到人胸腺细胞的发育。该模型具有更完整的人体免疫系统而且可以产生人的黏膜免疫系统的模型（图 11-3）（Walsh et al., 2017）。

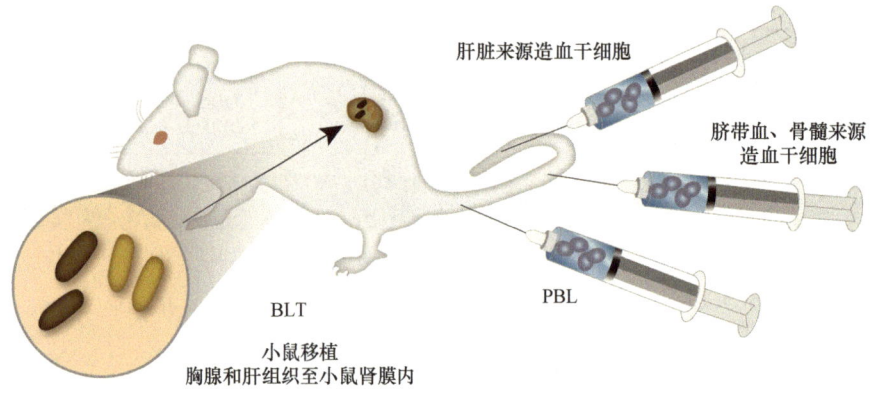

肝脏来源造血干细胞

脐带血、骨髓来源
造血干细胞

PBL

BLT

小鼠移植
胸腺和肝组织至小鼠肾膜内

图 11-3　构建免疫系统人源化小鼠的 4 种方式

（三）具有人造血系统的人源化小鼠

随着免疫缺陷小鼠的改进，人造血系统在小鼠体内发育越来越好。应用 NOG、NSG 和 BRG 等小鼠已经明显提高了人的造血系统发育，使人的多种细胞系得到发育，包括 B 和 T 细胞发育、NK 细胞发育、单核细胞发育等。

最近几年，通过转基因技术，将人的某些细胞因子转入免疫缺陷小鼠，促进人源化的水平。Rongvaux 等（2014）将人 *M-CSF*、*IL-3*、*GM-CSF* 和 *TPO* 基因敲入 BRG 缺失小鼠体内，构建了 MITRG 小鼠和 MISTRG 小鼠，经过 CD34[+]干细胞移植后能产生 T 细胞、B 细胞以及有功能的 NK 细胞和髓系细胞，这些免疫细胞可以浸润到细胞来源的黑色素瘤中，并通过血管内皮生长因子依赖的机制来影响肿瘤的生长。Billerbeck 等建立了可以表达人 GM-CSF 和 IL-3 的 NSG-SGM3 小鼠（Walsh et al.，2017；Rongvaux et al.，2013），促进了髓系细胞的扩增，并提高了患者来源细胞的植入效率。

（四）免疫系统和肝脏双重人源化小鼠

免疫系统和肝脏双重人源化小鼠就是在小鼠体内同时移植人的肝脏和人的免疫系统。由于某些人类嗜肝病毒并不能感染小鼠，因而肝脏人源化小鼠模型对于研究人类肝脏疾病具有更为重要的意义。苏立山团队最早构建了此模型，在 BALB/c Rag$^{-/-}$rg$^{-/-}$γC^{null} 免疫缺陷小鼠基础上构建出人源化肝鼠嵌合模型（AFC8），该模型同时具有功能性人类免疫系统，此模型的最大优势就是可以研究肝炎病毒的人 T 细胞反应（Bility et al.，2014，2013，2012；Washburn et al.，2011）。

第二节　免疫系统人源化小鼠的应用

免疫系统人源化小鼠的构建就是为了解决人的生理及病理中的问题，经过研究人员几十年的不断尝试，该模型在细胞发育、感染性疾病、自身免疫病及肿瘤治疗等领域有了更多应用，为研究临床疾病提供了良好的研究平台。

一、利用人源化小鼠研究人细胞发育

Weijer 等（2002）利用人源化小鼠模型，证明浆细胞样树突状细胞（pDC）在胸腺和外周的发育是相互独立的；Martín-Gayo 等（2017）将早期胸腺前体细胞（early thymic progenitor，ETP）移植到 BRG 小鼠中，证明 ETP 可以在胸腺中发育为 pDC 和 cDC（common DC）。Helft 等（2017）用 NSG-SGM3 小鼠，移植人的多潜能淋巴祖细胞（multipotent lymphoid progenitor，MLP），在体内证明 MLP 既可以发育为 pDC，也能发育为 cDC。

二、人源化小鼠在感染性疾病的应用

人源化小鼠最大的优势在于研究只在人感染的病毒或者只在人上致病的病毒，如 HIV、EB 病毒、登革热病毒等。

人源化小鼠用于 HIV 的研究最为广泛，也最成熟，可以用于 HIV 研究的各个领域，包括致病机制、新型治疗手段和疫苗研究等。Cheng 等（2017）在 HIV 感染的人源化小鼠上，证明了干扰素在 HIV 致病中的双重作用；Nussenzweig 团队利用 HIV 感染的人源化小鼠，一直致力于研究抗 HIV 的广谱性中和抗体（Halper-Stromberg et al.，2014），已经取得了非常好的临床结果；HIV 感染的人源化小鼠模型也常用于评价各种 HIV 治疗的药物。

EBV 是一种感染人类的疱疹病毒，全世界 90% 的人感染 EBV。通过腹腔或静脉内感染人源化小鼠，在 Hu-PBL-SCID 和 Hu-SRC-SCID 小鼠中，发现 T 细胞增殖；如果删除 CD8 T 细胞，会导致 EBV 病毒载量升高，证明 EBV 的控制依赖于 CD8 T 细胞；在 BLT 小鼠中，也报道了在 EBV 感染过程中检测到了 EBV 特异性的 T 细胞反应（Shultz et al.，2010；Strowig et al.，2009；Melkus et al.，2006）。

三、人源化小鼠在肿瘤免疫治疗中的应用

（一）利用人源化小鼠构建个性化肿瘤模型

将肿瘤患者的新鲜肿瘤组织移植于免疫缺陷小鼠体内，建立患者来源的异种移植（patient-derived xenograft，PDX）模型，此模型较好地保持了原发肿瘤的遗传特性和异质性，在肿瘤的个体化治疗研究中具有独特的优势。但是，PDX 模型使用的是免疫缺陷动物，没有免疫系统，导致无法筛选免疫调节药物或通过免疫功能激活的药物。在免疫系统人源化小鼠上移植肿瘤，构建 HIS-PDX 模型，能够实现基于免疫系统的治疗方法，可以筛选或者评价以免疫系统为靶点的肿瘤免疫药物，制定个体化治疗策略（Eswaraka and Giddabasappa，2017）。

目前在免疫系统人源化上移植肿瘤，构建 HIS PDX 模型。有两种构建方式可以构建人源化小鼠：一种是移植非同一来源的肿瘤或者肿瘤细胞系，构建 HIS-PDX 或者 HIS-CDX 模型（Rom-Jurek et al.，2018；Tsoneva et al.，2017；Wege et al.，2011）；另一种是移植同一个患者的造血干细胞和肿瘤，构建个性化的肿瘤模型（Morton et al.，2016；Bankert et al.，2011）。这两个模型发展非常快，相信在肿瘤研究中将会发挥重大作用，为人类作出贡献。

（二）利用人源化小鼠构建原发肿瘤模型

EBV、HTLV-1 感染可以分别诱导 EBV 相关淋巴瘤和 T 细胞淋巴瘤（Münz，2015）。EBV 感染人源化小鼠后，在脾脏、肝等组织中会发现 EBV 诱导的肿瘤（Fujiwara et al.，2013；Melkus et al.，2006）。HTLV-1 感染后会终生携带，而约 5% 的感染者经过潜伏期发展为 T 细胞淋巴瘤，引起脊髓病变或下肢瘫痪。在 NOG 小鼠骨髓腔注射人 CD133 阳性干细胞成功构建 IBMI-huNOG 人源化小鼠后，利用 HTLV-1 感染可诱导外周 CD4 阳性 T 细胞快速增多并产生类似 T 细胞的淋巴瘤（Tezuka et al.，2014）。

（三）利用人源化小鼠模型建立白血病模型

包括 T 细胞和 B 细胞在内的适应性免疫细胞，在抗肿瘤反应中发挥着重要作用。但是，过去的肿瘤模型都是将人的肿瘤细胞或组织直接移植到免疫缺陷小鼠体内，这样的模型不具备 T 细胞等适应性免疫细胞，不能用于研究抗肿瘤的免疫反应和免疫治疗。

研究者通过慢病毒载体先将致癌基因导入 HSC，移植高度免疫缺陷小鼠以获得急性淋巴细胞白血病（ALL）和急性髓系白血病（AML）细胞。用同一来源的供体 HSC 构建常规的免疫系统人源化小鼠，再将白血病细胞移植到人源化小鼠中，建立有人源免疫系统的白血病模型，并在此模型上研究不同抗肿

瘤药物的治疗效果（Pallasch et al.，2014）。

四、人源化小鼠在自身免疫疾病中的应用

自身免疫病的研究也是人源化小鼠较早应用的领域之一，如用于研究糖尿病（Luce et al.，2018；Brehm et al.，2010）、SLE（Ratliff et al.，2015）、变应性过敏反应等（Walsh et al.，2017）。可以通过将患者的 PBMC 转输入 SCID 小鼠，构建 Hu-PBL-SCID 人源化小鼠模型，用来研究自身抗体的分泌或者细胞效应期的自身免疫病。

五、人源化小鼠在移植免疫中的应用

免疫排斥反应已经在小鼠模型中得到了广泛研究，但是基于免疫的各种治疗方法，由于物种的差异，不能在小鼠中进行研究，所以免疫系统人源化小鼠已经成为研究人类免疫反应机制和评估新疗法的模型。目前的主要应用有：异种移植（Kenney et al.，2016；Brehm and Shultz，2012）、人 Islet 移植（Brehm et al.，2010；Jacobson et al.，2010），以及移植过程中的 GVHD（Lavender et al.，2013；Ito et al.，2009）研究等。

六、人源化小鼠在 CAR-T 的应用

在人源化小鼠应用 T 细胞编辑方面的研究也已经开始，是通过导入 TCR 或嵌合抗原受体（CAR）基因改造 T 细胞的方法，达到重新提升 T 细胞特异性的 T 细胞疗法。CAR-T 治疗基于构建针对特异性抗原 T 细胞受体，该抗原受非依赖于 MHC 限制，使得 TCR 被引导至选择的任何靶点，人源化小鼠模型则可作为优化 TCR/CAR 的模型，筛选 CAR 的药效、评估 CAR 的安全性等（Chu et al.，2015；Kloss et al.，2013；Urbanska et al.，2012）。

第三节 人源化小鼠的产业化

研发免疫缺陷小鼠最早、最成熟的国家是日本和美国，分别是日本实验动物研究所（CIEA）和美国的杰克逊实验室（Jackson Lab），分别研发了著名的 NOG 小鼠和 NSG 小鼠。最近几年，我国也成功研发了具有同样缺陷的小鼠，北京维通达生物技术有限公司的 NPG 和南京大学模式动物研究所的 NCG 等。利用免疫缺陷小鼠构建人源化小鼠的实验室和科研机构，主要集中在美国、日本、中国和法国。

随着免疫缺陷小鼠越来越成熟，人源化水平越来越稳定，免疫系统人源化小鼠模型的应用受到人们的高度重视，逐渐从实验室走向应用市场，主要应用于肿瘤药物筛选和评估，在此基础上，精准化医疗变的更为现实、可行。当下，人源化小鼠迎来前所未有的机遇与挑战，据某公司介绍，每年全球的人源化小鼠的市场价值约为 71.8 亿美元，中国约为 30 亿元，而基于人源化小鼠建立的疾病模型的市场价值在 500 亿元以上。目前人源化小鼠模型产业化最好的是 Jackson 公司和 Taconic 公司，中国发展得也很快，已经形成一定规模，完全可以满足国内科研机构和大型药企的需求。

第四节 免疫系统人源化小鼠存在的问题及未来方向

一、免疫系统人源化小鼠存在的问题

虽然免疫系统人源化小鼠模型已经发展了 40 多年，并且逐渐开始应用于许多领域，但是该模型本身还存在一些缺点和亟待解决的问题。①对于 Hu-SRC-SCID 模型，由于该模型中的人 T 细胞由小鼠胸腺发育而来，这种细胞就可能同天然的人 T 细胞在 TCR 受体谱和功能上有很大区别。②虽然受者小鼠的免疫缺陷程度越来越高，可以检测到各类淋巴细胞亚群，但是巨噬细胞、树突状细胞、单个核细胞，

这些髓系细胞的嵌合水平较低。③人源化小鼠模型中的 NK 细胞发育水平较低，这是因为 NK 细胞的发育与 IL-15 密切相关，人和小鼠的 IL-15 有种属差异，所以很大程度上限制了 NK 细胞的发育。④人源化小鼠中外周人红细胞和血小板严重缺陷，是因为细胞因子的缺陷或小鼠中正常红细胞和血小板系统对人红细胞、血小板发育产生巨大的竞争，也有人认为小鼠巨噬细胞对红细胞和血小板有排斥。⑤T 细胞在小鼠胸腺中发育，阳性选择的过程依赖小鼠 MHC 分子，不仅使 T 细胞免疫功能受损，而且 B 细胞产生抗体的功能有缺陷，不能发生亚型转换。⑥在 BLT 模型中，人胎儿胸腺组织可以支持 T 细胞发育，但是免疫系统趋于以细胞免疫为主，体液免疫功能极低。⑦在人源化小鼠模型中，肠系膜淋巴结较易重建，而其他部位的淋巴结重建的不好，而且人源化小鼠的次级淋巴器官不具备正常淋巴结构，这也可能是人源化小鼠的体液免疫水平不高的潜在原因。

二、未来人源化小鼠的方向

由于当前的人源化小鼠模型仍不完善，基于此的应用仍以探索性为主，但是随着越来越多新的细胞因子被发现和新的技术被采用，免疫系统人源化小鼠一定会向着更加完善、更具功能的方向飞速发展。日趋完善的免疫系统人源化小鼠模型必将成为人类免疫系统生理和病理研究中的有力工具。

人源化小鼠在各种疾病研究中具有广阔的应用前景。第一，研发 HIS-PDX 免疫模型，使其实现具有患者肿瘤微环境与免疫系统，研究其相互作用的机制，为探索新的有效肿瘤免疫治疗方法与策略提供依据和基础。另外，标准化具有患者本身免疫系统的 PDX 模型，为个体化治疗提供有效的治疗方案。第二，建立我国特有的 HIV 毒株感染的人源化小鼠模型，研究或者检测抗 HIV 的药物，设计针对我国艾滋病的治疗新策略。第三，可以用来研究新型疫苗在人源免疫系统中的应答反应，研发针对感染性疾病的特异性疫苗。第四，HIS 小鼠还可以用于研制重大传染病的人源中和抗体。因此，建立免疫系统人源化小鼠平台，必将在多方面对我国传染病预防控制工作起到推动作用。

（于海生，高 莘）

参 考 文 献

Bankert R B, Balu-Iyer S V, Odunsi K, et al. 2011. Humanized mouse model of ovarian cancer recapitulates patient solid tumor progression, ascites formation, and metastasis. PLoS One, 6(9): e24420.

Bility M T, Cheng L, Zhang Z, et al. 2014. Hepatitis B virus infection and immunopathogenesis in a humanized mouse model: induction of human-specific liver fibrosis and M2-like macrophages. PLoS Pathogens, 10(3): e1004032.

Bility M T, Li F, Cheng L, et al. 2013. Liver immune-pathogenesis and therapy of human liver tropic virus infection in humanized mouse models. Journal of Gastroenterology and Hepatology, 28(S1): 120-124.

Bility M T, Zhang L G, Washburn M L, et al. 2012. Generation of a humanized mouse model with both human immune system and liver cells to model hepatitis C virus infection and liver immunopathogenesis. Nature Protocols, 7(9): 1608-1617.

Brehm M A, Bortell R, DiIorio P, et al. 2010. Human immune system development and rejection of human islet allografts in spontaneously diabetic NOD-*Rag1null IL2rγnull Ins2Akita* mice. Diabetes, 59(9): 2265-2270.

Brehm M A, Shultz L D. 2012. Human allograft rejection in humanized mice: a historical perspective. Cellular & Molecular Immunology, 9(3): 225-231.

Cheng L, Ma J P, Li J Y, et al. 2017. Blocking type I interferon signaling enhances T cell recovery and reduces HIV-1 reservoirs. Journal of Clinical Investigation, 127(1): 269-279.

Chu Y Y, Hochberg J, Yahr A, et al. 2015. Targeting CD20[+] aggressive B-cell non–Hodgkin lymphoma by anti-CD20 CAR mRNA-modified expanded natural killer cells *in vitro* and in NSG mice. Cancer Immunology Research, 3(4): 333-344.

De La Rochere P, Guil-Luna S, Decaudin D, et al. 2018. Humanized mice for the study of immuno-oncology. Trends in Immunology, 39(9): 748-763.

Eswaraka J, Giddabasappa A. 2017. Humanized mice and PDX models. //Patient Derived Tumor Xenograft Models. Amsterdam: Elsevier: 75-89.

Fujiwara S, Matsuda G, Imadome K I. 2013. Humanized mouse models of Epstein-Barr virus infection and associated diseases. Pathogens, 2(1): 153-176.

Halper-Stromberg A, Lu C L, Klein F, et al. 2014. Broadly neutralizing antibodies and viral inducers decrease rebound from

HIV-1 latent reservoirs in humanized mice. Cell, 158(5): 989-999.

Helft J, Anjos-Afonso F, van der Veen A G, et al. 2017. Dendritic cell lineage potential in human early hematopoietic progenitors. Cell Reports, 20(3): 529-537.

Ito R, Katano I, Kawai K J, et al. 2009. Highly sensitive model for xenogenic GVHD using severe immunodeficient NOG mice. Transplantation, 87(11): 1654-1658.

Jacobson S, Heuts F, Juarez J, et al. 2010. Alloreactivity but failure to reject human islet transplants by humanized balb/c/Rag2$^{-/-}$gc$^{-/-}$Mice. Scandinavian Journal of Immunology, 71(2): 83-90.

Kenney L L, Shultz L D, Greiner D L, et al. 2016. Humanized mouse models for transplant immunology. American Journal of Transplantation, 16(2): 389-397.

Kloss C C, Condomines M, Cartellieri M, et al. 2013. Combinatorial antigen recognition with balanced signaling promotes selective tumor eradication by engineered T cells. Nature Biotechnology, 31(1): 71-75.

Lavender K J, Pang W W, Messer R J, et al. 2013. BLT-humanized C57BL/6 Rag2-/-γc-/-CD47-/ - mice are resistant to GVHD and develop B- and T-cell immunity to HIV infection. Blood, 122(25): 4013-4020.

Luce S, Guinoiseau S, Gadault A, et al. 2018. Humanized mouse model to study type 1 diabetes. Diabetes, 67(9): 1816-1829.

Martín-Gayo E, González-García S, García-León M J, et al. 2017. Spatially restricted JAG1-Notch signaling in human *Thymus* provides suitable DC developmental niches. Journal of Experimental Medicine, 214(11): 3361-3379.

Melkus M W, Estes J D, Padgett-Thomas A, et al. 2006. Humanized mice mount specific adaptive and innate immune responses to EBV and TSST-1. Nature Medicine, 12(11): 1316-1322.

Morton J J, Bird G, Keysar S B, et al. 2016. XactMice: humanizing mouse bone marrow enables microenvironment reconstitution in a patient-derived xenograft model of head and neck cancer. Oncogene, 35(3): 290-300.

Münz C. 2015. EBV infection of mice with reconstituted human immune system components. Current Topics in Microbiology and Immunology, 391: 407-423.

Pallasch C P, Leskov I, Braun C J, et al. 2014. Sensitizing protective tumor microenvironments to antibody-mediated therapy. Cell, 156(3): 590-602.

Ratliff M L, Ward J M, Merrill J T, et al. 2015. Differential expression of the transcription factor ARID3a in lupus patient hematopoietic progenitor cells. The Journal of Immunology, 194(3): 940-949.

Rom-Jurek E M, Kirchhammer N, Ugocsai P, et al. 2018. Regulation of programmed death ligand 1(PD-L1)expression in breast cancer cell lines *in vitro* and in immunodeficient and humanized tumor mice. International Journal of Molecular Sciences, 19(2): 563.

Rongvaux A, Takizawa H, Strowig T, et al. 2013. Human hemato-lymphoid system mice: current use and future potential for medicine. Annual Review of Immunology, 31: 635-674.

Rongvaux A, Willinger T, Martinek J, et al. 2014. Development and function of human innate immune cells in a humanized mouse model. Nat Biotechnol, 32(4): 364-372.

Shultz L D, Brehm M A, Garcia-Martinez J V, et al. 2012. Humanized mice for immune system investigation: progress, promise and challenges. Nature Reviews Immunology, 12(11): 786-798.

Shultz L D, Ishikawa F, Greiner D L. 2007. Humanized mice in translational biomedical research. Nature Reviews Immunology, 7(2): 118-130.

Shultz L D, Saito Y, Najima Y, et al. 2010. Generation of functional human T-cell subsets with HLA-restricted immune responses in HLA class I expressing NOD/SCID/IL2ry^{null}humanized mice. Proceedings of the National Academy of Sciences of the United States of America, 107(29): 13022-13027.

Strowig T, Gurer C, Ploss A, et al. 2009. Priming of protective T cell responses against virus-induced tumors in mice with human immune system components. Journal of Experimental Medicine, 206(6): 1423-1434.

Tezuka K, Xun R Z, Tei M, et al. 2014. An animal model of adult T-cell leukemia: humanized mice with HTLV-1–specific immunity. Blood, 123(3): 346-355.

Tsoneva D, Minev B, Frentzen A, et al. 2017. Humanized mice with subcutaneous human solid tumors for immune response analysis of vaccinia virus-mediated oncolysis. Molecular Therapy-Oncolytics, 5: 41-61.

Urbanska K, Lanitis E, Poussin M, et al. 2012. A universal strategy for adoptive immunotherapy of cancer through use of a novel T-cell antigen receptor. Cancer Research, 72(7): 1844-1852.

Walsh N C, Kenney L L, Jangalwe S, et al. 2017. Humanized mouse models of clinical disease. Annual Review of Pathology, 12: 187-215.

Washburn M L, Bility M T, Zhang L G, et al. 2011. A humanized mouse model to study hepatitis C virus infection, immune response, and liver disease. Gastroenterology, 140(4): 1334-1344.

Wege A K, Ernst W, Eckl J, et al. 2011. Humanized tumor mice: a new model to study and manipulate the immune response in advanced cancer therapy. International Journal of Cancer, 129(9): 2194-2206.

Weijer K, Uittenbogaart C H, Voordouw A, et al. 2002. Intrathymic and extrathymic development of human plasmacytoid dendritic cell precursors *in vivo*. Blood, 99(8): 2752-2759.

实验动物科学丛书

中国实验动物学会团体标准汇编及实施指南（第三卷）（6，918-7-03-060456-9）
中国实验动物学会团体标准汇编及实施指南（第四卷）（12，918-7-03-064564-7）
中国实验动物学会团体标准汇编及实施指南（第五卷）（17，978-7-03-069226-9）
中国实验动物学会团体标准汇编及实施指南（第六卷）（21，978-7-03-071868-6）
（第七卷）（19，978-7-03-076923-7）
毒理病理学词典（9，918-7-03-063487-0）